普通高等学校"十四五"规划机械类专业精品教材

机 械 制 图

（第二版）

主　编　王　静　肖　露　郗志刚
副主编　黄才华　叶喜聪　何恩义
　　　　思海兵　胡树山　刘荣娥
主　审　丁　一

U0193768

华中科技大学出版社
中国·武汉

内 容 提 要

本书是根据教育部高等学校工程图学教学指导委员会制订的《普通高等学校工程图学课程教学基本要求》，采纳最新修订发布的有关机械制图的国家标准，融合先进的教育理念编写而成的。

本书包括制图基本知识和基本技能、投影的基本知识、立体的投影、组合体、轴测图、机件的表达方法、标准件与常用件、零件图、装配图、焊接图、计算机绘图等11章，以及附录和参考文献。

与本书配套的有《机械制图习题集》、习题解答课件，并附有大量微视频，采用二维码形式展现。

本书可作为高等院校机械类、近机械类各专业的教材，也可供其他专业选用。

图书在版编目（CIP）数据

机械制图/王静，肖露，郗志刚主编. —2 版. —武汉：华中科技大学出版社，2021.8（2023.8重印）
ISBN 978-7-5680-7444-5

Ⅰ.①机… Ⅱ.①王… ②肖… ③郗… Ⅲ.①机械制图-高等学校-教材 Ⅳ.①TH126

中国版本图书馆 CIP 数据核字（2021）第 153609 号

机械制图（第二版）　　　　　　　　　　　　　　　　王　静　肖　露　郗志刚　主编
Jixie Zhitu(Di-er Ban)

策划编辑：万亚军
责任编辑：吴　晗
封面设计：原色设计
责任监印：周治超
出版发行：华中科技大学出版社（中国·武汉）　　　　电话：(027)81321913
　　　　　武汉市东湖新技术开发区华工科技园　　　　邮编：430223
录　　排：武汉市洪山区佳年华文印部
印　　刷：武汉市洪林印务有限公司
开　　本：787mm×1092mm　1/16
印　　张：21
字　　数：551 千字
版　　次：2023 年 8 月第 2 版第 4 次印刷
定　　价：49.80 元

第二版前言

本书是根据教育部高等学校工程图学教学指导委员会制订的《普通高等学校工程图学课程教学基本要求》,采纳最新修订发布的有关机械制图的国家标准,总结多年来课程教学改革的实践经验,融合近年来计算机应用技术,参考国内外同类教材,结合兄弟院校反馈信息,同时兼顾读者自学的客观需求,在上一版的基础上修改而成的。本书与华中科技大学出版社出版的《机械制图习题集(第二版)》(王静,思海兵,胡树山主编)配套使用。

本书共 11 章,包括制图基本知识和基本技能、投影的基本知识、立体的投影、组合体、轴测图、机件的表达方法、标准件与常用件、零件图、装配图、焊接图、计算机绘图。

本书的编写特色主要体现在以下几个方面:

(1) 强化基础,突出重点,适度拓宽。内容紧扣《普通高等学校工程图学课程教学基本要求》,突出教学基本要求中规定的必学内容,重点讲解基础理论和基本作图方法,并通过一系列精讲精练来实现学生空间逻辑思维能力和形象思维能力的培养。适度引入构形设计理论和三维软件,使学生自主学习和创新能力得到加强,并开阔了学生的视野。

(2) 图文并茂,言简意赅。为便于学生快速理解书中内容,采用二维图、三维模型共存的编写方式;在教材的编排上,多采用图表描述相关基本知识,不仅可使学生加强对知识点的把握,而且可潜移默化地培养学生使用图表表达的能力,为将来工程实践奠定良好的基础。

(3) 计算机绘图自成一章,凸显计算机绘图在实际工程应用中的重要性,其中介绍了国内外有代表性的二维和三维软件,着重于应用与操作,并在习题集里按难易程度由浅入深配有相应的习题。

(4) 在编写中力求术语准确,语言严谨;阐述着眼于科学思维方法的训练,培养学生吸纳新知识和分析问题、解决问题的能力。

(5) 本书涉及的技术要求及规范均采用近年来最新颁布的国家标准和行业规范。

(6) 为了培养应用型和综合型人才,在编写中充分考虑到各类专业的需求,适用于高等学校机械类、近机械类、非机械类等各专业,也可供自学者学习参考。

为利于实现立体化教学,我们同步编写了与本书配套的《机械制图习题集》,以及配套的习题解答课件,在本次修订中,新增加了大量与教学内容相适应的微视频,采用二维码形式展现,以便实现自学与翻转课堂教学。

参加本书编写的有:三峡大学王静、叶喜聪、黄才华、肖露、何恩义;鄂尔多斯应用技术学院胡树山、刘荣娥;三峡大学科技学院思海兵;佛山科技学院郗志刚。其中王静、肖露、郗志刚担任主编,黄才华、叶喜聪、何恩义、思海兵、胡树山、刘荣娥担任副主编。本书视频由三峡大学录制。全书由王静、肖露统稿。

重庆大学丁一教授认真审阅了本书,提出许多宝贵的修改意见,在此致以深深的谢意。

在本书编写过程中我们参考了国内众多同类教材,在此向有关作者深表谢意。

由于水平有限,本书难免存在缺点和错误,敬请广大读者批评指正。

编　者

2021 年 4 月

目　　录

绪　　论

1. 本课程的性质和任务

在工程技术中,为了正确表示出机电产品、化工设备、建筑物等的形状、大小、规格和材料等内容,通常根据投影原理、标准或有关规定,将工程对象以及必要的技术要求表达在图纸上,这种图纸称为工程图样。

机械工程图样是表达机电产品、化工设备等的结构的重要技术文件。各种机械如电机、电器、仪表,以及冶金、化工设备,它们的设计、制造都离不开机械工程图样。在生产和科学研究活动中,设计者通过图样表达设计对象,制造者通过图样来了解设计要求和制造设计对象,并通过图样进行科学技术交流。因此,工程图样通常称为工程界的技术语言,每个工程技术人员都必须掌握这种语言。

本课程研究绘制和阅读机械工程图样的原理和方法,可培养学生的空间想象、分析和构思能力,是一门既有理论基础,又有较强实践性的技术基础课程。本课程包括投影基础、制图基础、机械工程制图和计算机绘图等内容。

计算机技术的应用促进了图形学领域的发展,计算机图形学技术以及以其为基础的计算机辅助设计技术使得传统的使用尺规绘制图样的方式,转变为计算机三维建模的数字化信息文件的方式,CAD/CAPP/CAM一体化技术使得三维数字化信息实现无纸化生产。但值得注意的是:无纸化生产不等于无图生产,无论采用何种技术绘图,都需要掌握投影法和制图国家标准,这些是工程技术人员必备的技术基础。

学生通过本课程的学习不仅可掌握工程制图的原理和方法,同时还能够使空间思维能力和创新能力得到进一步的提升,为后续相关课程的学习打下坚实的基础。

本课程的主要任务如下。

(1)学习用正投影法图示空间物体的基本理论和方法。

(2)培养绘制和阅读机械工程图样的基本能力。

(3)培养对空间形体的空间逻辑思维能力和空间构思能力。

(4)训练徒手绘图、仪器绘图和计算机绘图的能力。

(5)培养工程意识,贯彻、执行国家标准的意识。

2. 本课程的学习方法

(1)学习投影法基本理论部分时,要循序渐进,重点掌握点、线、面、体的投影规律和基本作图方法,注意空间元素与投影之间的对应关系。要真正理解基本内容、基本作图方法,必须完成适量的练习,通过做题来加强对知识点的掌握。

(2)掌握形体分析和线面分析方法,学会把复杂形体分解为简单元素的思维方法,把握空间几何要素之间的位置关系和形体表达特点,反复经过图物转换、多想、多画,逐步提高空间思维能力,熟练掌握绘图和读图的方法。

(3)坚持理论联系实际,在专业图的学习过程中学会运用正投影法理论,熟悉专业图表达的特点,建立严格遵守国家标准的意识,熟练掌握专业图的绘制方法和读图方法。

(4)图样是重要的技术文件,不能有丝毫的差错。在学习过程中,应具备高度的责任心,培养实事求是的科学态度和严肃认真、耐心细致的工作作风。

第1章　制图基本知识和基本技能

1.1　制图的基本规定

机械图样是设计和制造机械过程中的重要技术资料,是工程界的技术语言,为了适应生产的需要和国际技术交流,国家标准《技术制图》与《机械制图》对图样画法、尺寸标注等都做了统一的规定。基本制图国家标准代号如表1.1所示,表中GB表示国家标准,T表示推荐标准。每一位工程技术人员都应严格遵守国家标准的相关规定。

表1.1　基本制图国家标准代号

标 准 名 称	标 准 代 号
图纸幅面和格式	GB/T 14689—2008
比例	GB/T 14690—1993
字体	GB/T 14691—1993
图线	GB/T 17450—1998,GB/T 4457.4—2002
尺寸注法	GB/T 16675.2—2012,GB/T 4458.4—2003

1.1.1　图纸幅面和格式

1. 图纸幅面

图纸幅面是指绘制图样时所采用的纸张的大小规格。图纸幅面应优先采用代号为A0、A1、A2、A3、A4的五种基本幅面,基本幅面的尺寸见表1.2。在五种基本幅面中,各相邻幅面的面积大小均相差一倍,如A0幅面为A1幅面的两倍,以此类推。

表1.2　图纸基本幅面及周边尺寸

幅面代号	A0	A1	A2	A3	A4
$B \times L$	841×1189	594×841	420×594	297×420	210×297
e	20			10	
c	10			5	
a	25				

幅面尺寸中,B表示短边,L表示长边。必要时允许选用加长幅面,加长幅面的尺寸由基本幅面尺寸的短边成整倍数增加后得出,具体尺寸可参看国家标准规定。表示图幅大小的纸边界线(即图幅线)用细实线绘制,如图1.1所示。

2. 图框格式

图框格式有两种:一种是留有装订边的图框格式,用于需要装订的图样,如图1.1所示。另外一种是不留装订边的图框格式,用于不需装订的图样,如图1.2所示。当图样需要装订时,一般采用A3幅面横装,A4幅面竖装。注意:同一产品的图样应采用同一种图框格式。

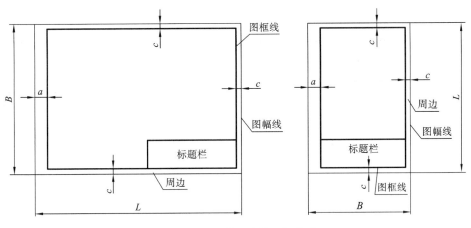

图 1.1　留有装订边的图框格式

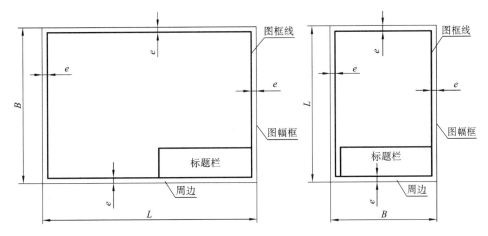

图 1.2　不留装订边的图框格式

图框线用粗实线绘制,图框线与图幅线之间的区域称为周边,各周边的具体尺寸与图纸幅面大小有关,见表 1.2。

在图框上、图纸周边上,还可按需画出附加符号,如对中符号、方向符号、剪切符号等,这些内容不详细介绍,需要时可查阅国家标准。

3. 标题栏格式

在每张图样上,均应画出标题栏。标题栏位于图纸的右下角,其外框线用粗实线绘出。标题栏内要填写名称、材料、图样代号、图样比例,以及设计者、审核者的姓名,日期等内容,标题栏中的文字方向通常为看图方向。标题栏的格式由国家标准规定,如图 1.3 所示;学校制图作业中使用的标题栏可以简化,建议采用图 1.4 所示的格式。

1.1.2　比例

比例是指图形与其实物相应要素的线性尺寸之比。比值为 1 的比例称为原值比例,比值大于 1 的比例称为放大比例,比值小于 1 的比例称为缩小比例。

绘制图样时,应根据需要从表 1.3 规定的系列中选取适当比例,尽量采用图中优先选用比例。

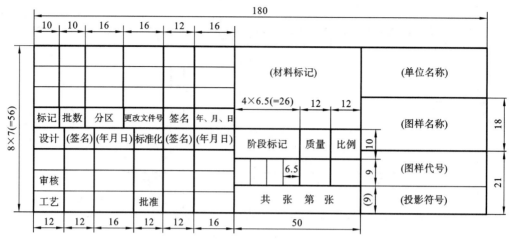

图1.3 国家标准标题栏格式

图1.4 制图作业的标题栏格式

表1.3 标准比例系列

种 类	优先选用比例	允许选用比例
原值比例	1:1	
放大比例	5:1　　　2:1 $(5\times10^n):1$　$(2\times10^n):1$　$(1\times10^n):1$	4:1　　　2.5:1 $(4\times10^n):1$　　$(2.5\times10^n):1$
缩小比例	1:2　　　1:5 $1:(2\times10^n)$　$1:(5\times10^n)$　$1:(1\times10^n)$	1:1.5　　1:2.5　　1:3　　1:4　　1:6 $1:(1.5\times10^n)$　　$1:(2.5\times10^n)$　　$1:(3\times10^n)$ $1:(4\times10^n)$　　　$1:(6\times10^n)$

注:n为正整数。

图样不论放大或缩小,在标注尺寸时,均应按机件的实际尺寸标注,如图1.5所示。在同一张图样上的各图形一般采用相同的比例绘制,并应在标题栏的"比例"一栏内填写比例;必要时,可在视图名称的下方或右侧标注比例。

1.1.3 字体

国家标准规定,图样中书写的文字必须字体工整、笔画清楚、间隔均匀、排列整齐。

字体号数即字体高度(h),其尺寸系列为1.8、2.5、3.5、5、7、10、14、20等,单位为mm。若需书写更大的字,则字体高度值应按$\sqrt{2}$的比率递增。

1. 汉字

图样中的汉字应写成长仿宋字,并应采用国家正式公布的简化字。由于汉字的笔画较多,所以国家标准规定汉字的最小高度不应小于 3.5 mm,其字宽约为字高的 0.7 倍。

书写长仿宋字的要领是:横平竖直,注意起落,结构均匀,填满方格。示例如图 1.6 所示。

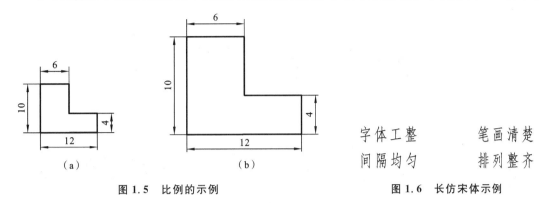

字体工整　　　笔画清楚
间隔均匀　　　排列整齐

图 1.5　比例的示例　　　　　　　图 1.6　长仿宋体示例

2. 字母和数字

数字和字母分 A 型和 B 型。A 型字体的笔画宽度 d 为字高 h 的 1/14,B 型字体的笔画宽度 d 为字高 h 的 1/10。数字和字母有斜体和直体之分,斜体字字头向右倾斜,与水平基准线成 75°角。拉丁字母字体示例如图 1.7 所示,图 1.8 所示的为阿拉伯数字字体示例,图 1.9 所

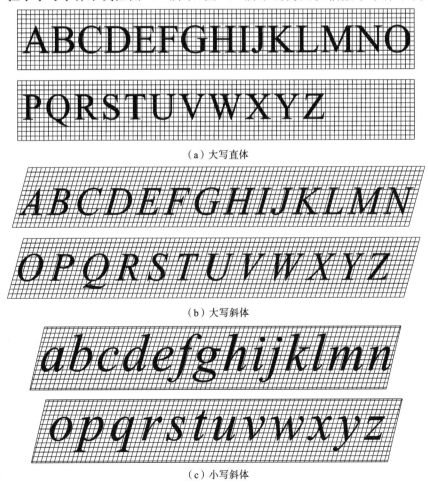

(a) 大写直体

(b) 大写斜体

(c) 小写斜体

图 1.7　拉丁字母字体示例

示的为罗马数字字体示例。对字体的综合应用有下述规定:用作指数、分数、极限偏差、注脚等的数字及字母,一般应采用小一号的字体,图样中的数学符号、物理量符号、计量单位符号,以及其他符号、代号,应分别符合国家有关法令和标准的规定。

图 1.8　阿拉伯数字字体示例

图 1.9　罗马数字字体示例

1.1.4　图线及其画法

1. 线型

国家标准 GB/T 17450—1998《技术制图　图线》中规定了 15 种基本线型,以及多种基本线型的变形和图线的组合。在表 1.4 中列出了部分常用的线型及其应用。

表 1.4　常用的线型及其应用

名　　称		线　　型	图线宽度	主要用途
实线	粗实线		d	可见轮廓线、相贯线、牙顶线、齿顶(圆)线等
	细实线		$d/2$	过渡线、尺寸线、尺寸界线、剖面线、弯折线、牙底线、齿根线、引出线、辅助线等
细虚线			$d/2$	不可见轮廓线等
点画线	细点画线		$d/2$	轴线、对称中心线、齿轮分度圆(线)等
	粗点画线		d	有特殊要求的线或表面的表示线
细双点画线			$d/2$	相邻辅助零件的轮廓线、极限位置的轮廓线、假想投影的轮廓线等
波浪线			$d/2$	断裂处边界线,视图与剖视图的分界线
双折线			$d/2$	

2. 图线的画法

图样中的图线分粗、细两种,机械图样中粗、细线线宽比例为 2∶1。粗线的线宽 d 按图样的大小和复杂程度确定,所有线型的图线宽度均应在下列系列中选择:0.13 mm,0.18 mm,0.25 mm,0.35 mm,0.5 mm,0.7 mm,1 mm,1.4 mm,2 mm。优先采用 0.5 mm 或者 0.7 mm。此数列的公比为 $\sqrt{2}$。

在绘制虚线和点(双点)画线时,其线素(点、画、长画和短间隔)的长度如图 1.10 所示。

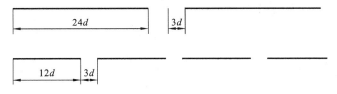

图 1.10　虚线和点(双点)画线画法

对图线的画法有如下要求:

(1) 在同一图样中,同类图线的宽度应基本一致。细虚线、细点画线、细双点画线、双折线等的画长和间隔长度应各自大致相同,点画线与双点画线的首尾两端应是长画而不是点。

(2) 画圆的对称中心线(细点画线)时,圆心应为长画的交点,不能以点或间隔相交,点画线两端应超出圆弧或相应图形轮廓 2~5 mm。若图形较小,不便于绘制细点画线、细双点画线,可用细实线代替,如图 1.11(a)所示。

(3) 当图线相交时,应在长画或短画处相交,不应在间隔或点处相交。但当细虚线位于粗实线的延长线上时,在细虚线和粗实线的分界点处,细虚线应留出间隔,如图 1.11(b)所示。

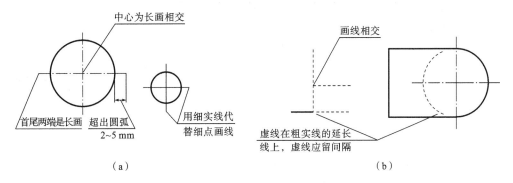

图 1.11　图线画法

图 1.12 所示为常见图线的应用示例。

1.1.5　尺寸标注

图形只能表达机件的形状,机件的大小则由图样上标注的尺寸来确定,同时尺寸也是产品制造、装配、检验等的重要依据。《机械制图　尺寸标注》(GB/T 4458.4—2003)对机件的尺寸标注作了相关规定,标注尺寸时必须认真细致,一丝不苟。

尺寸标注的基本要求:正确、完整、清晰、合理。

正确:尺寸标注要符合国家标准的有关规定。

完整:要标注制造零件所需要的全部尺寸,不遗漏,不重复。

清晰:尺寸标注在图形最明显处,布局整齐,便于读图。

合理:符合设计要求和加工、测量、装配等生产工艺要求。

1. 基本规则

(1) 机件的真实大小应以图样中所标注的尺寸为依据,与画图时采用的缩放比例无关,与画图的精确度亦无关。

(2) 图样上的尺寸以 mm(毫米)为单位时,不需标注计量单位的名称或代号。若采用其

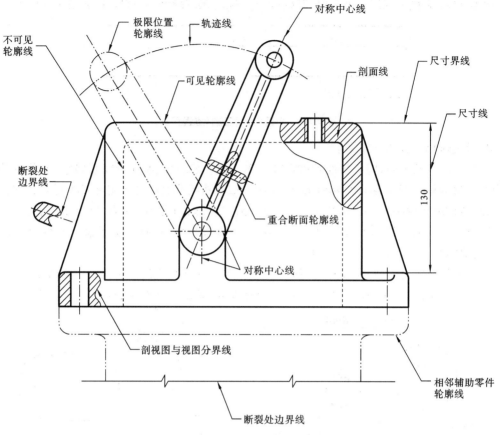

图 1.12　图线的应用示例

他单位,则必须注明相应的计量单位名称或代号。

　　(3)图样中所标注的尺寸是机件的最后完工尺寸,否则应另加说明。

　　(4)机件的每一尺寸在图样中一般只标注一次,并应标注在反映该结构最清楚的图形上。

2. 尺寸的组成

　　一组完整的尺寸由尺寸数字、尺寸线、尺寸界线、尺寸线的终端组成,如图 1.13 所示。

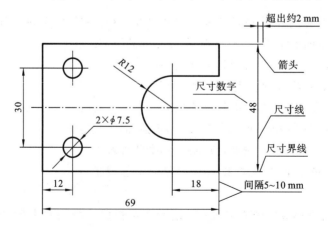

图 1.13　尺寸的组成

1）尺寸线

尺寸线以细实线画出，为独立线，不能用其他线代替，也不得与其他图线重合或画在其他图线的延长线上。线性尺寸的尺寸线必须与标注的线段平行，如图 1.13 和图 1.14 所示。

2）尺寸界线

尺寸界线以细实线画出，可由轮廓线、中心线、对称线引出，也可利用轮廓线、轴线、对称中心线作为尺寸界线。一般与尺寸线垂直，超出约 2 mm，如图 1.13 所示。必要时尺寸界线与尺寸线允许倾斜，如图 1.15 所示。

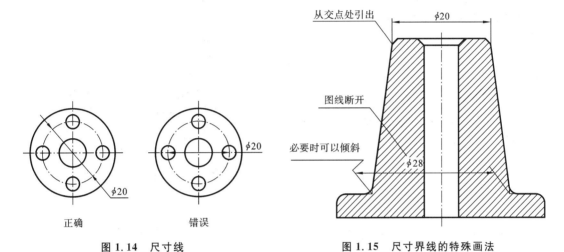

| 正确 | 错误 |

图 1.14　尺寸线　　　　**图 1.15　尺寸界线的特殊画法**

3）尺寸线终端

尺寸线的终端有两种形式：箭头和斜线。机械图样多采用箭头。箭头为瘦长型，尾宽 d，长至少为 $6d$，如图 1.16(a)所示。画图时，先画尾部再两边，尾部宽 d 等于粗线宽。线性尺寸线的终端允许采用斜线，其画法如图 1.16(b)所示。同一图样的线性尺寸终端应一致。

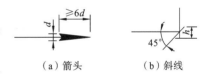

| （a）箭头 | （b）斜线 |

图 1.16　尺寸线终端

注：d 为粗实线的宽度；$h=$ 字体高度。

4）尺寸数字及相关符号

尺寸数字用标准字体书写，且在同一张图上应采用相同的字号。表 1.5 所示的为常见尺寸符号，表 1.6 给出了尺寸标注示例。

表 1.5　尺寸符号

符　　号	含　　义	符　　号	含　　义
ϕ	直径	C	45°倒角
R	半径	EQS	均布
$S\phi$	球直径	□	正方形
SR	球半径	⌒	弧长

表 1.6　尺寸标注示例

项目	说　　明	图　　例
尺寸数字	线性尺寸数字的方向应按图(a)所示的方式注写,并尽量避免在图(a)所示 30°范围内标注尺寸,无法避免时,可按图(b)所示的方式标注;允许将非水平方向尺寸数字水平注写在尺寸线的中断处,如图(c)所示	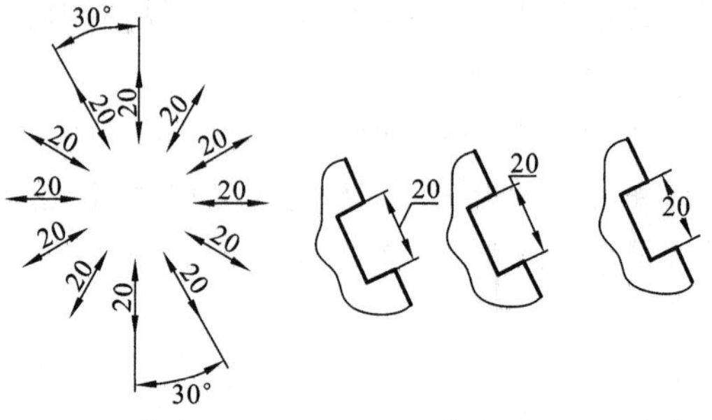(a)　(b)　(c)
	尺寸数字不可被任何图线通过。不可避免时,需把图线断开	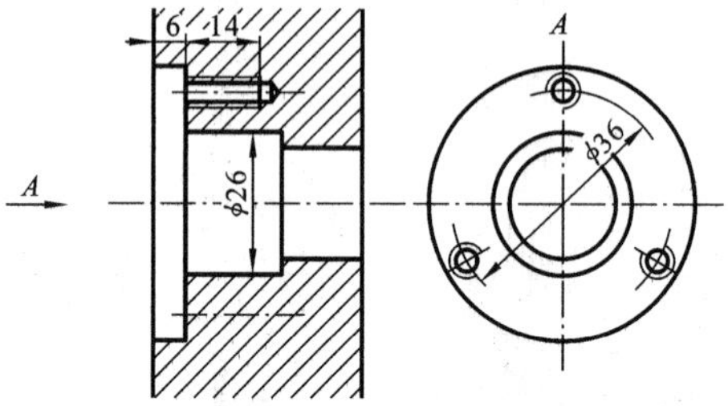
直径及半径注法	标注圆和大于半圆的圆弧直径时,直径尺寸的数字之前应加注符号"φ"	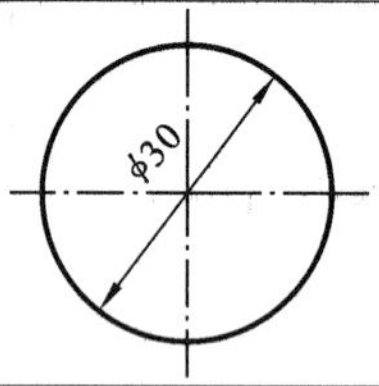
	小于或等于半圆的圆弧标注半径时,半径尺寸的数字之前应加注符号"*R*",其尺寸线应通过圆弧的中心	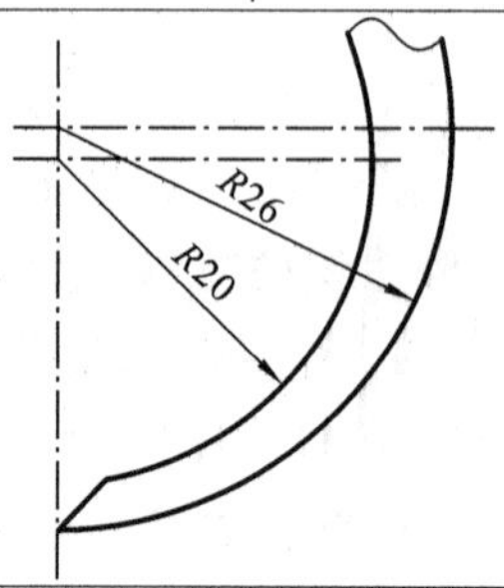
	半径尺寸应标注在投影为圆弧的视图上	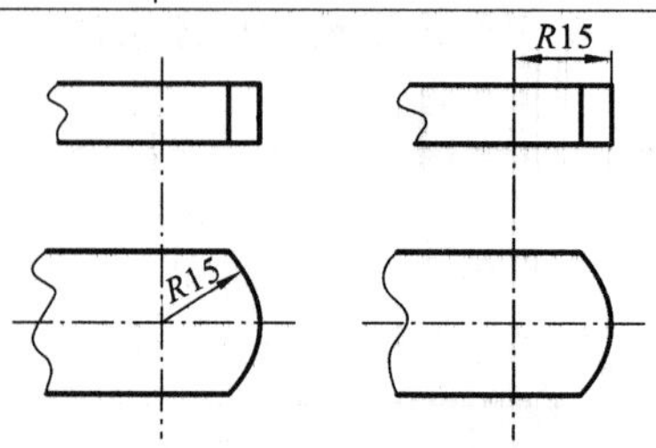正确　错误
	标注球面的直径和半径时,应在符号"φ"和"*R*"前再加注符号"*S*",如图(a)和图(b)所示。对于螺钉、铆钉的头部,以及轴(包括螺杆)和手柄的端部等,在不致引起误解时,可省略符号"*S*",如图(c)所示	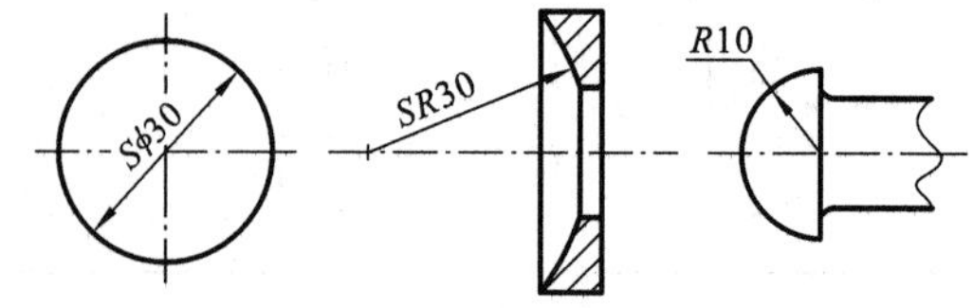(a)　(b)　(c)

续表

项目	说　明	图　例
角度尺寸的标注	尺寸界线应沿径向引出,尺寸线应画成圆弧,其圆心是该角的顶点。 　角度的数字一律水平书写,一般注写在尺寸线的中断处,必要时也可注写在尺寸线的上方或外面,也可引出标注	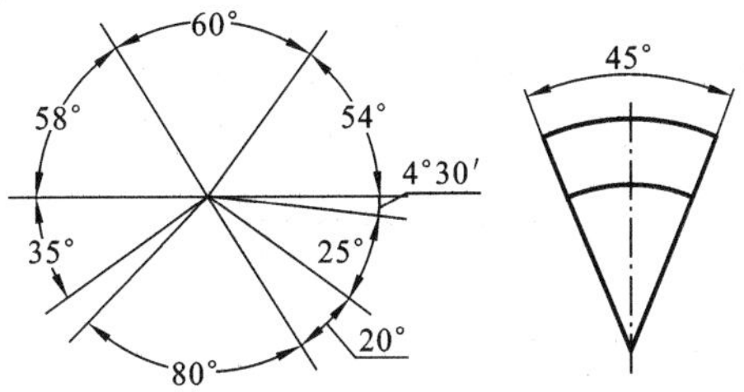 （a）　　　　　（b）
弦长和弧长的标注	标注弦长和弧长时,尺寸界线应平行于弦的垂直平分线。标注弧长时,尺寸线用圆弧,并在尺寸数字左方加注符号"⌒"	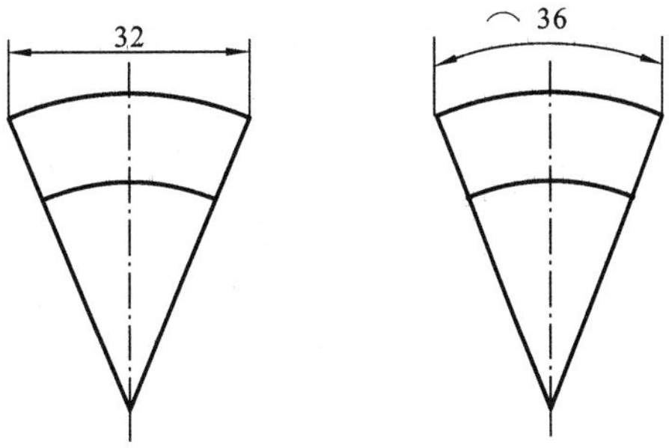 （a）　　　　　（b）
对称机件的尺寸注法	分布在对称线两侧的相同结构,仅标注其一侧的结构尺寸。当对称机件只画出一半或略大于一半时,它们的尺寸线应略超过对称中心线或断裂处的边界线,仅在尺寸线的一端画出箭头,且在对称中心线两端分别画出对称符号,即两条与对称中心线垂直的平行细实线	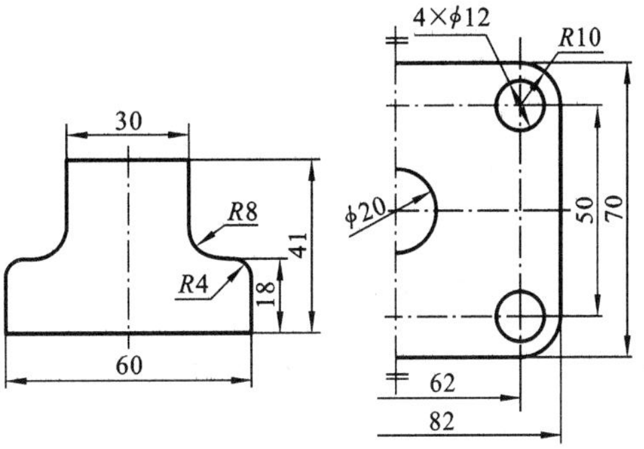
狭小部位的尺寸注法	当没有足够位置画箭头或注写数字时,箭头或数字可布置在图形外面,或者两者都布置在外面;尺寸线终端的箭头允许用圆点或斜线代替	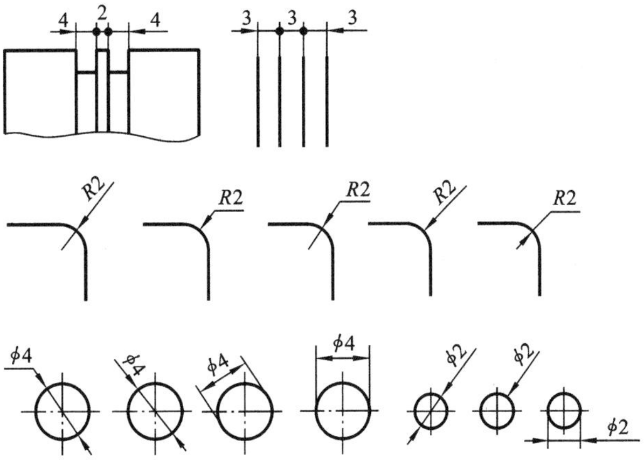

1.2 几何作图

机件的轮廓形状是多样的,但它们基本上都是由直线、正多边形、圆弧,以及其他一些曲线组成的几何图形。现将其中常用的作图方法介绍如下。

1.2.1 正多边形的作图

1. 作圆的内接正五边形

方法:以已知圆上的一点 M 为圆心,OM 为半径画弧,与圆交于两点,该两点连线与 OM 的交点即为 OM 的中点 F;以 F 为圆心、FA 为半径作弧与 ON 交于点 G;以 A 为圆心、AG 为半径作弧与圆相交于点 B,AB 即为正五边形的边长(近似);以 AB 为定长,在圆上顺次截取点 C、D、E,连接 A、B、C、D、E 即得所求正五边形,如图 1.17 所示。

2. 作圆的内接正六边形

方法:以已知圆直径的两端点 A、D 为圆心,以 AO、DO 为半径作弧,与圆分别相交于 B、F、C、E 四点,$ABCDEF$ 即为所求的正六边形,如图 1.18 所示。

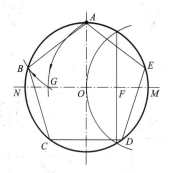 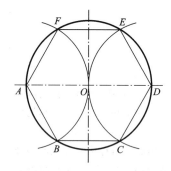

图 1.17 圆的内接正五边形的作图　　　　图 1.18 圆的内接正六边形的作图

3. 作圆的内接正 n 边形(内接正七边形)

方法:将直径 AB 七等分(对 n 边形可 n 等分直径),以点 B 为圆心、AB 为半径,画弧分别交 CD 的延长线于点 E 和 F,如图 1.19(a)所示;作点 E 或 F 与直径上的奇数点(或偶数点)连线,延长至圆周即得各分点 $1'$、$2'$、$3'$、$4'$ 和对称点 $5'$、$6'$、$7'$,依次连接各点,得正七边形,如图 1.19(b)所示。

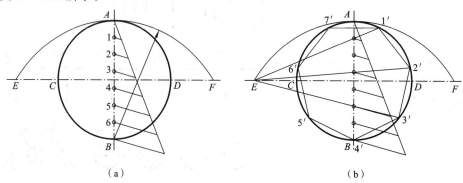

图 1.19 圆的内接正七边形的作图

1.2.2　斜度与锥度的作图

1. 斜度

斜度是指一直线或平面相对另一直线或平面的倾斜程度,其大小用倾斜角的正切值表示,如图 1.20(a)所示。通常用 $1:n$ 的形式标注,如图 1.20(b)所示,即斜度$=\tan\alpha=H:L=1:n$,并在其前面标上斜度符号"∠"。斜度符号的画法如图 1.20(c)所示:用粗实线画出,符号的方向应与实际斜度方向一致。

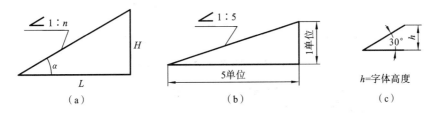

图 1.20　斜度的定义、标注样式及斜度符号的画法

例 1.1　按图 1.21(a)所示尺寸作图(作 $1:5$ 的斜度)。

作图　作图方法如图 1.21(b)所示。

(1) 在 AB 上作 5 个单位长 BC;

(2) 过点 C 作 $CD=1$ 个单位长;

(3) 连 BD,即为 $1:5$ 的斜线;

(4) 过点 E 作 EF 平行于 BD,EF 即为所求斜线。

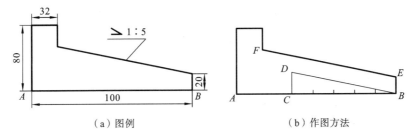

(a) 图例　　　　　　　(b) 作图方法

图 1.21　斜度的画法

2. 锥度

锥度是指正圆锥的底圆直径与高度之比,或是正圆锥台底圆直径和顶圆直径的差与高度之比,如图 1.22 所示,即

$$锥度=2\tan(\alpha/2)=D:L=(D-d):l$$

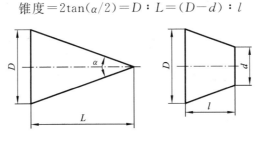

图 1.22　锥度

锥度标注写成 $1:n$ 的形式,并在"$1:n$"前面标上锥度符号。锥度符号的方向要与图形中

的大、小端方向一致,且基准线须从图形符号中间穿过,如图 1.23 所示。

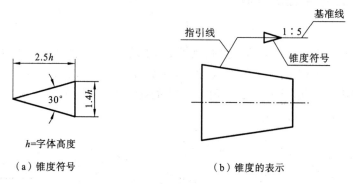

（a）锥度符号　　　　　　　　（b）锥度的表示

图 1.23　锥度符号的画法及标注

例 1.2　按图 1.24(a)所示尺寸作图(作 1∶5 的锥度)。

作图　作图方法如图 1.24(b)所示。

(1) 先作锥度为 1∶5 的圆锥 sab;

(2) 分别过点 A 和 B 作直线平行于 sa 和 sb。

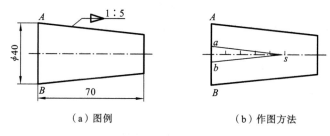

（a）图例　　　　　　　　　　（b）作图方法

图 1.24　锥度的画法

1.2.3　椭圆

已知长轴 AB、短轴 CD,作椭圆的方法如下。

1. 四心圆法(近似画法)

作图步骤如图 1.25(a)所示。

(1) 过点 O 分别作长轴 AB 及短轴 CD。

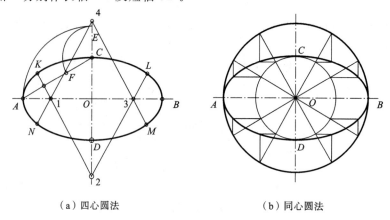

（a）四心圆法　　　　　　　　（b）同心圆法

图 1.25　椭圆的画法

（2）连 AC，以点 O 为圆心、OA 为半径作圆弧，与 OC 的延长线交于点 E，再以点 C 为圆心、CE 为半径作圆弧与 AC 交于点 F，即 $CF=OA-OC$。

（3）作 AF 的垂直平分线，分别交长、短轴于点 1、2，求出 1、2 对圆心 O 的对称点 3、4。

（4）分别以点 1、3 和点 2、4 为圆心，$1A$ 和 $2C$ 为半径画圆弧，使四段圆弧相切于 K、L、M、N 而构成一近似椭圆。

2. 同心圆法

作图步骤如图 1.25(b)所示。

（1）分别以长轴 AB 及短轴 CD 为直径作两同心圆。

（2）过圆心 O 作一系列射线，分别与大圆和小圆相交，得若干交点。

（3）过大圆上的各交点引竖直线，过小圆上的各交点引水平线，对应同一条射线的竖直线和水平线交于一点，如此可得一系列交点。

（4）光滑连接各交点及 A、B、C、D 点即完成椭圆作图。

1.2.4 圆弧连接的作图

圆弧连接

圆弧连接一般是指用已知半径的圆弧将直线或圆弧光滑连接起来，该已知半径的圆弧称为连接弧。光滑连接就是平面几何中的相切。圆弧连接作图的关键是准确作出连接圆弧的圆心与切点，表 1.7 列出了圆弧连接的作图方法及步骤。

表 1.7　圆弧连接作图示例

名称	作图方法和步骤		
相交直线的圆弧连接	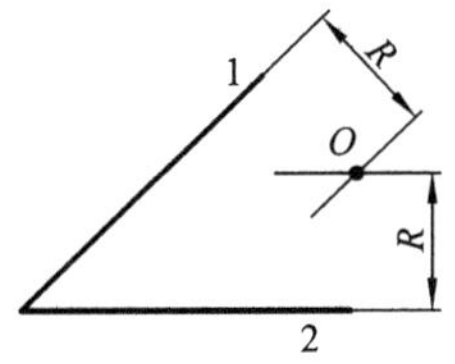 （1）在已知两相交直线的内侧各作一平行线，与已知直线的距离为 R，则交点 O 为圆心	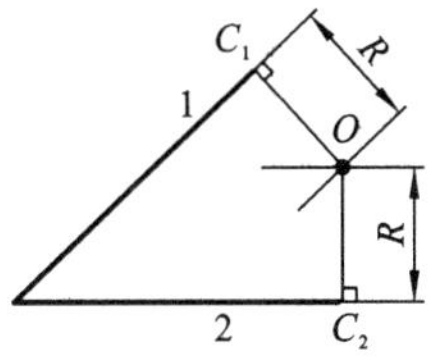 （2）点 O 到两已知直线的垂足 C_1 及 C_2 即为切点	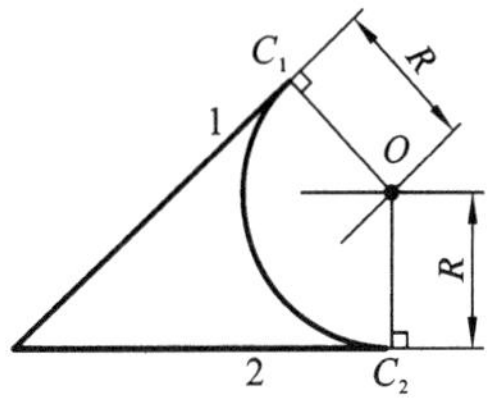 （3）以点 O 为圆心，R 为半径画圆弧，连接两直线于 C_1、C_2 两点，即完成作图
内切两圆弧	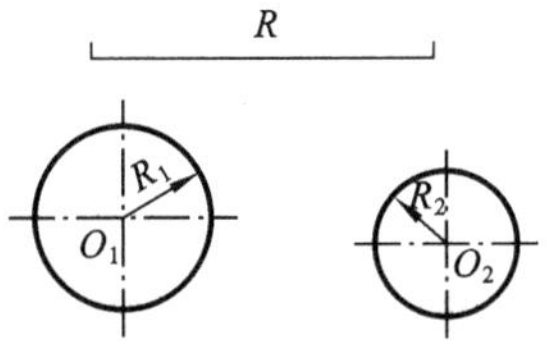 （1）已知连接弧半径 R，与两圆内切	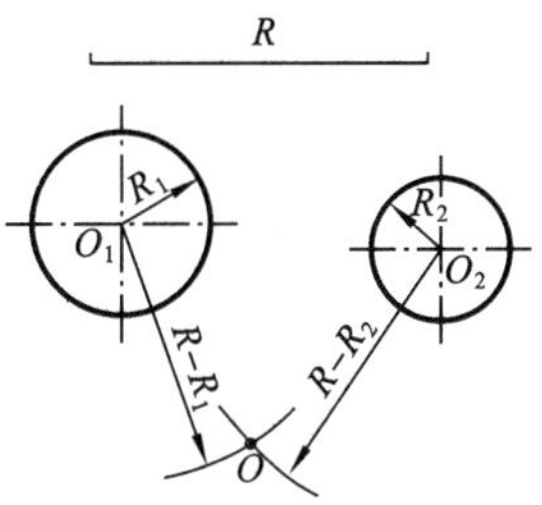 （2）分别以 $R-R_1$、$R-R_2$ 为半径，O_1、O_2 为圆心，画弧交于点 O	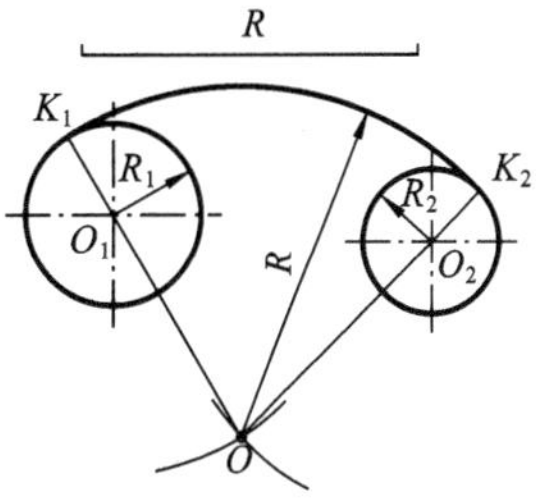 （3）连接 OO_1、OO_2 并延长，分别交两圆于点 K_1、K_2，以点 O 为圆心，R 为半径画圆弧，连接两圆于点 K_1、K_2，完成作图

名称	作图方法和步骤		
外切两圆弧	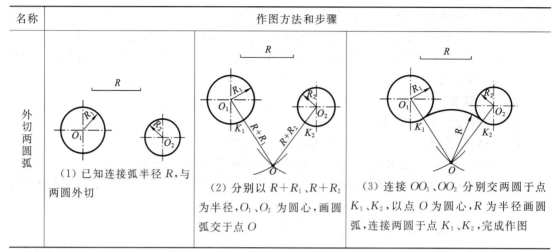 (1) 已知连接弧半径 R,与两圆外切	(2) 分别以 $R+R_1$、$R+R_2$ 为半径,O_1、O_2 为圆心,画圆弧交于点 O	(3) 连接 OO_1、OO_2 分别交两圆于点 K_1、K_2,以点 O 为圆心,R 为半径画圆弧,连接两圆于点 K_1、K_2,完成作图

1.3　平面图形的尺寸分析及画图步骤

如图 1.26 所示,平面图形通常由一些线段连接而成的一个或数个封闭线框构成。在画图时,要根据图中尺寸,确定画图步骤;在标注尺寸(特别是圆弧连接的图形)时,需根据线段间的关系,分析需要标注什么尺寸,注出的尺寸要齐全,既不能遗漏也不能重复。

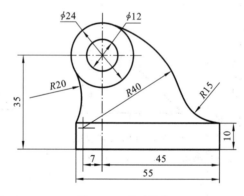

图 1.26　尺寸分析

1.3.1　平面图形的尺寸分析

平面图形的尺寸按其作用分为定形尺寸和定位尺寸两类,确定平面图形中线段的定位尺寸,必须引入基准概念。

(1) 尺寸基准:确定平面图形尺寸位置的几何元素(点、直线)称为尺寸基准。尺寸基准是标注尺寸的起点。一个二维的平面图形,应有两个方向(水平方向和竖直方向)的尺寸基准,一般选择图形的对称线、主要轮廓线、圆的中心线作为尺寸基准。

(2) 定形尺寸:确定平面图形中各线段形状大小的尺寸称为定形尺寸。如直线的长度,圆及圆弧的直径或半径,以及角度的大小等,如图 1.26 中的 $\phi24$、$\phi12$、$R20$、$R40$、10、55。

(3) 定位尺寸:确定平面图形各组成部分(线框及图线)之间相对位置的尺寸,一般有两个方向的定位尺寸,如图 1.26 中的 35、45。

1.3.2　平面图形的线段分析

平面图形中的线段(直线或圆弧),根据尺寸的完整程度可分为三类:已知线段、中间线段和连接线段。

(1) 已知线段:具有完整的定形尺寸和定位尺寸的线段称为已知线段,此类线段可直接画出,如图 1.26 中 $\phi24$、$\phi12$ 的圆,长 55、10 的线段及图 1.27 中的长 16 的线段、$R8$ 圆弧。

(2) 中间线段:具有定形尺寸和一个定位尺寸的线段称为中间线段,此类线段必须利用与之相邻的已知线段的连接(相切或相交)关系画出,如图 1.27 中的 $R50$ 圆弧。

(3) 连接线段:只有定形尺寸而没有定位尺寸的线段称为连接线段,此类线段必须根据两端的连接关系才能画出,如图 1.26 中的 $R20$、$R15$ 圆弧及图 1.27 中的 $R40$ 圆弧。

1.3.3　平面图形的画图步骤

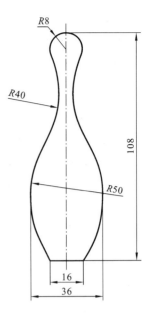

图 1.27　线段分析

通过以上分析可知,绘制平面图形时应根据尺寸分析出各线段类型,先画出已知线段,再画中间线段,最后画出连接线段。

如绘制图 1.27 所示的平面图形,分析出各类线段,画出长为 16 的已知线段及 $R8$ 圆弧,如图 1.28(a)所示。根据 $R50$ 圆弧与长 16 的直线段相交的关系及尺寸 36 画出中间线段 $R50$,如图 1.28(b)所示。最后根据 $R50$ 和 $R8$ 圆弧相切的关系画出 $R40$ 连接圆弧,如图 1.28 (c)所示。

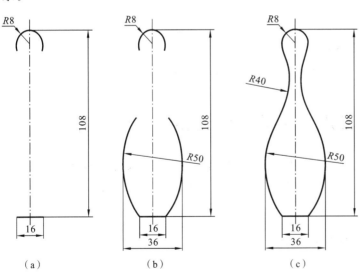

(a)　　　　　　　　　(b)　　　　　　　　　(c)

图 1.28　平面图形的画图步骤

平面图形的画图步骤

1.3.4　平面图形的尺寸标注

平面图形尺寸标注的一般规律是,在两条已知线段之间,可以有多条中间线段,但必须有且只能有一条连接线段。

标注尺寸步骤：

(1)分析图形各部分的构成,确定基准。

(2)注出定形尺寸。

(3)注出定位尺寸。

(4)检查。

以图1.29所示图样为例,进行分析和标注。

(1)分析图形,确定基准。图形由一个外线框和三个圆构成。外线框由两段圆弧和四段直线组成。水平方向定位基准定为大圆的竖直中心线,竖直方向基准定为图形上下对称线。

(2)标注定形尺寸,包括外框尺寸90、60、R15,圆的尺寸2×φ12、φ30。国家标准规定,当图形具有对称中心线时,分布在对称中心线两边的相同结构,可只标注其中一边的结构尺寸,如R15。

(3)标注定位尺寸,包括φ30圆的水平方向定位尺寸25,2个φ12圆的水平方向定位尺寸50、竖直方向定位尺寸30。

(4)检查。标注尺寸要完整和清晰。

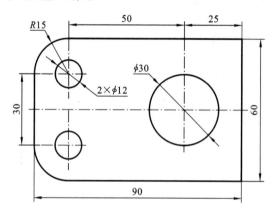

图1.29　平面图形的尺寸标注

1.4　尺规绘图的绘图仪器和绘图步骤

尺规绘图是手工绘制各类机械图样的基础,只有具备良好的尺规绘图能力,才有可能借助其他绘图手段和工具绘制高质量的工程图。常用的绘图工具有:图板、丁字尺、三角板、圆规、分规、曲线板等。

1.4.1　尺规绘图仪器及其用法

1.图板

图板供铺放图纸用,它的表面须平整,左右两导边须平直。

2.丁字尺和三角板

丁字尺常用来绘制水平线,与三角板联用时,可绘制竖直线和各种特殊角度的倾斜线,如图1.30所示。

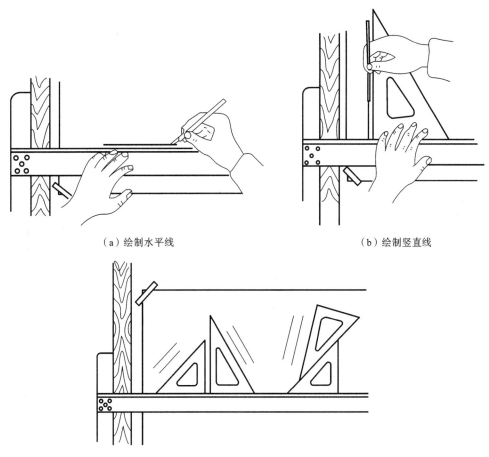

（a）绘制水平线　　　　　　　　　　　　　　（b）绘制竖直线

（c）绘制与水平线成15°倍角的斜线

图 1.30　用丁字尺、三角板画线

3. 圆规、分规的用法

圆规的用途是画圆。绘制较大直径的圆时,应调节圆规的针尖及铅芯尖约垂直于纸面,如图 1.31(a)所示。画一般直径圆和大直径圆时,手持圆规的姿势如图 1.31(b)所示。分规的用

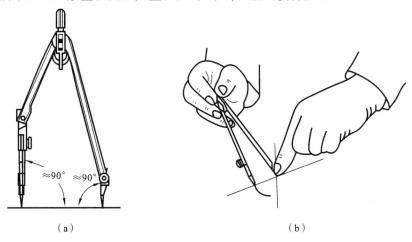

（a）　　　　　　　　　　　　　　　　　　（b）

图 1.31　圆规的用法

途主要是移置尺寸和等分线段,如图1.32所示。

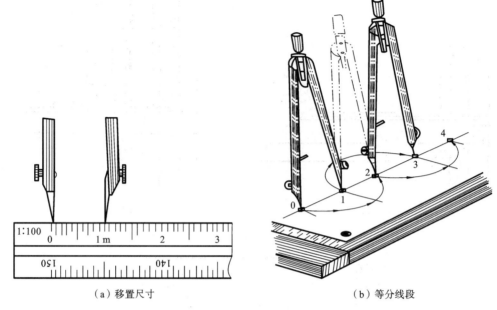

（a）移置尺寸　　　　　　　　　　　（b）等分线段

图1.32　分规的用法

4. 曲线板的用法

曲线板是描绘非圆曲线的常用工具,其形状如图1.33所示。描绘曲线时,应先徒手将曲线上已求出各点轻轻地连接起来,然后在曲线板上选择与曲线吻合的一段描绘。每次描绘曲线段时所通过的点不得少于三个,连接时应留出一小段不描,以作下段连接时光滑过渡之用。

5. 铅笔

铅笔铅芯的软硬程度是用字母B和H加数字来表示的,B前的数字越大表示铅芯越软,H前的数字越大表示铅芯越硬。铅笔的削法可参见图1.34。一般将H、HB型铅笔的铅芯削成锥形,用来画细线和写字;将B、2B型铅笔的铅芯削成楔形,用来画粗线。

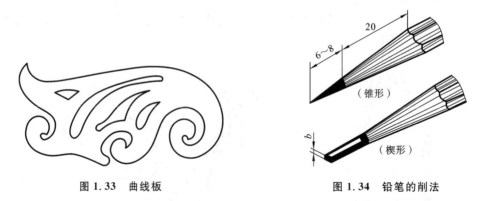

图1.33　曲线板　　　　　　　　　　　图1.34　铅笔的削法

1.4.2　尺规绘图方法和步骤

1. 绘图前的准备工作

(1) 准备好所需的全部作图用具,擦净图板、丁字尺、三角板。

（2）分析了解所绘对象，根据所绘对象的大小选择合适的图幅及绘图比例。

（3）固定图纸。应使图纸的下边与丁字尺的上边平行。当图纸较小时，将图纸固定在靠近图板的左下角。

2. 画底稿（用 H 或 2H 的铅笔）

（1）按国家标准规定画图框和标题栏。

（2）布置图形的位置。根据各图形的尺寸，留有标注尺寸数字的位置，均匀分布各图形。

（3）画图形。先画图形的轴线或对称中心线，再画主要轮廓线，然后画细部。

（4）画其他符号、尺寸线、尺寸界线，标注尺寸数字等。

3. 加深（用 B 或 2B 的铅笔）

其顺序一般如下：

（1）加深点画线。

（2）加深粗实线圆和圆弧。

（3）从上向下加深水平粗实线，从左向右加深竖直的粗实线。

（4）按加深粗实线的顺序加深所有的虚线圆及圆弧，水平的、垂直的和倾斜的虚线。

（5）加深细实线、波浪线。

（6）画符号，标注尺寸，写文字。

（7）全面检查，并修改错误。

1.5　徒手作图

徒手图也称为草图，是指不借助绘图工具，通过目测物体的形状及大小，徒手绘制的图样。在零件测绘、技术交流和现场中，常常需要徒手目测绘制草图，因此工程技术人员应具备徒手绘图的能力。徒手图不是潦草的图，也要求图线清晰、比例均匀、字体工整、表达无误。

1. 直线的画法

画直线时，手指应握在铅笔上离笔尖约 35 mm 处，笔杆与纸面成 45°～60°角，眼睛要看着图线的终点，用手腕靠着纸面，沿着画线方向移动。画水平直线时应自左向右运笔，画垂直线时应自上而下运笔，以保证直线画得平直、方向准确。画斜线时可以转动图纸。当直线较长时，可在直线中间定几个点，再分段画。直线的徒手画法如图 1.35 所示。

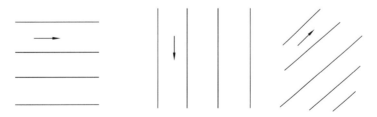

图 1.35　直线的徒手画法

2. 圆的画法

画圆时，首先定出圆心，然后过圆心画出两条相互垂直的中心线。在中心线上通过目测半径定出四个端点，过此四点即可画出小圆；画较大的圆时，可用类似方法定八点画出，如图 1.36 所示。

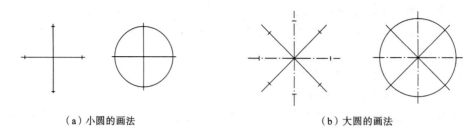

（a）小圆的画法 （b）大圆的画法

图 1.36　圆的徒手画法

3. 椭圆的画法

画椭圆时，先画椭圆的长、短轴，从而定出长、短轴端点，然后过这四个点画出矩形，用3：7的比例在对角线上定出椭圆与对角线的交点，最后徒手作椭圆与此矩形相切，图 1.37 是利用外接平行四边形画椭圆的方法。

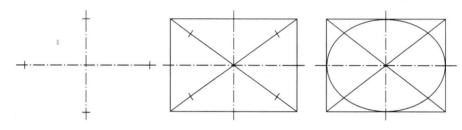

图 1.37　椭圆的徒手画法

第2章　投影的基本知识

2.1　投　影　法

2.1.1　投影法的基本知识

如图 2.1(a)所示,平面 P 称为投影面,点 S 为投射中心,直线 SA、SB、SC 称为投射线,SA、SB、SC 分别与投影面 P 的交点 a、b、c,称为空间点 A、B、C 的投影。投射线通过物体,向选定的面投射,并在该面上得到图形的方法,称为投影法;根据投影法所得到的图形,称为投影图;在投影法中得到投影的面称为投影面,其中物体的空间点用大写字母表示,其投影用同名小写字母表示。

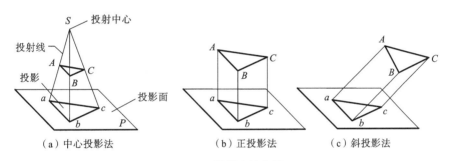

（a）中心投影法　　　　（b）正投影法　　　　（c）斜投影法

图 2.1　投影法的分类

2.1.2　投影法的种类

投影法分为两大类:中心投影法和平行投影法。

1. 中心投影法

如图 2.1(a)所示,投射线从一点出发,通过空间物体,到达投影面,在投影面上得到物体投影的方法,称为中心投影法。中心投影法的所有投射线交于投射中心。用中心投影法得到的图形称为中心投影图,也可称为透视图。

中心投影图一般不反映物体各部分的真实形状和大小,且投影的大小随投射中心、物体和投影面之间的相对位置的改变而改变,不能反映空间物体的真实形状和大小,度量性较差。中心投影法通常用来绘制建筑物或产品的富有逼真感的立体图。

2. 平行投影法

如图 2.1(b)、(c)所示,投射线 Aa、Bb、Cc 互相平行,按给定的投射方向分别与投影面 P 相交,得出点 A、B、C 的投影 a、b、c,直线 ab、bc、ac 分别是直线 AB、BC、AC 的投影,$\triangle abc$ 是 $\triangle ABC$ 的投影。这种用相互平行的投射线通过物体,向选定的面投射,在投影面上得到物体投影的方法,称为平行投影法。

若用平行投影法来获取投影,当物体的轮廓或表面平行于投影面时,投影的大小可真实地反映轮廓的长度或表面的形状大小。这样的投影度量性好,作图方便。

平行投影法分为以下两种。

(1)正投影法:投射线垂直于投影面的投影方法。用正投影法得到的投影称为正投影,如图2.1(b)所示。

(2)斜投影法:投射线倾斜于投影面的投影方法。用斜投影法得到的投影称为斜投影,如图2.1(c)所示。

工程图样通常采用正投影法绘制,下面叙述中的"投影"均指用正投影法获得的正投影,斜投影法常用来绘制轴测图。

2.2　多面正投影和点的投影

点的投影

2.2.1　单面投影及特性

在工程上用的投影图,必须能确切、唯一地反映出空间的几何关系。但一个投影是不能反映唯一的空间情况的。例如,投影图上相互平行的直线 ab、cd,对应到空间可能是相互平行的两直线 AB 和 CD,如图2.2(a)所示,也可能是不平行的两直线 AB 和 CD,如图2.2(b)所示。又如图2.2(c)所示,投影图上的点 k 在线段 mn 上,但对应到空间,点 K 可能属于线段 MN,也可能不属于线段 MN。再如图2.2(d)所示,投影面上的投影所表示的可能是几何体 I,也可能是几何体 II,还可能是其他形状的几何体。

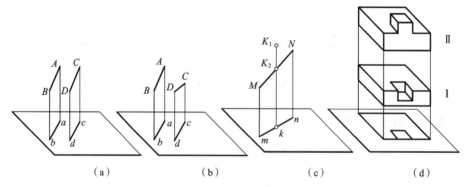

图 2.2　单面投影

从上述图例可见,单一投影面不能确切地唯一反映空间的几何关系。因此,常将几何体放置在两个或更多的投影面之间,向这些投影面作投影,形成多面投影。

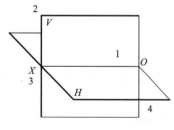

图 2.3　两面投影体系四个
分角的划分

2.2.2　点的多面投影及特性

1. 点在两投影体系中的投影

如图2.3所示,设立互相垂直的正立投影面(简称正面或 V 面)和水平投影面(简称水平面或 H 面),组成两投影面体系。相互垂直的投影面的交线称为投影轴。V 面和 H 面相交于投影轴 OX,将空间划分为四个分角:第一分角、第二分角、第三分角和第四分角。国家标准规定工程图样采用第一角画法,因此本书以第一分角画法来分析投影问题。

如图 2.4(a)所示,由第一分角中的点 A 作垂直于 V 面的投射线 Aa'、垂直于 H 面的投影线 Aa,两线分别与 V 面和 H 面相交得点 A 的正面投影 a' 和水平投影 a。由于平面 Aaa' 分别与 V 面、H 面垂直,三个平面垂直相交于 a_X。由于 Aa' 垂直于 V 面,Aa 垂直于 H 面,所以 Aa'、Aa 垂直于 OX,即 OX 垂直于面 $Aa'a_Xa$。又由于 V 面和 H 面垂直,所以 $a'a_X$ 垂直于 aa_X,即 $Aa'a_Xa$ 为矩形,所以 $Aa=a'a_X$,$Aa'=aa_X$。

画投影图时需要将三个投影面展开到同一个平面上,展开的方法是 V 面不动,H 面绕 OX 轴向下旋转 90°与 V 面同面,如图 2.4(b)所示,由于 V 面和 H 面为同一平面,所以通过点 a 只能作一条垂直于 OX 的直线,所以 a'、a_X、a 共线,即 $a'a \perp OX$。点在互相垂直的投影面上的投影,在投影面展开成同一平面后的连线,称为投影连线。

在实际画图时去掉投影面边框和点 a_X,即得点 A 的两面投影图,如图 2.4(c)所示。

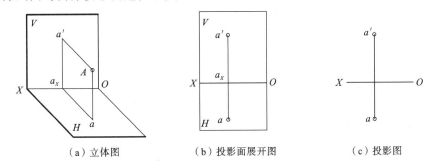

（a）立体图　　　（b）投影面展开图　　　（c）投影图

图 2.4　点在两面投影体系中的投影

由此就可以概括出点的两面投影特性:

(1) 点的正面投影与水平投影的连线垂直于 OX 轴,即 $a'a \perp OX$。

(2) 点的投影与投影轴的距离等于该点与相邻投影面的距离,即 $Aa=a'a_X$,$Aa'=aa_X$。

已知一点的两面投影,就能唯一确定该点的位置。可以想象,如果将图 2.4(c)中的 V 面保持不动,H 面绕 OX 轴向前旋转 90°,恢复到原来图 2.4(a)的位置,再分别由 a'、a 作垂直于 H 面和 V 面的投射线,就唯一地确定点 A 的空间位置。

2. 点在三面投影体系中的投影

虽然由点的两面投影已能确定该点的位置,但有时两面投影并不能准确地表示某些空间几何形体,如图 2.5 所示,几何形体Ⅰ、Ⅱ的两面投影完全相同,但是该几何形体是不同的形体。

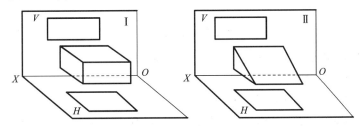

图 2.5　几何形体的两面投影立体图

为了更清晰准确地表示某些几何形体,有必要在其他方向再设置新的投影面。在绘制工程图时,通常设置三个互相垂直的投影面。除了原来的水平投影面、正立的投影面之外,还增加了侧立的投影面,三个投影面两两垂直相交,其交线称为投影轴,三条轴也是相互垂直的,三条轴的交点称为投影原点。这样的关系与三维直角坐标系的 X、Y、Z 之间的垂直关系吻合,可以最直接地利用三维坐标数据辅助说明物体的空间形状特征及位置。

在两面投影体系的基础上增加的一个侧立投影面简称侧面,用 W 表示。以相互垂直的三个平面作为投影面,便组成了三面投影体系,如图 2.6(a)所示。投影面 V、H 和 W 面将空间分成了八个分角,画图时只画第一分角,如图 2.6(b)所示。

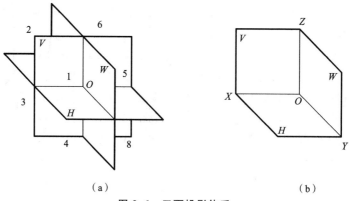

(a) 　　　　　　　　　　　　　　　　　　(b)

图 2.6　三面投影体系

如图 2.7(a)所示,有一个空间点 A,过点 A 分别向 H、V、W 三个投影面投影,得到点 A 的三个投影 a、a'、a'',分别称为点 A 的水平投影、正面投影和侧面投影。

空间点及其投影的标记规定为:空间点用大写字母表示,如 A、B、C;在 H 面上的投影用相应的小写字母表示,如 a、b、c;在 V 面上的投影用相应的小写字母加一撇表示,如 a'、b'、c';在 W 面上的投影用相应的小写字母加两撇表示,如 a''、b''、c''。

为了能在同一张图纸上画出点的三个投影,投影后,V 面不动,将 H 面绕 OX 轴向下旋转 $90°$,将 W 面绕 OZ 轴向右旋转 $90°$,使 H、V、W 三个投影面共面,如图 2.7(b)所示。画图时不必画出投影面的边框,如图 2.7(c)所示。

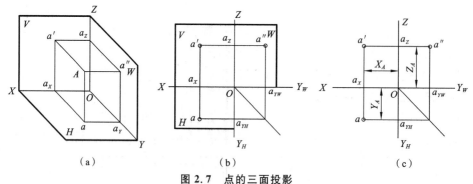

(a) 　　　　　　　　　　　(b) 　　　　　　　　　　(c)

图 2.7　点的三面投影

应注意的是:投影面展开后 Y 轴有两个位置,随 H 面旋转的标记为 Y_H,随 W 面旋转的标记为 Y_W,两者都代表 Y 轴。

由此可以概括出以下三面投影特性:

(1)点的正面投影与水平投影的连线垂直于 OX 轴,即 $a'a \perp OX$;点的正面投影与侧面投影的连线垂直于 OZ 轴,即 $a'a'' \perp OZ$。

(2)点的水平投影到 OX 轴的距离等于点的侧面投影到 OZ 轴的距离,即 $aa_X = a''a_Z =$ 点 A 到 V 面的距离。同理,$a'a_X = a''a_{YW} =$ 点 A 到 H 面的距离,$aa_{YH} = a'a_Z =$ 点 A 到 W 面的距离。

2.2.3　点的投影与坐标之间的关系

如图 2.7(c)所示,在三面投影体系中,三条投影轴可以构成一个空间直角坐标系,空间点

A 的位置可以用三个坐标值(X_A,Y_A,Z_A)表示,则点的投影与坐标之间的关系为

$$aa_{YH}=a'a_Z=X_A, \quad aa_X=a''a_Z=Y_A, \quad a'a_X=a''a_{YW}=Z_A$$

即水平投影 a 反映点 A 的 X、Y 坐标,正面投影 a' 反映点 A 的 X、Z 坐标,侧面投影 a'' 反映点 A 的 Y、Z 坐标。

根据以上点的投影特性,我们可以得出:在点的三面投影中,只要知道其中任意两个面的投影,就可以求出第三面的投影。

例 2.1 如图 2.8(a)所示,已知点 A 的正面投影和水平投影,求作侧面投影。

方法一

过点 a' 作 OZ 轴的垂线,在垂线上取 $a_z a''=a_x a$,如图 2.8(b)所示。

方法二

(1) 过点 a' 作 OZ 轴的垂线,如图 2.8(c)所示。

(2) 过点 a 作 OY_H 轴的垂线,与 45°辅助斜线相交于一点,过此点向上作 OY_W 轴的垂线。

(3) 两垂线的交点即是点 A 的侧面投影 a''。

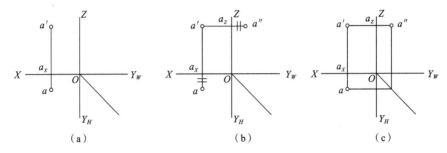

图 2.8 求点 A 的侧面投影

2.2.4 投影面和投影轴上的点

图 2.9、图 2.10 所示分别是 V 面上的点 A、H 面上的点 B、OX 轴上的点 C 的立体图和投影图,可以看出投影面上的点和投影轴上的点的坐标和投影具有如下特性。

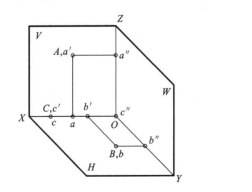

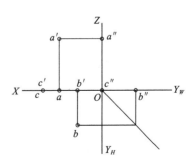

图 2.9 投影面和投影轴上的点(立体图)　　**图 2.10 投影面和投影轴上的点(投影图)**

(1) 投影面上的点有一个坐标为零,在该投影面上的投影与该点重合,在相邻投影面上的投影分别在相应的投影轴上。如图 2.10 所示,V 面上的点 A 和点 A 在 V 面的投影 a' 重合,点 A 在 H 面上的投影 a 和点 A 在 W 面上的投影 a'' 分别在 OX 轴和 OZ 轴上。必须要注意的是:W 面上的点 B 的投影 b'' 必须画在 W 面的 OY_W 轴上,而不能画在 H 面的 OY_H 轴上。

（2）投影轴上的点有两个坐标为零,在包含这条投影轴的两个投影面上的投影都与该点重合,在另外一个投影面上的投影则与原点 O 重合。如图 2.10 所示,点 C 的投影在 OX 轴上,包含 OX 轴的两个投影面为 V、H 面,点 C 和点 C 在 H 面上的投影 c、在 V 面上的投影 c' 三点重合,在 W 面上的投影 c'' 则与点 O 重合。

2.2.5　两点的相对位置

两点间上、下、左、右和前、后的位置关系,可以用两点的同面投影的相对位置和坐标大小来判断。X 坐标用于判断左右位置关系,坐标大的在左(远离 W 面);Y 坐标用于判断前后位置关系,坐标大的在前(远离 V 面);Z 坐标用于判断上下位置关系,坐标大的在上(远离 H 面)。

如图 2.11 所示,已知空间点 $A(X_A,Y_A,Z_A)$ 和 $B(X_B,Y_B,Z_B)$,可以看出:$X_B<X_A$ 表示点 B 在点 A 的右边,$Z_B>Z_A$ 表示点 B 在点 A 的上方,$Y_B<Y_A$ 表示点 B 在点 A 的后面,即根据这两个点的投影坐标能确定两点的相对位置;反之,若已知两点的相对位置以及其中的一个点的投影坐标,也能作出另一个点的投影。

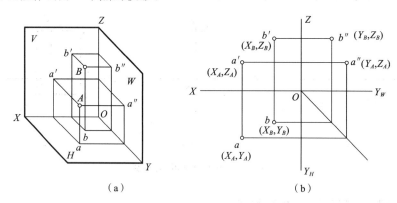

（a）　　　　　　　　　　　　　　　（b）

图 2.11　两点相对位置

2.2.6　重影点

当空间两点在某一投影面上的投影重合时,这两点称为对该投影面的重影点。重影点的三对坐标值中,必定有两对值相等(如图 2.12(a)中的点 A、B 的 X 坐标和 Y 坐标),由另一对值的大小关系可判断两点重影的可见性。

如图 2.12 所示,两点 A、B 在水平面上的投影重合,所以它们是水平面的重影点,X、Y 坐标相等。由于点 B 位于点 A 的上方,故对水平投影而言点 B 遮挡了点 A,不可见的投影加上括号。

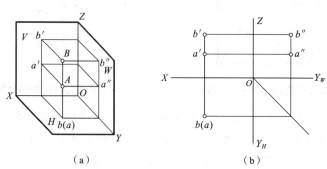

（a）　　　　　　　　　　　　　　　（b）

图 2.12　重影点

2.3　直线的投影

直线的投影

2.3.1　直线投影

两点确定一条直线,故直线的投影可由直线上两点的投影确定,如果确定了直线上两点的同面投影,即可得到直线的同面投影。如图 2.13 所示,分别把两点 A、B 的同面投影用直线相连,则得到直线 AB 的同面投影。

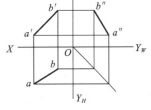

图 2.13　直线的投影

2.3.2　各种位置直线的投影特性

直线对一个投影面的投影特性取决于直线与投影面的相对位置,有三种情况。

(1) 直线和投影面平行:如图 2.14(a)所示,直线平行于投影面时,它的投影与直线平行且相等,这种投影特性称为实形性。

(2) 直线和投影面垂直:如图 2.14(b)所示,直线垂直于投影面时,它的投影积聚成一点,这种投影特性称为积聚性。

(3) 直线相对投影面倾斜:如图 2.14(c)所示,直线相对投影面倾斜时,它的投影仍为直线但长度小于直线的实长,这种投影特性称为类似性。

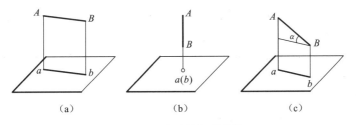

(a)　　　　　　　　　　(b)　　　　　　　　　　(c)

图 2.14　直线的投影特性

在三面投影体系中,根据直线相对投影面的位置,可将直线分为一般位置直线和特殊位置直线。其中特殊位置直线又可分为投影面平行线和投影面垂直线。可归纳如下:

$$
\text{直线}
\begin{cases}
\text{一般位置直线　相对 } V、H、W \text{ 面都倾斜} \\[1ex]
\begin{array}{l}
\text{投影面平行线} \\
\text{(只平行于一个投影面,} \\
\text{相对另外两个投影面倾斜)}
\end{array}
\begin{cases}
\text{正平线(}V\text{ 面平行线):}//V \text{ 面,相对 } H、W \text{ 面都倾斜} \\
\text{水平线(}H\text{ 面平行线):}//H \text{ 面,相对 } V、W \text{ 面都倾斜} \\
\text{侧平线(}W\text{ 面平行线):}//W \text{ 面,相对 } H、V \text{ 面都倾斜}
\end{cases} \\[3ex]
\begin{array}{l}
\text{投影面垂直线} \\
\text{(垂直于一个投影面,} \\
\text{平行于另外两个投影面)}
\end{array}
\begin{cases}
\text{正垂线(}V\text{ 面垂直线):}\perp V \text{ 面,}//H \text{ 面,}//W \text{ 面} \\
\text{铅垂线(}H\text{ 面垂直线):}\perp H \text{ 面,}//V \text{ 面,}//W \text{ 面} \\
\text{侧垂线(}W\text{ 面垂直线):}\perp W \text{ 面,}//V \text{ 面,}//H \text{ 面}
\end{cases}
\end{cases}
$$

直线与它的水平投影、正面投影、侧面投影的夹角 α、β、γ,分别称为该直线对投影面 H、V、W 的倾角。当直线平行于投影面时,直线和该投影面的倾角为 $0°$;垂直于投影面时,直线和该投影面的倾角为 $90°$;相对投影面倾斜时,则倾角大于 $0°$ 且小于 $90°$。

1.　一般位置直线

在三面投影体系中相对三个投影面都倾斜的直线,称为一般位置直线,如图 2.15 所示。

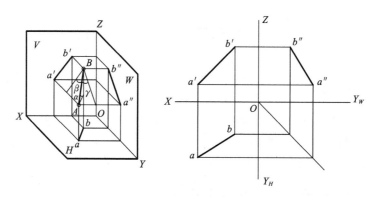

图 2.15　一般位置直线

从图 2.15 可得出一般位置直线 AB 的三个投影相对投影轴均处于倾斜位置,两端点分别沿前后、左右、上下方向对 V、H、W 面的距离差(即相应的坐标差)都不等于零。直线 AB 的投影与投影轴的夹角也不反映该直线对投影面倾角 α、β、γ 的真实大小。从图 2.15 可以看出,$ab=AB\cos\alpha<AB$,$a'b'=AB\cos\beta<AB$,$a''b''=AB\cos\gamma<AB$,三面投影长度均小于实长。

因此,一般位置直线的投影特性为:三个投影都相对投影轴倾斜;投影的长度小于直线的真实长度;直线的投影与投影轴的夹角不等于直线对投影面的倾角。

2. 投影面平行线

只平行于一个投影面,而相对另外两个投影面倾斜的直线,称为投影面平行线。平行于 H 面,对 V、W 面都倾斜的直线称为水平线;平行于 V 面,对 H、W 面都倾斜的直线称为正平线;平行于 W 面,相对 V、H 面都倾斜的直线称为侧平线。当直线与投影面平行时,在该投影面上的投影反映实长。

从表 2.1 中的正平线立体图可知:

因为 $ABb'a'$ 为矩形,所以 $a'b'\parallel AB$,$a'b'=AB=$ 实长。

因为 AB 上各点与 V 面的距离相等,即 Y 坐标相等,所以 $ab\parallel OX$,$a''b''\parallel OZ$。

因为 $a'b'\parallel AB$,$ab\parallel OX$,$a''b''\parallel OZ$,所以 $a'b'$ 与 OX 轴的夹角反映 AB 对 H 面的倾角 α,$a'b'$ 与 OZ 轴的夹角反映 AB 对 W 面的倾角 γ。同时还可以看出 $ab=AB\cos\alpha<AB$,$a''b''=AB\cos\gamma<AB$。

于是就得出表 2.1 中所列的正平线投影特性。同理也可推出水平线和侧平线的投影特性,具体的三种投影面平行线的投影图和它们的投影特性如表 2.1 所示。

表 2.1　三种投影面平行线的投影图和它们的投影特性

名称	立　体　图	投　影　图	投　影　特　性
正平线			$a'b'=AB=$实长 $ab\parallel OX$ $a''b''\parallel OZ$ $a'b'$ 与 OX 轴的夹角反映 AB 对 H 面的倾角 α; $a'b'$ 与 OZ 轴的夹角反映 AB 对 W 面的倾角 γ

续表

名称	立 体 图	投 影 图	投 影 特 性
水平线	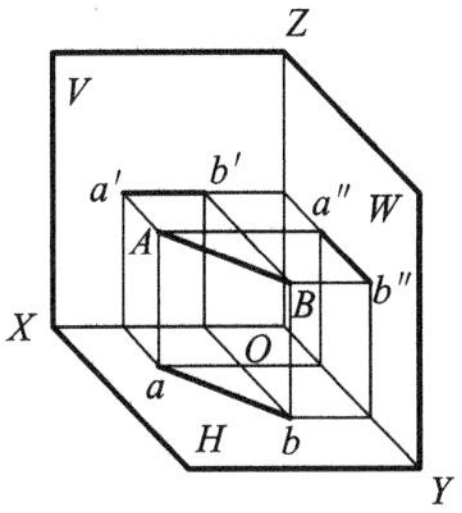	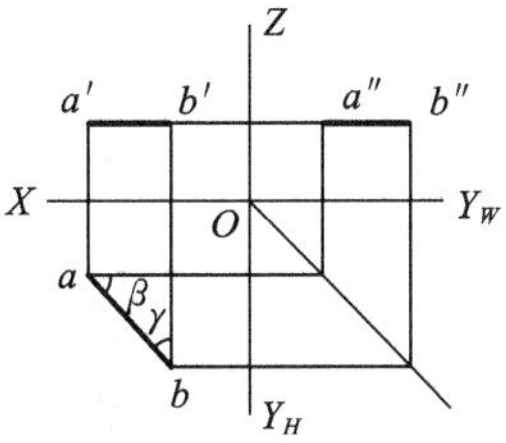	$ab=AB=$实长 $a'b' \parallel OX$ $a''b'' \parallel OY_W$ ab 与 OX 轴的夹角反映 AB 对 V 面的倾角 β； ab 与 OY_H 轴的夹角反映 AB 对 W 面的倾角 γ
侧平线	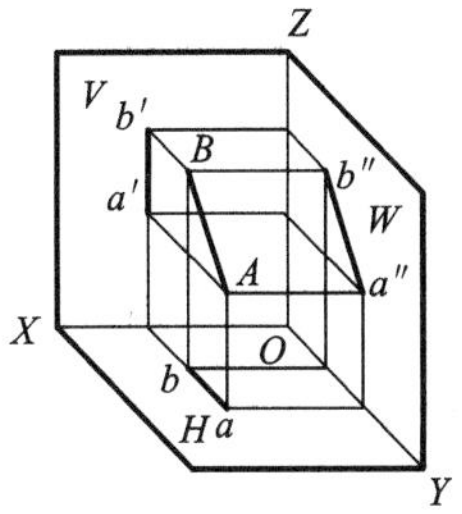	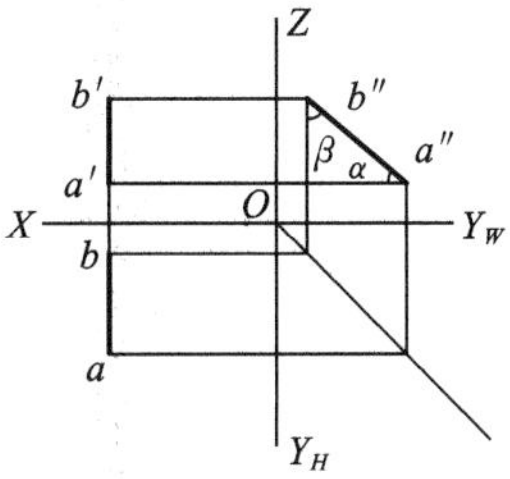	$a''b''=AB=$实长 $a'b' \parallel OZ$ $ab \parallel OY_H$ $a''b''$ 与 OY_W 轴的夹角反映 AB 对 H 面的倾角 α； $a''b''$ 与 OZ 轴的夹角反映 AB 对 V 面的倾角 β

从表 2.1 中可概括出投影面平行线的投影特性：

（1）与直线平行的投影面上的投影反映线段的实长，而且对投影轴倾斜，与投影轴的夹角等于直线对另外两个投影面的实际倾角。

（2）在不平行于直线的另外两个投影面上形成的线段都短于线段实长，平行于相应的投影轴，其到投影轴的距离，反映空间线段到线段实长投影所在投影面的真实距离。

3. 投影面垂直线

在三面投影体系中垂直于某一投影面且平行于另两个投影面的直线，称为投影面垂直线。垂直于 H 面且平行于 V、W 面的直线称为铅垂线；垂直于 V 面且平行 H、W 面的直线称为正垂线；垂直于 W 面且平行 V、H 面的直线称为侧垂线。投影面垂直线的投影特性如表 2.2 所示。

表 2.2　三种投影面垂直线的投影图和它们的投影特性

名称	立 体 图	投 影 图	投 影 特 性
正垂线	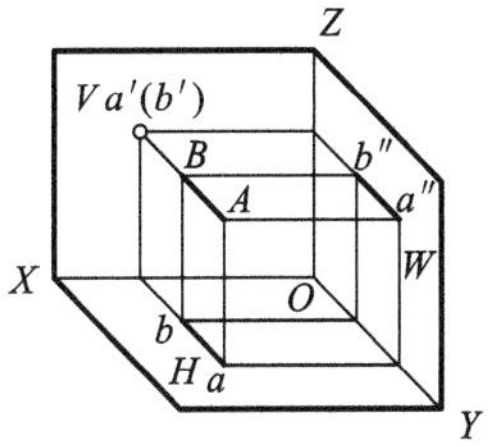	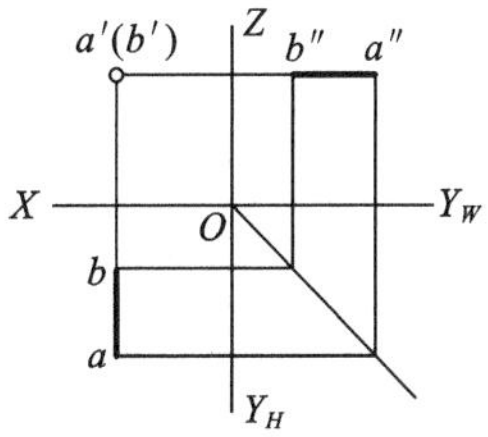	$a'b'$ 积聚成一点 $ab \perp OX$ $a''b'' \perp OZ$ $ab=a''b''=AB=$实长
铅垂线	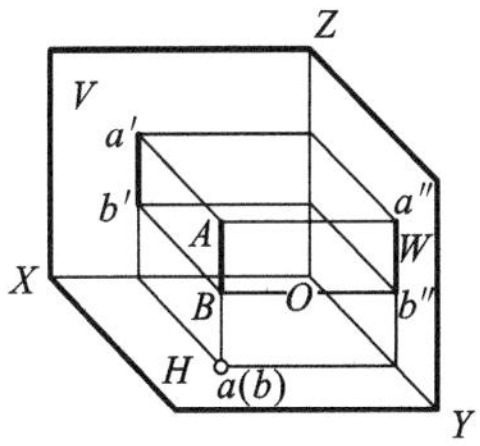	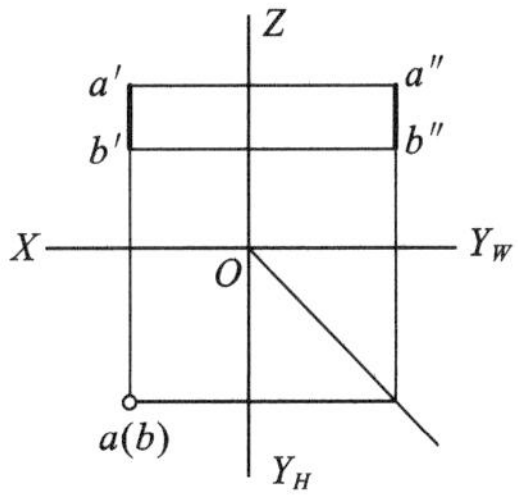	ab 积聚成一点 $a'b' \perp OX$ $a''b'' \perp OY_W$ $a'b'=a''b''=AB=$实长

名称	立　体　图	投　影　图	投　影　特　性
侧垂线	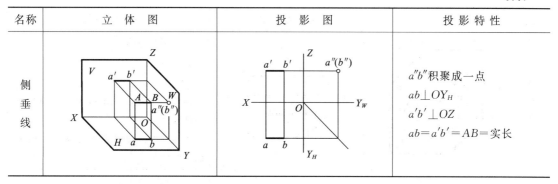		$a''b''$ 积聚成一点 $ab \perp OY_H$ $a'b' \perp OZ$ $ab = a'b' = AB =$ 实长

从表 2.2 中的正垂线立体图可知：

因为 $AB \perp V$ 面，所以直线 AB 在 V 面的投影 $a'b'$ 积聚为一点。

因为 $AB // H$ 面，$AB // W$ 面，AB 上各点的 X、Z 坐标相等，所以 $ab \perp OX$，$a''b'' \perp OZ$。

因为 $AB // H$ 面，$AB // W$ 面，所以 $ab // a''b'' // AB$，$ab = a''b'' = AB$。

于是就得出表 2.2 中所列的正垂线投影特性。同理也可推出铅垂线和侧垂线的投影特性，具体的三种投影面垂直线的投影图和它们的投影特性如表 2.2 所示。

从表 2.2 中可得出投影面垂直线的投影特性：

（1）投影面垂直线在所垂直的投影面上的投影必积聚为一个点。

（2）另外两个投影都反映线段实长，且垂直于相应的投影轴。

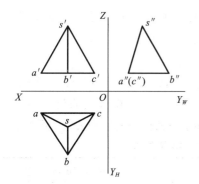

图 2.16　直线与投影面的相对位置

例 2.2　如图 2.16 所示，分析正三棱锥各棱线或底边与投影面的相对位置。

分析

（1）由图 2.16 可知，棱线 SB：sb 与 $s'b'$ 分别平行于 OY_H 和 OZ，可确定 SB 为侧平线，侧面投影 $s''b''$ 反映实长。

（2）棱线 SA：三个投影面的投影都相对投影轴倾斜，SA 为一般位置直线。

（3）棱线 SC：三个投影面的投影都相对投影轴倾斜，SC 为一般位置直线。

（4）底边 AB：$a'b'$ 与 $a''b''$ 分别平行于 OX 和 OY_W，可确定 AB 为水平线，水平投影 ab 反映实长，即 $ab = AB$。

（5）底边 AC：侧面投影 $a''(c'')$ 重合，可判断 AC 为侧垂线，$a'c' = ac = AC$。

（6）底边 BC：$b'c'$ 与 $b''c''$ 分别平行于 OX 和 OY_W，可确定 BC 为水平线，水平投影 bc 反映实长，即 $bc = BC$。

4. 求一般位置直线实长及其对投影面的倾角

在求一般位置直线的实长和倾角时，为方便作图可以用直角三角形法求一般位置直线的实长和倾角。如图 2.17（a）所示，AB 为一般位置直线，过点 A 作 $AB_1 // ab$，则得一直角 $\triangle ABB_1$，在直角 $\triangle ABB_1$ 中，两直角边的长度为 $BB_1 = Bb - Aa = Z_B - Z_A = \Delta Z$，$AB_1 = ab$，$\angle BAB_1 = \alpha$。由图可知，只要知道投影长度 ab 和坐标差 ΔZ，就可求出 AB 的实长及倾角 α，作图过程如图 2.17（b）、（c）所示。同理可求得直线对 V 面的倾角 β、对 W 面的倾角 γ。

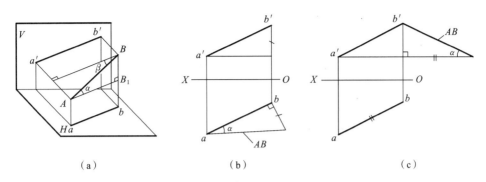

图 2.17 直角三角形法求实长和倾角

2.3.3 直线上点的投影特性

如图 2.18 所示,直线 AB 不垂直于 V 面,则过 AB 上各点的投射线形成的平面与 V 面的交线就是 AB 的正面投影 $a'b'$。过直线 AB 上点 C 的投影 c',必位于平面 $ABb'a'$ 上,故 Cc' 与 V 面的交点 c' 也必位于平面 $ABb'a'$ 与 V 面的交线 $a'b'$ 上;由于在平面 $ABb'a'$ 上,投射线相互平行,即 $Aa' \parallel Bb' \parallel Cc'$,所以 $AC:CB=a'c':c'b'$。同理可得,$AC:CB=ac:cb$,$AC:CB=a''c'':c''b''$。因此 $AC:CB=a'c':c'b'=ac:cb=a''c'':c''b''$。

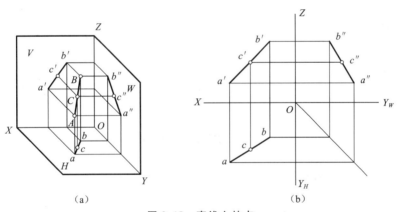

图 2.18 直线上的点

由此可见:直线上点的投影,在直线的同面投影上,此即直线上点的投影的从属性;不垂直于投影面的直线段(当直线段和投影面垂直时,直线段在与其垂直的投影面上形成的投影积聚为一点),直线上点分线段之比等于同面投影分线段之比,此即直线上点的投影的定比性。

例 2.3 如图 2.19(a)所示,作出分线段 AB 为 $1:1$ 的点 C 的三面投影 c、c'、c''。

分析 根据从属性,点 C 在直线 AB 上,故点 C 各个投影也必定在 AB 的同面投影上,即点 c 在直线 AB 水平投影直线 ab 上。又由于空间点 C 分线段 AB 之比为 $1:1$,即 $AC:CB=1:1$,根据定比性可知,$AC:CB=ac:cb=1:1$。因此,可以先作出 AB 的水平投影 ab,ab 的中点 c 即为直线 AB 上点 C 的水平投影。然后过点 c 作正面投影的投影连线,与 $a'b'$ 交于 c',由于 $aa' \parallel bb' \parallel cc'$,$ac:cb=a'c':c'b'=1:1$。根据正面投影和水平投影可以作出点 C 的侧面投影 c''。

同理,可以根据上述的从属性和定比性,判断点是否在直线上。点是否在直线上,一般可通过两个投影面上的投影来判断。如图 2.20(a)所示,点 C 的两面投影符合从属性和定比性,可以通过两个面的投影判断点 C 在直线 AB 上;点 D 的两面投影不符合从属性和定比性,因

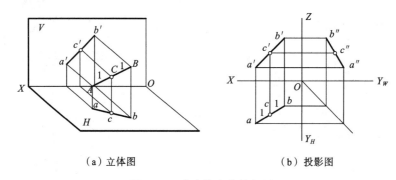

（a）立体图　　　　　　　　（b）投影图

图 2.19　求直线上点的投影

此点 D 在直线 AB 外。

　　但当直线为投影面平行线时,通常还需求出第三个面的投影进行判断。如图 2.20(b)所示,点 E 的水平投影和正面投影都在直线 AB 的对应投影上。由于直线 AB 为侧平线,故不能直接判断点 E 是否在直线 AB 上,还需作出 AB 与点 E 的侧面投影,再进行判断(见图 2.20(c)),可知点 E 在直线 AB 外。另外,也可根据定比性判断点 E 不在直线 AB 上,即 $ae:eb\neq a'e':e'b'$。

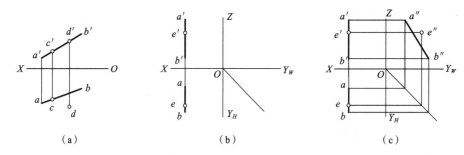

（a）　　　　　　　　（b）　　　　　　　　（c）

图 2.20　判断点是否在直线上

2.3.4　两直线的相对位置

　　如图 2.21 所示,空间两直线的相对位置有三种:平行、相交和交叉(既不平行,又不相交,两条直线不在同一个平面上,亦称异面)。

　　下面将针对以上三种情况进行详细的阐述,归纳和总结其相应的投影特性。

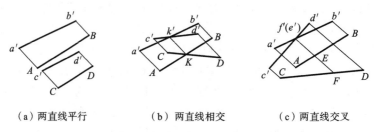

（a）两直线平行　　　　（b）两直线相交　　　　（c）两直线交叉

图 2.21　两直线的相对位置关系

1. 两直线平行

　　对于一般位置直线,判断两条直线是否平行,只需判断两直线的任意两对同面投影是否平行,如图 2.22 所示。过平行两直线 AB、CD 上的各点的投射线所形成的两个平面互相平行,

即平面 $ABb'a'$ // 平面 $CDd'c'$，两个平面与 V 面形成的交线也相互平行，即 $a'b'$ // $c'd'$。同理可证 ab // cd，$a''b''$ // $c''d''$。即对于一般位置直线，若空间两直线相互平行，则其同面投影必相互平行。

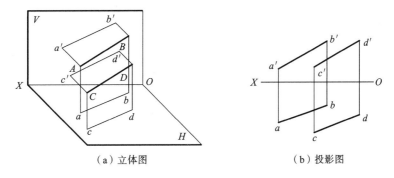

（a）立体图　　　　　　　　　　　　（b）投影图

图 2.22　两直线平行

但当两直线为投影面的平行线时，若只知道有两对同面投影平行，则不能确定空间两直线是否平行。

例 2.4　如图 2.23(a)所示，判断两侧平线的相对位置。

分析　图 2.23(b)、(c)分别列举了两种解法。由于两侧平线的 V 面、H 面投影平行，它们不相交，因此两直线的位置关系不是平行就是交叉。

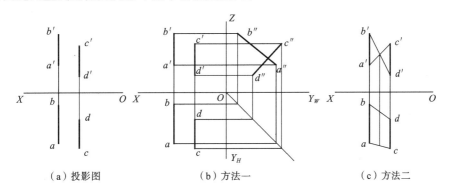

（a）投影图　　　　　　　（b）方法一　　　　　　　（c）方法二

图 2.23　判断两投影面平行线是否平行

方法一　如图 2.23(b)所示，将两直线 AB、CD 的 W 面投影 $a''b''$、$c''d''$ 画出，若 $a''b''$ 与 $c''d''$ 平行，则 AB // CD，若 $a''b''$ 与 $c''d''$ 不平行，则 AB 和 CD 交叉。按作图结果可知，AB 和 CD 交叉。

方法二　如图 2.23(c)所示，如果两直线 AB、CD 平行，则 AB、CD 必然在同一平面内，BD 和 AC 的连线必然交于一点，由作图可知，BD 和 AC 的连线在 V 面的投影交于一点，而在 H 面的投影分别属于 BD 和 AC，没有交点，即 V 面的交点其实是重影点，可以判定 AB 和 CD 交叉。

因此，对于一般位置的直线，判断两直线是否平行只需判定两对同面投影是否平行即可，而对于投影面平行线，仅仅由两对同面投影平行来判定是不够的。

2. 两直线相交

若空间两直线相交，则三对同面投影都分别相交，且投影的交点必符合交点的投影特性，反之亦然，如图 2.24 所示。由图 2.24(a)可以看出，直线 AB、CD 交于点 K，由于点 K 是两直线的共有点，根据点在直线上的投影特性可知，点在直线上符合定比性和从属性，则点 K 在 H、V、W 面的投影 k、k'、k'' 必然分别在 ab 和 cd、$a'b'$ 和 $c'd'$、$a''b''$ 和 $c''d''$ 的交点上，k 和 k' 的连线垂直于 OX 轴，k' 和 k'' 的连线垂直于 OZ 轴，$Ok_{YH}=Ok_{YW}$。

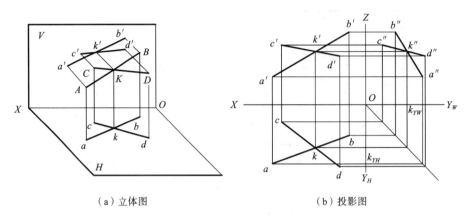

（a）立体图   （b）投影图

图 2.24　两直线相交

例 2.5　判断图 2.25(a) 中直线 AB、CD 是否相交。

分析　由于 CD 为侧平线，属特殊位置直线，如图 2.25(a) 所示，由两面投影并不能确定两直线是否相交。

方法一　如图 2.25(b) 所示，作出直线 AB、CD 的侧面投影，可以得出，交点的投影特性不符合点在直线上的投影特性，所谓的交点实际上是两直线上的重影点，所以 AB、CD 两直线不相交。

方法二　如图 2.25(c) 所示，如果直线 AB、CD 相交于点 1，则点 1 是直线 AB、CD 的共有点，符合点的投影特性，应有 $c1:1d=c'1':1'd'$，显然 $c1:1d=c_01_0:1_0d'\neq c'1':1'd'$，所以 AB、CD 两直线不相交。

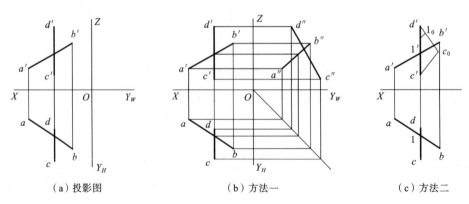

（a）投影图   （b）方法一   （c）方法二

图 2.25　判断两直线相交

3. 两直线交叉

既不平行又不相交的两条直线称为交叉直线，或称异面直线。两交叉直线在空间不存在交点，在投影图中两交叉直线投影产生交点是由于空间直线上的点同面投影重影。

如图 2.26 所示，两直线 AB 与 CD 在正面投影图中的交点是两重影点的投影，即直线 AB 上的点 K 和直线 CD 上的点 F 的正面投影重影，如要判断点 K 和点 F 的正面投影的可见性，只需比较两重影点的 Y 坐标值的大小即可。图中点 F 的 Y 坐标值大于点 K 的 Y 坐标值,所以点 F 的正面投影 f' 可见,点 K 的正面投影 k' 不可见。

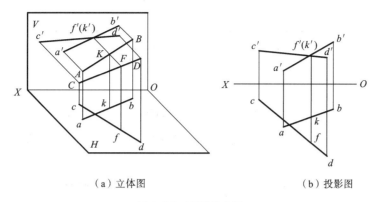

（a）立体图　　　　　　　　　（b）投影图

图 2.26　两直线交叉

4. 直角投影

当空间两直线成直角（相交或交叉）时,若两边都与某一投影面倾斜,则在该投影面上的投影一般不是直角。但一边平行于某一投影面的直角,在该投影面上的投影仍为直角。以图 2.27（a）所示的一边平行于水平面的直角为例,证明如下。

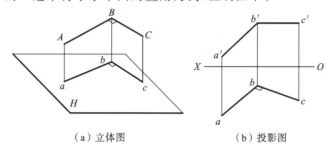

（a）立体图　　　　　　　　　（b）投影图

图 2.27　一边平行于投影面的直角投影

已知 $BC/\!/H$ 面、$\angle ABC$ 为直角,求证 $\angle abc$ 为直角。

因为 $BC/\!/H$ 面,$Bb\perp H$ 面,所以 $BC\perp Bb$,又因为 $BC\perp AB$,所以 $BC\perp$ 平面 $ABba$。

因为 $BC/\!/H$ 面,所以 $bc/\!/BC$;又因为 $BC\perp$ 平面 $ABba$,则 $bc\perp$ 平面 $ABba$;因此 $bc\perp ab$,即 $\angle abc$ 为直角,如图 2.27（b）所示。

定理　若垂直相交（或交叉）两直线中有一条直线平行于某一投影面,则此两直线在该投影面上的投影仍然互相垂直（成直角）。

反之,若相交（交叉）两直线在某一投影面上的投影互相垂直,当其中有一条直线平行于该投影面时,此两直线在空间也一定互相垂直（成直角）。

例 2.6　如图 2.28（a）所示,过点 C 作正平线 AB 的垂线 CD 及其垂足 D。

分析　因为 CD 与正平线 AB 垂直相交,D 为交点,所以 $c'd'\perp a'b'$,d' 为 $c'd'$ 与 $a'b'$ 的交点。由 d' 可在 ab 上求得 d,从而连得 cd。

作图　作图过程如图 2.28（b）所示。

（1）过 c' 作直线垂直于 $a'b'$,与 $a'b'$ 相交,交点为 d';

（2）由 d' 引投影连线,与 ab 相交,交点为 d;

（3）连 c 和 d,$c'd$、cd 即为垂线 CD 的两面投影,d'、d 则是垂足 D 的两面投影。

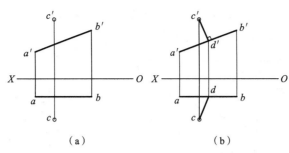

（a）   （b）

图 2.28 过点 C 作正平线 AB 的垂线 CD 及其垂足 D

例 2.7   如图 2.29(a)所示,求作交叉两直线 AB、CD 的公垂线 EF,并求 AB、CD 之间的距离。

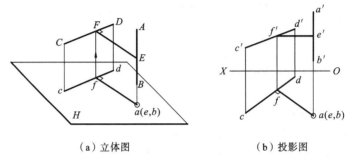

（a）立体图   （b）投影图

图 2.29 作交叉两直线的公垂线

分析   如图 2.29(a)所示,AB、CD 的公垂线 EF 是与 AB、CD 都垂直相交的直线,则 EF 的实长就是两交叉直线 AB、CD 之间的距离。

因为 $AB \perp H$ 面、$EF \perp AB$,所以 $EF /\!/ H$ 面,并且由于 AB 为铅垂线,垂足 E 的水平投影 e 必定积聚在 ab 上。又因为 $EF /\!/ H$ 面,且 $EF \perp CD$,所以 $ef \perp cd$。又由于 EF 为水平线,其水平投影反映直线的实长,ef 即为 AB、CD 之间的距离。

作图   作图过程如下。

(1) 过点 e 作 $ef \perp cd$,与 cd 交于点 f,如图 2.29(b)所示;

(2) 由点 f 作出 $c'd'$ 上的点 f',再由点 f' 作 $e'f' /\!/ OX$,与 $a'b'$ 交于点 e'。$e'f'$、ef 即为所求的公垂线 EF 的两面投影,由于 EF 为水平线,故 ef 为 AB、CD 之间的真实距离。

2.4   平面的投影

平面的投影

2.4.1   平面的几何表示法

平面的几何表示可以分为以下几种:① 不在同一直线上的三个点(见图 2.30(a));② 一直线及直线外一点(见图 2.30(b));③ 两平行直线(见图 2.28(c));④ 两相交直线(见图 2.30

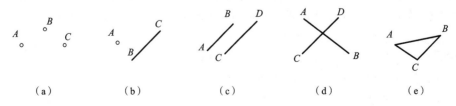

（a）   （b）   （c）   （d）   （e）

图 2.30 平面的表示法

(d));⑤ 任意的平面图形,如三角形、四边形等(见图 2.30(e))。

在投影图上,用上述的几何元素表示一个平面,相应的投影如图 2.31 所示。

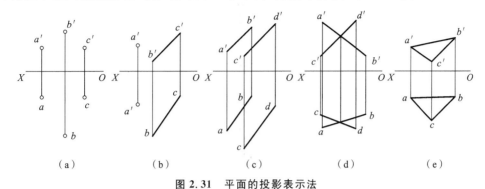

图 2.31　平面的投影表示法

以上五种平面表示法是可以相互转化的,其中以平面图形表示最为常用。

2.4.2　各种位置平面的投影特性

平面对一个投影面的投影特性取决于平面与投影面的相对位置,有三种情况。

(1) 平面与投影面平行:如图 2.32(a)所示,平面平行于投影面时,它的投影反映了平面的实形,这种投影特性称为实形性。

(2) 平面与投影面垂直:如图 2.32(b)所示,平面垂直于投影面时,它的投影积聚成一条直线,这种投影特性称为积聚性。

(3) 平面相对投影面倾斜:如图 2.32(c)所示,平面相对投影面倾斜时,它的投影并不反映平面的实形,但形状与平面类似,这种投影特性称为类似性。

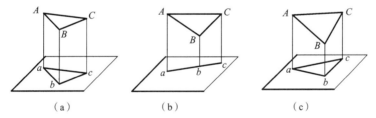

图 2.32　平面对一个投影面的投影特性

在三面投影体系中,根据平面相对投影面的位置,可将平面分为特殊位置平面和一般位置平面,其中特殊位置平面又可分为投影面垂直面和投影面平行面。可归纳如下

平面 {
　一般位置平面　相对 V、H、W 面都倾斜

　投影面垂直面
　(只垂直于一个投影面) {
　　正垂面(V 面垂直面):⊥V 面,相对 H、W 面都倾斜
　　铅垂面(H 面垂直面):⊥H 面,相对 V、W 面都倾斜
　　侧垂面(W 面垂直面):⊥W 面,相对 V、H 面都倾斜
　}

　投影面平行面
　(平行于一个投影面,
　垂直于另外两个投影面) {
　　正平面(V 面平行面):∥ V 面,⊥H、W 面
　　水平面(H 面平行面):∥ H 面,⊥V、W 面
　　侧平面(W 面平行面):∥ W 面,⊥V、H 面
　}
}

1. 投影面垂直面

垂直于一个投影面,且相对另两个投影面倾斜的平面称为投影面垂直面,分为三种;垂直

于 V 面,同时相对 H、W 面倾斜的,称为正垂面;垂直于 H 面,同时相对 V、W 面倾斜的,称为铅垂面;垂直于 W 面,同时相对 V、H 面倾斜的,称为侧垂面。表 2.3 列出了处于三种投影面垂直面的立体图、投影图和投影特性。

表 2.3　三种投影面垂直面的投影和其投影特性

名称	轴 测 图	投 影 图	投影特性（一斜两类似）
正垂面	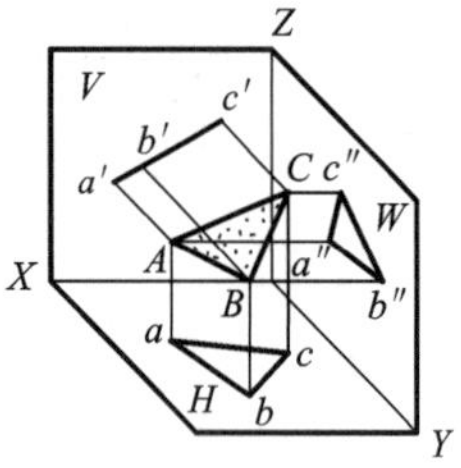	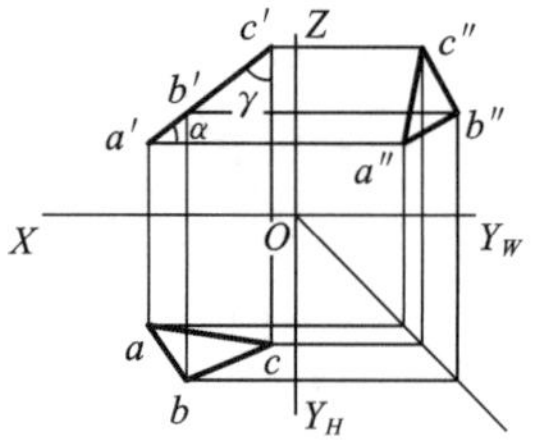	正面投影积聚成一相对投影轴倾斜的直线;平面与 H 面的夹角 α、平面与 W 面的夹角 γ 反映实际角度;其他两个投影为类似形
铅垂面	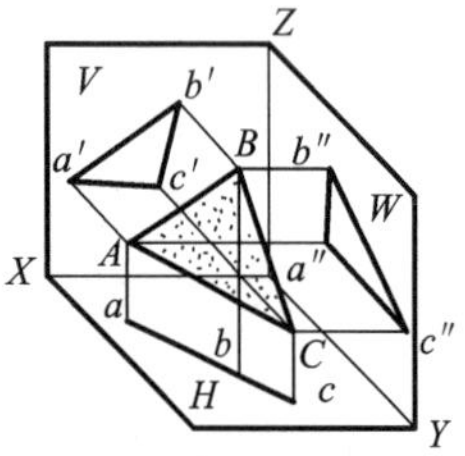	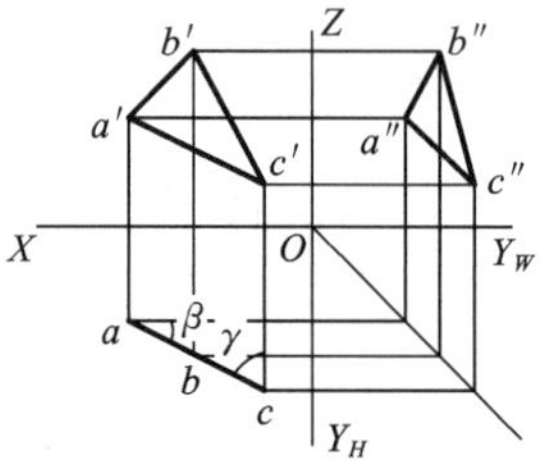	水平投影积聚成一直线;平面与 V 面的夹角 β、平面与 W 面的夹角 γ 反映实际角度;其他两个投影为类似形
侧垂面	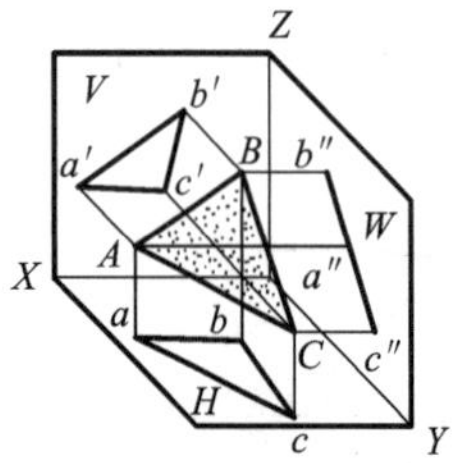	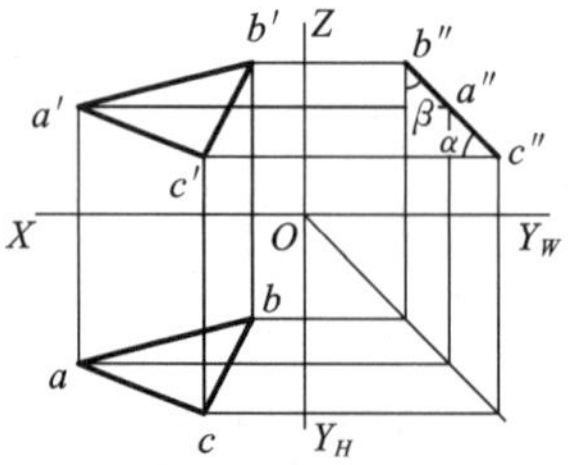	侧面投影积聚成一直线;平面与 V 面的夹角 β、平面与 H 面的夹角 α 反映实际角度;其他两个投影为类似形

从表 2.3 中为正垂面 $\triangle ABC$ 的立体图可知:

因为 $\triangle ABC \perp V$ 面,三角形内所有的点向 V 面所引的投射线都位于三角形平面的延伸面,延伸的三角形平面和 V 面的交线即为正面投影 $a'b'c'$,平面三角形内所有的点都积聚在正面投影 $a'b'c'$ 直线的相应点上。

又因为 $\triangle ABC$、H 面、W 面都垂直于 V 面,它们与 V 面的交线分别是 $a'b'c'$、OX、OZ,所以 $a'b'c'$ 与投影轴 OX、OZ 的夹角,分别是 $\triangle ABC$ 与 H 面、W 面形成的平面角,也就是 $\triangle ABC$ 对投影面 H 面、W 面的倾角 α、γ,即 $a'b'c'$ 与 OX 轴形成的夹角为 $\triangle ABC$ 对 H 面的倾角 α,$a'b'c'$ 与 OZ 轴形成的夹角为 $\triangle ABC$ 对 W 面的倾角 γ。

因为 $\triangle ABC$ 相对 H 面、W 面倾斜,所以 $\triangle ABC$ 在 H 面、W 面的水平投影 abc、侧面投影 $a''b''c''$ 仍为三角形,但是面积缩小。

由此得出正垂面的投影特性,同理也可得出铅垂面和侧垂面的投影特性,如表 2.3 所示。

表 2.3 概括出位于投影面垂直面位置的平面图形的投影特性,即"一斜两类似":

(1)"一斜":在与平面垂直的投影面上,该平面的投影为一倾斜线段,有积聚性,且反映与另两投影面的倾角;

（2）"两类似"：在平面相对其倾斜的另外两个投影面上形成的投影为类似平面图形，且面积缩小。

2. 投影面平行面

平行于一个投影面的平面称为投影面平行面。当某一平面为投影面平行面时，其必垂直于另外两个投影面。平行于 V 面时，正交平面称为正平面；平行于 H 面时，正交平面称为水平面；平行于 W 面时，正交平面称为侧平面。

从表 2.4 中处于正平面位置的 $\triangle ABC$ 的立体图可知：

因为 $\triangle ABC /\!/ V$ 面，三条边都平行于 V 面，三条边的正面投影都分别与三条边平行，且长度对应相等，所以 $\triangle ABC$ 的正面投影 $a'b'c'$ 反映实形。

又因为 $\triangle ABC /\!/ V$ 面，$\triangle ABC$ 必定垂直于 H 面和 W 面，$\triangle ABC$ 内所有的点到 V 面的距离相等，即 Y 坐标相等，因而 $\triangle ABC$ 在 H 面的投影为一直线，且该直线平行于 OX 轴；同理，$\triangle ABC$ 在 W 面的投影也是一直线，且该直线平行于 OZ 轴。

由此得出正平面的投影特性，同理也可得出水平面的和侧平面的投影特性，如表 2.4 所示。

表 2.4 概括出投影面平行面的投影特性，即"两线一实形"：

（1）"一实形"：在与平面平行的投影面上，该平面的投影反映实形；

（2）"两线"：在另两个投影面上的投影，分别积聚成直线，平行于相应的投影轴。

表 2.4　三种投影面平行面的投影及其投影特性

名称	轴 测 图	投 影 图	投影特性（两线一实形）
正平面	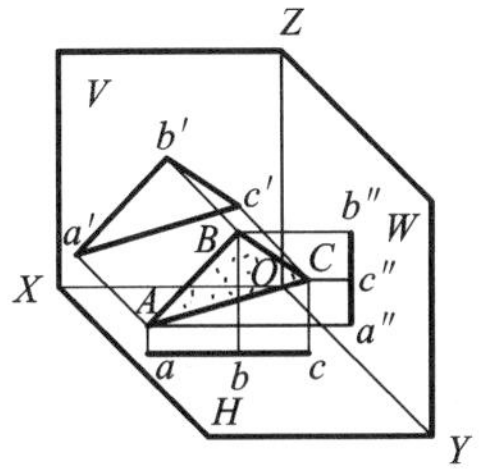	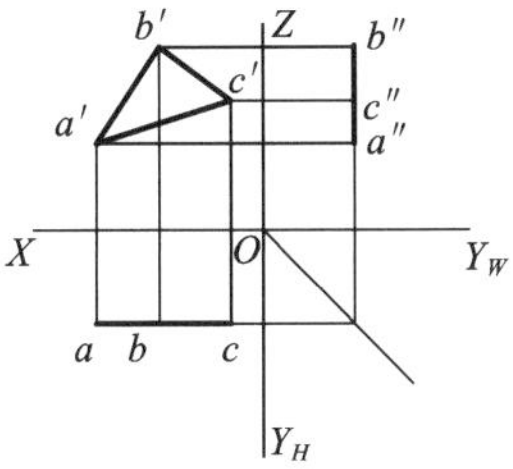	正面投影反映实形，其他两面投影积聚成直线，且水平投影平行于 OX 轴，侧面投影平行于 OZ 轴
水平面	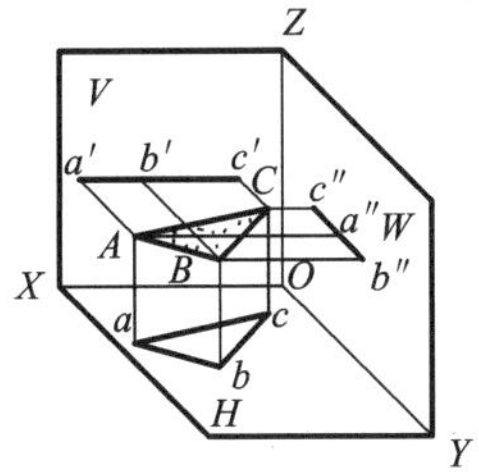	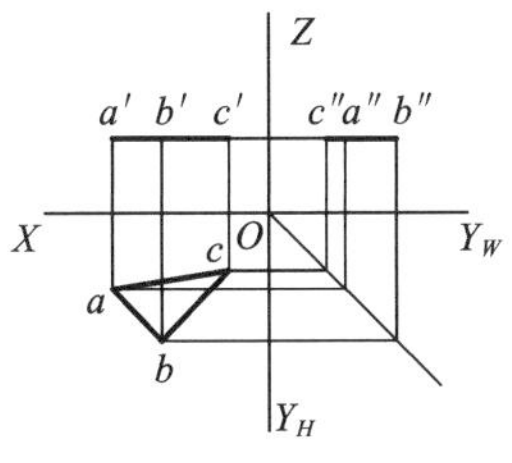	水平面投影反映实形，其他两面投影积聚成直线，正面投影平行于 OX 轴，侧面投影平行于 OY_W 轴
侧平面	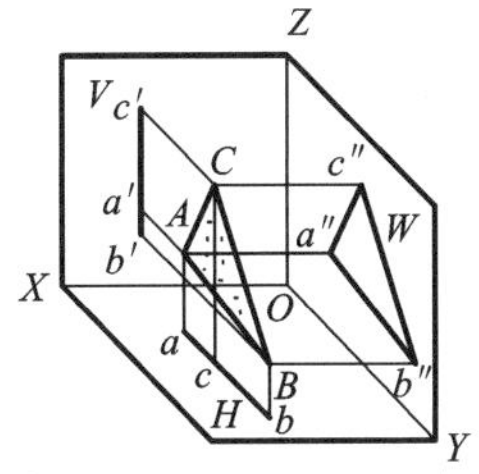	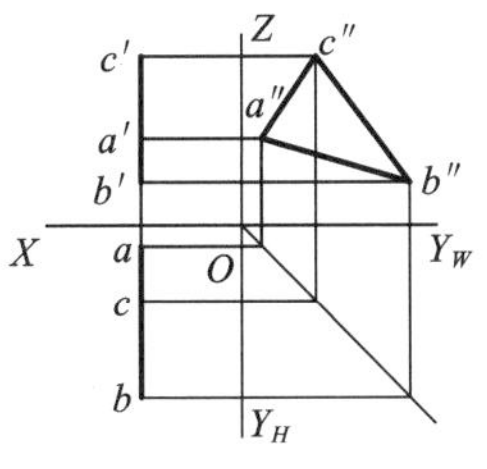	侧面投影反映实形，其他两面投影积聚成直线，正面投影平行于 OZ 轴，侧面投影平行于 OY_H 轴

3. 一般位置平面

如图 2.33(a) 所示，$\triangle ABC$ 对投影面 V、H、W 面都倾斜，则平面 ABC 为一般位置平面，

它的三个投影分别为 abc、$a'b'c'$、$a''b''c''$。由于 △ABC 不垂直于 H 面，所以 AB、BC、CA 的 H 面投影 ab、bc、ca 不可能重合，同理 $a'b'$、$b'c'$、$c'a'$ 不重合，$a''b''$、$b''c''$、$c''a''$ 也不重合。

由于 △ABC 不平行于 H 面，且 AB、BC、CA 都相对 H 面倾斜，则 ab、bc、ca 都比实际长度短；或者其中两条相对 H 面倾斜，一条平行于 H 面，则 ab、bc、ca 中有两条直线比实际长度短，一条直线反映实长，因此△ABC 在 H 面上的投影 abc 的面积要小于△ABC 的面积。同理可知，投影 $a'b'c'$、投影 $a''b''c''$ 的面积也要小于△ABC 的面积。

从图 2.33(b)可知，△ABC 的三面投影都不直接反映△ABC 的真实形状，且不能反映该平面和投影面的真实倾角。由此可得一般位置平面的投影特性，即"三类似"：在三个投影面上的投影和空间平面图形类似，而且面积较实际面积小。

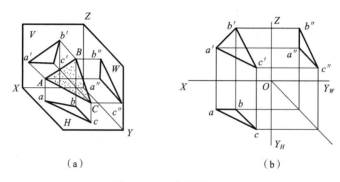

（a）　　　　　　　　　　（b）

图 2.33　一般位置平面

例 2.8　如图 2.34(a)所示，已知一平面图形的两面投影，求第三面投影。

分析　从图 2.34(a)可知，W 面投影积聚为一直线且相对投影轴倾斜，V 面投影为八边形，因此，该平面为侧垂面，空间平面图形为八边形。

根据投影面垂直面的"一斜两类似"投影特性，平面图形在 W 面上的投影为一斜线，在 V 面、H 面上的投影为类似的空间图形，即八边形，平面图形在 V 面上的投影已知，因此，只需在 H 面上作出八边形投影即可。

作图　在 V 面上将八边形的顶点分别编号为 $1'\sim8'$，根据点的投影规律，将 V 面的 8 个点对应到 W 面的投影上，分别编号为 $1''\sim8''$，然后再根据点的投影特性将其在 H 面上的投影 $1\sim8$ 画出，然后再顺次连接，即可得到其第三面投影，作图方法如图 2.34(b)所示。

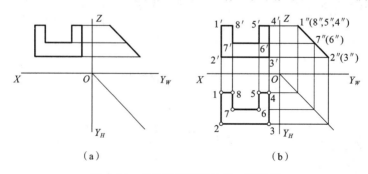

（a）　　　　　　　　　　（b）

图 2.34　求作平面图形的第三面投影

例 2.9　如图 2.35(a)所示，判断平面立体上两平面 P 和 Q 相对于投影面的位置。

分析　(1) 如图 2.35(b)所示，平面 P 在正面的投影积聚为一直线（一斜），在另外两个投影面上的投影为四边形（两类似），即符合"一斜两类似"的投影特性，所以平面 P 为正垂面。

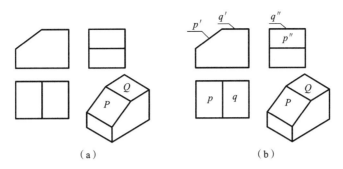

图 2.35　P、Q 两面相对于投影面的位置

（2）如图 2.35（b）所示，平面 Q 在正面投影和侧面投影都积聚为直线，积聚的直线分别平行于 OX 轴和 OY_W 轴（两线），平面 Q 的水平投影为四边形，水平投影面上的投影反映实形（一实形），所以平面 Q 为水平面。

2.4.3　用迹线表示平面

平面主要用几何元素表示，也可以用迹线表示。迹线是平面与投影面的交线。用迹线表示的平面称为迹线平面。

如图 2.36 所示，平面与 V 面、H 面、W 面的交线，分别称为正面迹线（V 面迹线）、水平迹线（H 面迹线）、侧面迹线（W 面迹线）。迹线的符号用平面名称的大写字母附加投影面名称的注脚表示，如图 2.36 中的 P_V、P_H、P_W。迹线是投影面上的直线，它在该投影面上的投影与自身重合，用粗实线表示，并标注上述符号；它在另外两个投影面上的投影，分别在相应的投影轴上，不需标注。

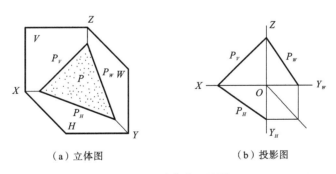

（a）立体图　　　　　　　　　　　　　　（b）投影图

图 2.36　用迹线表示平面

如图 2.36 所示的平面 P 相对 V、H、W 面都倾斜，所以 P 面是一般位置平面。由此可见，一般位置平面在三个投影面上都有迹线，迹线都相对投影轴倾斜，每两条迹线分别相交于相应的投影轴上的同一点，由其中的任意两条迹线即可表示这个平面。

图 2.37 是用迹线表示的正垂面 P。从图 2.37（a）所示的立体图可知：因为 P 面 $\perp V$ 面，P 面在 V 面上的积聚性投影与 P 面的 V 面迹线 P_V 重合；又因为 P 面和 H、W 面都垂直于 V 面，P 面和 H 面的交线 P_H、P 面和 W 面的交线 P_W 也都垂直于 V 面，所以水平迹线 $P_H \perp OX$，侧面迹线 $P_W \perp OZ$。

同理可得用迹线表示的铅垂面和侧垂面的投影特性，并可概括出处于投影面垂直面位置的迹线平面的投影特性：在垂直的投影面上的迹线有积聚性，在另外两个投影面上的迹线分别

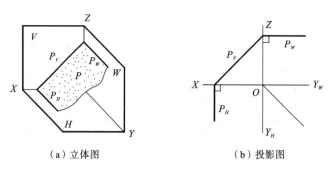

（a）立体图　　　　　　　（b）投影图

图 2.37　用迹线表示正垂面

垂直于相应的投影轴。

由于已知投影面垂直面的一条倾斜于投影轴的有积聚性的迹线,就可以确定这个平面的空间位置,因此,对于投影面垂直面,可只用一条倾斜于投影轴的有积聚性的迹线表示该平面,其他两条垂直于相应投影轴的迹线省略不画。

图 2.38 是用迹线表示的水平面 Q。从图 2.38(a)所示的立体图可知:因为 Q 面//H 面,且 Q 面⊥V 面、Q 面⊥W 面,所以平面 Q 与 H 面不相交,无水平迹线 Q_H,正面迹线 Q_V 和侧面迹线 Q_W 都有积聚性。又因为 Q 面//H 面,Q 面、H 面与 V 面的交线相平行,Q 面、H 面与 W 面的交线相平行,所以 Q_V//OX、Q_W//OY_W。

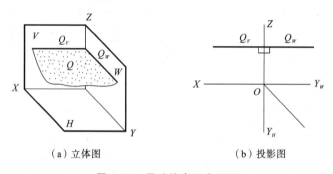

（a）立体图　　　　　　　（b）投影图

图 2.38　用迹线表示水平面

同理可得用迹线表示的正平面和侧平面的投影特性,并可概括出处于投影面平行面位置的迹线平面的投影特性:在平行的投影面上无迹线,在另外两个投影面上的迹线有积聚性且分别平行于相应的投影轴。

由于已知投影面平行面的一条有积聚性的迹线,就可以确定这个平面的空间位置,因此,对于投影面平行面,可只用一条有积聚性的迹线表示该平面。

2.4.4　平面上的点和直线

点和直线在平面内的几何条件如下。

（1）点在平面内,则该点必定在这个平面内的一条直线上。

（2）直线在平面内,则该直线必定通过这个平面上的两个点;或者通过这个平面上的一点,且平行于这个平面上的另一直线。

图 2.39 所示是上述条件的具体说明:点 D 和直线 DE 在相交两直线 AC、BC 所确定的平面内。

因此,根据上述的条件可得在平面内取直线的方法如下。

(1) 在平面内取两个点,通过两点来确定直线,如图 2.39(b)所示;

(2) 作通过平面内的一个点且平行于平面内的某条直线,此直线一定在平面内,如图 2.39(c)所示。

在平面内取点的方法:平面内的点总位于平面内的某条直线上,故在平面内取点可转化为先在平面内取通过该点的直线,然后在此直线上求点。

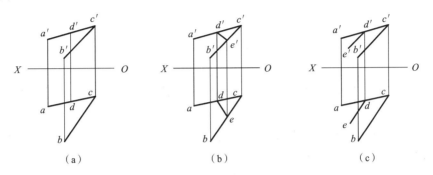

图 2.39　平面内的点和直线

例 2.10　如图 2.40(a)所示,在平面 ABC 内求作一正平线,使其到 V 面的距离为 10 mm。

分析　所要求的直线为正平线,其到 V 面的距离为 10 mm,因此,该直线的水平投影应为一平行于 OX 轴的直线,且距 OX 轴 10 mm。

作图　如图 2.40(b)所示,距离 OX 轴 10 mm 作一直线平行于 OX 轴,该直线与 ac 交于点 e,与 bc 交于点 d。

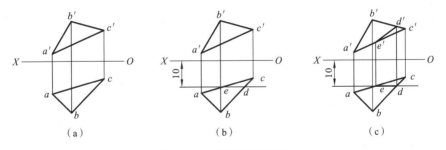

图 2.40　求平面内的直线

又因为所求直线在 ABC 面内,故可作出正面投影 e' 在 a'c' 上,正面投影 d' 在 b'c' 上。由于点 D、E 分别在直线 BC、AC 上,因此点 D、E 在平面 ABC 内,连接 d、e 和 d'、e',即得所求直线 DE 在 H、V 面上的投影,直线过平面的两点,即直线 DE 属于平面 ABC,如图 2.40(c)所示。

例 2.11　已知点 M 位于平面 ABC 内,如图 2.41(a)所示,求点的水平投影。

分析　平面内的点应位于平面内的某条直线上,故在平面内取点可转化为先在平面内取通过该点的直线,然后再在直线上求点。

作图　连接 a'、m' 并延长,交 b'c' 于 n',求出其水平投影 an。由于点 N 属于 BC,而 BC 属于平面 ABC,因此 AN 属于平面 ABC,如图 2.41(b)所示。AN 就是平面 ABC 内经过点 M 的直线,再求出点 M 的水平投影 m 即可,如图 2.41(c)所示。

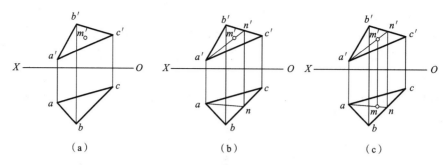

图 2.41　求点的水平投影

2.5　直线与平面以及两平面之间的相对位置

除了直线在平面上或两平面处于同一平面外,直线与平面、平面与平面的相对位置关系可分为两种,即平行和相交,垂直是相交的特例。

由于直线和平面垂直于投影面时,其在所垂直的投影面上会形成积聚性的投影,根据积聚性的投影可以便捷地图示和图解有关平行和相交的问题。其中直线与平面、平面与平面的相对位置的几何性质在初等几何中已有相应的定理和证明,本章主要研究这些几何性质在投影图中的体现以及相应的投影作图方法。

2.5.1　直线和平面以及两平面之间的平行问题

1. 直线与平面平行

1) 直线与一般位置平面平行

直线与平面及
两平面平行

若一直线平行于平面上的任一直线,则此直线与该平面平行。反之,若一直线与某一平面平行,则在此平面上定能作出与该直线平行的直线。

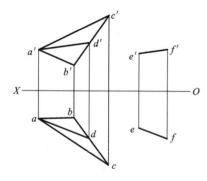

图 2.42　直线与平面上的
任一条水平线平行

由本书前面所述的两直线之间的相对位置关系可知,对于一般位置直线,只需判定两投影面上的两对直线投影互相平行,即可判定空间中两直线是平行的。由图 2.42 可知,$ef /\!/ ad$,$e'f' /\!/ a'd'$,因此,$EF /\!/ AD$,AD 在平面 ABC 内,因此 EF 平行于平面 ABC。通过点 E 可以作无数条直线和平面 ABC 平行,所作的一般位置直线的两面投影只需满足和平面 ABC 上的任一直线的两面投影相互平行即可。

例 2.12　如图 2.43(a)所示,过点 E 作水平线 EF 与平面 ABC 平行。

作图　作图过程如图 2.43(b)所示。

(1) 过点 E 的水平线 EF 的正面投影平行于 OX,因此,过点 e' 作平行于 OX 的直线 $e'f'$。

(2) 在平面 ABC 内作水平线 AD,则 $a'd' /\!/ OX$,$a'd'$ 与 $b'c'$ 的交点为 d'。

(3) 由点 d' 在 bc 上找到点 d,作出 AD 的水平投影 ad。

(4) 过点 e 作 $ef /\!/ ad$,ef 与 $e'f'$ 即分别为过点 E 的水平线 EF 的水平投影和正面投影,且直线 EF 平行于平面 ABC。

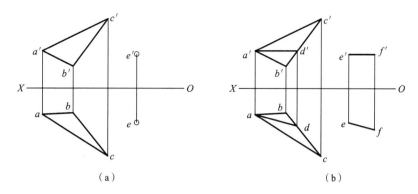

图 2.43　过点作直线平行于平面

2）直线与特殊位置平面平行

直线与特殊位置平面平行时,直线必有一个投影平行于该平面的积聚性投影;或者,直线、平面在同一投影面上的投影都有积聚性。如图 2.44 所示:MN∥平面 $CDEF$,mn、$cdef$ 都有积聚性;AB∥平面 $CDEF$,ab∥$c(d)f(e)$。

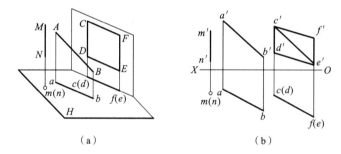

图 2.44　直线与特殊位置平面平行

2. 平面与平面平行

1）两一般位置平面平行

由初等几何知识可知:若一平面上的两条相交直线分别平行于另一平面上的两条相交直线,则此两平面相互平行,如图 2.45 所示。

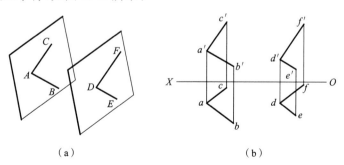

图 2.45　两平面平行

例 2.13　如图 2.46(a)所示,判断平面 ABC 与平面 DEF 是否平行。

分析　判断两平面是否平行,只需在两个平面内分别找出一组相交直线,若其对应的投影平行则两平面平行,反之则说明两平面不平行。

作图　作图过程如图 2.46(b)所示。

(1) 在平面 ABC 上构造一组相交直线 CM 和 AN,交点为 K,作 $c'm'$、cm,$a'n'$,an。

(2) 过 d' 作 $d'g'$ ∥ $c'm'$,在 H 面上作出 DG 的投影 dg,作图表明 dg ∥ cm。

(3) 过 f' 作 $f'h'$ ∥ $a'n'$,与 $d'g'$ 交于 j',在 H 面上作出 FH 的投影 fh,作图表明 fh ∥ an。

(4) 连接 jj',符合点的投影规律,由此可知 CM ∥ DG,AN ∥ FH。

结论:两个平面内的一组相交直线平行,则两平面平行,即平面 ABC 与平面 DEF 平行。

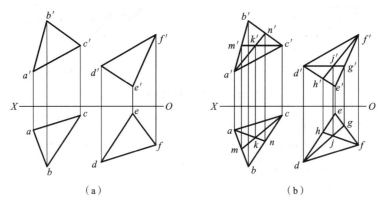

图 2.46　判定两平面平行

2) 两特殊位置平面平行

当垂直于同一投影面的两平面平行时,两平面具有积聚性的同面投影相互平行,如图 2.47 所示。

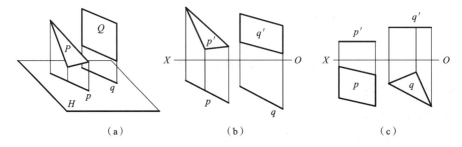

图 2.47　两特殊位置平面平行

2.5.2　直线和平面以及平面与平面之间的相交问题

直线与平面相交的交点为直线和平面的共有点,该点既在直线上也在平面上。

直线与平面及
两平面相交

两平面相交的交线为两平面的共有线,是同时位于两平面上的直线。确定两平面的两个共有点或一个共有点与交线的方向,都可得到两平面的交线。

在投影重叠处应当表明投影的可见性。交点是直线投影可见与不可见部分的分界点,交线是平面投影可见与不可见部分的分界线。因此,共有元素(交点、交线)具有共有性和分界性。

求解直线与平面、平面与平面的相交问题,一是要求出交点或交线,二是要判别可见性。

直线或平面处于特殊位置有利于图示和图解问题,因此,本书先介绍相交几何元素中至少有一个是处于特殊位置的问题,然后再介绍两相交几何元素都处于一般位置的问题。

1. 一般位置直线与特殊位置平面相交

特殊位置平面至少有一个投影具有积聚性,利用该积聚性投影可直接求出交点的同面投影,然后求出其余投影。由图 2.48(a)可知,平面 P 的水平投影积聚成直线段 p,交点既要在平面 P 上,又要在直线 AB 上,则其水平投影既在平面 P 的水平投影 p 上,又必在直线 AB 的水平投影 ab 上。因此,p 与 ab 的交点 k 即为交点 K 的水平投影,如图 2.48(b)所示。

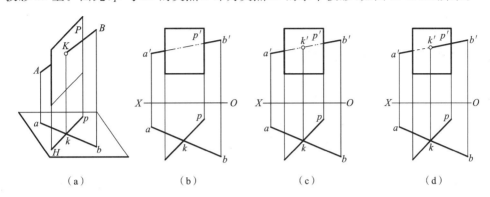

（a）　　　　　　（b）　　　　　　（c）　　　　　　（d）

图 2.48　一般位置直线与特殊位置平面相交

1）求交点

根据点 K 的正面投影必在 $a'b'$ 上,且 $k'k \perp OX$,可确定出点 K 的正面投影 k',如图 2.48(c)所示。

2）判别可见性

由图 2.48(b)可知,直线与平面的正面投影有部分重叠,需要判别可见性。因为交点是可见与不可见部分的分界点,所以重叠部分必以交点为界,一边可见,一边不可见。根据水平投影可以看出:交点 K 左侧,直线的 AK 段在平面 P 之后;交点 K 右侧,直线的 BK 段在平面 P 之前,所以 $a'k'$ 与 p' 重叠的部分不可见,用虚线表示,$b'k'$ 与 p' 重叠的部分可见,用粗实线表示,如图 2.48(d)所示。

当平面具有积聚性时,求线面交点的问题实际上就是"线上取点"的问题。

例 2.14　如图 2.49(a)所示,求直线 MN 与平面 $\triangle ABC$ 的交点 K,并判别可见性。

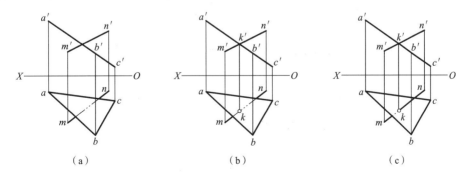

（a）　　　　　　　　（b）　　　　　　　　（c）

图 2.49　求一般位置直线与投影面垂直面的交点

分析　平面 $\triangle ABC$ 为正垂面,其正面投影具有积聚性。交点 K 是两相交元素共有的点,其正面投影必然位于正垂面的积聚性投影和直线的正面投影的交点处,其水平投影则可利用线上取点的方法确定。

作图　作图过程如图 2.49(b)、(c)所示。

(1) 根据积聚性,直接确定交点的正面投影 k';

(2) 过 k' 作 $k'k \perp OX$,与 mn 交于点 k;

(3) 判别 H 面的可见性。

由图 2.49(c)可知,直线与平面的 H 面投影有部分重叠,可见性根据上、下关系来判别。由正面投影可以看出,交点的左边平面 $\triangle ABC$ 在 MN 的上方,故 km 与 $\triangle abc$ 重叠的一段不可见,用细虚线表示。因为交点是可见与不可见部分的分界点,在重叠部分中,km 上的一段不可见,则 kn 上的一段必可见,用粗实线表示。

2. 特殊位置直线与一般位置平面相交

1)求交点

由图 2.50(a)可知,直线 MN 为铅垂线,其水平投影积聚成点 $m(n)$。交点 K 既在直线 MN 上,又在平面 $\triangle ABC$ 上,则其水平投影 k 既在直线 MN 的水平投影 $m(n)$ 上,也必在平面 $\triangle ABC$ 的水平投影 abc 上,而直线 MN 的水平投影为一个点,故交点 K 的水平投影 k 与 $m(n)$ 重合。

由于点 K 的正面投影必在平面 $\triangle ABC$ 的正面投影 $a'b'c'$ 上,利用面上取点的方法,在平面 $\triangle ABC$ 上作辅助线 AD,即可确定点 K 的正面投影 k',如图 2.50(c)所示。

2)判别可见性

由图 2.50(c)可知,直线与平面的正面投影有部分重叠,其可见性可利用重影点 Ⅰ、Ⅱ 来判别。从图 2.50(c)可知,Ⅰ、Ⅱ 为 V 面的重影点,可见性根据前、后关系来判别。由水平投影可以看出,AC 上的点 Ⅰ 在前,MN 上的点 Ⅱ 在后,故 $k'2'$ 不可见,用细虚线表示。因为交点是可见与不可见部分的分界点,$k'2'$ 不可见,则 $m'k'$ 必可见,用粗实线表示。

当直线具有积聚性时,求线面交点的问题实际上就是"面上取点"的问题。

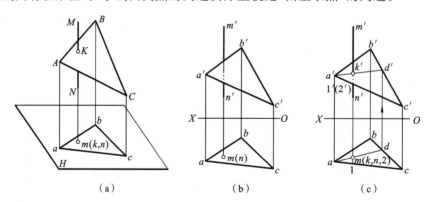

图 2.50 特殊位置直线与一般位置平面相交

3. 一般位置平面与特殊位置平面相交

1)求交线

由图 2.51(a)可知,一般位置平面 $\triangle ABC$ 与铅垂面 P 相交,交线 MN 是两平面共有的直线段。端点 M、N 分别是直线 AB、BC 与平面 P 的交点。因此,求交线实质上是求一般位置平面上两直线与特殊位置平面的交点。

根据特殊位置平面 P 的积聚性投影,可确定出端点 M、N 的水平投影 m、n。

根据点的从属性和点的投影规律,由 m、n 可确定出 m'、n',连接 m'、n',则 $m'n'$、mn 即为交线 MN 的投影,如图 2.51(c)所示。

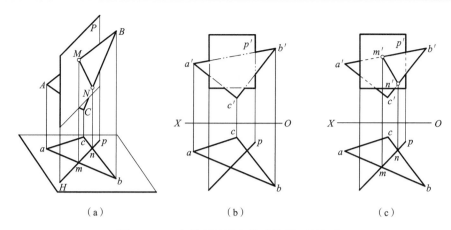

| (a) | (b) | (c) |

图 2.51 一般位置平面与特殊位置平面相交

2）判别可见性

相交两平面可见性的判别范围为两平面投影重叠部分。如图 2.51(b)所示，平面△ABC 与铅垂面 P 的正面投影有部分重叠。以交线为界，若平面△ABC 在交线一侧可见，则在另一侧必不可见，而铅垂面 P 的可见性则相反。

从图 2.51(c)可知，以交线 MN 为界，△ABC 的右上部分在铅垂面 P 之前，故在正面投影中属于△a'b'c' 的右上部分可见，用粗实线表示。属于铅垂面 P 的线段则不可见，用细虚线表示。在交线另一侧则完全相反。

例 2.15 如图 2.52(a)所示，求平面△ABC 与平面△DEF 的交线 MN，并判别可见性。

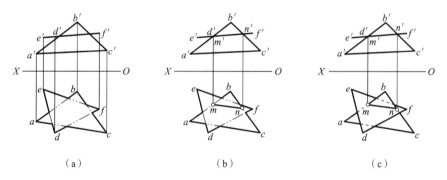

| (a) | (b) | (c) |

图 2.52 求一般位置平面与投影面垂直面的交线

分析 平面△DEF 为正垂面，其正面投影具有积聚性。交线 MN 是两相交元素共有的直线，其正面投影必然也积聚在该正垂面的积聚性投影上。

作图 作图过程如图 2.52(b)、(c)所示。

(1) 根据积聚性，直接确定交线两端点的正面投影 m'、n'，m'n'即为交线的正面投影。

(2) 交点是共有点，利用点与直线的从属性（点 M 在 AB 上，点 N 在 BC 上），由 m'、n' 求 m、n，连接 m、n 即得交线的水平投影 mn。

(3) 由 V 面积聚性投影直接判别可见性。从图中可知，以交线 MN 为界，△ABC 的后半部分在正垂面△DFE 之上，故水平投影中属于△abc 的后半部分可见，用粗实线表示。属于△dfe 的线段则不可见，用细虚线表示。在交线另一侧则完全相反，如图 2.52(c)所示。

4. 两特殊位置平面相交

两平面同时垂直于某一投影面时，其交线为该投影面的垂直线。因投影面垂直线在所垂直的平面上的投影积聚为一点,故此点也就是交线的投影。

例 2.16 如图 2.53(a)所示,求平面 P 与平面 Q 的交线 MN,并判别可见性。

分析 平面 P 和平面 Q 均为铅垂面,其交线必为铅垂线。依据铅垂线的投影特性,其水平投影积聚为一点,正面投影则垂直于 OX 轴。交线 MN 是两相交元素共有的直线,故其水平面投影必在两铅垂面积聚性投影的交点处。

作图 作图过程如图 2.53(b)、(c)所示。

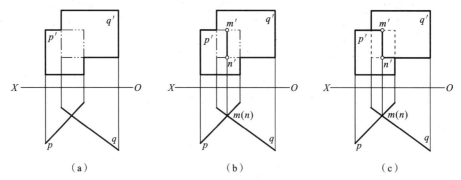

（a） （b） （c）

图 2.53 求两投影面垂直面的交线

（1）根据积聚性,直接确定交线 MN 的水平投影 $m(n)$。

（2）MN 为铅垂线,依据交线的共有性,确定 $m'n'$。

（3）由 H 面积聚性投影直接判别可见性。以交线为界,交线左侧平面 P 在前,其正面投影可见,平面 Q 的正面投影则不可见;交线右侧平面 Q 在前,其正面投影可见,平面 P 的正面投影则不可见。

综上所述,当相交两几何元素(直线、平面)至少有一个元素的投影具有积聚性时,共有元素(交点或交线)的该面投影可利用投影积聚性直接确定,其他投影要在其投影没有积聚性的元素上根据从属性求得(采用线上取点、面上取点法)。

5. 一般位置直线和一般位置平面相交

如图 2.54 所示,当空间一般位置直线和一般位置平面相交时,仅仅根据直线和平面的投影无法确定直线和平面的交点。

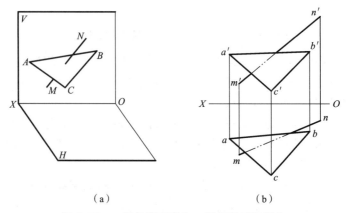

（a） （b）

图 2.54 一般位置直线和一般位置平面相交

为了图示和图解一般位置直线和一般位置平面相交的问题,可以通过换面法将问题变换为特殊情况求解,本节主要讲述不通过换面法直接解决直线、平面都不垂直于投影面时的直线和平面的相交问题,以及后面的两平面之间的相对位置的各类图示和图解问题。

具体作图过程如下。

(1) 作辅助平面:作含直线 MN 的辅助平面,该辅助平面为特殊位置平面,如图 2.55(a) 所示,所作的辅助平面 P 为铅垂面。

(2) 作辅助平面 P 与平面 ABC 的交线 EF:根据前面所述的一般位置平面和特殊位置平面相交作图法,作出辅助平面与平面 ABC 的交线 EF 的两面投影。由于 MN 和 EF 包含在辅助平面内,MN 和 EF 交于点 K,点 K 属于辅助平面 P,因此,点 K 属于直线 MN 和平面 ABC,即点 K 为所求的一般位置平面 ABC 和一般位置直线 MN 的交点,如图 2.55(b) 所示。

(3) 判别可见性:根据前遮后和上遮下的原理判别 V、H 面上投影的可见性,具体结果如图 2.55(c) 所示。

注意:为便于在投影图上求作交线,应选特殊位置辅助平面。

同理,也可作正垂面,通过求辅助平面和一般位置平面的交线确定一般位置直线和一般位置平面的交点。

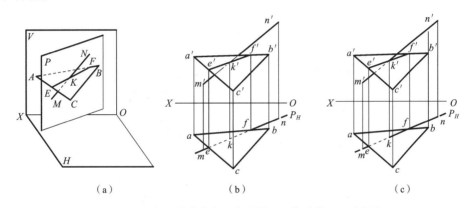

图 2.55　一般位置直线和一般位置平面相交的图示和图解

6. 两一般位置平面相交

如图 2.56 所示,想要解决两一般位置平面相交的图解和图示问题,关键是要作出两一般位置平面的交线。有两种方法可以作出交线:一种是利用换面法将其中的一个平面转换为特殊位置平面作出交线;另外一种是分别作出其中一个一般位置平面的两条边与另一个一般位置平面的交点,连接两交点即得两一般位置平面相交的交线,本节主要介绍后一种方法。

例 2.17　如图 2.57(a) 所示,求平面 $\triangle ABC$ 与平面 $\triangle DEF$ 的交线 MN。

作图　具体作图过程如下。

(1) 作 DE 与平面 $\triangle ABC$ 的交点 M:作含直线 DE 的辅助平面,该辅助平面为特殊位置平面,如图 2.57(b) 所示,所作的辅助平面 Q_H 为铅垂面。根据前面所述的一般位置平面和特殊位置平面相交的作图法,作出辅助平面与平面 $\triangle ABC$ 的交线的两面投影,DE 和辅助平面与平面 $\triangle ABC$ 的交线的交点 M 即为所求的直线 DE 与平面 $\triangle ABC$ 的交点。

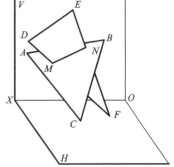

图 2.56　两一般位置平面相交

(2) 作 EF 与平面 $\triangle ABC$ 的交点 N:作含直线 EF 的辅助平面,该辅助平面为特殊位置平面，如图 2.57(c)所示，所作的辅助平面 P_H 为铅垂面。根据前面所述的一般位置平面和特殊位置平面相交的作图法，作出辅助平面与平面△ABC 的交线的两面投影，EF 和辅助平面与平面△ABC 的交线的交点 N 即为所求的直线 EF 与平面△ABC 的交点。

（3）作交线 MN：连接上述的两点 M、N，直线 MN 即为平面△ABC 和平面△DEF 的交线，相应的两面投影为 $m'n'$、mn，如图 2.57(d)所示。

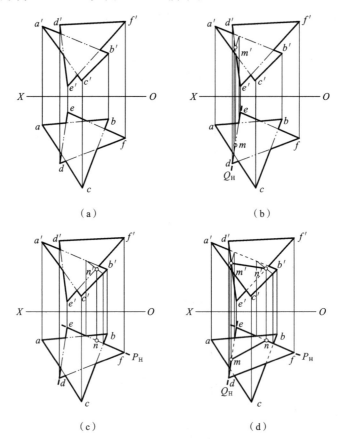

图 2.57　两一般位置平面相交的交线图示和图解

同理，也可作正垂面来求辅助平面和一般位置平面的交线，从而确定一般位置直线和一般位置平面的交点，最终可求出两一般位置平面的交线。

2.6　换面法以及换面法中的投影变换

2.6.1　换面法的基本概念

一般位置直线在任何投影面上的投影都不反映直线的实长。而直线与投影面平行时，其投影却能真实地反映它们原来的长度。由此得到启示：只要设法使空间几何元素相对投影面处于特殊位置，就可方便地求解一般位置几何元素的度量或定位问题。假设空间几何元素的位置保持不动，保留一个投影面，用垂直于被保留的投影面的新投影面代替原来的投影面，使几何元素在新投影面上的投影处于便于解题的特殊位置，这种方法称为变换投影面法，简称换面法。

如图 2.58(a)所示,直线 AB 在两面投影体系 V/H 中是一般位置直线,在 V 和 H 投影面上的投影均不反映实长。为使投影反映实长,取一个平行于直线且垂直于 H 的平面 V_1 来代替 V 面,则新的 V_1 面和不变的 H 面构成一个新的两面投影体系 V_1/H。直线在新的体系中的投影反映实长。再以 V_1 面和 H 面的交线 X_1 为轴,使 V_1 面旋转至和 H 面重合,就得出新体系的投影图。从图 2.58(a)可知,$a_1'b_1'$ 反映直线 AB 的实长,$a_1'b_1'$ 与 X_1 轴的夹角反映直线 AB 对 H 面的真实倾角 α。具体的作图过程如图 2.58(b)所示。

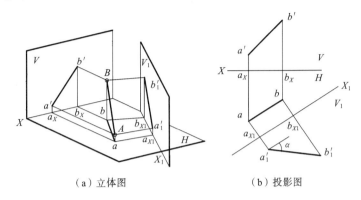

　　　　（a）立体图　　　　　　　　　　　　　　（b）投影图

图 2.58　将一般位置直线变化为 V_1 面平行线

在投影变换时,新投影面是不能任意选择的,要使空间几何元素在新的投影面上的投影能够帮助我们更方便地解决问题,而且新投影面必须要和不变的投影面构成一个直角两面体系,这样才能应用正投影原理作出新的投影图来。因而新投影面的选择必须符合以下两个基本条件:

① 新投影面必须相对空间几何元素处于有利于解题的位置;

② 新投影面必须垂直于原投影体系中的一个投影面。

无论更换 V 面还是 H 面,都按照上述两个条件进行;连续换面时,也是连续地按照以上两个条件进行变换。进行第一次换面后的新投影面、新投影轴、新投影符号,分别加脚注“1”;第二次换面后的符号则加脚注“2”;以此类推。

2.6.2　点的投影变换

点是最基本的几何元素,下面首先研究点的投影变换规律。

1. 点的一次换面

根据选择新投影面的条件可知,每次只能变换一个投影面。变换一个投影面的方法称为一次换面。

以变换 V 面为例,即将原投影体系 V/H 转化为新投影体系 V_1/H。如图 2.59(a)所示,a,a' 为点 A 在 V/H 体系中的投影,首先在适当的位置设一个新投影面 V_1 代替 V,必须使 V_1 面 $\perp H$ 面,从而组成新的投影体系 V_1/H。V_1 面与 H 面的交线 X_1 为新的投影轴。由点 A 向 V_1 面作垂线得到新投影面上的投影 a_1',而水平投影仍为 a。再将 V_1 面旋转到和 H 面重合,即可得到点 A 在新投影体系 V_1/H 中的投影,如图 2.59(b)所示,其中 $a'a_X = a_1'a_{X1}$,$aa_1' \perp X_1$ 轴。

同理也可以变换 H 面,将原投影体系 V/H 转化为新投影体系 V/H_1。

2. 点的二次换面

点的二次变换的原理和方法与一次变换基本相同,只是将作图过程重复一次,但要注意

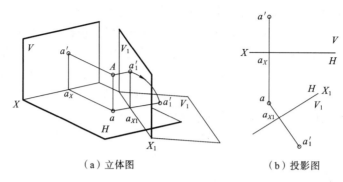

（a）立体图 　　　　　（b）投影图

图 2.59　点的一次变换

新、旧体系中坐标的量取,作图方法和步骤如图 2.60 所示,其中 $a'a_X = a'_1 a_{X1}$, $aa'_1 \perp X_1$ 轴, $aa_{X1} = a_2 a_{X2}$, $a'_1 a_2 \perp X_2$ 。

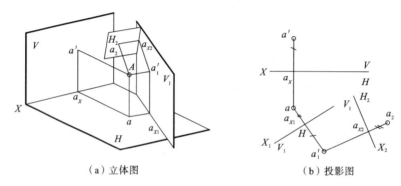

（a）立体图 　　　　　（b）投影图

图 2.60　点的二次变换

　　注意:新投影面的设置必须符合前述两个原则,而且必须交替变换,若第一次用 V_1 面代替 V 面,组成 V_1/H 体系,第二次变换则应用 H_2 面代替 H 面组成 V_1/H_2 体系。如此交替多次变换来达到解题目的。

2.6.3　直线的投影变换

1. 一般位置直线变换为投影面平行线

　　如图 2.61(a)所示, AB 为一般位置直线,如要变换为正平线,则必须变换 V 面,使新投影面 V_1 平行于 AB ,这样 AB 在 V_1 面上的投影 $a'_1 b'_1$ 将反映 AB 的实长, $a'_1 b'_1$ 与 X_1 轴的夹角反映直线对 H 面的倾角 α 。

　　作图过程如下。

　　(1) 在适当位置作 X_1 轴 $// ab$ 。

　　(2) 按点的换面法规律求出 a'_1 、 b'_1 ,如图 2.61(b)所示,即 $a'_1 a_{X1} = a'a_X$, $b'_1 b_{X1} = b'b_X$,从而可以确定点 A 和点 B 的新投影 a'_1 、 b'_1 。

　　(3) 连接 $a'_1 b'_1$,则 $a'_1 b'_1$ 反映实长, $a'_1 b'_1$ 与 X_1 轴的夹角反映直线 AB 对 H 面的真实倾角 α 。

2. 投影面平行线变换为投影面垂直线

　　如图 2.62(a)所示,将正平线 AB 变换为投影面垂直线。

　　根据投影面垂直线的投影特性,反映实长的投影必定为不变投影,只要变换水平投影面,即作新投影面 H_1 垂直于 AB ,这样 AB 在 H_1 面上的投影将重合为一点。

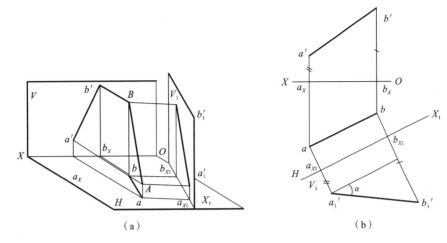

图 2.61 一般位置直线变换为投影面平行线

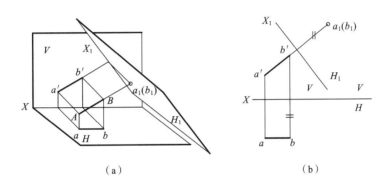

图 2.62 V 面平行线变换成 H_1 面垂直线

作图过程如下。

(1) 如图 2.62(b)所示,在适当位置作 $X_1 \perp a'b'$。

(2) 由图 2.62(b)可知,点 A、点 B 到 V 面的距离等于点 A 和点 B 的新投影到 X_1 轴的距离,从而可以确定点 A 和点 B 的新投影 a_1、b_1。

(3) AB 即为两面投影体系 V/H_1 中 H_1 面的垂直线。

同理,通过一次换面也可将水平线变换成 V_1 面的垂直线。

3. 一般位置直线变换为投影面垂直线

由于与一般位置直线垂直的平面是一般位置平面,与其他投影面都不垂直,所以通过一次换面无法达到将一般位置直线变换为投影面垂直面的要求。必须通过两次换面,才可以将一般位置直线变换为投影面垂直线。

作图思路为:一般位置直线→投影面平行线→投影面垂直线。

将一般位置直线变换为 H_2 面垂直线的作图过程如下。

(1) 如图 2.63 所示,在适当位置作 X_1 轴 // ab。

(2) 按点的换面法规律求出 a_1'、b_1',a' 到 X 轴的距离等于 a_1' 到 X_1 轴的距离,b' 到 X 轴的距离等于 b_1' 到 X_1 轴的

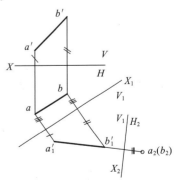

图 2.63 一般位置直线变换
为投影面垂直线

距离。由此即可将一般位置线变换为投影面平行线。

（3）按点的换面法规律求出 a_2、b_2，a 到 X_1 轴的距离等于 a_2 到 X_2 轴的距离，b 到 X_1 轴的距离等于 b_2 到 X_2 轴的距离。由此即可将投影面平行线变换为投影面垂直线。

同理，通过两次换面也可以将一般位置直线变换为 V_2 面垂直线。

2.6.4 平面的投影变换

1. 经一次换面将一般位置平面变换成投影面垂直面

经一次换面将一般位置平面变换为投影面垂直面时，所取新投影轴应与平面上平行于原有投影面的直线的反映实长的投影相垂直。

如图 2.64(a)所示，在 V/H 体系中有一般位置平面 ABC，要将它转换成 V/H_1 体系中的 H_1 面的垂直面，可在平面 ABC 上任取一条正平线，例如 AD，再用垂直于 AD 的 H_1 面来替换 H 面。由于 H_1 面垂直于平面 ABC，又垂直于 V 面，就可将 V/H 中的一般位置平面转换为 V/H_1 中的 H_1 面的垂直面，$a_1b_1c_1$ 在 H_1 面中的投影积聚为直线。这时新投影轴 X_1 应与平面 ABC 上平行于 V 面的直线 AD 的投影 $a'd'$ 相垂直。

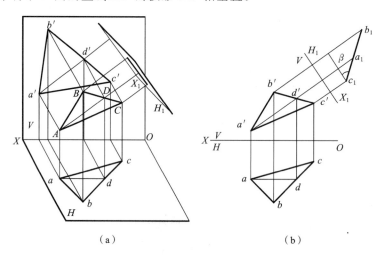

（a）　　　　　　　　　（b）

图 2.64　将一般位置平面变换为 H_1 面垂直面

作图过程如图 2.64(b)所示。

（1）在体系 V/H 中作平面 ABC 上的正平线 AD：先作 $ad // X$ 轴，再由点的投影特性作出正平线的正面投影 $a'd'$。

（2）作 X_1 轴垂直于 $a'd'$，再按照投影变换的基本作图法作出点 A、B、C 在 H_1 面上的新投影 a_1、b_1、c_1，将 a_1、b_1、c_1 连成一直线，$a_1b_1c_1$ 即为平面 ABC 在 H_1 面上具有积聚性的投影。平面 ABC 是 V/H_1 体系中的 H_1 面垂直面，$a_1b_1c_1$ 与 X_1 轴的夹角就是平面 ABC 对 V 面的真实倾角 β。

同理，若要求作出平面对 H 面的倾角 α，应在平面 ABC 上取水平线，作垂直于该水平线的反映实长投影的新投影面 V_1，平面 ABC 就可变换为 V_1/H 中的 V_1 面垂直面，此时平面 ABC 有积聚性的投影与 X_1 轴的夹角就是平面 ABC 对 H 面的真实倾角 α。

2. 一次换面将投影面垂直面变换为投影面平行面

经一次换面将投影面垂直面变换为投影面平行面时，所取新投影轴应平行于有积聚性的原投影所在的平面。

如图 2.65 所示,在 V/H 体系中有垂直于 H 面的平面 ABC,作 V_1 面与平面 ABC 平行,则 V_1 面也垂直于 H 面,平面 ABC 就可以从 V/H 体系中的 H 面垂直面变换为 V_1/H 中的 V_1 平行面。要注意的是这时 X_1 轴应与 abc 相平行。由于只要 V_1 面平行于平面 ABC 即可,平面 ABC 与 V_1 面的距离可以为任意距离,所以 X_1 与 abc 之间的距离可以任意选择。

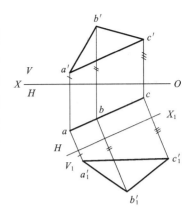

图 2.65 将 H 面垂直面转换为 V_1 面平行面

作图过程如图 2.65 所示。

(1) 作 X_1 轴平行于 abc。

(2) 按投影变换的基本作图法作出点 A、B、C 在 V_1 面中的新投影 a_1'、b_1'、c_1',将各点的投影连线即可得平面 ABC 在 V_1 面的新投影,该新投影反映平面 ABC 的实形。

同理,若要求作出正垂面的实形,则可作与它平行的 H_1 面,这个平面图形就成为 V/H_1 面中的 H_1 面平行面,它在 H_1 面上的投影即反映实形;若要求作出侧垂面的实形,则可作与它平行的 V_1 面,这个平面图形就成为 V_1/W 面中的 V_1 面平行面,它的 V_1 面投影即反映实形。

3. 经二次换面将一般位置平面变换成投影面平行面

作图思路:通过第一次换面将一般位置平面转换为投影面垂直面,再通过第二次换面将投影面垂直面转换为投影面平行面。

如图 2.66 所示,首先将 V/H 体系中处于一般位置的平面 ABC 进行一次换面转换为投影面垂直面,只需作 V_1 面,使 V_1 面既垂直于平面 ABC,又垂直于 H 面,就可将平面 ABC 由 V/H 体系中的一般位置面转换为 V_1/H 体系中的 V_1 面垂直面。再进行第二次换面,将平面 ABC

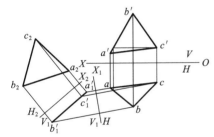

图 2.66 将一般位置平面变换成投影面平行面

由 V_1/H 体系中的 V_1 面垂直面转换成 V_1/H_2 体系中的 H_2 面平行面,平面 ABC 在 H_2 面中的投影 $a_2b_2c_2$ 反映平面 ABC 的实形。

作图过程如图 2.66 所示。

(1) 第一次换面,将一般位置平面变换为投影面垂直面:先在 V/H 体系中作出平面 ABC 内过点 C 的水平线正面投影和水平投影,再作 X_1 轴垂直于该水平线的水平投影,按投影变换的基本作图法作出点 A、B、C 的 V_1 面投影,即可得到平面 ABC 在 V_1 面上的积聚性投影 $a_1'b_1'c_1'$。

(2) 第二次换面,将投影面垂直面变换为投影面平行面:作 X_2 轴平行于 $a_1'b_1'c_1'$,按投影变换的基本作图法作出点 A、B、C 的 H_2 面投影 a_2、b_2、c_2,连接 a_2、b_2、c_2 即可得平面 ABC 在 V_1/H_2 体系中 H_2 面的投影,且 $a_2b_2c_2$ 反映平面 ABC 的实形。

2.6.5 换面法的应用实例

有关点、直线和平面的定位和度量问题,常常涉及它们与投影面的相对位置,它们之间的从属关系（如点在直线上、点或直线在平面上）和相对位置关系（如两点的相对位置、两直线的相对位置、直线与平面的相对位置、两平面之间的相对位置等）。下面将扼要地列举在投影图中反映点、直线、平面之间的距离和夹角的情况，并举例说明如何利用换面法解决定位和度量问题。

如图 2.67 所示，当两点或直线、平面相对投影面 H 处于某些特殊位置时，水平投影能直接反映有关距离 L 和角度 θ 的真实大小的情况，其中有些情况已在前面述及，有些情况读者通过空间分析和运用已述及的投影特性都能理解，这里不再作进一步的解释。

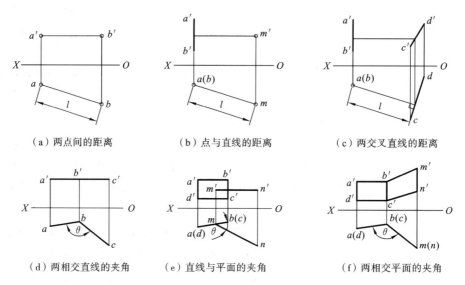

（a）两点间的距离　　　　（b）点与直线的距离　　　　（c）两交叉直线的距离

（d）两相交直线的夹角　　　（e）直线与平面的夹角　　　（f）两相交平面的夹角

图 2.67　在投影中直接反映点、直线、平面之间距离和夹角的情况

当点、直线、平面不处于上述位置时，可以根据需要利用换面法，将其变换到在新投影体系中处于上述位置，就能在新投影中直接显示这些距离和夹角的真实大小。

例 2.18　如图 2.68（a）所示，已知点 M 和△ABC 的两面投影，求作点 M 与△ABC 之间的真实距离。

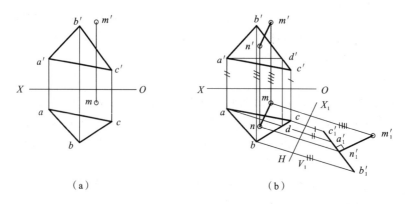

（a）　　　　　　　　　　　　（b）

图 2.68　求点 M 与△ABC 的距离

分析　经一次换面将△ABC 变换成投影面垂直面，在新的投影面体系中，就可以按照直线与特殊位置平面相垂直的投影特性求解，并将作出的垂线和垂足返回到原投影体系中去。

作图　作图过程如图 2.68(b)所示。

(1) 作 V_1 面⊥△ABC，并作出点 M 和△ABC 的 V_1 面投影：在△ABC 上作水平线 AD，作 X_1 轴⊥ad，按照投影变化的基本作图法分别作出点 A、B、C、M 的 V_1 面投影 a_1'、b_1'、c_1'、m_1'，将 a_1'、b_1'、c_1' 连成△ABC 积聚成一直线的 V_1 面投影 $a_1'b_1'c_1'$。

(2) 在 V_1/H 体系中作出垂线 MN、垂足 N 和点 M 与△ABC 之间的真实距离：因为△ABC 是 V_1 面垂直面，所以垂线 MN 必定是 V_1 面平行线，且 $m_1'n_1'$⊥$a_1'b_1'c_1'$。令点 N 是 MN 与△ABC 的交点，则点 N 就是垂足，MN 的实长即为点 M 与△ABC 之间的真实距离。于是过 m_1' 作 $m_1'n_1'$⊥$a_1'b_1'c_1'$，并过点 m 作直线平行于 X_1 轴，$m_1'n_1'$ 与 $a_1'b_1'c_1'$ 的交点为 n_1'，由 n_1' 作垂直于 X_1 轴的投影连线，与过点 m 所作的 X_1 轴的平行线相交得点 n，就作出垂线 MN 和垂足 N，$m_1'n_1'$ 即为点 M 与△ABC 之间的真实距离。

(3) 将垂线 MN 和垂足 N 返回到 V/H 体系中，作出 n' 和 $m'n'$：由 n 作垂直于 X 轴的投影连线，在其上由 X 轴向 V 面一侧量取在 V_1/H 体系中由 X_1 至 n_1' 的距离，得到 n'，连接 m' 和 n'，就作出了垂线 MN 和垂足 N 在 V/H 体系中的两面投影。

例 2.19　如图 2.69(a)所示，已知相交两平面 ABC 和 BCDE 的两面投影，求作它们的夹角。

分析　由图 2.69(a)可知，将两个平面同时变换成同一投影面的垂直面，也就是将它们的交线变换成投影面垂直线，则所得的这两个平面的有积聚性的同面投影的夹角，就反映出这两个平面的真实夹角。将一般位置直线变换为投影面垂直线必须经过两次换面，其具体变换过程如图 2.63 所示。由直线和直线外的一点可以确定一个平面，所以在用换面法进行作图时，对平面 ABC 和 BCDE 只要分别变换 BC 以及点 A 和点 D 就可以了，具体作图过程如图 2.69(b)所示，其中 θ 即为两平面的夹角。

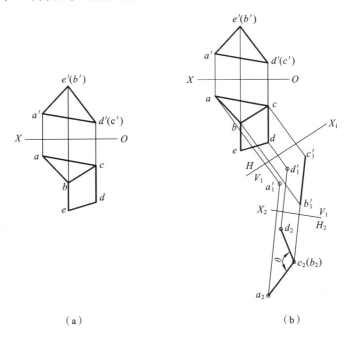

(a)　　　　(b)

图 2.69　求两平面的夹角

第3章 立体的投影

根据表面的几何特征,立体可分为平面立体和曲面立体两类。如果立体的表面都是平面,则该立体为平面立体;如果立体的表面中有曲面,则该立体为曲面立体。本章要解决的主要问题是,如何在二维平面投影中表达三维立体结构,以及如何在二维平面投影中表达立体表面上的点和线。

3.1 平面立体及其表面上的点和线

3.1.1 平面立体

1. 平面立体的投影

平面立体的构型可以从平面、直线和点三个层面来理解,相应地,对平面立体的投影也可以从这三个层面入手来理解和绘制。

平面立体可以看成由若干个平面图形封闭而成的空间实体,其表面均是平面多边形,绘制平面立体的投影,本质上就是绘制该立体所有平面多边形表面的投影。因此,只要掌握了平面的投影特征,平面立体的投影就可以根据平面图形投影的画法绘制出来。

图 3.1 是正三棱柱的立体图和投影图。根据图 3.1(a)所示正三棱柱与三面投影体系的位向关系可知:① 正三棱柱的上下底面为水平面,其水平投影为反映上下底面真实形状的正三角形,正面投影和侧面投影积聚为水平直线;② 正三棱柱的前棱面 ABB_0A_0 为正平面,其正面投影 $a'b'b_0'a_0'$ 反映其真实形状,其水平投影和侧面投影分别积聚成直线;③ 正三棱柱的两个侧棱面 ACC_0A_0 和 BCC_0B_0 分别是两个铅垂面,其水平投影积聚成直线,正面投影和侧面投影分别是对应的相似形。三投影体系打开,正三棱柱的投影图如图 3.1(b)所示。

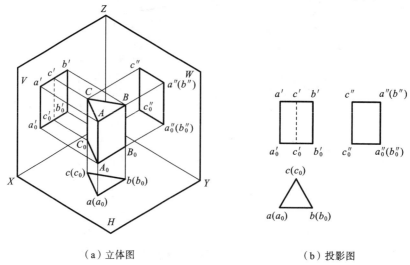

（a）立体图　　　　　　　　　　（b）投影图

图 3.1　正三棱柱的投影

　　关于可见性的表示：如果轮廓线在投影中被遮挡而"看不见"，其投影应画成细虚线；如果轮廓线是可见的，则应画成粗实线。如图 3.1 所示，在正面投影中三棱柱棱线 CC_0 被三棱柱的前表面 ABB_0A_0 遮挡，因此，棱线 CC_0 的正面投影应画成细虚线。另外，如果轮廓线之间具有遮挡关系，则只需要用粗实线画出可见轮廓线的投影。轮廓线 AB 和 A_0B_0 的水平投影具有遮挡关系，就只需要用粗实线画出 AB 的投影 ab 即可。

　　也可以从直线的角度来理解平面多边形的构型。平面立体的各表面均是平面，这些平面两两相交所得到的交线（交线一定是直线），就构成了平面立体的轮廓线。因此，绘制平面立体的投影，本质上也就是绘制该平面立体所有轮廓线的投影。只要掌握了直线的投影特征，平面立体的投影也可以根据直线投影的画法绘制出来。

　　如图 3.1(a) 所示，正三棱柱的上顶面 ABC 的三条边线分别为侧垂线 AB、水平线 BC 和 CA，根据直线的投影特性，它们的水平投影均反映实长，分别为 ab、bc 和 ca；AB 的正面投影 $a'b'$ 水平且反映实长，侧面投影积聚为一点 $a''(b'')$；BC 的正面投影 $b'c'$、侧面投影 $b''c''$、CA 的正面投影 $c'a'$ 和侧面投影 $c''a''$ 水平但不反映实长。棱线 CC_0 为铅垂线，其水平投影积聚为一点，其正面投影和侧面投影铅垂且反映实长。其他轮廓线的投影，读者可利用直线的投影特性自行分析，这里不再赘述。

　　当然，也可以从点的角度来理解平面立体的构型。立体可以看成是无数个点在空间形成的一个空间实体。因此，如果将平面立体上关键点的三面投影绘制出来，再将相应关键点的投影用直线连接，并考虑遮挡关系，即可绘制出平面立体的投影。图 3.1 中的三棱柱，只需要将其顶面 $\triangle ABC$ 的顶点 A、B、C 和底面 $\triangle A_0B_0C_0$ 的顶点 A_0、B_0、C_0 的投影绘制出来，再将相应投影点用直线连接即可得到三棱柱在相应投影面上的投影。

2. 立体投影间的方位对应关系

　　立体的投影图可不画投影轴，但各投影之间必须满足方位上的对应关系，即正面投影与水平投影应满足"长对正"和左右方向上的对应关系；正面投影与侧面投影应满足"高平齐"和上下方向上的对应关系；水平投影与侧面投影应满足"宽相等"和前后方向上的对应关系。

　　图 3.2 给出了三投影面展开前后正六棱柱投影之间的方位关系。在绘制立体的投影时，

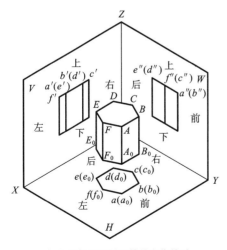

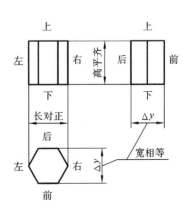

（a）三投影面展开前的方位关系　　　　　　（b）三投影面展开后的方位关系和"三等"关系

图 3.2　正六棱柱投影的方位关系和"三等"关系

正面投影与水平投影的方位关系以及"长对正"的原则、正面投影与侧面投影的方位关系以及"高平齐"的原则都很直观,初学者尤其要注意水平投影和侧面投影之间的方位关系和"宽相等"的原则。实际上,只要明白了三投影面是如何展开的,则水平投影和侧面投影之间的方位对应关系就很清楚了。请读者对照图 3.2(a)、(b)自行分析和理解。

绘图时,为保证水平投影和侧面投影之间的方位对应关系,既可以利用 45°辅助线作图,也可以直接利用"宽相等"的原则作图。如图 3.3 为正三棱柱的投影,其中,图 3.3(a)采用了45°辅助线作图,图 3.3(b)利用了"宽相等"的原则作图。

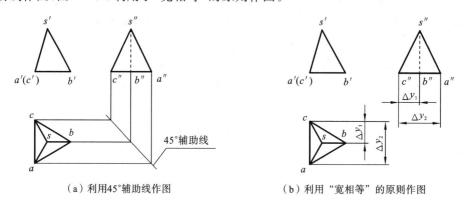

(a)利用45°辅助线作图　　　　　　(b)利用"宽相等"的原则作图

图 3.3　正三棱柱的投影

需要指出的是,在三面投影体系中,立体投影间的方位对应关系,从本质上讲是点的投影规律的体现。因为从几何的角度来看,立体是点的集合,立体上的每个点,在三面投影体系中的投影都遵循点的投影规律。因此,立体的投影、立体表面上的点和线的投影,从本质上讲都遵循点的投影规律。

3.1.2　平面立体表面上的点和线的投影

平面立体的表面是由若干个平面多边形构成的,因此,求解平面立体表面上的点和线的投影,实际上就是求解平面多边形内的点和线的投影,即求解平面上的点和线的投影。

面上求点的思路是求点先求线。在平面上直接确定一个点是比较困难的,但平面上的点一定在平面内的直线上。平面上过所求点的直线有无数条,只要能作出某一条过该点的直线,平面上求点的问题就可转化成直线上求点的问题,作图就容易了。

面上求线的思路是,求线先求点。直线是点的集合,欲作平面上某条直线段的投影,只要先作出该直线段的两个端点,再将这两个端点用相应线型的直线连接即可。因此,面上求线的问题本质上还是面上求点的问题。

1. 平面立体表面上的点

例 3.1　四棱锥 SABCD 的投影如图 3.4 所示,点 P 在四棱锥的表面上,已知点 P 的正面投影 p',求作 P 的水平投影和侧面投影。

分析　平面内任意一点一定在平面内的某条直线上,因此,可以在平面内找一条过点 P 的直线,再通过这条直线确定点 P 的水平投影和侧面投影。从图 3.4(a)可以看出,点 P 应在平面 SAB 上,因此,只需要找到平面 SAB 内过点 P 的一条直线,此题即可求解。可利用已知的点 S 并过点 P 在平面 SAB 内作一条直线 SE,交底边 AB 于点 E,则点 P 一定在直线 SE 上,只需作出 SE 的三面投影,则点 P 的水平投影和侧面投影即可作出。

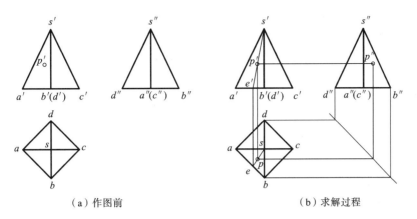

（a）作图前　　　　　　　　　　　　（b）求解过程

图 3.4　作四棱锥表面上的投影

作图　作图过程如图 3.4(b)所示。

(1) 过 p' 作辅助线（辅助线为细实线，后同）$s'e'$ 交 $a'b'$ 于 e'。

(2) 因为点 E 在底边 AB 上，所以点 E 的水平投影 e 也在 AB 的水平投影 ab 上。根据点的投影规律，过点 e' 作投影连线交 ab 于 e，再用细实线连接 se。se 即为 SE 的水平投影。

(3) 根据点的投影规律，过 p' 作投影连线交 se 于点 p，点 p 即为点 P 的水平投影。

(4) 此时，已知点 P 的正面投影 p' 和水平投影 p，利用"高平齐"和"宽相等"的原则，即可作出点 P 的侧面投影 p''。

实际上，平面内过某一点的直线有无数条，因此求解平面内点的投影，辅助线的作法有无数种。如图 3.5 所示，已知三棱锥表面一点 K 的正面投影，求点 K 的水平投影和侧面投影，图3.5 中列举了三种方法。

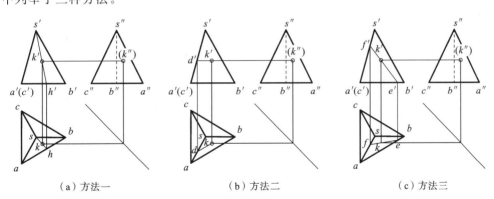

（a）方法一　　　　　　　　　（b）方法二　　　　　　　　　（c）方法三

图 3.5　作三棱锥表面上点的投影

图 3.5(a)所示的方法一作图过程如下：

(1) 利用正面投影中已知的 s'，过 k' 作直线并延长，交 $a'b'$ 于点 h'；

(2) 由点 h' 作投影线交 ab 于点 h；

(3) 连接点 s 与点 h；

(4) 由点 k' 作投影线交 sh 于点 k，点 k 即为点 K 的水平投影；

(5) 再根据"高平齐"和"宽相等"的原则即可求出点 K 的侧面投影 k''。根据投影可知，k''位于 SAB 平面上，其侧面投影不可见，因此，用圆括号将 k'' 括住，表示为 (k'')。

图 3.5(b)所示的方法二作图过程如下：

（1）由点 k' 作水平线交 $s'a'$ 于点 d'；

（2）由点 d' 作投影线交 sa 于点 d；

（3）由点 d 作直线平行于 ab，并与由点 k' 所作投影线交于点 k，点 k 即为点 K 的水平投影；

（4）再根据"高平齐"和"宽相等"作出点 K 的侧面投影 k''，由于点 K 的侧面投影不可见，表示为 (k'')。

图 3.5(c)所示的方法三作图过程如下：

（1）过点 k' 作直线交 $a'b'$ 于点 e'，交 $s'a'$ 于点 f'；

（2）分别由点 e'、点 f' 作投影线交 ab 于 e，交 sa 于 f，并连接 ef；

（3）由点 k' 作投影线交 ef 于点 k，点 k 即为点 K 的水平投影；

（4）再根据"高平齐"和"宽相等"作出点 K 的侧面投影 k''，由于点 K 的侧面投影不可见，表示为 (k'')。

某些平面立体的表面投影具有积聚性，则这些表面上的点的投影在求解时可直接根据点的投影特性作图。

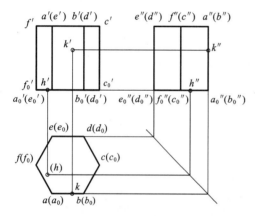

图 3.6　作正六棱柱表面上的点

如图 3.6 所示，点 K 和点 H 是正六棱柱表面上的点，已知点 K 的正面投影 k' 及点 H 的水平投影 h，求点 K 和点 H 的另外两面投影。通过投影分析可知，点 K 位于正六棱柱的前表面 ABB_0A_0 上，且表面 ABB_0A_0 为正平面，其水平投影和侧面投影具有积聚性，因此，可直接由 k' 作铅垂投影线和水平投影线，分别交 ab 于点 k，交 $a''a_0''$ 于点 k''，点 k 即为点 K 的水平投影，点 k'' 即为点 K 的侧面投影。同理，由投影分析可知点 H 位于正六棱柱的底面 $A_0B_0C_0D_0E_0F_0$ 上，可直接由点 h 作铅垂的投影线交 $f_0'a_0'$ 于点 h'，点 h' 即为点 H 的正面投影，再通过"宽相等"即可求出点 H 的侧面投影 h''。

图 3.7 给出了一些平面立体及其表面上点的投影的示例，请读者自行阅读，读懂各投影所反映的形状，分析各表面的投影及其可见性。

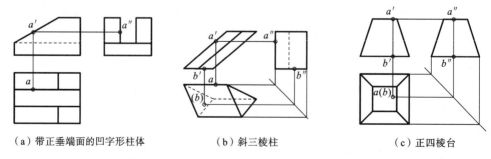

(a) 带正垂端面的凹字形柱体　　　　(b) 斜三棱柱　　　　(c) 正四棱台

图 3.7　平面立体及其表面上点的三面投影示例

2. 平面立体表面上的线

作平面立体表面上的线的投影，本质上仍然是作平面上的点的投影，其方法与平面内求线的方法相同,但要注意可见性的判断。

例 3.2　如图 3.8(a)所示,正五棱柱表面上有一条折线 $ABCDE$,已知折线的水平投影,如图 3.8(b)所示,要求作折线的正面投影和侧面投影。

分析　实际上,折线 $ABCDE$ 由四段分别在五棱柱不同棱面上的直线构成,而作直线的投影,只需要作出直线的两个端点的投影,然后连接两端点的投影即可。依次作出以上四段直线的投影,并考虑可见性,即可作出折线 $ABCDE$ 的投影。因折线的水平投影已知,故只需要作折线的正面投影和侧面投影即可。

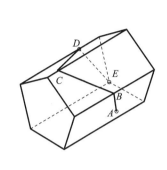
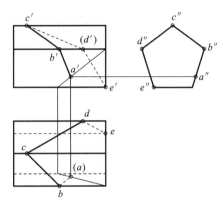

（a）正五棱柱表面上的线　　　　　　　（b）正五棱柱表面上的线的投影

图 3.8　作平面立体表面上的线的投影

作图　作图过程如图 3.8(b)所示。

(1) 端点 A 在五棱柱的一个侧面上,用平面上求点的方法作点 A 的正面投影,再根据“高平齐”求点 A 的侧面投影。

(2) 点 B、C、D、E 分别在五棱柱的棱线上,根据“长对正”和“高平齐”即可求出它们的正面投影和侧面投影。

(3) 判断可见性,并依次连接 a'、b'、c'、d'、e',可得折线的正面投影;同理可得其侧面投影 $a''b''c''d''e''$。

具体作图过程读者根据图 3.8(b)自行分析,需要强调的是,在作图过程中一定要注意判断投影的可见性。

3.2　平面与平面立体表面相交

平面与平面
立体表面相交

平面与平面立体表面的交线称为截交线;当平面截切平面立体时,截交线所围成的面称为断面,用于截切的平面称为截平面。

3.2.1　平面立体的截交线和断面

1. 平面立体截交线和断面的特点

截交线是截平面与平面立体表面的交线。如图 3.9(a)所示,截平面 P 截切三棱锥 $SABC$,截平面 P 与三棱锥 $SABC$ 的三个侧面的交线 $ⅠⅡ$、$ⅡⅢ$ 和 $ⅠⅢ$ 即为截交线,其断面为三角形。截交线和断面有如下特点。

(1) 截交线是直线。截交线是平面与平面相交的交线,因此,截交线一定是直线,如图

3.9(a)所示。

(2) 截交线具有表面性。如图 3.9(a)所示,截交线Ⅰ Ⅱ、Ⅱ Ⅲ 和 Ⅰ Ⅲ 分别在三棱锥的三个侧面上。

(3) 截交线具有共有性。如图 3.9(a)所示,截交线为截平面 P 和三棱锥的侧面所共有,即截交线既是属于截平面 P 内的线,也是属于三棱锥侧面上的线。

(4) 断面是由截交线所构成的封闭平面多边形,且截平面与 n 个平面相交,则断面多边形为平面 n 边形。

如图 3.9(a)所示,截交线Ⅰ Ⅱ、Ⅱ Ⅲ 和 Ⅰ Ⅲ 依次两两相连,构成一个封闭的平面多边形;由于截平面 P 与三棱锥的三个侧面相交,因此断面多边形的边数 n 为 3,即断面为△Ⅰ Ⅱ Ⅲ。

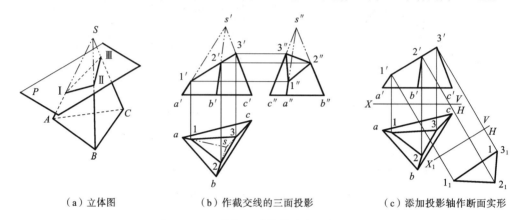

（a）立体图　　　　　　（b）作截交线的三面投影　　　　　（c）添加投影轴作断面实形

图 3.9　平面截切三棱锥截交线及断面实形

2. 单个截平面截切平面立体

单个截平面截切平面立体时,只有一个断面;截平面与 n 个平面相交,产生 n 条截交线,构成平面 n 边形,n 边形的 n 个顶点是截平面与平面立体轮廓线的交点。

如图 3.9(b)所示,已知三棱锥 SABC 和一正垂面相交,求作截交线的三面投影,并求出断面实形。

分析可知,单一截平面为正垂面,与三棱锥的三个侧面相交,产生三条截交线,这三条截交线两两相连构成三角形,三角形的三个顶点是截平面与三棱锥三条棱线的交点。

根据图 3.9(b)所示的投影,截交线的正面投影已知,即已知 $1'2'$、$2'3'$ 和 $3'1'$,只需作截交线的水平投影和侧面投影。因为截交线的顶点Ⅰ、Ⅱ、Ⅲ是截平面与三棱锥三条棱线的交点,且截交线顶点的正面投影 $1'$、$2'$ 和 $3'$ 已知,可直接由三顶点的正面投影,根据"长对正"和"高平齐"作三顶点的水平投影和侧面投影,再判断可见性,将其同面投影依次连接,即可得到截交线的水平投影和侧面投影。

具体作图过程如图 3.9(b)所示。

(1) 由 $1'$ 作投影线分别交 sa 于 1,交 $s''a''$ 于 $1''$。

(2) 由 $2'$ 作投影线分别交 sb 于 2,交 $s''b''$ 于 $2''$。

(3) 由 $3'$ 作投影线分别交 sc 于 3,交 $s''c''$ 于 $3''$。

(4) 截交线水平投影可见,依次用粗实线连接 1、2、3 得截交线的水平投影△123。

(5) 截交线的侧面投影 $1''2''$、$2''3''$ 和 $1''3''$ 均可见,依次用粗实线连接。

按照图 3.9(b)所示作出断面△Ⅰ Ⅱ Ⅲ 的水平投影后,可在 V、H 两投影体系中自行添加 X

投影轴,然后用换面法作出断面△ⅠⅡⅢ的实形,具体作图过程如图 3.9(c)所示。需要指出的是,所添加的 X_1 投影轴的位置可自行确定,如图 3.9(c)所示,也可按照很多教材中通常的做法,借助已有的水平投影 $a'c'$ 确定 X_1 投影轴。

如图 3.10(a)所示,截平面 P 与正六棱柱的七个表面(六个侧面和一个上顶面)相交,截交线两两相连构成平面七边形 $ABCDEFG$,它的七个顶点分别是截平面 P 与六棱柱的七条轮廓线(五条棱线和两条顶面边线)相交所得。求作截交线 $ABCDEFG$ 的三面投影,只需作出截交线七个顶点的投影,然后根据各投影的可见性,相应地用粗实线或者细虚线将各点依次连接即可。如图 3.10(b)所示,具体作图过程如下。

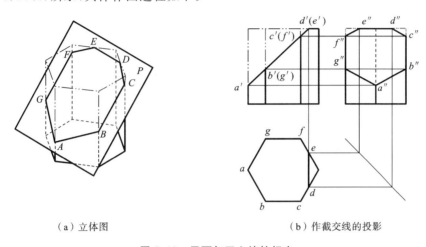

（a）立体图　　　　　　　　　　（b）作截交线的投影

图 3.10　平面与正六棱柱相交

（1）根据正面投影可知,截交线的正面投影已知,即 $a'b'c'd'e'f'g'$。

（2）点 A、B、C、F、G 分别位于五条铅垂的棱线上,它们的水平投影分别位于相应棱线有积聚性的水平投影上,分别为 a、b、c、f、g,其侧面投影 a''、b''、c''、f''、g'' 根据"高平齐"作投影线即可作出。

（3）点 D 和 E 分别位于正六棱柱上顶面的边线上,由 d' 和 e' 根据"长对正"作投影线分别交相应边线的水平投影于 d 和 e,d 和 e 分别即为点 D 与 E 的水平投影;再由 d' 和 e' 根据"高平齐"作水平投影线,由 d 和 e 根据"宽相等"作投影线,即可作出点 D 和点 E 的侧面投影 d'' 和 e''。

（4）判别可见性,将各点的同面投影依次用相应线型连接,即可作出截交线的水平投影和侧面投影。

例 3.3　如图 3.11(a)所示,平面 P 截切正三棱柱,求作截交线的三面投影。

分析　由图 3.11(a)知,截平面与三棱柱的三个侧面相交,截交线为三角形,$\triangle ABC$ 三个顶点分别位于正三棱柱的三条棱线上;且截平面 P 为正垂面,则截交线的正面投影已知,为 $a'b'c'$。

又因为正三棱柱的三条棱线为铅垂线,其水平投影具有积聚性,因此,点 A、B 和 C 的水平投影位于三条棱线具有积聚性的水平投影上,分别为 a、b 和 c,如图 3.11(b)所示。截交线的水平投影即为 $\triangle abc$。只需要作出截交线的侧面投影即可。

作图　作图过程如下。

（1）根据"高平齐",分别由 a'、b' 和 c' 作水平的投影线交相应棱线,得到侧面投影 a''、b''

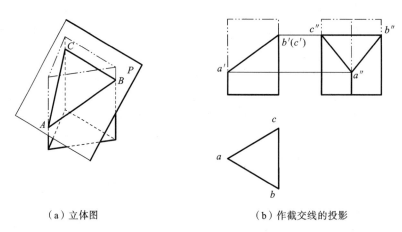

（a）立体图   （b）作截交线的投影

图 3.11   平面与正三棱柱相交

和 c''。

（2）侧面投影上，$a''b''$、$a''c''$ 和 $B''C''$ 均可见，依次用粗实线连接。

3. 多个截平面截切平面立体

多个截平面共同截切平面立体，可在平面立体上产生穿孔（见图 3.12(a)）或缺口（见图3.13(a)）。

多个截平面共同截切平面立体，所得断面个数与截平面个数一致，且每个断面 n 边形的 n 条截交线分别是该断面所在的截平面与其他平面相交所产生的交线；每个断面 n 边形的 n 个顶点可能是截平面与平面立体轮廓线的交点，也可能是两个截平面与平面立体某一表面相交所得的交点。

如图 3.12(a)所示，三个截平面 P、Q、R 共同截切正五棱柱，得到三个断面，断面多边形分别为位于截平面 P 上的七边形 $ABCDEFG$、位于截平面 Q 上的五边形 AB_0MF_0G 和位于截平面 R 上的五边形 DC_0MF_0E。其中点 A、G，点 D、E，以及点 M 均是三个平面相交的交点（即两个截平面和五棱柱的某一个侧面相交的交点）。

分析图 3.12(b)所示的投影，结合图 3.12(a)可知，三个截平面分别是水平面 P、正垂面 Q 和正垂面 R。三个截平面的正面投影具有积聚性，因此，截交线的正面投影已知。注意到正五

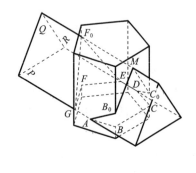

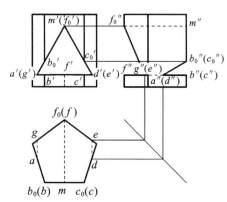

（a）立体图   （b）作截交线的投影

图 3.12   多个平面截切正五棱柱

棱柱的五个侧面中,前侧面为正平面,其他四个侧面为铅垂面,它们的水平投影具有积聚性。截交线的作图过程如下。

(1) 由 $a'(g)$ 作投影线交相应侧棱面具有积聚性的水平投影于 a 和 g;由 $d'(e')$ 作投影线交相应侧棱面具有积聚性的水平投影于 d 和 e;过 m' 作投影线交相应侧棱面具有积聚性的水平投影于 m;点 B_0 与 B,点 C_0 与 C,点 F_0 与 F 分别是水平投影面的重影点,它们的水平投影分别位于相应棱线具有积聚性的水平投影上,分别为 $b_0(b)$、$c_0(c)$、$f_0(f)$。

(2) 判断可见性,用相应的线型连接各点,即可得到截交线的水平投影 $abcdefg$、ab_0mf_0g、dc_0mf_0e,如图 3.12(b)所示。

(3) 根据"高平齐",由 b_0'、b'、m'、c_0'、c'、f_0'、f' 作水平投影线分别交相应棱线,得到侧面投影 b_0''、b''、m''、c_0''、c''、f_0''、f'';根据"高平齐"和"宽相等"作相应的投影线,可求出 a''、d''、e'' 和 g''。

(4) 判断可见性,用相应的线型即可作出截交线的侧面投影,如图 3.12(b)所示。

图 3.13 给出了两个平面共同截切正三棱锥的立体图和投影图,具体作图过程请读者自行分析。

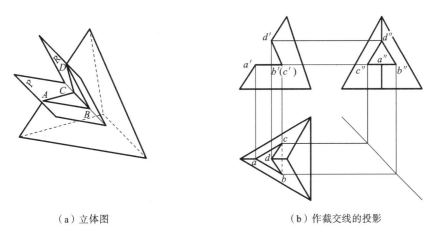

（a）立体图　　　　　　　　　　　（b）作截交线的投影

图 3.13　多个平面截切正三棱柱

3.2.2　两平面立体相贯

两个或多个平面立体相贯(也称相交)形成的形体即相贯体,立体表面的交线称为相贯线。平面立体相贯,相贯线是直线。需要强调的是,相贯体是一个整体,将相贯体看成两个或者多个立体相交,仅仅是为了对相贯体各部分的形状和位置进行分析所进行的一种假设而已。

两平面立体的相贯线通常是一组或两组闭合的空间折线。每一条折线段均是相贯立体各表面的交线,每一个折点都是一个立体的某一个表面与另一个立体的轮廓线的交点。因此,只需分别作出两相贯立体所有表面的交线,则相贯线即可作出。

要注意的是,虽然本质上相贯线仍然是平面与平面立体表面的交线,但相贯线只存在于两相贯体的表面,不会如截交线那样延伸到任何一个相贯体的内部而使立体形成穿孔或者缺口。

如图 3.14(a)所示,三棱柱与正五棱柱相贯,产生的两条相贯线 $ABCDC_0MB_0A$ 和 $EFGF_0E$,这是两条封闭的空间折线,位于相贯体的表面。特别注意的是,相贯体的内部没有任何交线,这与多个平面截切平面立体所产生的截交线不一样,请读者对比图 3.12(a)自行理解和分析。相贯线的作法如图 3.14(b)所示。图 3.14(b)与图 3.12(b)的区别在于图 3.14(b)中不存在细虚线 $m''f_0''$、$g''a''$ 和 $e''d''$ 等,其原因请读者自行分析。

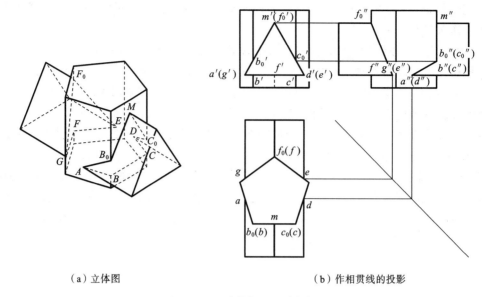

（a）立体图　　　　　　　　　　　　（b）作相贯线的投影

图 3.14　三棱柱与正五棱柱相贯

例 3.4　如图 3.15(a)所示,三棱柱与正三棱锥相贯,求作相贯线的投影。

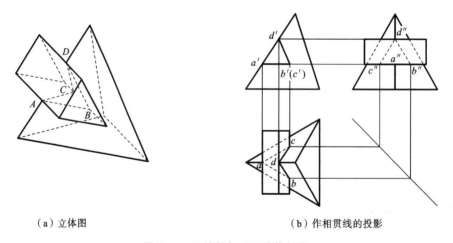

（a）立体图　　　　　　　　　　　　（b）作相贯线的投影

图 3.15　三棱柱与正三棱锥相贯

　　分析　由图 3.15(a)可知,三棱柱与三棱锥相贯,所产生的相贯线是一条位于两相贯体表面的封闭的空间折线 $ABDCA$,其中 AC 和 AB 位于三棱柱水平的侧面上,BD 和 DC 位于三棱柱正垂的侧面上,结合图 3.15(b)所示的投影,相贯线 $ABDCA$ 的正面投影为已知,其水平投影和侧面投影待求。

　　由于平面立体相贯所产生的相贯线为直线段,因此,欲求相贯线 $ABDCA$,只需先求作相贯线的四个折点 A、B、D 和 C。折点 A 和 D 位于三棱锥的棱线上,其正面投影已知,只需根据点的投影规律即可求解其水平投影和侧面投影。折点 B 和 C 分别位于三棱锥的前后侧面上,其正面投影已知,只需根据作平面内点的投影的方法即可作出其水平投影和侧面投影。最后判断各投影的可见性,用相应线型作出相贯线的水平投影和侧面投影。

　　作图　作图过程如下。

　　(1)由 a' 和 d',按"长对正"和"高平齐"作铅垂和水平的投影连线,分别交折点 A 和 D 所在棱线的水平投影和侧面投影,交点 a、d 即为折点 A 和 D 的水平投影,交点 a'' 和 d'' 即为折点 A 和 D 的侧面投影。

（2）由 a 作辅助线分别平行于三棱锥底面相应两边线的水平投影,交由 $b'(c')$ 所作的投影连线于 b 和 c;再根据"高平齐"和"宽相等"即可作出折点 B 和 C 的侧面投影 b'' 和 c''。

（3）判断可见性,用细虚线连接 ab、ac,用粗实线连接 db、dc,得相贯线的水平投影;用粗实线连接 $a''b''$、$a''c''$,用细虚线连接 $d''b''$、$d''c''$,得相贯线的侧面投影。

3.3　曲面立体及其表面上的点和线

曲面立体的投影

3.3.1　曲面立体

表面由曲面或者曲面和平面所构成的立体称为曲面立体。不同曲面立体表面的几何特征各不一样。有的曲面立体各表面相交形成轮廓线,如圆柱体两端面与圆柱面的交线圆;有的曲面立体既有轮廓线,还有尖点,如圆锥体;有的曲面立体完全由光滑的曲面围成,如椭球体和圆球。作曲面立体的投影时,除了需要画曲面立体轮廓线和尖点的投影外,还要画出曲面对投影面转向轮廓线的投影。

图 3.16(a)是球在三投影体系中投影的立体图,球的三面投影均为与球半径相等的圆,但各投影的含义不同。球的水平投影是球面对 H 面转向轮廓线 C_H 的投影,即球面上水平大圆 C_H 的水平投影,在水平投影中,水平大圆 C_H 以上的半球面可见,水平大圆 C_H 以下的半球面不可见;球的正面投影是球面对 V 面转向轮廓线 C_V 的投影,即球面上正平大圆 C_V 的正面投影,在正面投影中,正平大圆 C_V 之前的半球面可见,正平大圆 C_V 之后的半球面不可见;球的侧面投影是球面对 W 面转向轮廓线 C_W 的投影,即球面上侧平大圆 C_W 的侧面投影,在侧面投影中,侧平大圆 C_W 以左的半球面可见,侧平大圆 C_W 以右的半球面不可见。

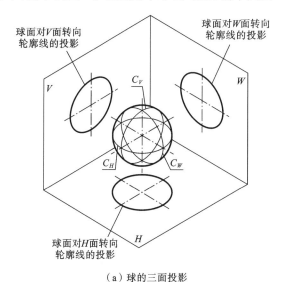

（a）球的三面投影　　　　　　　　　（b）母线为抛物线的回转体的三面投影

图 3.16　回转体的三面投影

由此可见,曲面投影的转向轮廓线是某投影面的投射线与曲面相切的切点的集合,是曲面上相对于该投影面可见与不可见部分的分界线。在作曲面立体投影的时候,要将转向轮廓线的投影作出。因此,曲面立体的投影就是曲面立体所有轮廓线、转向轮廓线以及尖点的投影。

很多常见的曲面立体,其曲面都可以看成由一条线绕着某一轴线旋转而成的回转面,这一类曲面立体称为回转体。绕轴线旋转的线称为母线,母线可以是直线,也可以是曲线。过轴线的任意平面与回转面相交而形成的交线称为素线,素线的形状与母线的形状完全一致。母线上任意一点绕着轴线旋转所得到的圆称为纬圆,很显然,纬圆所确定的平面垂直于回转体的轴线。

图 3.16(b)是一抛物面回转体的三面投影:其正面投影为抛物面对 V 面转向轮廓线的投影;其侧面投影为抛物面对 W 面转向轮廓线的投影;其水平投影为其水平底面与抛物面的交线圆的投影,是反映底面交线圆真实形状和大小的一个圆。曲面上一点 K(点 K 一定也在曲面的某一条素线上)绕抛物面回转体的轴线旋转所得到的圆称为过点 K 的纬圆,这个纬圆所确定的平面与底面平行,也是一个水平面,与抛物面回转体的轴线垂直。

机械零件中的曲面立体结构通常都是回转体,比如圆柱、圆锥和球,有时也会遇到圆环和具有环面的回转结构,因此本章将重点阐述以上这些常见回转体的投影特征,以及这些回转体表面上点和线的投影特点和作法。需要指出的是,面上求线的问题,不论该线是平面上的线,还是曲面上的线,本质上都是面上求点的问题。

3.3.2　典型的曲面立体

1. 圆柱体

1) 圆柱体的投影

圆柱体的表面由一个圆柱面和两个端面构成。圆柱面的母线是一条平行于圆柱体轴线的直线,这条母线绕着轴线旋转一周,即构成了圆柱面,圆柱面上的任意一条平行于轴线的直线均称为素线;母线的端点绕着轴线旋转,就构成了圆柱体端面的两个圆。

如图 3.17(a)所示,圆柱体的轴线铅垂,圆柱面上所有的素线都是铅垂线,因此,铅垂的圆柱面的水平投影积聚成一个圆,圆柱面上的点和线的水平投影都积聚在这个圆上。圆柱体的两个端面即上顶面和下底面是水平面,它们的水平投影反映实形。水平投影中正交的细点画线为投影圆的对称中心线,对称中心线的交点是轴线的水平投影。

对于圆柱体的正面投影,只需画出圆柱体水平的上下端面积聚而成的直线、圆柱面相对 V 面的转向轮廓线的投影,以及圆柱体轴线的投影即可。如图 3.17(a)所示,圆柱的正面投影为一粗实线绘制的矩形 $a'c'c'_0a'_0$,其中 $a'c'$、$a'_0c'_0$ 分别由圆柱体的上顶面和下底面积聚而成,其长度等于圆柱体的直径;$a'a'_0$、$c'c'_0$ 分别是圆柱面相对 V 面的转向轮廓线 AA_0、CC_0 的正面投影,细点画线 $o'o'_0$ 为圆柱体轴线 OO_0 的正面投影。注意,圆柱面相对 W 面的转向轮廓线 BB_0、DD_0 投影到 V 面上与 $o'o'_0$ 位置重合,但在 V 面上不画出 BB_0、DD_0 的投影。

对于圆柱体的侧面投影,只需画出圆柱体水平的上下端面积聚而成的直线、圆柱面相对 W 面的转向轮廓线的投影,以及圆柱体轴线的投影即可。如图 3.17(a)所示,圆柱的侧面投影为一粗实线绘制的矩形 $d''b''b''_0d''_0$,其中 $d''b''$、$d''_0b''_0$ 分别由圆柱体的上顶面和下底面积聚而成,其长度等于圆柱体的直径;$d''d''_0$、$b''b''_0$ 分别是圆柱面相对 W 面的转向轮廓线 DD_0、BB_0 的侧面投影,细点画线 $o''o''_0$ 为圆柱体轴线 OO_0 的侧面投影。注意,圆柱面相对 V 面的转向轮廓线 AA_0、CC_0 投影到 W 面上与 $o''o''_0$ 位置重合,但在 W 上不画出 AA_0、CC_0 的投影。

将三投影面展开,圆柱体的三面投影如图 3.17(b)所示,正面投影与水平投影符合"长对正"原则,正面投影与侧面投影符合"高平齐"原则,侧面投影与水平投影符合"宽相等"原则。

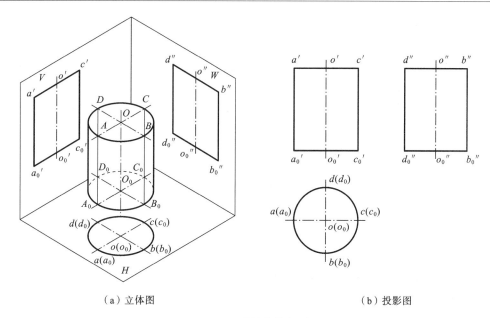

（a）立体图　　　　　　　　　　　　　　　　　　（b）投影图

图 3.17　圆柱体的投影

2）圆柱面上的点和线的投影

例 3.5　如图 3.18 所示，圆柱面上有两点 A 和 B，已知点 A 和点 B 的正面投影 a' 和 b'，求作它们的水平投影和侧面投影。

分析　点 A 和点 B 是位于铅垂圆柱面上的点，因此，它们的水平投影应该在圆柱面有积聚性的水平投影圆上。且点 A 和点 B 是正立投影面的重影点，a' 遮 b'，因此，点 A 的水平投影 a 在水平投影圆上靠前，点 B 的水平投影 b 在水平投影圆上靠后。点 A 和点 B 在圆柱面侧面投影转向轮廓线的左边，因此，其侧面投影 a'' 和 b'' 可见且位于同一水平高度上。

求点 A、B 的侧面投影 a'' 和 b''，既可以利用 45° 辅助线作图，如图 3.18(c)所示，也可以直接利用"宽相等"及前后方位上的对应关系作图，如图 3.18(d)所示。

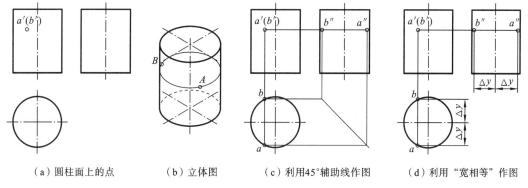

（a）圆柱面上的点　　（b）立体图　　（c）利用45°辅助线作图　　（d）利用"宽相等"作图

图 3.18　圆柱面上的点的投影

作图　作图过程如下。

（1）由 $a'(b')$ 作铅垂的投影线交水平投影圆于 a 和 b，a 和 b 分别为点 A、点 B 的水平投影。

（2）由 $a'(b')$ 作水平的投影线，再由 a、b 根据"宽相等"和侧面投影与水平投影之间的前后对应关系，即可作出点 A、B 的侧面投影 a'' 和 b''。

圆柱面上求线的问题，本质上是圆柱面上求点的问题。

　　圆柱面上存在两类规则线段,它们的三面投影均可以利用绘图工具直接作图。第一种是纬圆(弧);第二种是素线(或素线的一段),只有这两类线段可以直接作出。

　　如图 3.19(a)所示,圆柱面上有线段 AB 和线段 CD,已知其正面投影分别为 $a'b'$ 和 $c'd'$,通过投影分析,很容易判断出空间线段 AB 为一段纬圆弧线、CD 为圆柱面上某条素线的一部分,作其水平投影和侧面投影,只需先作出圆弧线和直线的两个端点,再结合遮挡关系采用合适的线型画出圆弧线或直线即可。

　　除了上述的纬圆(弧)和素线这两类线段外,圆柱表面其他线段均为不规则的空间曲线段,这类不规则空间曲线的三面投影一般不能完全通过绘图工具直接作出,而应根据曲线段的几何特征和位置,取线段上有代表性的多个点,结合投影的遮挡关系,用合适的线型光滑连接作出。

　　如图 3.19(a)中的正面投影 $e'f'$ 为直线段,它所对应的空间曲线为一段椭圆弧 EF,因圆柱面的水平投影积聚成圆,因此,椭圆弧 EF 的水平投影也在这个圆上,为图 3.19(a)所示的圆弧线 ef,这段圆弧线可直接用圆规作图。但其侧面投影是一段椭圆弧,作图时除了要作出端点 E、F 的侧面投影 e''、f'' 外,还应在椭圆弧上取至少一个一般点如点 M。作出点 M 的侧面投影 m'' 后,结合侧面投影的可见性判断,用细虚线将端点 e''、m''、f'' 光滑连接。

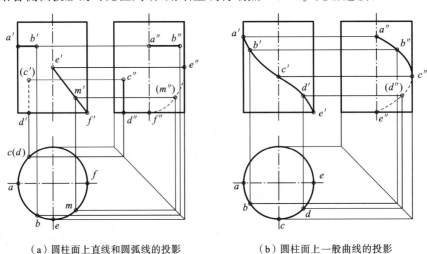

（a）圆柱面上直线和圆弧线的投影　　　　　　（b）圆柱面上一般曲线的投影

图 3.19　圆柱面上的线的投影

　　图 3.19(b)中正面投影 $a'b'c'd'e'$ 反映的是圆柱表面的一段不规则空间曲线段,其水平投影 abcde 也在圆柱面的水平投影圆上,可以用圆规在水平投影上直接作图,但其侧面投影需要选取 ABCDE 上的特殊点 A、E 和 C(点 A、E 为空间曲线的端点;C 为侧面投影转向轮廓线上的点,也是空间曲线在侧面投影上可见与不可见部分的分界点)和一般点(如点 B、D),作出它们的侧面投影后,结合可见性判断,用光滑曲线连接,作图结果如图 3.19(b)所示。必须指出的是,对于不规则曲线,在作图时必须作出特殊点,它们涉及空间曲线投影的起止范围和可见性的判断;一般点数量的选取根据绘图精度决定,作图时在不规则空间弧线上所取的一般点越多,所作曲线的投影越准确。

2. 圆锥体

1）圆锥体的投影

圆锥体的表面由一个圆锥面和一个底面构成。圆锥面由一条与轴线相交的直线绕轴线旋转而成,这条直线即圆锥面的母线。在圆锥面上,任意一条过圆锥顶点并与底面圆相交的直线均为圆锥面上的素线。

如图 3.20 所示,圆锥轴线铅垂,底面为水平面。其水平投影为一反映底面实形的圆,两条正交的细点画线为对称中心线,对称中心线的交点既是圆锥轴线的投影,也是锥顶的投影;其正面投影为三角形,其中 $s'a'$、$s'c'$ 为圆锥面对 V 面的转向轮廓线 SA、SC 的投影,水平线 $a'c'$ 由底面积聚而成,圆锥轴线的正面投影为圆锥正面投影的对称线;侧面投影与正面投影一样,也是一个三角形,其中 $s''d''$、$s''b''$ 为圆锥面对 W 面的转向轮廓线 SD、SB 的投影,水平线 $d''b''$ 由底面积聚而成,圆锥轴线的侧面投影为圆锥侧面投影的对称线。

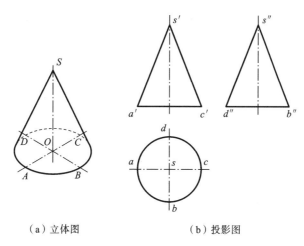

（a）立体图　　　　　　　　　　　（b）投影图

图 3.20　圆锥的投影

2）圆锥表面上的点和线的投影

在面上直接确定一个点比较困难,但圆锥面上的任意一个点,一定在圆锥表面上的某条素线或纬圆上,因此,在圆锥面上求点,可采用素线法或纬圆法这两种方法。对于特殊位置上的点,往往只能采用纬圆法求解。

例 3.6　如图 3.21(a)所示,圆锥面上有一点 A,已知点 A 的正面投影,求作点 A 的水平投影和侧面投影。

此题既可采用素线法作图求解,也可采用纬圆法作图求解。

方法一　素线法。

分析　点 A 是圆锥面上的点,则点 A 一定在圆锥面的某条素线上,连接锥顶 S 和点 A 并延长,与底面圆相交于点 B,则点 A 为素线 AB 上的点,如图 3.21(b)所示。在圆锥投影上作出素线 AB 的投影,即可确定点 A 的投影。

作图　具体作图过程如图 3.21(c)所示。

① 由点 s' 过点 a' 作直线并延长,交底面圆的正面投影于 b'。

② 因为 a' 可见,所以过点 A 的素线的水平投影应在圆锥水平投影圆的左前四分之一区域内。由点 b' 作投影连线交水平投影圆的左前部分于点 b,连接 s、b。

③ 由点 a' 作投影连线交 sb 于点 a,点 a 即为点 A 的水平投影。

④ 根据"高平齐"和"宽相等"原则,分别由 a' 和 a 作相应的投影连线交于 a'',点 a'' 即为点 A 的侧面投影。

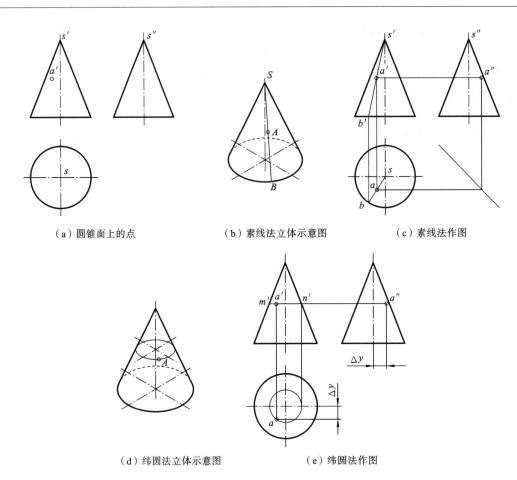

（a）圆锥面上的点　　　　　（b）素线法立体示意图　　　　　（c）素线法作图

（d）纬圆法立体示意图　　　　（e）纬圆法作图

图 3.21　圆锥面上的点的投影

方法二　纬圆法。

分析　点 A 是圆锥面上的点，则点 A 一定在圆锥面的某个纬圆上，如图 3.21（d）所示。该纬圆所在的平面与底面平行，也是一个水平面。因此，该纬圆的正面投影和侧面投影分别积聚成过 a' 和 a'' 的水平直线，其水平投影为反映实形的圆，点 A 的水平投影 a 在这个水平投影圆上。

作图　作图过程：具体作图过程如图 3.21（e）所示。

① 过点 a' 作水平辅助线分别交圆锥面对 V 面的转向轮廓线的投影于 m' 和 n'。

② 以水平投影圆的圆心为圆心，以 $m'n'$ 为直径，在水平投影中作辅助圆。

③ 由点 a' 作投影连线交辅助圆于点 a，点 a 即为点 A 的水平投影。

④ 根据"高平齐"和"宽相等"原则，即可作出点 A 的侧面投影 a''。

圆锥面上求线的问题，本质上是圆锥面上求点的问题。

同圆柱面一样，圆锥面上也存在两类规则线段，它们的三面投影均可以利用绘图工具直接作出。第一种是纬圆（或纬圆弧）；第二种是素线（或素线的一段）。只有这两类线段可以直接作出，其他空间曲线段只能在作出足够多的点后，结合投影的遮挡关系，用合适的线型光滑连接求得。

如图 3.22 所示，已知圆锥面上某空间曲线 CD 的正面投影 $c'd'$ 为水平粗实线，则 CD 的空间形状为一纬圆弧线,如图 3.22(a)所示,其水平投影和侧面投影很容易求出,如图 3.22(b)的 cd 和 $c''d''$ 所示。

如果圆锥面上存在直线,则该直线只能是圆锥面上的素线或素线的一段,如图 3.22(a)中的 AB。若已知 AB 的正面投影 $a'b'$,则可根据素线的求法作出 AB 的水平投影 ab 和侧面投影 $a''b''$,结果如图 3.22(b)所示。

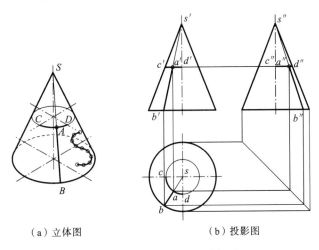

（a）立体图　　　　　　（b）投影图

图 3.22　圆锥面上的线的投影

除了上述纬圆(弧)或者素线段以外,圆锥面上其他不规则空间曲线,如图 3.22(a)中的 S 形曲线,则应采取类似于圆柱面上不规则空间曲线的作法求解,具体作图过程这里不再赘述,读者可自行分析。

3．球

球的投影特性已在 3.3.1 小节详细阐述,这里主要讨论球面上的点和线的投影。球面上求线的问题,本质上是球面上求点的问题。球面上求点的问题只能借助纬圆法求解。

例 3.7　如图 3.23(a)所示,已知球面上一点 A 的正面投影,求作点 A 的水平投影和侧面投影。

分析　点 A 在球面上,则点 A 一定在球面某纬圆上。球面上过任意一点的纬圆有三个,分别为水平纬圆、正平纬圆和侧平纬圆。单独利用过点 A 的任何一个纬圆,如水平纬圆,即可求解点 A 的三面投影。也可以利用两个纬圆联合求解点 A 的三面投影。

作图　具体作图过程如下。

（1）过点 a' 作水平辅助线交球的正面投影于 $1'$、$2'$,线段 $1'2'$ 即为过点 A 的水平纬圆的正面投影。

（2）由 $2'$ 作铅垂投影线交水平投影中的水平对称线于 2,以水平投影圆的圆心为圆心,以该圆心到 2 的距离为半径作圆,此圆即为过点 A 的水平纬圆的水平投影。

（3）由点 a' 作铅垂投影连线交水平纬圆的水平投影圆于点 a,点 a 即为点 A 的水平投影。

（4）根据"高平齐"和"宽相等"原则,即可作出点 A 的侧面投影 a''。

以上作图过程只利用了过点 A 的水平纬圆,作图过程如图 3.23(c)所示。实际上,在利用水平纬圆作出点 A 的水平投影 a 以后,也可采用相似的方法利用过点 A 的侧平纬圆作出点 a''。具体作图过程如图 3.23(d)所示,读者可自行分析。

球面上只有纬圆(弧)的三面投影可以利用绘图工具直接作出。

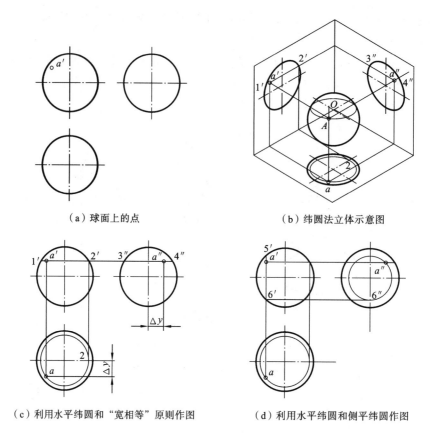

（a）球面上的点　　　　　　　　（b）纬圆法立体示意图

（c）利用水平纬圆和"宽相等"原则作图　　　　（d）利用水平纬圆和侧平纬圆作图

图 3.23　球及球面上点的投影

例 3.8　如图 3.24 所示,球面上一段弧线 $A\text{Ⅱ}$ 的正面投影 $a'2'$ 已知,求作其水平投影和侧面投影。

分析　由于正面投影 $a'2'$ 为水平粗实线,则其所反映的空间线段为某一水平纬圆上的纬圆弧 $\overparen{A\text{Ⅱ}}$。该纬圆弧位于球面的前上方,正面投影可见,水平投影也可见,其侧面投影在球面侧面投影转向轮廓线以左的部分可见,转向轮廓线以右的部分不可见。水平纬圆弧 $\overparen{A\text{Ⅱ}}$ 上位于球面侧面投影转向轮廓线上的点Ⅳ在作图过程中需要作出。

作图　作图过程如下。

（1）采用水平纬圆法,结合"长对正"原则作 $\overparen{A\text{Ⅱ}}$ 的水平投影,即图 3.24（b）中的 $a42$；

（2）根据"高平齐"和"宽相等"原则,作出纬圆弧的端点 A 和Ⅱ的侧面投影 a'' 和 $2''$,以及纬圆弧在球面侧面投影转向轮廓线上的点Ⅳ的侧面投影 $4''$,用粗实线连接 $a''4''$,用细虚线连接 $a''2''$。

4. 圆环

圆环的表面为圆环面,圆环面是以圆为母线绕着圆平面上不与母线圆相交的轴线旋转围成的回转面。母线圆离轴线较远的半圆旋转所形成的回转面是外环面,离轴线较近的半圆旋转所形成的回转面是内环面。圆环的投影特性如下。

（1）在正面投影中,前半外环面的投影可见,后半外环面的投影不可见且与前半外环面的投影重合。内环面的正面投影不可见,其转向轮廓线用细虚线作出。

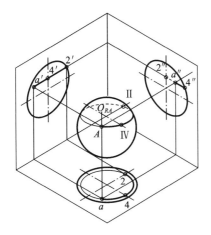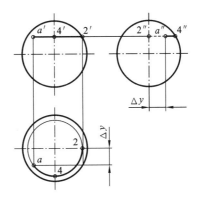

（a）纬圆法立体示意图　　　　（b）利用水平纬圆和"宽相等"原则作图

图 3.24　球面上线的投影

（2）在侧面投影中，左半外环面的投影可见，右半外环面的投影不可见且与左半外环面的投影重合。内环面的侧面投影不可见，其转向轮廓线用细虚线作出。

（3）水平投影的转向轮廓线为环面上离轴线距离最远的纬圆和离轴线距离最近的纬圆。上半环面的水平投影可见，下半环面的水平投影不可见且与上半环面的水平投影重合。

例 3.9　如图 3.25（a）所示，圆环面上对侧面的重影点 A、B、C、D 依次按从左到右的顺序排列，其侧面投影已知，求作点 A、B、C、D 的正面投影和水平投影。

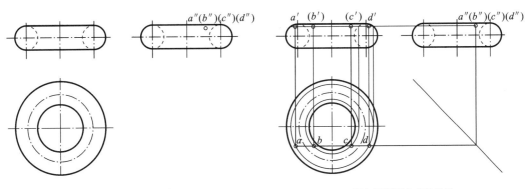

（a）圆环面上的点　　　　　　（b）圆环面上点的投影

图 3.25　圆环面上点的投影

分析　根据已知的侧面投影可知，点 A 在外环面上部靠左前侧，点 B 在内环面上部靠左前侧，点 C 在内环面上部靠右前侧，点 D 在外环面上部靠右前侧。在水平投影中它们的投影均可见，在正面投影中，点 A、D 的投影可见，点 B、C 的投影不可见。

作图　作图过程如图 3.25（b）所示。

（1）过点 a'' 作投影连线与圆环正面投影的内外转向轮廓线相交，由此确定环面上点 A、B、C、D 所在的两个纬圆，并作出它们的水平投影。

（2）根据"宽相等"原则，即可作出所求四点的水平投影 a、b、c、d。

（3）再根据"长对正"和"高平齐"原则，即可作出所求四点的正面投影 a'、b'、c'、d'。

作图过程中的细节，读者可结合图 3.25 自行分析。

3.4　平面与回转体相交

平面与回转体相交,或者平面截切回转体,就会产生截交线,本节讨论的问题就是如何作截交线的投影。线是点的集合,所以求截交线的本质仍然是求点,作图方法依然是面上求点的方法。

用于截切回转体的平面称为截平面,截平面与回转面的交线即截交线,它通常是平面曲线,在特殊情况下也可能是直线。截交线的形状与回转体的几何性质以及截平面与回转体之间的相对位置有关。

截交线是截平面与回转面所共有的线,截交线上的点既在截平面上,也在回转体表面上。一般情况下,截平面往往是特殊位置的平面,因此,截交线的某一面投影就积聚在截平面有积聚性的同面投影上,即截交线在截平面具有积聚性的投影上是已知的,只需根据回转面上求点和求线的方法求截交线的其他两面投影即可。如果截平面不是特殊位置的平面,则可采用换面法将其变换成相对于新的投影面为特殊位置平面后再按照上述思路作图。

截交线上的点分为两类,一类是特殊点,它们决定了截交线的性质和范围,这类点包括回转体转向轮廓线上的点、截交线自身对称轴上的点,截交线上最左、最右、最前、最后、最上、最下的点等等,除此之外的其他点称为一般点。一般点数量的多少可根据作图需要确定,一般点越多,尺规作图所作截交线形状越精确。

截交线投影的作图步骤一般是先作特殊点,再根据需要选取合适数量的一般点,最后结合可见性判断,用合适的线型将所求的点的投影光滑连接。值得注意的是,回转体被截切后除了要作截交线的投影外,还应该注意被截切回转体上转向轮廓线的变化。

下面主要介绍平面与常见回转体相交的情况,大多以单一截平面截切回转体为例讲解。多个截平面截切回转体在本质上同单一截平面截切回转体作截交线的方法是一样的,要注意的是还要考虑多个平面之间的交线问题。至于平面立体与回转体相贯的问题,本质上是多个平面截切回转体的问题,但要注意的是,平面立体与回转体相贯,相贯体是一个整体,相贯体的内部通常没有交线。

3.4.1　平面与圆柱体相交

平面与圆柱体相交,圆柱面上的交线有三种情况,如表 3.1 所示。

平面与圆柱体相交

表 3.1　平面与圆柱面的交线

	截平面与圆柱轴线平行	截平面与圆柱轴线垂直	截平面相对圆柱轴线倾斜
立体图			

	截平面与圆柱轴线平行	截平面与圆柱轴线垂直	截平面相对圆柱轴线倾斜
投影图	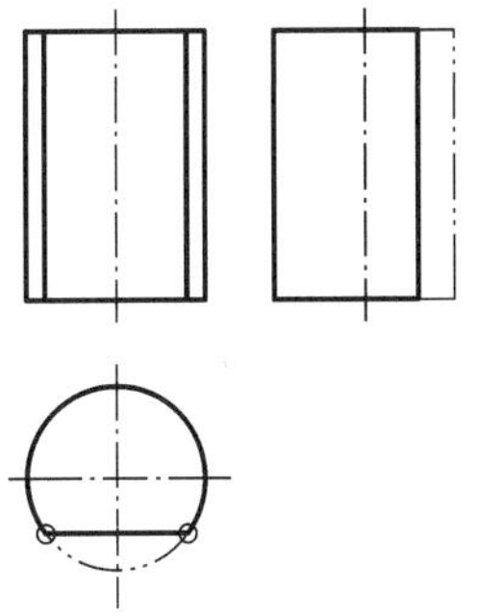	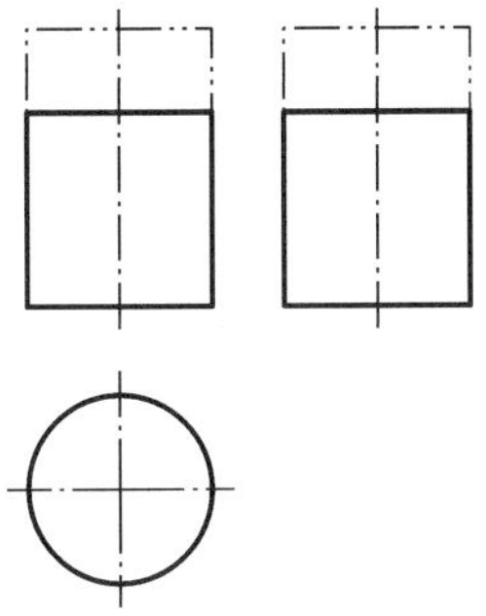	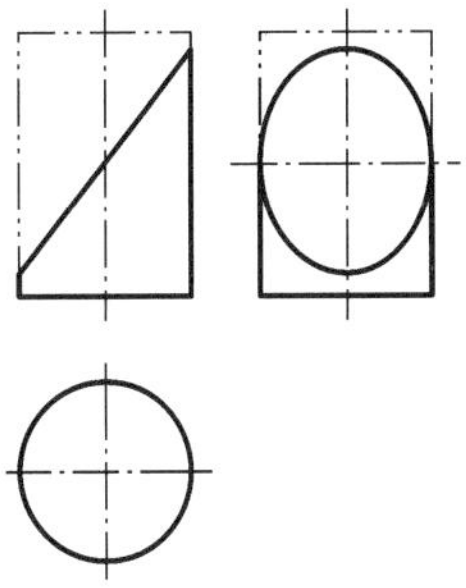
交线	平行于轴线的两条直线	垂直于轴线的圆	椭圆

表 3.1 归纳了平面截切圆柱体的三种典型情况。① 截平面平行于圆柱轴线时,截平面与圆柱体的两端面相交分别得到一段直线,与圆柱面相交得到两段平行于轴线的直线,整个截交线呈矩形。② 截平面与圆柱轴线垂直时,截交线为垂直于圆柱的圆。③ 截平面相对圆柱轴线倾斜,此时:若截平面只与圆柱面相交,则截交线为一完整椭圆;若截平面既与圆柱面相交,又与圆柱的两端面相交,则截交线为两段椭圆弧(截平面与圆柱面的交线)和两段直线(截平面与圆柱两端面的交线)。若截平面既与圆柱面相交,又与圆柱的某一端面相交,则截交线为一段椭圆弧(截平面与圆柱面的交线)和一段直线(截平面与圆柱一个端面的交线)。

例 3.10　如图 3.26(a)所示,圆柱体被一正平面 P 和一水平面 S 截切,作被截切后的正面投影。

分析　如图 3.26(a)所示,正平面 P 与圆柱轴线平行,它与圆柱面的截交线为平行于轴线且等长的铅垂线 AB、CD,它与圆柱体上顶面及水平面 S 的截交线分别为两等长的侧垂线 AC、BD,这四段截交线构成的矩形面 $ABDC$ 为正平面,其正面投影反映实形。

水平面 S 与圆柱轴线垂直,它与圆柱面的截交线为如图 3.26(a)所示的水平圆弧 BD,其水平投影反映实形,正面投影变成一条直线,直线长度等于 AC、BD 的长度。

作图　作图过程如下。

(1) 如图 3.26(b)所示,根据"长对正"和"高平齐"原则,作出未被截切的圆柱体的正面投影。

(2) 如图 3.26(c)所示,根据"长对正"和"高平齐"原则,作出正平面 $ABDC$ 的正面投影 $a'b'd'c'$。

(3) 判断可见性:$ABDC$ 的正面投影可见,用粗实线加粗圆柱的正面投影和 $a'b'd'c'$。作图结果如图 3.26(d)所示。

例 3.11　如图 3.27(a)所示,圆柱体被一正垂面 P 和一水平面 Q 截切,作截切后的水平投影。

分析　被截切前的圆柱体是完整的,截切过程可分步进行:第一步如图 3.27(b)所示,采用正垂面截切,截交线为一椭圆,该椭圆面也为正垂面,其正面投影与正垂面 P 的正面投影 P_V 重合;第二步如图 3.27(b)所示,采用水平面 Q 截切,水平面 Q 与圆柱体轴线平行,它截切圆柱体所得的截断面也为水平面,其正面投影积聚成直线,与水平面 Q 的正面投影 Q_V 重合,其水平投影为反映实形的矩形。

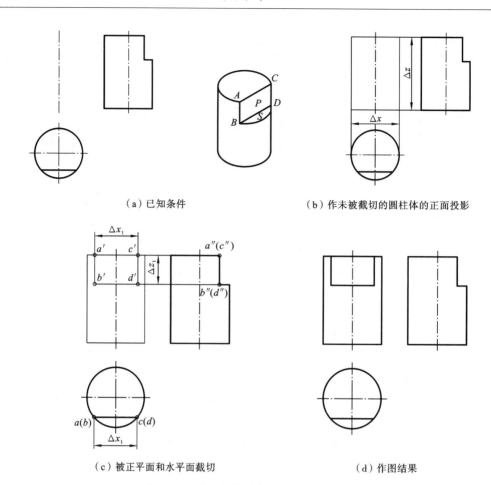

（a）已知条件　　　　　　　　（b）作未被截切的圆柱体的正面投影

（c）被正平面和水平面截切　　　　　　（d）作图结果

图 3.26　作圆柱体被截切后的正面投影

作图　作图过程如下。

（1）如图 3.27(c)所示,圆柱体被正垂面 P 截切。

第一步,作特殊点。椭圆弧上的特殊点包括椭圆轴的端点Ⅰ、Ⅱ、Ⅲ,其正面投影 $1'$、$2'$、$3'$ 已知;直接根据"长对正"原则,由 $1'$、$2'$、$3'$ 作铅垂投影连线,分别交圆柱水平投影的对称线于 1,交圆柱水平投影面转向轮廓线的投影于 2、3。

椭圆弧最右端两端点Ⅳ、Ⅴ,其正面投影已知,为 $4'$、$5'$,其侧面投影为 $4''$、$5''$ 分别由 $4'$、$5'$ 作投影连线求出,依据"宽相等"原则并作投影辅助线求出 4、5。

第二步,作一般点。在椭圆弧上取一对对称的一般点Ⅵ、Ⅶ,作其正面投影 $6'(7')$、侧面投影 $6''$、$7''$,再根据"长对正"和"宽相等"原则,即可作其水平投影 6、7。

椭圆弧在水平投影中可见,在水平投影中将点 1、2、3、4、5、6、7 用光滑曲线连接,即得所求椭圆弧的水平投影。

（2）如图 3.27(d)所示,圆柱体再被水平面 Q 截切。作水平截断面 $ABDC$ 的水平投影 $abdc$,该投影为矩形,它反映 $ABDC$ 的实形;矩形投影 $abdc$ 在长度方向上与 Q_V 对正,由 Δx 作图;在宽度方向上与 Q_W 相等,由 Δy 作图。

（3）作圆柱体作被截切后的轮廓线,注意圆柱体作被截切后对 H 面转向轮廓线的投影只剩下从 2、3 点到右边的部分。

（4）水平投影均可见,用粗实线加粗,作图结果如图 3.27(e)所示。

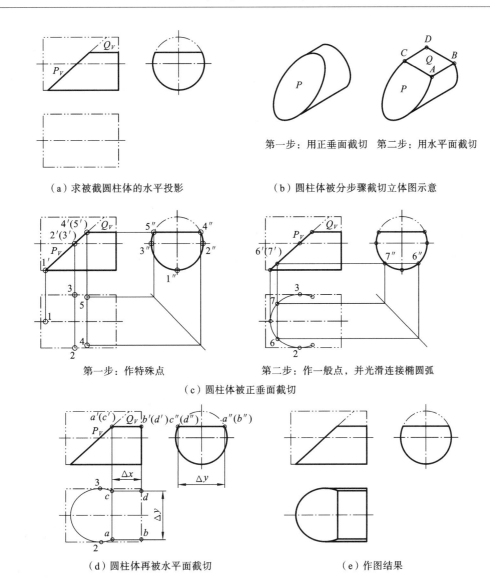

（a）求被截圆柱体的水平投影　　　　　　　　（b）圆柱体被分步骤截切立体图示意

第一步：用正垂面截切　第二步：用水平面截切

第一步：作特殊点　　　　　第二步：作一般点，并光滑连接椭圆弧

（c）圆柱体被正垂面截切

（d）圆柱体再被水平面截切　　　　　（e）作图结果

图 3.27　圆柱体被正垂面和水平面截切

例 3.12　如图 3.28(a)、(b)所示，带三棱柱孔的圆柱体被正垂面截切，作截切后的水平投影，并补齐正面投影。

分析　如图 3.28(a)所示，正垂面截切圆柱面，截交线为一椭圆，其正面投影与正垂截平面的正面投影重合，其侧面投影与圆柱面的侧面投影圆相重合；正垂面与三棱柱孔相交，截交线为三段直线构成的三角形。另外，圆柱内的三棱柱孔由两个侧垂面和一个水平面两两相交而成，所产生的三条交线均为侧垂线，这三条侧垂线在侧面投影中即三角形的三个顶点。

作图　作图过程如下。

(1) 如图 3.28(c)所示，圆柱面被正垂面截切。这一作图过程与例 3.11 中的作图方法相同，这里不再赘述，需注意的是，此题中的截交线为完整的椭圆。

(2) 如图 3.28(d)所示，三棱柱孔三条棱线 $A\mathrm{I}$、$B\mathrm{II}$、$C\mathrm{III}$ 端点的侧面投影已知为 $a''(1'')$、$b''(2'')$、$c''(3'')$，根据"高平齐"原则，由 $a''(1'')$、$b''(2'')$、$c''(3'')$ 作水平投影线分别交正面投影中相应投影线于 a'、$1'$、b'、$2'$、c'、$3'$，即得三棱柱孔的六个顶点的正面投影。

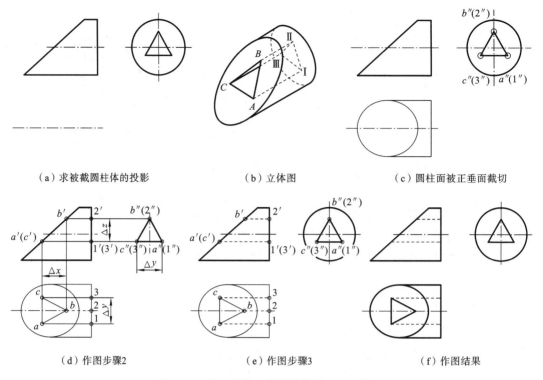

（a）求被截圆柱体的投影　　　　　（b）立体图　　　　　　（c）圆柱面被正垂面截切

（d）作图步骤2　　　　　　　　（e）作图步骤3　　　　　　　（f）作图结果

图 3.28　带三棱柱孔的圆柱体被正垂面截切

此时，三棱柱孔六个顶点的侧面投影和正面投影已知，根据"长对正"和"宽相等"原则，即可作出其水平投影 a 和 1、b 和 2、c 和 3。连接 abc 即得正垂面截切三棱柱孔所得截交线的水平投影。

（3）如图 3.28(e)所示，被截切后的三棱柱孔三条棱线在正面投影和水平投影中均不可见，用细虚线连接 $a'1'$、$b'2'$、$c'3'$ 和 $a1$、$b2$、$c3$。

（4）将水平投影中的细实线加粗，如图 3.28(f)所示。

3.4.2　平面与圆锥体相交

平面与圆锥体相交，圆锥面上的截交线有五种情况，如表 3.2 所示。

平面与圆锥体相交

表 3.2　平面与圆锥面的截交线

相交情况	截平面与圆锥轴线垂直	截平面与顶点和底面均不相交	截平面与圆锥母线平行	截平面与圆锥母线不平行，且截平面不过圆锥顶点	截平面与圆锥顶点和底面相交
立体图					

续表

相交情况	截平面与圆锥轴线垂直	截平面与顶点和底面均不相交	截平面与圆锥母线平行	截平面与圆锥母线不平行,且截平面不过圆锥顶点	截平面与圆锥顶点和底面相交
投影图	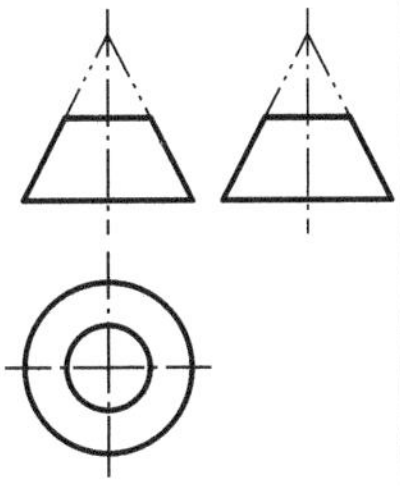	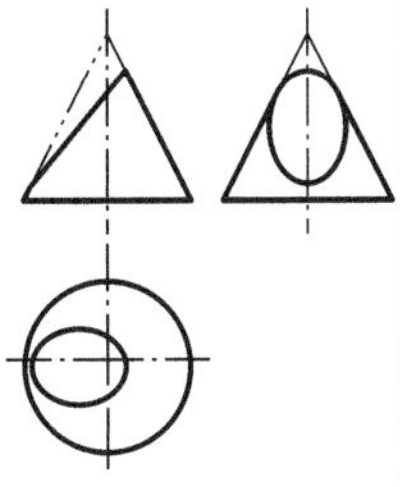	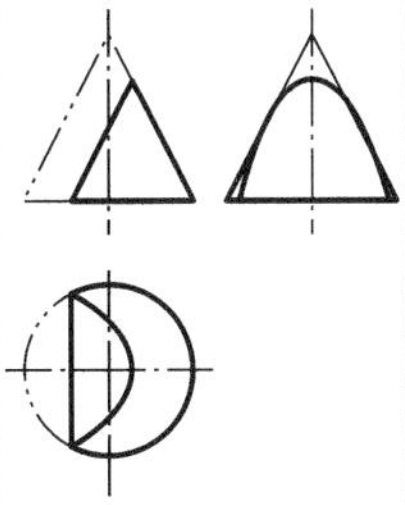	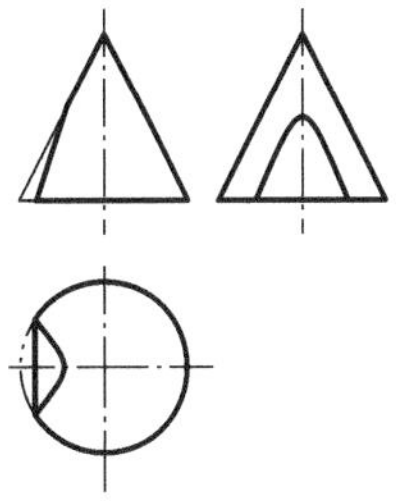	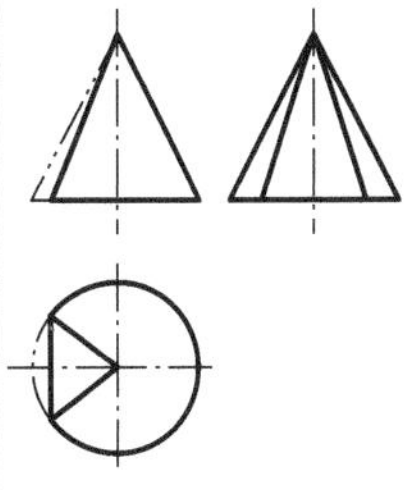
截交线	垂直于轴线的圆	椭圆	抛物线	双曲线	相交直线

表 3.2 归纳了平面截切圆锥体的五种典型情况:① 截平面与圆锥轴线垂直,截交线为平行于圆锥底面的圆;② 截平面与圆锥顶点和底面均不相交,截交线为椭圆;③ 截平面与圆锥母线平行,截切圆锥面所产生的截交线为抛物线,截切圆锥底面的交线为直线;④ 截平面与圆锥母线不平行,且截平面不过圆锥顶点,截切圆锥面所产生的截交线为双曲线,截切圆锥底面的交线为直线;⑤ 截平面过顶点且与底面相交,截切圆锥面所产生的截交线为两条素线,截切圆锥底面的交线为直线。

例 3.13 如图 3.29(a)所示,圆锥体被正垂面截切,作其侧面投影,并补齐水平投影。

分析 正垂面按照如图 3.29(a)所示的方式截切圆锥体,截交线为一完整的椭圆,且截交线椭圆的正面投影已知,与截平面具有积聚性的正面投影重合。只需要作出椭圆上的特殊点,并补充恰当的一般点即可作出截交线椭圆的水平投影和侧面投影。

根据截交线椭圆已知的正面投影取点,再通过素线法或纬圆法作点的水平投影和侧面投影。

作图 作图过程如下。

(1) 如图 3.29(b)所示,先作特殊点。

截交线椭圆长轴两端点 A、B:由其正面投影 a'、b' 作铅垂投影连线交水平投影中相应轴线于 a、b,由 a'、b' 作水平投影连线交侧面投影中相应轴线于 a''、b''。

截交线椭圆在 W 面转向轮廓线上的点 C、D:由其正面投影 c'、d' 作水平投影线交圆锥对 W 面转向轮廓线的投影于 c''、d''。

截交线椭圆短轴两端点 E、F:其正面投影 e'、f' 在椭圆正面投影中积聚成直线段的中点。采用纬圆法作出其水平投影 e、f,再依据"高平齐"和"宽相等"原则,即可作出其侧面投影 e''、f''。

(2) 如图 3.29(c)所示,作适当数量的一般点。

在截交线椭圆上取一对点 G、H,其正面投影 g'、h' 如图 3.29(c)所示。采用素线法可作出水平投影 g、h。再根据"高平齐"和"宽相等"原则,即可作出其侧面投影 g''、h''。

(3) 如图 3.29(d)所示,判断可见性并光滑连接椭圆。

截交线椭圆的水平投影和侧面投影均可见,用实线连接并加粗;被截切后圆锥体侧面投影转向轮廓线的投影为 $1''d''$、$2''c''$,圆锥体底面的侧面投影为 $1''2''$,用实线连接并加粗,作图结果

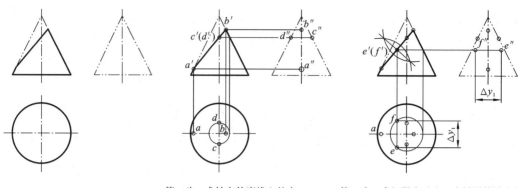

第一步：求转向轮廓线上的点　　　第二步：求极限点（这里为椭圆轴端点）

（a）求被截圆锥体的投影　　　　　　　（b）作特殊点

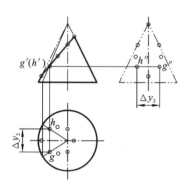
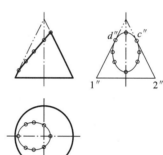
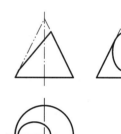

第一步：光滑连接曲线并作出轮廓线　　第二步：用规范的线型作出结果

（c）作一般点　　　　　　　　　（d）判断可见性并作出结果

图 3.29　圆锥体被正垂面截切

如图 3.29(d)所示。

  例 3.14　如图 3.30(a)所示，圆锥体被一正平面截切，作截切后的正面投影和侧面投影。

  分析　圆锥体被正平面截切，截交线为双曲线。双曲线所在的平面为正平面，因此，双曲线的水平投影为一条水平直线，即图 3.30(a)所示水平投影中的直线段，其侧面投影为一条铅垂的直线。

  根据截交线已知的水平投影取点，再通过素线法或纬圆法作点的正面投影和侧面投影。

  作图　作图过程如下。

  （1）如图 3.30(b)所示，作特殊点。

  双曲线的最高点 A：点 A 所在的水平纬圆在水平投影中反映实形，因此，以水平投影中对称中心线的交点为圆心，以该圆心到 a 的距离为半径作此水平纬圆的水平投影，该投影交水平对称线于 1。由 1 作铅垂投影线交圆锥对 V 面转向轮廓线的投影于 $1'$，由 $1'$ 作水平线交轴线于 a'；由 a' 作水平投影线交圆锥对 W 面转向轮廓线的投影于 a''。

  双曲线的最低点即两个端点 B、C：B、C 的水平投影为 b、c，根据"长对正"原则，作其正面投影 b'、c'，根据"宽相等"原则，作其侧面投影 b''、c''。B、C 为 W 面的重影点，B 遮 C，故将其侧面投影标注为 $b''(c'')$。

  双曲线的侧面投影积聚成铅垂直线，即 $a''b''(c'')$。

  （2）如图 3.30(c)所示，再作适当数量的一般点。

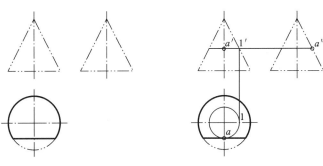
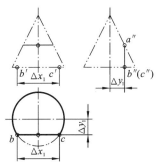

（a）求被截圆锥体的投影　　　　　第一步：双曲线的最高点　　　第二步：双曲线的两端点

　　　　　　　　　　　　　　　　　　　　　　　　（b）作特殊点

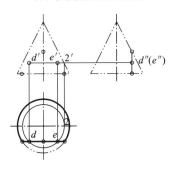
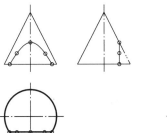

第一步：光滑连接曲线并作出轮廓线　　第二步：用规范的线型作出结果

（c）作一般点　　　　　　　　　　（d）判断可见性并作出结果

图 3.30　作圆锥体被正平面截切后的正面投影和侧面投影

在水平投影中选取点 d、e，以水平投影对称中心线的交点为圆心，以该圆心到点 d 或点 e 的距离为半径作圆，交水平对称线于点 2，由点 2 作铅垂投影线交圆锥对 V 面转向轮廓线的投影于点 $2'$，由点 $2'$ 作水平线交由点 d、e 所作铅垂投影线于点 d'、e'。

点 $d''(e'')$ 一定在铅垂线 $a''b''(c'')$ 上，图中可不用作出。

（3）如图 3.30（d）所示，判断可见性并光滑连接曲线，补充轮廓线。

截交线双曲线的正面投影可见，用光滑实线连接，并作出圆锥正面投影；截交线的侧面投影积聚成铅垂的直线，圆锥的侧面投影只剩下截交线侧面投影后面的部分，用实线补齐。最后加粗，作图结果如图 3.30（d）所示。

例 3.15　如图 3.31（a）所示，作圆锥体被正垂面截切后的水平投影和侧面投影，并作出断面实形。

分析　本题的截交线为抛物线，抛物线所在平面与截平面一致，也为正垂面，因此，截交线的正面投影与截平面具有积聚性的正面投影重合。截交线的水平投影和侧面投影待求。

根据截交线抛物线的正面投影取点，再通过素线法或纬圆法作点的正面投影和侧面投影。

作图　作图过程如下。

（1）如图 3.31（b）所示，作特殊点。

抛物线的最高点 A：点 A 的正面投影为 a'，由 a' 作铅垂投影线交水平投影中水平的对称线于点 a，由点 a 作水平投影线交侧面投影中的对称线于 a''。

抛物线的最低点即两端点 D、E：点 D、E 为 V 面的重影点，其正面投影为 $d'(e')$，由 $d'(e')$ 作铅垂投影线交圆锥体底面圆的水平投影于 d、e；由 d、e 根据"宽相等"原则，作其侧面投影

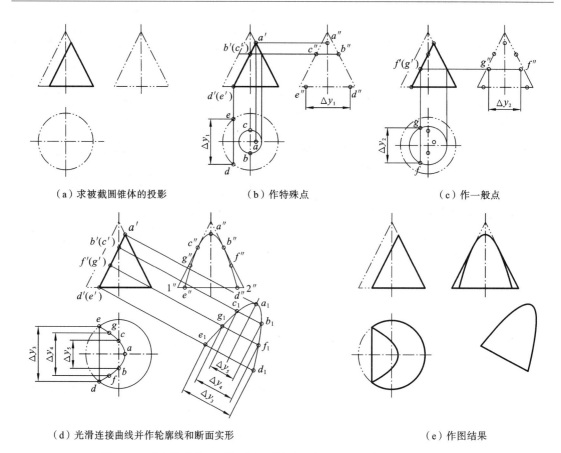

（a）求被截圆锥体的投影　　　　　（b）作特殊点　　　　　　　　（c）作一般点

（d）光滑连接曲线并作轮廓线和断面实形　　　　　　　　（e）作图结果

图 3.31　作圆锥体被正垂面截切后的水平投影和侧面投影并作断面实形

d''、e''。

抛物线在 W 面转向轮廓线上的点 B、C：点 B、C 的正面投影为 $b'(c')$，采用纬圆法作其水平投影 b、c；根据"高平齐"原则，由 $b'(c')$ 作水平投影线交圆锥体对 W 面转向轮廓线的投影于 b''、c''。

（2）如图 3.31(c)所示，作适当数量的一般点。

在抛物线上选取一般点 F、G：点 F、G 的正面投影 $f'(g')$ 如图 3.31(c)所示，采用纬圆法作其水平投影 f、g，再由 $f'(g')$ 作水平投影线并由 f、g 根据"宽相等"原则作其侧面投影 f''、g''。

（3）如图 3.31(d)所示，作抛物线、轮廓线的投影并作抛物面实形。

水平投影中：抛物线可见，用光滑的曲线连接 $egcabfd$；截平面与圆锥底面的交线可见，用直线连接 ed；圆锥体被截切后剩余的底圆可见，用实线作圆弧。

侧面投影中：抛物线可见，用光滑的曲线连接 $e''g''c''a''b''f''d''$；圆锥体被截切后其侧面投影转向轮廓线只剩下 Ⅰ C 和 Ⅱ B 部分，用实线连接 $1''c''$、$2''b''$；圆锥体底面的侧面投影为直线 $1''2''$。

作断面实形：用换面法，作抛物面的实形，具体作图过程如图 3.31(d)所示，读者可结合图示自行分析作图过程中的细节。

最后加粗以上所有曲线和直线，作图结果如图 3.31(e)所示。

例 3.16　如图 3.32(a)所示，圆锥体被侧垂面 P、R 及水平面 Q 截切，作截切后的正面投影和水平投影。

　　分析　这是多个截平面截切圆锥体的实例。截平面 P 截切圆锥体产生的截交线为抛物线,抛物线的侧面投影与截平面 P 具有积聚性的侧面投影 P_W 重合;截平面 Q 截切圆锥体产生的截交线为两段纬圆弧,纬圆弧的侧面投影与截平面 Q 具有积聚性的侧面投影 Q_W 重合,其水平投影反映纬圆弧的实形。纬圆弧所在的平面为水平面,其正面投影积聚成直线;截平面 R 截切圆锥体产生的截交线为两素线的一部分,其侧面投影与截平面 R 具有积聚性的侧面投影 R_W 重合。

　　作图　作图过程如下。

　　(1) 如图 3.32(b)所示,作侧垂面 P 截切圆锥所产生的抛物线截交线的正面投影和水平投影,图中所采用的作图方法为纬圆法。也可以采用素线法,其作图过程读者可自行分析。

　　(2) 如图 3.32(c)所示,作水平面 Q 截切圆锥所产生的纬圆弧截交线的正面投影和水平投影;纬圆弧所在平面为水平面,其正面投影积聚成直线 $a'b'$;纬圆弧的水平投影为两段圆弧线 $\overset{\frown}{AC}$ 和 $\overset{\frown}{BD}$,借助纬圆法和"宽相等"原则作图。

　　同时注意,侧垂面 P 和水平面 Q 的交线 AB 为侧垂线,其正面投影为 $a'b'$,水平投影为 ab。

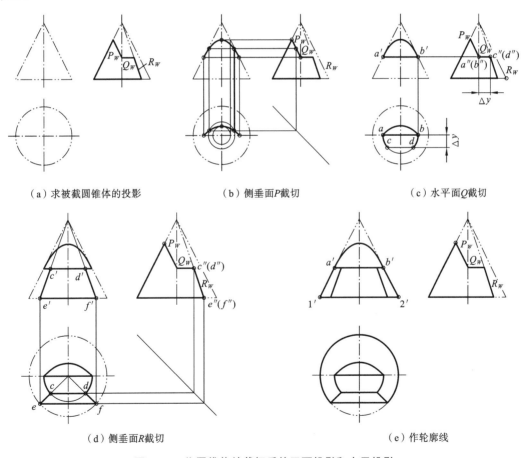

　　(a) 求被截圆锥体的投影　　　　(b) 侧垂面 P 截切　　　　(c) 水平面 Q 截切

　　　　(d) 侧垂面 R 截切　　　　　　　　　　　　(e) 作轮廓线

图 3.32　作圆锥体被截切后的正面投影和水平投影

　　(3) 如图 3.32(d)所示,作侧垂面 R 截切圆锥所产生的两段素线段 CE 和 DF,其正面投影为 $c'e'$、$d'f'$,其水平投影为 ce、df。

　　同时注意,侧垂面 R 与圆锥水平底面的交线 EF 为水平线,其正面投影为 $e'f'$,水平投影

为 ef。

(4) 如图 3.32(e)所示,作圆锥体的轮廓线。

正面投影:被截切后的圆锥体对 V 面的转向轮廓线的投影为 $1'a'$、$2'b'$;圆锥体底面的正面投影积聚成直线 $1'2'$。

水平投影:被截切后的圆锥体,其水平投影圆只剩下 ef 后面的部分。

作图结果如图 3.32(e)所示。

3.4.3 平面与圆球相交

平面与球相交

平面截切圆球产生的截交线是圆。当截平面为投影面的平行面时,截交线在该投影面上的投影是一个反映实形的圆,在另外两个投影面中的投影积聚成直线,直线的长度即为该截交线圆的直径;当截平面为投影面的垂直面时,截交线在该投影面上的投影积聚成直线,直线的长度也是该截交线圆的直径,截交线在另外两个投影面上的投影是椭圆。

需要指出的是,圆球被平面截切,截交线的真实形状都是圆,只不过截交线圆的投影会因截平面与投影面之间的相对外置不同而从反映实形的圆变成不反映实形的椭圆。

例 3.17 如图 3.33(a)所示,圆球被一正垂面 P 截切,作截切后的水平投影和侧面投影。

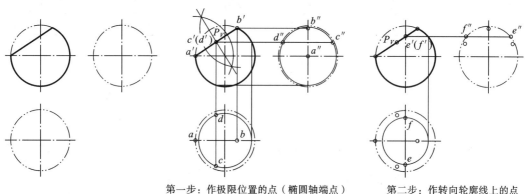

第一步:作极限位置的点(椭圆轴端点)　　　第二步:作转向轮廓线上的点

（a）求被截圆球的投影　　　　　　　　　　（b）作特殊点

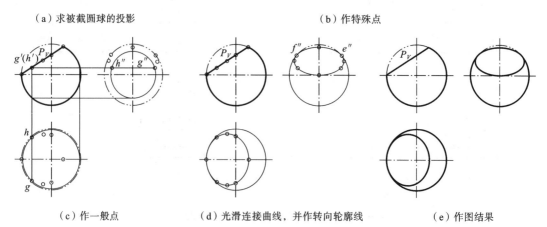

（c）作一般点　　　（d）光滑连接曲线,并作转向轮廓线　　　（e）作图结果

图 3.33　作圆球被正垂面截切后的水平投影和侧面投影

分析　此题中截交线的实形是一个圆,但因截切面 P 是正垂面,因此,这个截交线圆的正面投影与正垂面 P 的正面投影 P_V 重合,其水平投影和侧面投影分别是不同的椭圆。

根据截交线圆的正面投影取点,再通过纬圆法作点的水平投影和侧面投影。

作图　作图过程如下。

(1) 如图 3.33(b)所示,作特殊点。特殊点包括截交线椭圆投影轴的四个端点和截交线在圆球对 W 面转向轮廓线上的点。

椭圆投影轴端点 A、B:点 A 的水平投影 a 在圆球对 H 面的转向轮廓线投影的最左端,其侧面投影 a'' 在圆球侧面投影圆的圆心处。

椭圆投影轴端点 C、D:点 C、D 为对 V 面的重影点,其正面投影即直线 $a'b'$ 的中点 $c'(d')$,由投影点 $c'(d')$ 作铅垂投影线交过点 C、D 的水平纬圆的投影于 c、d,c、d 即分别为点 C、D 的水平投影;由投影点 $c'(d')$ 作水平投影线交过点 C、D 的侧平纬圆的投影于 c''、d'',此即为点 C、D 的侧面投影。

截交线在圆球对 W 面转向轮廓线上的点 E、F:由点 $e'(f')$ 作水平投影线交圆球对 W 面转向轮廓线的投影圆于 e''、f'';由 $e'(f')$ 作铅垂投影线交过点 E、F 的水平纬圆的水平投影于点 e、f。

(2) 如图 3.33(c)所示,作一般点。在截交线上取一对一般点 G、H,此题中所取的一般点 G、H 为对 V 面的一对重影点,G、H 的正面投影 $g'(h')$ 如图 3.33(b)所示。

由 $g'(h')$ 作铅垂投影线交过点 G、H 的水平纬圆于点 g、h;由点 $g'(h')$ 作水平投影线交过点 G、H 的侧平纬圆于点 g''、h''。

(3) 如图 3.33(d)所示,判断可见性,光滑连接曲线,并补充圆球转向轮廓线的投影。

水平投影中,截交线椭圆可见,用实线连接。圆球对 H 面转向轮廓线的投影完整,用实线作出。

侧面投影中,截交线椭圆可见,用实线连接。圆球对 W 面转向轮廓线的投影只剩下从 e'' 顺时针到 f'' 的大于二分之一的这段圆弧,用实线作出。

(4) 加粗以上所有实线,作图结果如图 3.33(e)所示。

例 3.18　圆球被水平面 P、正垂面 Q 和侧平面 R 截切,作截切后的水平投影和侧面投影。

分析　多个截平面截切圆球,截交线的求解本质上同单个截平面截切圆球所产生的截交线的求解一样,需要注意的是,还要求解各截平面之间的交线。

此题中,水平截平面 P 截切圆球所产生的截交线为一段纬圆弧,其正面投影与水平面 P 具有积聚性的正面投影 P_V 重合,其侧面投影应积聚成直线,其水平投影为反映该纬圆实形的一段纬圆弧。

正垂截平面 Q 截切圆球所产生的截交线,其正面投影与正垂面 Q 具有积聚性的正面投影 Q_V 重合,其水平投影和侧面投影分别是不同的椭圆弧。

侧平截平面 R 截切圆球所产生的截交线为一侧平纬圆,其侧面投影反映实形但不可见,其水平投影积聚成长度等于该侧平纬圆直径的直线。

特别要注意被截切后的圆球各投影面转向轮廓线投影的截止点。

作图　作图过程如下。

(1) 如图 3.34(b)所示,作水平面 P 截切圆球所产生的纬圆弧 $\overparen{AB}$,其水平投影为 $\overparen{ab}$,侧面投影为直线 $a''b''$。

(2) 如图 3.34(c)所示,作正垂面 Q 截切圆球所产生的截交线的椭圆弧投影,并作平面 P、Q 的交线 AB。具体作图过程读者可对照图 3.34(c),结合例 3.16 进行分析。需要注意的是,截交线侧面投影中的椭圆弧与圆球对 W 面转向轮廓线的投影交于 c''、d'',此两点为圆球对 W

面转向轮廓线的投影的截止点。

（3）如图 3.34(d)所示，作侧平面 R 截切圆球所产生的纬圆，并补充圆球被截切后的转向轮廓线。

侧平面 R 截切圆球所产生的纬圆，其侧面投影为反映该纬圆实形的圆，但其侧面投影不可见，用细虚线作出；其水平投影积聚成长度等于该纬圆直径的直线 ef。

被截切后的圆球，对 H 面转向轮廓线的正面投影为从 e 顺时针到 f 的圆弧段，对 W 面转向轮廓线的侧面投影为从 c'' 顺时针到 d'' 的圆弧段。

（4）作图结果如图 3.34(e)所示。

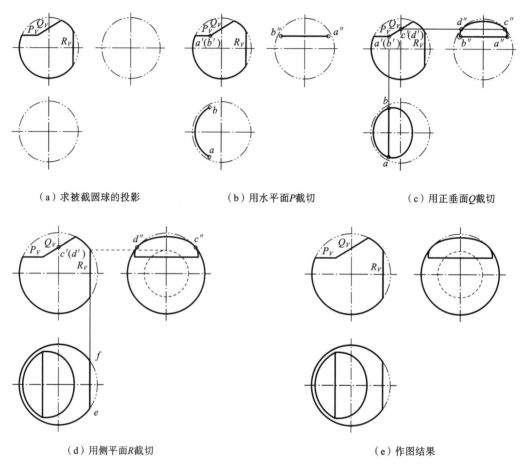

（a）求被截圆球的投影　　　　　（b）用水平面P截切　　　　　（c）用正垂面Q截切

（d）用侧平面R截切　　　　　　　　　　　（e）作图结果

图 3.34　作圆球被截切后的水平投影和侧面投影

3.4.4　平面与组合回转体相交

多个回转体组合在一起可形成组合回转体。如图 3.35 所示的组合回转体可看成由直径不同的两圆柱体和一个母线为 1/4 椭圆弧的回转体组合而成的。需要指出的是，将组合回转体看成由不同回转体所构成，只是为了方便研究组合回转体，实际的组合回转体是一个整体。

一般情况下，构成组合回转体的回转体表面之间如果是相切的关系，则切线的投影不必在投影中画出来。

平面与组合回转体相交的问题，本质上和平面与单个回转体相交求截交线的思路和方法相同。因此，求解这类问题时，可分别作截平面与组合回转体中各回转体相交而得的截交线的

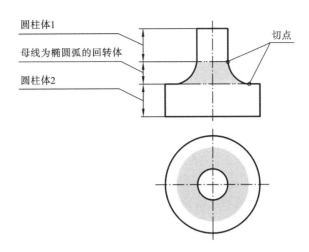

圆柱体1

母线为椭圆弧的回转体

圆柱体2

切点

图 3.35　组合回转体投影示例

投影,并注意正确作出截平面与组合回转体各个平面表面之间交线的投影即可。

例 3.19　如图 3.36 所示,正平面 P 截切如图 3.36(a)所示的组合回转体,补全截切后的正面投影。

分析　已知条件如图 3.36(a)所示,截平面 P 为正平面,则所有截交线的水平投影积聚在平面 P 具有积聚性的水平投影直线上。从水平投影可知,截平面 P 与圆柱体 1 不相交,只与圆柱体 2 和母线为 1/4 椭圆弧的回转体相交,因此,只需要依次作出截平面与圆柱体 2 的截交线,以及截平面与椭圆弧回转体的截交线即可,并注意补充截平面与圆柱体 2 上顶面的交线。

作图　作图过程如下。

(1) 如图 3.36(b)所示,作截平面 P 与圆柱体 2 的截交线 AB、CD:截交线 AB、CD 为铅垂线,其水平投影为 $a(b)$、$c(d)$。由 $a(b)$、$c(d)$ 分别作铅垂投影线交圆柱体 2 上下端面的正面投影于 a'、b'、c'、d',用实线连接 $a'b'$ 及 $c'd'$,此即为截平面 P 截切圆柱体 2 的圆柱面所产生的截交线的正面投影。

(2) 如图 3.36(c)所示,作截平面 P 与椭圆弧回转体相交的截交线。

第一步,作截交线最下面的两端点 E、F:在水平投影中作切点 Ⅰ 和 Ⅱ 所在的水平纬圆的投影,交截平面 P 具有积聚性的水平投影直线于 e、f,此即为 E、F 的水平投影。由 e、f 分别作铅垂投影线交圆柱体 2 上端面的正面投影于 e'、f',此即为 E、F 的正面投影。

第二步,作截交线的顶点 G:点 G 的水平投影为截平面 P 的水平投影 P_H 与水平投影中铅垂对称线的交点 g。在水平投影中以对称中心为圆心、以该圆心到 g 的距离为半径作圆(此圆即为椭圆弧回转体上过点 G 的水平纬圆的水平投影),所作的圆与水平投影中水平对称线交于点 3,由点 3 作铅垂投影线交椭圆弧回转体对 V 面转向轮廓线的投影于点 $3'$,由点 $3'$ 作水平线交正面投影的对称线于 g',此即为点 G 的正面投影。

第三步,作截交线上的一般点 M、N。选取左右对称的一般点 M、N,其水平投影为 m、n,以水平投影对称中心线的交点为圆心、以该圆心到 m 或 n 的距离为半径作圆,该圆交水平投影中的水平对称线于点 4,由点 4 作铅垂线交椭圆弧回转体对 V 面转向轮廓线的投影于点 $4'$,过点 $4'$ 作水平线交过 m、n 所作的铅垂投影线于 m'、n',此即为点 M、N 的正面投影。

(3) 如图 3.36(d)所示,因截平面 P 截切椭圆弧回转体所得截交线的正面投影可见,在正面投影中用粗实线连接 $e'm'g'n'f'$,并补充完整截平面 P 与圆柱体 2 上端面的交线的正面投

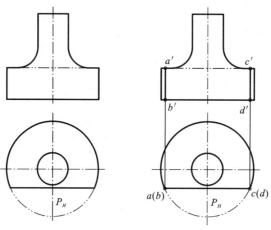

（a）求被截组合回转体的投影　　　（b）作平面P截圆柱所产生的截交线

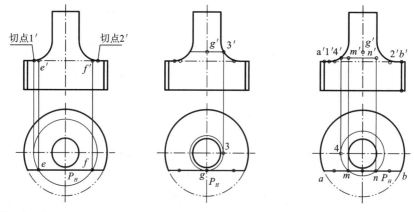

第一步：截交线的两端点E、F　　　第二步：截交线的顶点G　　　第三步：截交线上的一般点M、N

（c）作正平面P截切椭圆弧回转体所产生的截交线

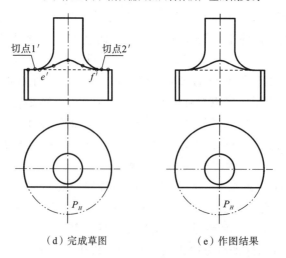

（d）完成草图　　　　　　　　（e）作图结果

图 3.36　作组合回转体被正平面 P 截切后的正面投影

影 $1'e'$、$f'2'$。

（4）作图结果如图 3.36(e)所示。

3.4.5 平面立体与回转体相贯

平面立体与回转体相贯的问题，可分解为平面立体中各平面与回转体相交求截交线的问题。各平面与回转体表面相交所产生的相贯线之间的连接点是平面立体棱线或边线与回转体表面的交点。

例 3.20 如图 3.37(a)所示，四棱柱与半球相贯，补齐相贯体的正面投影和水平投影。

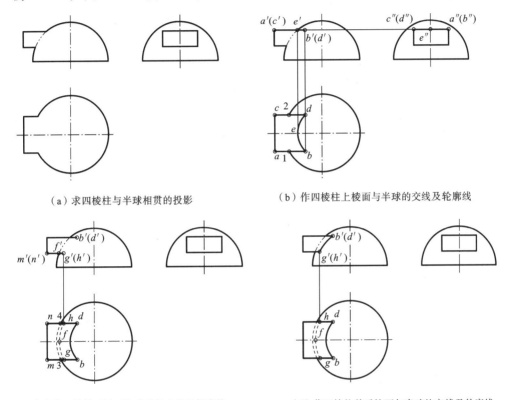

（a）求四棱柱与半球相贯的投影

（b）作四棱柱上棱面与半球的交线及轮廓线

（c）作四棱柱下棱面与半球的交线及轮廓线

（d）作四棱柱前后棱面与半球的交线及轮廓线

图 3.37 补齐四棱柱与半球相贯的正面投影和水平投影

分析 四棱柱的上下棱面为水平面，它们与半球相交，截交线分别为两段不同的水平纬圆弧线，其水平投影分别为两个反映真实纬圆弧大小的圆弧；其侧面投影分别与上下棱面具有积聚性的侧面投影重合；其正面投影积聚成直线。

四棱柱的前后棱面为对称分布的正平面，它们与半球相交，截交线分别为两个半径相同且前后对称分布的正平纬圆弧，其正面投影应该重合为一段反映正平纬圆实形的圆弧，其侧面投影分别与前后棱面具有积聚性的侧面投影重合；其水平投影积聚成直线。

作图 作图过程如下。

（1）如图 3.37(b)所示，作四棱柱上棱面与半球的截交线，并补充四棱柱上棱面的棱线的投影。在水平投影中作过点 E 的水平纬圆的水平投影弧，分别交四棱柱上棱面两棱线的水平投影 $a1$、$c2$ 的延长线于 b、d，则圆弧 $\overset{\frown}{bed}$ 即为四棱柱上棱面与半球截交线的水平投影。由 b 作铅垂投影线经点 d 并延长，交 $a'e'$ 的延长线于 $b'(d')$，连接 e'、b'，则直线 $a'e'b'$ 即为四棱柱上棱面与半球相贯后的正面投影。

水平投影中的 ab、cd 既是四棱柱上棱面两棱线的水平投影,也是四棱柱前后两正平侧面的水平投影。

(2) 如图 3.37(c)所示,作四棱柱下棱面与半球的截交线。在水平投影中作过点 F 的水平纬圆的水平投影弧,分别交四棱柱下棱面两棱线的水平投影 $m3$、$n4$ 的延长线于 g、h,则圆弧 $\overgroup{gfh}$ 即为四棱柱下棱面与半球截交线的水平投影,此段圆弧线在水平投影中不可见,用细虚线连接。由点 h 作铅垂投影线交 $m'f'$ 的延长线于 $g'(h')$,连接 f'、g',则直线 $m'f'g'$ 即为四棱柱下棱面与半球相贯后的正面投影。

半球底面圆的水平投影为完整的圆,但被四棱柱上下棱面遮挡的部分在水平投影中不可见,用细虚线连接圆弧 $\overgroup{34}$。

(3) 如图 3.37(d)所示,作四棱柱前后棱面与半球的截交线。在正面投影中,作半球面上点 G、B 或 H、D 所在的正平纬圆的正面投影弧。作图时,在正面投影中,直接以半球正面投影半圆弧的圆心为圆心、以该圆心到 $g'(h')$ 或 $b'(d')$ 的距离为半径作圆弧 $\overgroup{g'b'}$(圆弧 $\overgroup{h'd'}$ 与之重合),此即为四棱柱前后棱面与半球截交线的正面投影。

作图结果如图 3.37(d)所示,作图过程中的细节读者可结合上述文字并对照图示自行分析。

3.5　两回转体表面相交

两回转体相贯,回转面之间的交线称为相贯线。本节的主要内容是讨论如何在三面投影体系中作相贯线的投影。同前面所介绍的截交线一样,相贯线也是点的集合,所以,作相贯线的投影,仍归结为在回转面上作点的投影这一问题。在讨论本节的内容之前特别需要强调的是,实际的相贯体本身是一个整体,在本节的讨论中把相贯体看成由两个回转体相交,只是为了便于理解和阐述。

3.5.1　相贯线的特征

回转面相交的形式多样,如图 3.38 所示,只要相交的两表面是回转面,都会产生相贯线。相贯线具有以下特征。

(1) 相贯线是两回转面上共有的线,相贯线上的点是两回转面上共有的点。

相贯线是两回转面相交产生的交线,因此,相贯线为这两个回转面共有,相贯线上的点也是这两个回转面上共有的点。如图 3.38(a)所示,点 A 是相贯线上的任意一点,则点 A 既在横放圆柱的圆柱面上,也在竖放圆柱的圆柱面上。

相贯线的上述特征是作相贯线投影的重要依据。

(2) 相贯线通常是封闭的空间曲线,特殊情况下也可能是平面曲线或直线。

通常情况下,相贯线都是封闭的空间曲线,如图 3.38(a)、(b)、(c)、(d)、(f)所示。特殊情况下,相贯线是平面曲线,如图 3.38(e)所示。某些情况下,相贯线还可能是直线,这在本节后面将举例说明。

一般来说,相贯线的形状既受两回转体形状的影响,也受回转体相对位置的影响。完整的回转体,其相贯线往往具有对称性。通常情况下,相贯线关于两回转体轴线所确定的平面对

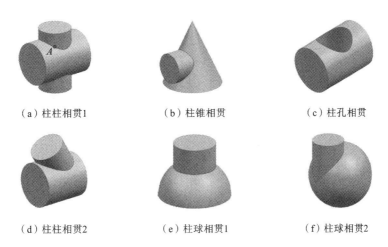

(a) 柱柱相贯1   (b) 柱锥相贯   (c) 柱孔相贯

(d) 柱柱相贯2   (e) 柱球相贯1   (f) 柱球相贯2

图 3.38 回转面相交的多种形式

称,除此之外,相贯线在其他方向上是否具有对称性,与两回转体的形状位置有关。

3.5.2 相贯线的作图思路与方法

1. 相贯线的作图思路

相贯线的作图思路仍然是求线先求点。相贯线是点的集合,从原理上讲,只要作出相贯线上足够多的点,然后用光滑的曲线将这些点连接起来,就能作出相贯线来。所作的点越多,画出的相贯线越平滑、越准确。

特殊点可确定相贯线形状和范围,除此之外,某些特殊点是判断相贯线投影可见性所必需的点,所以必须作出相贯线上所有的特殊点。特殊点从位置上讲,主要包括相贯线对称面上的点、转向轮廓线上的点,以及极限位置点(如最前、最后、最上、最下、最左、最右的点)等。很多情况下,极限位置点也可能就是转向轮廓线上的点,并同时也是相贯线对称面上的点。转向轮廓线上的点往往是判断相贯线投影可见性必不可少的点。只有同时位于回转体可见回转面部分的相贯线,其相应的投影才是可见的。相贯线可见部分用粗实线作出,不可见部分用细虚线作出。

作一般点的目的是使相贯线投影图更加准确。从这个意义上讲,一般点的数量越多,相贯线的形状越精准。但实际作图中,一般点的数量适当即可,不必过多,但不能不作。

2. 相贯线的求解方法

本节所涉及的相贯线是回转体表面相交所产生的,而常见的回转体有圆柱体、圆锥体、圆球和圆环四类,除此之外的回转体均是母线为非直线和圆弧线的其他曲线绕轴线所形成的。这些回转体在投影特性上有一个显著差别,那就是只有圆柱体的表面在与其轴线垂直的投影面上的投影具有积聚性,其他任何回转体的回转面在任何投影平面上都不具有积聚性投影。如果相贯线位于轴线与投影面垂直的圆柱面上,则相贯线在该投影面上的投影也在圆柱面所积聚而成的投影圆上。

1) 利用圆柱面投影的积聚性作相贯线

如果相贯体中有一个是圆柱体,且该圆柱体的轴线垂直于某投影面,则圆柱面在该投影面上的投影积聚成一个圆。因为相贯线也是圆柱面上的线,所以相贯线在该投影面上的投影也在这个投影圆上。也就是说,相贯线在该投影面

由积聚性
求相贯线

上的投影是已知的。

同样的道理,若另一个回转体也是圆柱体,且其轴线垂直于另外某一投影面,则相贯线在这一投影面上的投影也是已知的。如此一来,相贯线的两面投影已知,只有第三面投影待求,这相当于空间某点的两面投影已知,求其第三面投影,问题就很简单了。典型的例子是,轴线分别与不同投影面垂直的两圆柱体正交,求作其相贯线的投影。这类相贯线可直接利用圆柱面投影的积聚性求解。

例 3.21 如图 3.39(a)所示,两圆柱正交,已知两圆柱的三面投影,求作其相贯线。

分析 由图 3-39(a)可知,这是两轴线分别与 H 面和 W 面垂直的圆柱体正交求相贯线的问题。相贯线的水平投影和侧面投影已知,相贯线的正面投影待求。该问题本质上是已知点的两面投影(即水平投影和侧面投影),求解点的第三面投影(即正面投影)。

作图 作图过程如下。

(1) 求特殊点。如图 3-39(b)所示,求相贯线上的极限点 A、B、C、D。点 A 和点 B 既是相贯线上的最高点,又分别是相贯线上的最左点和最右点。点 A、B 的水平投影分别为 a、b,其侧面投影具有遮挡关系,记为 $a''(b'')$,已知点 A、B 的水平投影和侧面投影,根据"长对正"和"高平齐",很容易求得其正面投影 a' 和 b'。

点 C 和点 D 既是相贯线上的最低点,又分别是相贯线上的最前点和最后点。点 C、D 的水平投影分别为 c、d,其侧面投影为 c'' 和 d''。已知点 C、D 的水平投影和侧面投影,同样根据"长对正"和"高平齐"作图即可求得其正面投影 c' 和 d'。注意,点 C、D 为对 V 面的重影点,在

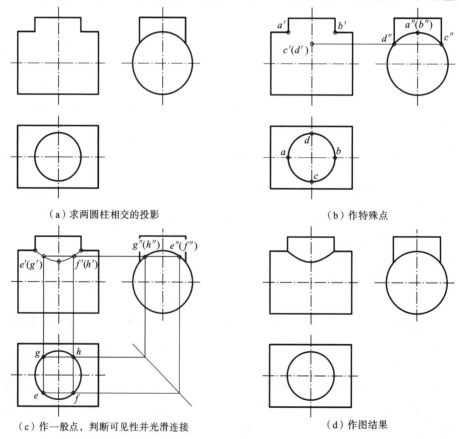

(a) 求两圆柱相交的投影　　　　　　　　(b) 作特殊点

(c) 作一般点,判断可见性并光滑连接　　　　(d) 作图结果

图 3.39　作两圆柱面正交的相贯线

V 面上的投影具有遮挡关系,记为 $c'(d')$。

（2）作适当数量的一般点。如图 3-39(c)所示,为作图方便,取点 E、F、G、H。其中,E、F 和 G、H 分别为对 W 面的重影点,E、G 和 F、H 分别为对 V 面的重影点。求解过程与特殊点的求解相同,先确定点的水平投影 e、f、g、h 及侧面投影 e''、f''、g''、h'',再利用"长对正"和"高平齐"作图即可求得其正面投影 e'、f'、g' 和 f'。

（3）判断相贯线正面投影的可见性并将所求得的各正面投影点依次光滑连接。此题中的相贯线在空间具有前后对称和左右对称的关系。相贯线前后对称的对称线即为 A、B 的连线,因此,相贯线的正面投影中,位于点 A、B 之前部分的相贯线投影与位于 A、B 之后部分投影完全重合,所以,只需用粗实线依次光滑连接上述各点,即可得到相贯线的正面投影。相贯线正面投影的作图结果如图 3-39(d)所示。

　　2）利用辅助平面法作相贯线

如果两相贯回转体中只有一个是轴线与投影面垂直的圆柱体,则相贯线只有一面投影是已知的,剩下的两面投影待求,此时单纯利用圆柱面投影的积聚性无法求解相贯线的投影。如果两相贯回转体都不是圆柱体,则两相贯体的回转面在任何一个投影面上的投影均不具有积聚性,此时相贯线的三面投影均是未知的。在以上两种情况下求解相贯线的投影需要利用辅助平面法。

辅助平面法
求相贯线

辅助平面法利用假想的截平面(即辅助平面)去截切两相贯的回转体,得到两组截交线,截交线的交点即为相贯线上的点。作相贯线的关键是作出相贯线上的点,相贯线上的点是两个相贯回转面上所共有的点。辅助平面法的思路是将面上求点的问题转化成线上求点的问题。线上求点时,线的投影一定是能直接作图的直线或圆,所以特别要注意的是,所选取的辅助平面应该是特殊未知的平面,一般为投影面的平行面,以使所得到的截交线的投影为可以直接作图的直线或圆。

如图 3.40(a)所示,相贯体为两圆柱体,其中一圆柱体水平横放,轴线垂直于 W 投影面,另外一圆柱体与之倾斜相贯,两圆柱体轴线相交,点 K 为相贯线上的任意一点。实际上,点 K 除了是相贯线上的点,还可理解为过点 K 的任意截平面与两相贯圆柱面的交点。如图 3.40(b)所示,利用过点 K 的正平辅助平面截切相贯体,圆柱面上的截交线均为正平的直线,点 K 为两截交线的交点。两直线截交线为正平线,其正面投影均是可以直接作图的直线,点 K 的正面投影即在这两截交线投影的交点上。作出了点 K 的正面投影,结合相贯线的侧面投影(相贯线的侧面投影位于水平横放圆柱具有积聚性的侧面投影圆上),即可作出点 K 的水平投影。利用辅助平面可以作出相贯线上足够多的点,然后判断相贯线各投影的可见性并用曲线将这些点平滑连接,从而作出相贯线待求的投影。

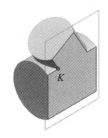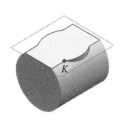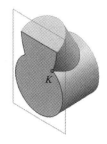

（a）K 为柱柱相贯线上的点　（b）用正平辅助平面求点 K　（c）用水平辅助平面求点 K　（d）用侧平辅助平面求点 K

图 3.40　辅助平面法作相贯线上点的立体示意图

图 3.40(c)、(d)中分别采用了过点 K 的水平辅助平面和侧平辅助平面来截切相贯体,在这两种作法中,倾斜圆柱体表面的截交线是椭圆,不方便直接作图,因此,在实际作图过程中要注意不能采用不恰当的辅助平面。

辅助平面的选择取决于相贯体的形状和相对位置,如图 3.41(a)所示,圆柱与半球相贯,半球底面为水平面,点 S 为相贯线上的任意一点。求解点 S 可选用的辅助平面既可以是水平面,也可以是正平面,还可以是侧平面。利用水平辅助平面求点 S 如图 3.41(b)所示,过点 S 的水平面截切圆柱所产生的截交线为水平圆,截切半球所产生的截交线为另一个水平圆,两圆的交点之一即点 S。利用正平辅助平面求点 S 如图 3.41(c)所示,过点 S 的正平面截切圆柱所产生的截交线为两铅垂直线,截切半球所产生的截交线为正平半圆,点 S 即其中一直线与该正平半圆的交点。利用侧平辅助平面求点 S 如图 3.41(d)所示,过点 S 的侧平面截切圆柱所产生的截交线为铅垂直线,截切半球所产生的截交线为侧平半圆,点 S 即其中一直线与该侧平半圆的交点。

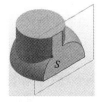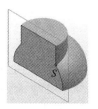

（a）S为柱球相贯线上的点　　（b）用水平辅助平面求点S　　（c）用正平辅助平面求点S　　（d）用侧平辅助平面求点S

图 3.41　辅助平面法求柱球相贯线上点的立体示意图

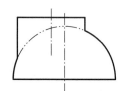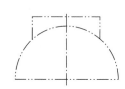

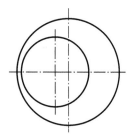

图 3.42　圆柱与半球相贯

例 3.22　如图 3.42 所示,圆柱与半球相贯(立体图见图 3.41(a)),作相贯体的侧面投影,并补充相贯线的正面投影。

分析　圆柱与半球相贯,圆柱的上端面和半球的底面为水平面,圆柱轴线与半球对称线平行,且两平行轴线所确定的平面为正平面。由于圆柱面在水平投影面上的投影具有积聚性,因此,相贯线的水平投影与圆柱面积聚而成的水平投影圆重合,相贯线的正面投影和侧面投影待求。单纯利用圆柱面具有积聚性的投影无法解题,要结合辅助平面法作图。根据圆柱和半球的形状特征和相对位置,结合图 3.41可知,求相贯线上的点可利用的辅助平面既可以是水平面,也可以是正平面或侧平面。具体作图中选用哪一种辅助平面,可根据需要灵活运用。

另外,相贯线关于圆柱与半球的轴线所确定的平面对称,因此:在正面投影中,相贯线在对称面前后部分的投影完全重合,前面部分可见,只需要用粗实线作出即可;在侧面投影中,相贯线位于圆柱对 W 面转向轮廓线以左的部分可见,用粗实线绘制,在该转向轮廓线以右的部分不可见,用细虚线绘制。

相贯后的半球对 W 面的转向轮廓线只剩下相贯线之下的部分,且有部分转向轮廓线将位

于圆柱体对 W 面的转向轮廓线之后，为不可见部分，这部分应该用细虚线作出。

作图　作图过程如下。

（1）作特殊点，即极限位置的点 A、B、C、D，以及半球对 W 面转向轮廓线上的点 E、F。

如图 3.43(a)所示，从水平投影中可确定相贯线上的最左点 A、最右点 B、最前点 C 和最后点 D 的水平投影分别为圆柱水平投影圆与其对称中心线的交点 a、b、c、d。点 A、B 的正面投影 a'、b' 为圆柱和半球对 V 面转向轮廓线投影的交点，如图 3.43(a)所示。通过 a'、b' 即可判断，点 A、B 还分别是相贯线的最低点和最高点。由 a'、b' 作水平投影线分别交侧面投影对称线于 a''、b''，即得到点 A、B 的侧面投影。

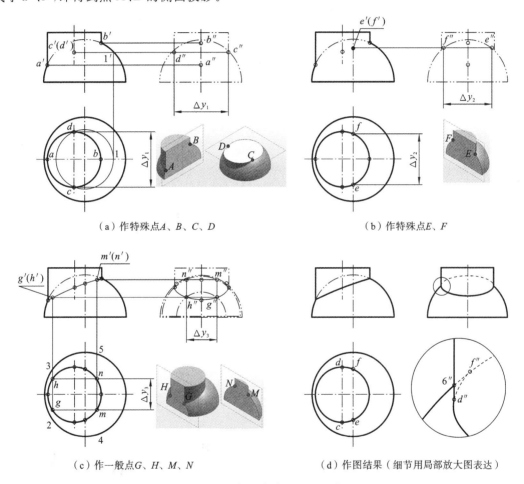

（a）作特殊点 A、B、C、D　　　　　　　（b）作特殊点 E、F

（c）作一般点 G、H、M、N　　　　　　（d）作图结果（细节用局部放大图表达）

图 3.43　圆柱与半球相贯作图过程

实际上，在水平投影中通过投影 a 和 b 即可判断出，点 A、B 是圆柱体和半球对 V 面转向轮廓线上的点，由图 3.43(a)中所附的立体截切示意图可知，利用过其两轴线的正平辅助平面截切所获得的相贯线即为正面投影中已给出的相贯体的外部轮廓线，点 A、B 的正面投影即为其外部轮廓线在正面投影中的交点 a'、b'。

点 C、D 的正面投影 c'、d' 的求法与之相似，在水平投影中通过投影 c 和 d 即可判断，如图 3.43(a)所示，利用过点 C、D 的水平辅助平面截切相贯体，圆柱被截切得到的截交线为一水平圆（其水平投影与圆柱面的水平投影重合），半球被截切得到的截交线为同一平面中另一个水平圆，点 C、D 即为两水平圆的交点。在水平投影中，以半球底面投影圆的圆心为圆心、以该圆

心到 c 或 d 的距离为半径作辅助圆交水平投影中的水平轴线于点 1，由 1 作铅垂投影连线交半球对 V 面转向轮廓线的投影于 $1'$，由 $1'$ 作水平线交圆柱正面投影的轴线于 c'、d'，由于点 C、D 为 V 面的重影点且 C 遮 D，标记为 $c'(d')$。再由 $c'(d')$ 根据"高平齐"原则、由 c 和 d 根据"宽相等"原则即可分别作出点 C、D 的侧面投影 c'' 和 d''。值得强调的是，c'' 和 d'' 在圆柱对 W 面转向轮廓线的投影上，不在半球对 W 面转向轮廓线的投影上，c'' 和 d'' 是相贯线侧面投影可见与不可见部分的分界线。

　　点 E、F 是半球对 W 面转向轮廓线上的点，相贯体中半球对 W 面的转向轮廓线只剩下从半球底面到 E、F 的部分，E、F 之上部分的转向轮廓线没有了。求解 E、F 既可利用水平辅助平面，也可利用侧平辅助平面。图 3.43(b) 中利用了侧平辅助平面来解题。由 E、F 的水平投影 e、f 可知，点 E、F 是半球对 W 面转向轮廓线上的点。利用侧平辅助平面过 E、F 截切相贯体，所得截断面的水平投影与水平投影中的铅垂轴线重合，正面投影与半球正面投影的轴线重合，侧面投影由与半球侧面轮廓线投影重合的半圆和间距为 Δy_2 且关于轴线对称的两直线组成，点 E、F 的侧面投影 e''、f'' 即为半圆弧和两直线的交点。再由 e''、f'' 作水平投影的连线，交半球正面投影的轴线于 e'、f'，因为 E、F 为 V 面的重影点，标记为 $e'(f')$。作图思路的立体示意图见图 3.43(b) 中的立体图。

　　(2) 作一般点 G、H、M、N，判断可见性并完成草图。

　　一般点作图可利用水平、正平或侧平中的任意一种辅助平面来解题。为了作图方便，这里选取两对关于 V 面的重影点 G、H 和 M、N，实际作图过程中采用的辅助平面分别是过点 G、H 和过点 M、N 的侧平面，如图 3.43(c) 所示。过点 G、H 的侧平辅助平面截切半球所产生的截交线为半圆，侧面投影反映实形，截切圆柱体所产生的截交线是间距为 Δy_3 的铅垂线，其侧面投影是间距为 Δy_3 且关于轴线对称的两直线，交投影半圆于 g''、h''，g''、h'' 分别为 G、H 的侧面投影。再由 g''、h'' 根据"高平齐"原则、由 g、h 根据"长对正"原则，即可作出 G、H 的正面投影 g'、h'。

　　相贯线关于两回转体平行轴线所确定的正平面前后对称，其对称面前后部分的正面投影完全重合，只需作出可见部分的投影即可。侧面投影中，相贯线投影在圆柱对 W 面转向轮廓线的右边部分不可见，用细虚线绘制，可见部分草图用实线绘制，圆柱的转向轮廓线一直延伸到 c''、d''，半球的轮廓线一直延伸到 e''、f''，但被圆柱转向轮廓线遮住的部分不可见，用细虚线绘制。

　　(3) 加深线条，绘图结果如图 3.43(d) 所示。细节部分用局部放大图表达，请读者注意分析理解。

　　例 3.23　如图 3.44(a) 所示，圆台与半球相贯，求作相贯线的三面投影，并补齐轮廓线的投影。

　　分析　圆台与半球相贯的立体示意图如图 3.44(a) 所示，圆台面和半球面的三面投影均没有积聚性，相贯线的三面投影未知，不能利用积聚性投影来解题，只能借助辅助平面法作图。相贯体中的圆台是圆锥被切掉锥顶后剩余的实体，圆台面被截切要获得直线截交线或圆截交线，则用于截切的辅助平面只能过锥顶或垂直于轴线；圆台上端面和半球底面为水平面，圆台轴向与半球对称线平行且其构成的平面为正平面，结合两回转体的形状特征和相对位置特征判断：求相贯线上的任意点可采用的辅助平面为水平面，如图 3.44(b) 所示；求相贯体对 V 面的转向轮廓线上的点所用的辅助平面只能是正平面，如图 3.44(c) 所示；求圆台对 W 面转向轮廓线上的点所用的辅助平面只能是侧平面，如图 3.44(d) 所示。

　　作图　作图过程如下。

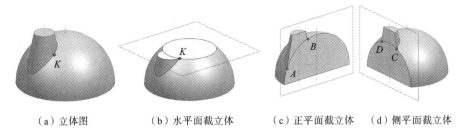

（a）立体图　　　　（b）水平面截立体　　　（c）正平面截立体　　（d）侧平面截立体

图 3.44　利用辅助平面求解圆台-半球相贯线上点的示意图

（1）作特殊点 A、B、C、D。点 A、B 为相贯线上位于圆台和半球对 V 面转向轮廓线上的点，分别是相贯线上的最低点和最高点；点 C、D 为相贯线上位于圆台对 W 面转向轮廓线上的点，分别是相贯线上的最前点和最后点。

作点 A、B：采用正平辅助平面过相贯体的对称面（即圆台和半球两平行轴线所确定的平面）截切，如图 3.44（c）所示，截交线与半球和圆台对 V 面的转向轮廓线重合，其投影正好在相贯体外部轮廓线在 V 面的投影上，A、B 的正面投影 a'、b' 就是正面投影中的半圆弧投影和两直线投影的交点，如图 3.45（b）所示。由 a'、b' 作铅垂投影连线分别交水平投影中的水平对称线于 a、b，此即为点 A、B 的水平投影；由 a'、b' 作水平投影连线分别交侧面投影中的铅垂对称线于 a''、b''，此即得点 A、B 的侧面投影。

作点 C、D：采用侧平辅助平面过圆台轴线截切，如图 3.45（c）所示，圆台被截切的截交线与圆台对 W 面的转向轮廓线重合，半球被截切的截交线为一侧平半圆，点 C、D 即这一侧平半圆截交线与两直线截交线的交点。如图 3.45（c）所示，在正面投影中过圆台轴线投影作一铅垂辅助线与半球底面和转向轮廓线投影相交，两交点间的距离 R_1 即为半球上截交线圆的半径。在侧面投影中，以半球侧面投影的圆心为圆心、以 R_1 为半径作一半圆，交半球侧面轮廓线延长线于 c''、d''，即得点 C、D 的侧面投影，连接 c''、d'' 得一水平线并延长，交 V 面中圆台轴向的投影于 c'、d'，即得点 C、D 的正面投影，因为点 C、D 为对 V 面的重影点，标记为 $c'(d')$。再由 c''、d'' 关于相贯体对称面对称且其间距为 Δy_1，即可在圆台水平投影的铅垂对称线上作出点 C、D 的水平投影 c、d。

（2）作一般点 E、F。在相贯线的最低点 A 和最高点 B 之间的任意位置，利用水平辅助平面截切相贯体，通过圆台截交线圆和半球截交线圆的交点即可作出相贯线上的任意一点。作图过程如图 3.45（d）所示，在 V 面中 a' 与 $c'(d')$ 之间的合适位置作一水平线，分别与圆台和半球在 V 面的转向轮廓线投影相交，记该水平线与圆台轴线 V 面投影的交点到该水平线与圆台转向轮廓线 V 面投影的交点之间的距离为 R_2，记该水平线与半球轴线 V 面投影的交点到该水平线与半球转向轮廓线投影的交点之间的距离为 R_3。在水平投影中，分别以圆台投影的对称中心为圆心、以 R_2 为半径作圆，以半球投影的对称中心为圆心、以 R_3 为半径作圆，两圆的交点 e、f 即为点 E、F 的水平投影；由 e、f 作铅垂投影连线与上述水平线相交，交点即点 E、F 的正面投影，因点 E、F 是对 V 面的重影点，标记为 $e'(f')$。再由 $e'(f')$ 根据"高平齐"、由 e 和 f 根据"宽相等"，即可作出点 E、F 的侧面投影 e''、f''。

（3）完成相贯线投影，补充轮廓线投影，并用规范的线型完成全图。

相贯线的正面投影前后对称，其可见部分的投影正好遮住不可见的部分，用细实线依次光滑连接草图；相贯线的水平投影可见，用细实线依次光滑连接草图；相贯线的侧面投影被圆台

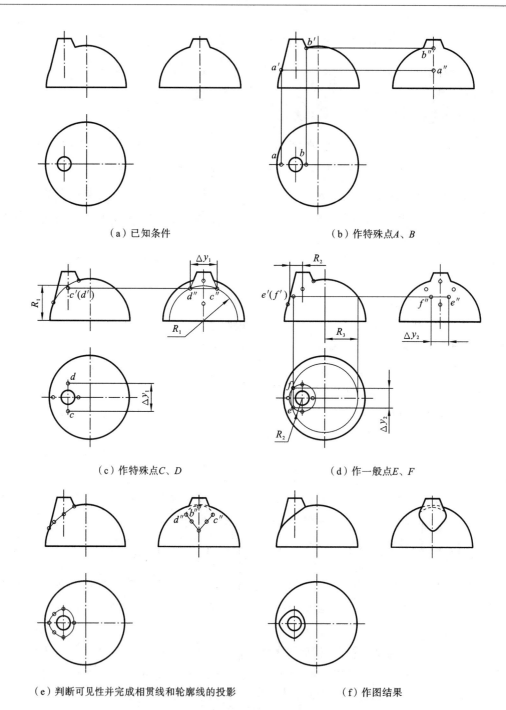

（a）已知条件　　　　　　　　　　　　　　　（b）作特殊点A、B

（c）作特殊点C、D　　　　　　　　　　　　　（d）作一般点E、F

（e）判断可见性并完成相贯线和轮廓线的投影　　　　　（f）作图结果

图 3.45　圆台与半球相贯

轮廓线遮住的部分不可见，用细虚线依次光滑连接，可见部分用细实线作草图。

　　侧面投影中，补充圆台和半球的轮廓线投影。圆台轮廓线投影应延伸至 c''、d''，圆台轮廓线遮挡的半球的转向轮廓线投影用细虚线圆弧作出。

　　草图如图 3.45(e) 所示，检查无误后，用规范的线型完成全图，如图 3.45(f) 所示。

3.5.3　回转体相贯的特殊情况及组合相贯线

1. 回转体相交的特殊情况

相贯线的形状特征受两相贯回转体形状和相对位置的影响。通常情况下,两回转体相贯的相贯线是封闭的空间曲线,但特殊情况下,也可能是平面曲线或直线。下面通过实例简单介绍比较常见的特殊情况。

1) 相贯线为椭圆

轴线相交,且两回转体的回转面能公切于一个球面的圆柱与圆柱、圆柱与圆锥、圆锥与圆锥相贯,其相贯线为一个椭圆,且该椭圆垂直于其轴线所确定的平面。

图 3.46 给出了圆柱和圆锥相贯形成椭圆相贯线的几种典型情况,图示中只给出了相贯体在与两回转体相交轴线所确定的平面平行的投影面中的投影。

| （a）柱柱相贯 | （b）柱锥相贯 | （c）锥锥相贯 |

图 3.46　回转面切于同一个球面的柱柱、柱锥及锥锥相贯

2) 相贯线为圆

回转体共轴相交,相贯线为圆。图 3.47 给出了柱球、柱锥以及锥球共轴相贯的几种典型情况。实际上,除了这些常见的回转体,其他非规则母线所形成的回转体共轴相贯,相贯线也是圆,读者可自行分析。另外还有一种情况,即相贯回转体的回转面之间是相切的关系,这种情况下相贯线演变成一个与两回转面相切的圆。

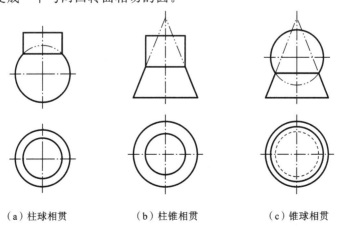

| （a）柱球相贯 | （b）柱锥相贯 | （c）锥球相贯 |

图 3.47　回转体共轴相贯

3) 相贯线为直线

特殊情况下,某些回转体相贯,相贯线可能为直线。如图 3.48(a)所示,两轴线平行的圆柱体相贯,相贯线为直线。如图 3.48(b)所示,两锥顶角相等的圆锥共顶相贯,圆锥面上的相贯线为直线。值得注意的是,图 3.48(b)所示的情况中,只有两圆锥面之间的交线是直线,圆

（a）轴线平行的两圆柱相贯   （b）锥顶角相等的两圆锥共顶相贯

图 3.48　相贯线为直线的典型情况

锥面与底面的交线是椭圆弧。

2. 组合相贯线

两个以上的回转体相贯，回转面之间形成的交线称为组合相贯线。实际上，组合相贯线是由回转体之间两两相贯所得到的相贯线组合而成的，因此，组合相贯线的求解仍然采用前面所介绍的作图思路和方法。值得强调的是，组合相贯线中两段不同的相贯线之间的连接点，必定是三个回转面所共有的交点。

例 3.24　如图 3.49(a)所示，圆柱-半球-圆柱相贯，求作组合相贯线的投影。

分析　轴线侧垂的圆柱与半球共轴相贯，相贯线为一侧平的半圆，半圆的半径与圆柱回转面半径一致。半球与轴线铅垂的圆柱表面相切，相贯线为与半球面和圆柱面相切的一段圆弧，其侧面投影不用作出，其水平投影与轴线铅垂的圆柱的水平投影重合。两圆柱轴线垂直相交，是柱柱相贯的典型情况，可利用圆柱面投影具有积聚性的原理来解题。

作图　具体作图过程如图 3.49(b)所示。

(1) 作轴线侧垂的圆柱与半球相贯的相贯线。相贯线为侧平半圆弧 $\overset{\frown}{ABC}$，其水平投影为直线 abc，其侧面投影 $\overset{\frown}{a''b''c''}$，反映半圆实形，其正面投影为直线 $b'a'(c')$；

(2) 两圆柱之间的相贯线，其侧面投影已知，为半圆弧 $\overset{\frown}{a''e''d''f''c''}$，其水平投影为虚线段圆弧 $aedfc$，已知两面投影，根据"高平齐"和"宽相等"，即可作相贯线上相应点的正面投影 f'、d'、e'；d'为圆柱对 V 面转向轮廓线上的点的投影，相贯线在这点之后的正面投影不可见，但相贯线前后对称，其投影前后重合；

(3) 用规范的线型作出作图结果，如图 3.49(c)所示。

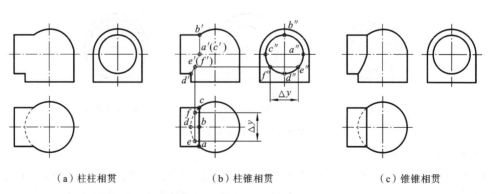

（a）柱柱相贯   （b）柱锥相贯   （c）锥锥相贯

图 3.49　柱柱、柱球组合相贯

第4章 组 合 体

4.1 组合体的形成

任何机械零件,从形体的角度分析,都可看作是由若干简单的形体(通常称基本体)组合而成的组合体。组合体的形成主要取决于构成它的基本体形状、基本体之间的组合方式及基本体之间的表面连接关系。

4.1.1 基本体的三视图

在工程图样中,根据有关标准绘制的多面投影图称为视图。在三投影面体系中,物体的三视图是国家标准规定的基本视图(第 6 章介绍)中的三个:从前向后投射的 V 面投影为主视图,从上向下投射的 H 面投影为俯视图,从左向右投射的 W 面投影为左视图。如图 4.1 所示。

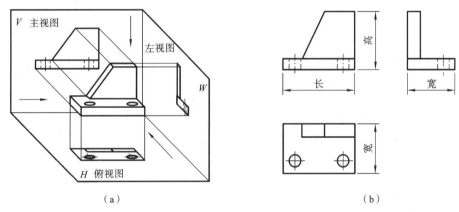

（a） （b）

图 4.1 三视图的形成

构成组合体的基本体,通常是各种形状的平面立体,包括棱柱体(如三棱柱、六棱柱等),棱锥体(如三棱锥、四棱锥等),棱台体(如三棱台、四棱台等),如表 4.1 所示,以及各种形状的曲面立体(如圆柱体、圆锥体、圆球体等),如表 4.2 所示。

表 4.1 几种常见的平面立体

	六 棱 柱	三 棱 锥	四 棱 台
三视图			

	六 棱 柱	三 棱 锥	四 棱 台
立体图	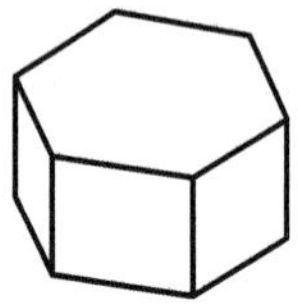	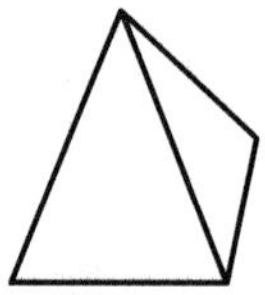	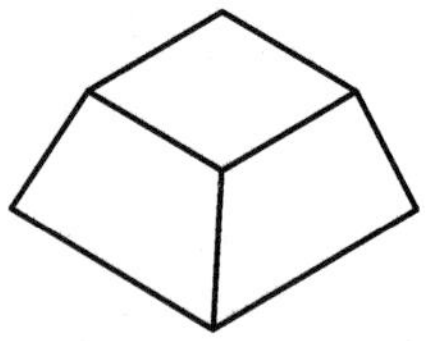

表 4.2　几种常见的曲面立体

	圆 柱	圆 锥	圆 球
投影图	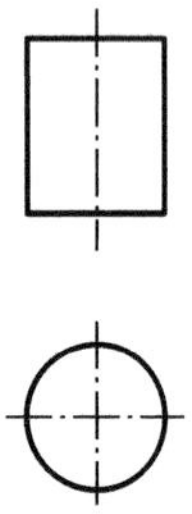	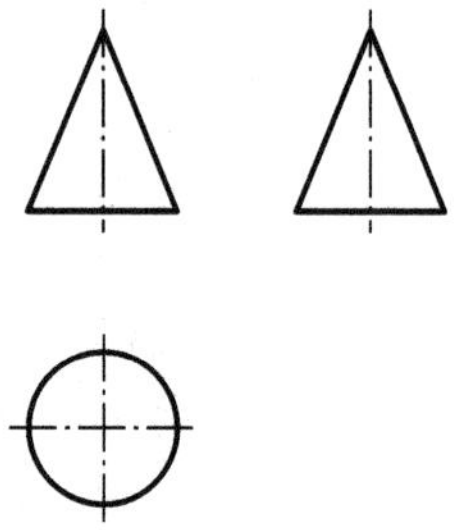	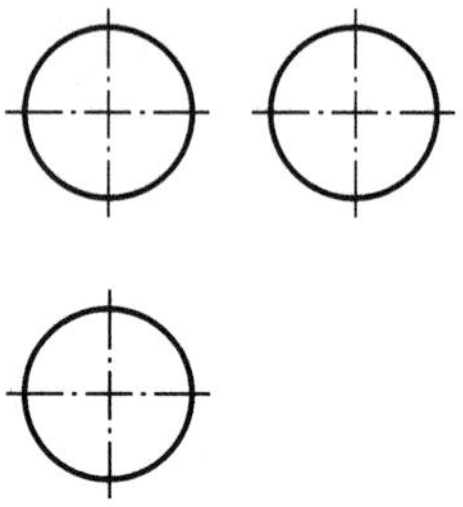
立体图	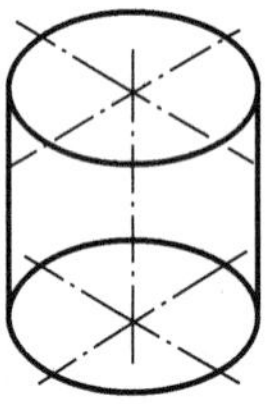	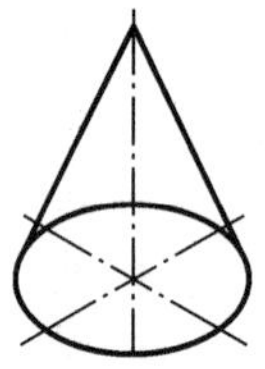	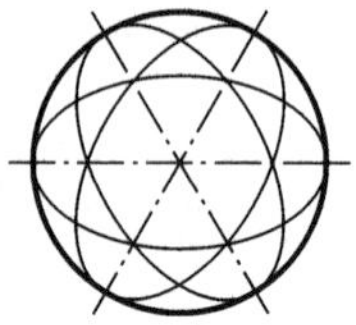

4.1.2　三视图的投影规律

在三视图中,俯视图在主视图的正下方,左视图在主视图的正右方,按此位置配置的三视图,不需标注其名称。

组合体有长、宽、高三个方向的尺寸,通常规定:组合体左右之间的距离为长(X 坐标),前后之间的距离为宽(Y 坐标),上下之间的距离为高(Z 坐标)。从图 4.2 所示可看出,一个视图只能反映组合体两个方向的尺寸。主视图反映组合体的长和高,俯视图反映组合体的长和宽,左视图反映组合体的宽和高。

由此可得出三视图的投影规律——三等规律:主、俯视图反映组合体的长度,主、左视图反映组合体的高度,俯、左视图反映组合体的宽度,如图 4.2(a)所示。三等规律可概括为:

主、俯视图——长对正;

主、左视图——高平齐;

俯、左视图——宽相等。

应用"三等规律"注意如下:

组合体的整体和局部都要符合"三等规律",它是画图、看图的基本投影规律。

在俯、左视图中,俯视图的下方和左视图的右方,表示组合体的前方,俯视图的上方和左视图的左方,表示组合体的后方,即远离主视图的一侧是组合体的前面,靠近主视图的一侧是组合体的后面,如图 4.2(a)所示。

要特别注意宽度方向尺寸在俯、左视图上的不同方位,如图 4.2(b)所示。

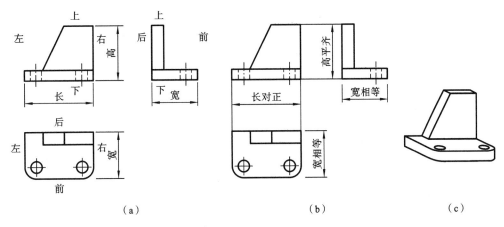

图 4.2 三视图的投影规律

4.1.3 组合体的组合方式

组合体按构成方式不同可分为叠加型、切割型和综合型三种。

(1) 叠加型组合体是由若干基本体叠加而成的。如图 4.3(a)所示的形体由圆台、圆柱和六棱柱叠加而成。

(2) 切割型组合体可看成由基本体经切割后形成的。如图 4.3(b)所示的形体,中间的方槽可看作是由两个平行于圆柱轴线的平面和一个垂直于圆柱轴线的平面切割出来的,表面出现的交线是直线和圆弧。

(3) 综合型组合体是由若干基本体叠加后,再在其基本体内切割掉一些基本体后形成的。如图 4.3(c)所示的形体由四棱柱、圆柱和一个圆台叠加后再切割掉两个小圆柱和四个圆角而形成。

在许多情况下,由于基本体选择不同,三种类型并无严格界限。

(a)叠加型   (b)切割型   (c)综合型

图 4.3 组合体的组合方式

4.1.4 组合体上相邻表面之间的连接关系

构成组合体的基本形体之间可能处于上下、左右、前后或对称、同轴等相对位置;相邻两个基本体表面之间连接关系有共面、相切、相交三种。

（1）共面　如图4.4所示形体可看成由两个形体叠加组成。当两形体叠加后它们的表面处于同一平面内，称为共面或平齐，此时在视图上不应画出两表面的分界线，如图4.4（a）所示；当两形体叠加后它们的表面不处于同一表面，称不共面或不平齐，其投影要用线隔开，如图4.4（b）所示；当两形体叠加后它们的表面前面处于同一平面内，后面不共面时，前面不画线，后面应画虚线，如图4.4（c）所示。

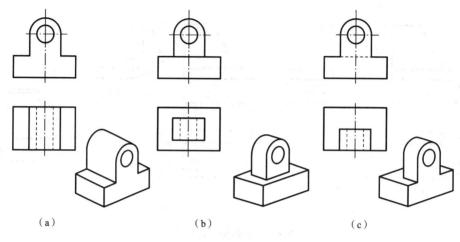

（a）　　　　　　　　　（b）　　　　　　　　　（c）

图4.4　表面共面

（2）相切　如图4.5所示，两形体表面相切时，相切处光滑过渡，作图时不画出过渡线的投影。

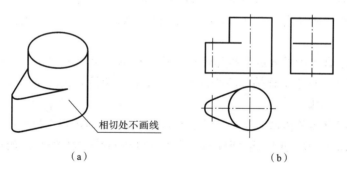

相切处不画线

（a）　　　　　　　　　　　　　　　（b）

图4.5　表面相切

（3）相交　如图4.6所示，两形体表面相交，作图时要画出交线的投影。表4.3是两形体邻接表面产生交线的情况。

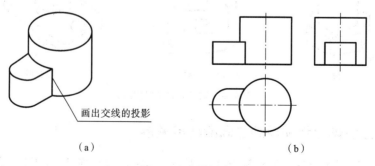

画出交线的投影

（a）　　　　　　　　　　　　　　　（b）

图4.6　表面相交

表 4.3　两形体邻接表面产生交线的情况

形体	叠　加	切　割
棱柱与圆柱相交	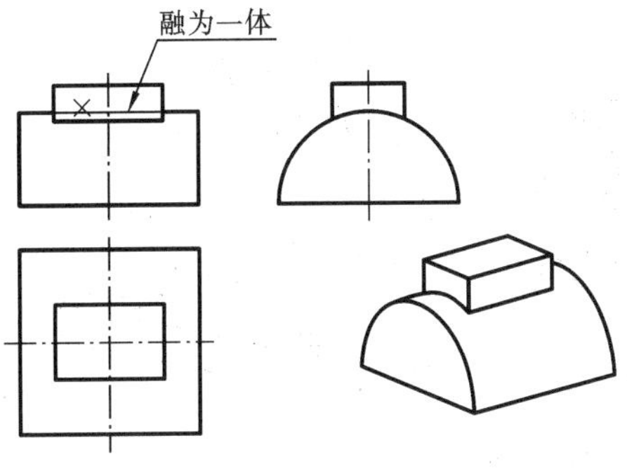 融为一体	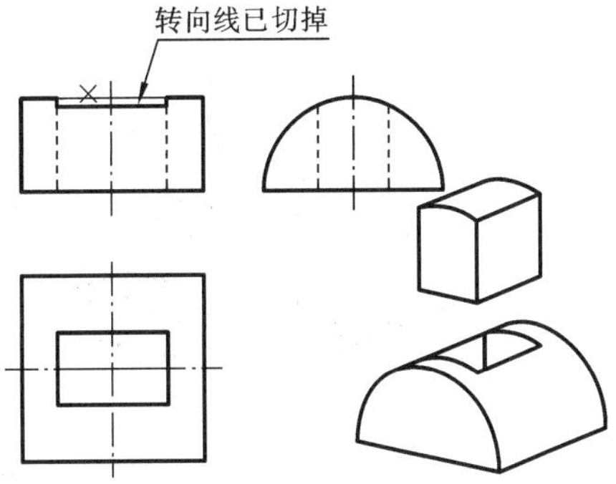 转向线已切掉
圆柱与圆柱相交	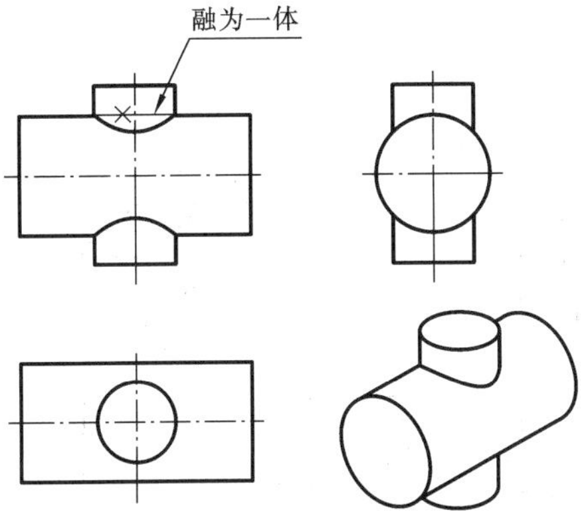 融为一体	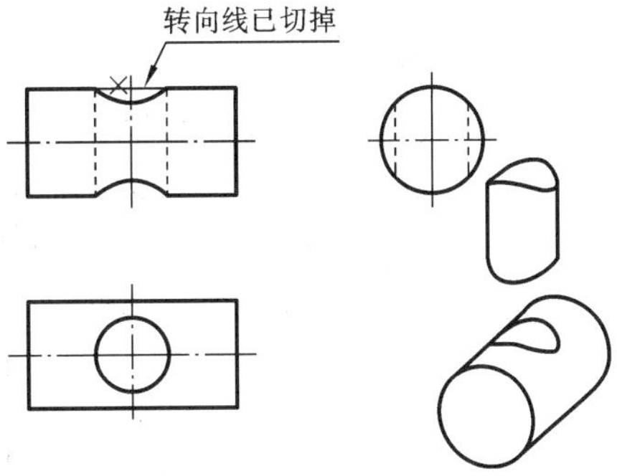 转向线已切掉
圆柱与U形柱相交	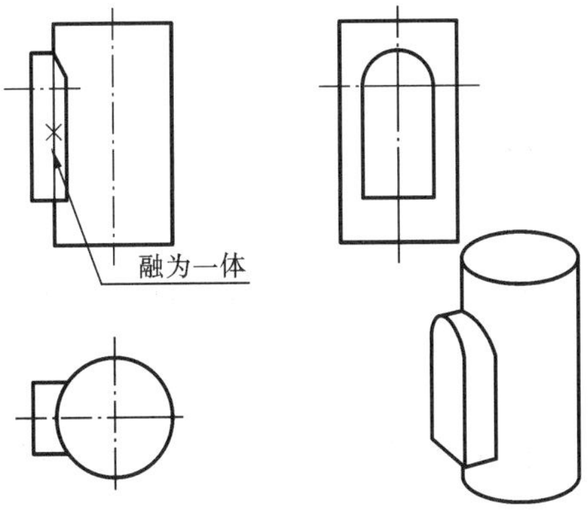 融为一体	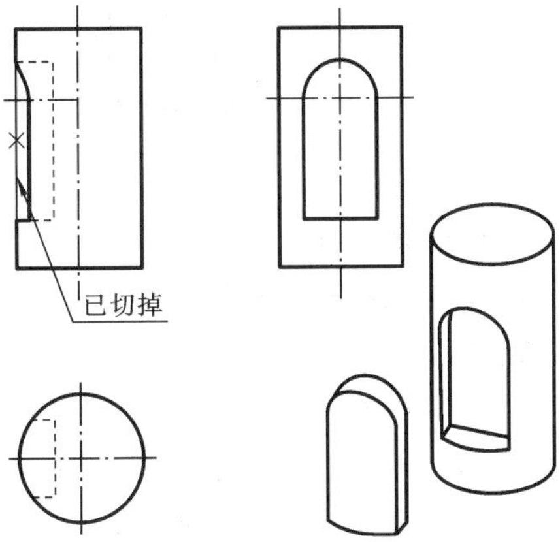 已切掉

4.1.5　形体分析法

1. 形体分析法的概念

把组合体假想分解为若干个基本体,并对基本体的形状及其相对位置进行分析,然后综合起来确定组合体的分析方法,称为形体分析法。

形体分析法的分析过程是:先分解后综合,从局部到整体。运用形体分析法把一个复杂的形体分解为若干个基本体,可将一个复杂的、陌生的对象转变为较为熟悉的对象,这种化难为易、化繁为简的思维过程，也是画图和读图的基本分析方法。

如图4.7所示组合体，可分解成由圆柱筒Ⅰ、支承板Ⅱ、肋板Ⅲ和底板Ⅳ四个基本体叠加而成。

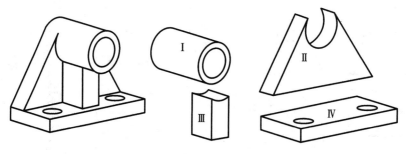

图4.7　形体分析

如图4.8所示组合体，可看作是长方体逐步切割掉两个基本形体而成。

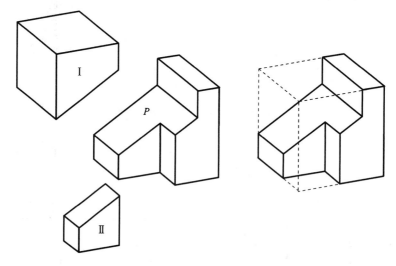

图4.8　形体分析

2. 组合体的构形

采用形体分析法，要善于构形，如何将组合体分解成合适的基本体跟构形方法、构形原则和构形数量有关。

1）构形方法

组合体构形的基本方法包括叠加（并运算）、挖切（差运算）、求交（交运算）三种集合运算方法和拉伸、旋转两种动平面轨迹运算方法。

（1）叠加　求形体的并集（∪），如图4.9(b)所示。

（2）挖切　求形体的差集（一），如图4.9(c)所示。

（3）求交　求形体的交集（∩），如图4.9(d)所示。

（4）拉伸　一动平面沿着其法线方向拉伸形成的拉伸体。截面不变，拉伸时形成柱体，如图4.10所示。

（5）旋转　一动平面绕轴线旋转形成回转体，如图4.11所示。

从工程制造角度考虑，组合体构形的基本方法包括叠加（并运算）、切割（差运算），较复杂的组合体常常是综合运用叠加和切割两种方法构成的，如图4.3所示。

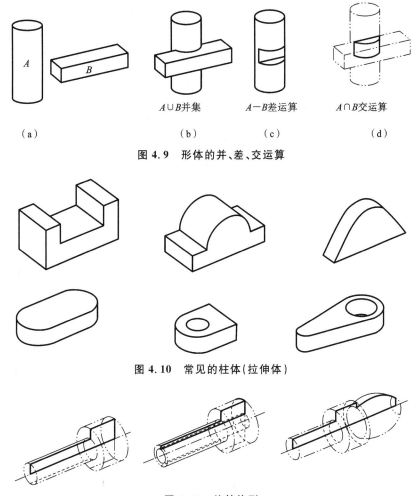

图 4.9　形体的并、差、交运算

A∪B并集　　　A－B差运算　　　A∩B交运算
(a)　　　　　　(b)　　　　(c)　　　　　(d)

图 4.10　常见的柱体(拉伸体)

图 4.11　旋转构形

2) 构形的常用原则

(1) 先加后减原则。在形体构形时,加(并运算)和减(差运算)的运算顺序可能会对构形结果有影响,采用先加后减的原则会使形体分析更简洁。特别是对常见的机加工零件,最好采用先加后减的原则,即将差运算放在后面,而且几个差运算的顺序是不相关的,如图 4.12 所示。

图 4.12　形体分析

(2) 整体构形原则。要使组合体的基本形体保持完整,特别是使主要的形体保持完整,这也符合机件的设计和制造要求。如图 4.13(a)所示组合体由圆筒和底板两部分构成,可有图 4.13(b)、(c)所示的不同构形分析:图 4.13(b)所示将圆筒作为主要形体,保持其形体完整;图 4.13(c)所示将圆筒分成了两部分。

（a）组合体　　　　　　（b）构形思路一　　　　　　（c）构形思路二

图 4.13　组合体构形的不同思路

（3）减少形体数量和运算数量原则。不同的组合体构形分析过程对应着不同的组合体的形体数量及构形运算数量,合理减少形体数量及构形运算数量,可使构形分析过程更简单、更容易理解。如图 4.14(a)所示的组合体,可分解成带孔的两立体(见图 4.14(b)),也可分解成两个实心立体,再在上面挖孔(见图 4.14(c))。显然,这个组合体分解成两个形体更简单。

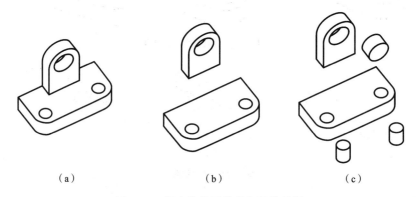

（a）　　　　　　　　　（b）　　　　　　　　　（c）

图 4.14　组合体构形数量和运算数量

4.2　画组合体的视图

画组合体的视图是运用形体分析法,通过分析组合方式,把组合体分解为若干个基本体,按照投影规律把组合体三维实物画成二维平面图形的过程。

下面以图 4.15 所示轴承座为例说明画组合体三视图的一般方法及步骤。

1. 形体分析

如图 4.15 所示的轴承座由圆筒Ⅰ、支承板Ⅱ、肋板Ⅲ、底板Ⅳ组成。支承板、肋板和底板分别是不同形状的平面体。支承板的左、右侧面与圆筒的外柱面相切,前面与圆筒的外柱面相交产生交线,后面与底板的后表面共面;肋板的左、右侧面及前面与圆筒的外圆柱面相交,在外圆柱面上均产生交线;支承板和肋板叠加在底板的上面且左右对称;底板上面有两个小圆柱孔。

画叠加型
组合体

2. 确定主视图

在形体分析的基础上,进行视图选择,主要是选择主视图。主视图的选择包括确定组合体

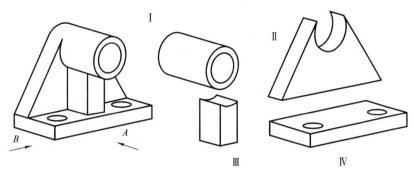

图 4.15　轴承座

的安放位置及主视图的投射方向。

安放位置:画组合体视图时,一般使组合体处于自然安放位置,即使主要平面放置成投影面平行面,主要轴线放置成投影面垂直线。

投影方向:选择最能反映组合体各部分形状特征及其相对位置的方向作为主视图的投影方向,同时还应考虑使其他视图中的虚线最少。

如图 4.15 所示的轴承座处于自然安放位置,可分别从箭头 A、B 所示的方向进行观察,经过比较发现,A 向能更多地反映各部分的形状特征和彼此之间的位置,所以选 A 向作为主视图的投射方向。主视图确定后,其他视图也随之而定。

3. 确定比例和图幅

视图确定后,即可根据所画组合体的大小及复杂程度,确定画图比例和图幅。画图时,尽量选用 1∶1 的比例,这样既便于直接估量组合体大小,又便于画图。按选定的比例,根据组合体的长、宽、高计算出三个视图所占的范围,并在视图之间留出标注尺寸的位置和适当间距,再据此选用合适的标准幅面。

4. 画三视图

(1) 在选好的图幅上,先按国家标准画出图框和标题栏。

(2) 确定视图的位置。根据组合体的长、宽、高三个方向尺寸的大小,画出各视图的主要中心线和基准线,定出三个视图的位置,每个视图的位置需要从水平和竖直两个方向来确定。应注意,三视图的布局要匀称,视图之间和视图与图框之间均应留出足够的空间,以便标注尺寸,如图 4.16(a)所示。

(3) 用细实线绘制各视图的底稿。

按形体分析法所分解的各形体及它们的相对位置,逐个画出它们的三视图。画底稿顺序:先画大形体,后画小形体;先画实体后挖空;先画主要轮廓,后画局部细节。如图 4.16(b)～(e)所示。

对每一个基本体,应从反映形状特征的视图画起(如圆筒和支承板在主视图上反映其形状特征,对它们的形体宜先分别画主视图,再画俯、左视图),而且要三个视图相互联系起来画,这样既便于保证各基本形体间的相对位置和投影关系,又能提高画图速度。不应先画完一个完整的视图,再画另一个视图。

在逐个画各基本体时,要进行线面分析,注意各基本体表面连接处的投影。如支承板的侧面轮廓线在俯、左视图上要画到切点处;肋板与圆筒相交,在左视图上要正确画出肋板侧面与圆柱面的交线。

（4）检查，加深。底稿画完后，要仔细检查、修正错误，擦去多余的作图线，按规定线型加深、描粗。对形体表面中的投影面垂直面、形体间邻接表面上处于相切、共面或相交关系的面、线投影要重点校核。按标准图线描深，可见部分用粗实线画出，不可见部分用细虚线画出。当组合体对称时，在对称图形上应画对称中心线，对大于或等于半圆的圆弧及圆要画出对称中心线，回转体要画出轴线，对称中心线和轴线用细点画线，如图 4.16(f)所示。

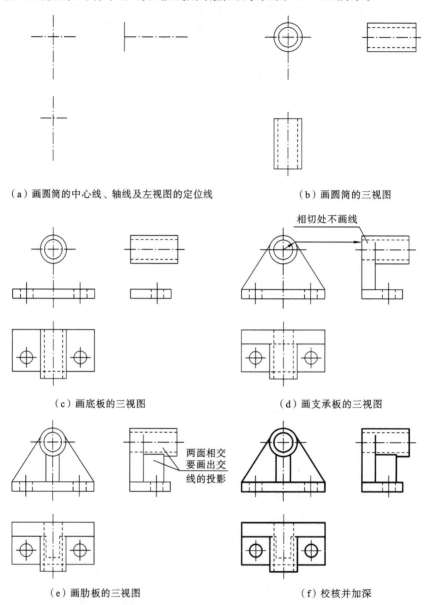

（a）画圆筒的中心线、轴线及左视图的定位线   （b）画圆筒的三视图

（c）画底板的三视图   （d）画支承板的三视图

（e）画肋板的三视图   （f）校核并加深

图 4.16　绘制轴承座

例 4.1　根据图 4.17 中所示切割型组合体的立体图，画出三视图。

分析　切割型组合体可看作是由一形体切割一系列基本体后形成的，其画法与叠加型组合体有所不同。首先用形体分析法分析该组合体在没有切割前完整的形体，再分析有哪些截平面，每个截平面的位置特征，结合线面分析，然后逐个画出每个切口的三面投影。

画切割型
组合体

（1）形体分析，该立体可看作是长方体逐步切割掉三个基本形体而成，如图 4.17 所示。

（2）确定主视图，组合体按自然位置安放后，选定如图 4.17 所示箭头所指方向为主视图的投射方向。

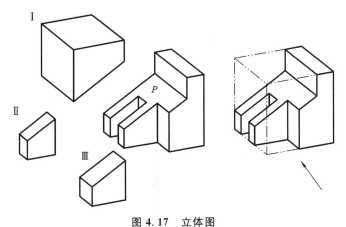

图 4.17　立体图

作图　作图步骤如图 4.18 所示。

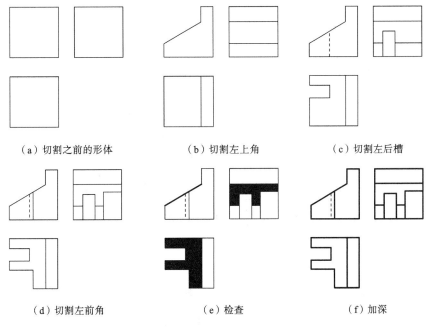

（a）切割之前的形体　　　　　（b）切割左上角　　　　　（c）切割左后槽

（d）切割左前角　　　　　（e）检查　　　　　（f）加深

图 4.18　切割型组合体画图方法与步骤

① 作长方体的三面投影，如图 4.18(a)所示。

② 切上角，先画主视图切口的投影，再画其他两投影图的截交线，如图 4.18(b)所示。

③ 切左后槽，先画俯视图切口的投影，再画主视图截交线的投影，注意该截交线不可见，画虚线，最后根据"高平齐"、"宽相等"画左视图的截交线投影，如图 4.18(c)所示。

④ 切左前角，先画俯视图切口的投影，再画主视图中截交线的投影，最后根据"高平齐"、"宽相等"画左视图中截交线的投影，如图 4.18(d)所示。

⑤ 检查。正垂面 P 俯、左视图的投影是类似的十边形，见涂黑部分，如图 4.18(e)所示。加深图线，如图 4.18(f)所示。

4.3 读组合体的视图

根据视图想象出组合体空间形状的全过程称为读图。画图是将物体按正投影方法表达在平面图纸上，读图是根据已经画出的视图，通过形体分析和线面的投影分析，想象出物体的形状。画图是由"物"到"图"，而读图是由"图"到"物"，读图是画图的逆过程，如图 4.19 所示。

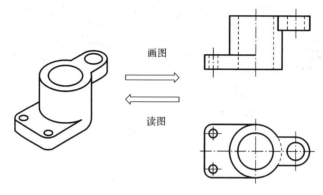

图 4.19　画图与读图

4.3.1　读图的基本要领

1. 将几个视图联系起来识读

由于每个视图只能反映形体在某一方向上的投影，仅由一个或两个视图不一定能唯一地确定组合体的形状。如图 4.20 所示的三组视图，其主视图都相同，但俯视图不同，所表示的形体也不同。如图 4.21 所示的三组视图，其主视图和俯视图都相同，但左视图不同，所表示的形体也不相同。通常要将几个视图联系起来看，最后综合起来想出组合体的整体形状。

图 4.20　一个视图相同

2. 善于抓住形状或位置特征视图

反映组合体形状的三视图，每个图的信息量并不一样。能清楚表达物体形状特征的视图称为形状特征图；能清楚表达构成组合体的各形体之间相互位置关系的视图，称为位置特征图。

在读图时要善于抓住特征视图。如图 4.22 所示，左视图为形状特征视图，其主视图和俯视图都是矩形，能表示的形状很多，如果先找左视图，再配合其他视图，就能迅速、正确地想象

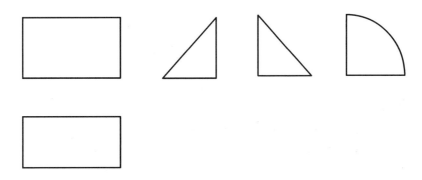

图 4.21 两个视图相同

出其形状。如图 4.23 所示,左视图为位置特征图。主视图的形状特征很明显,但位置不清楚。对照俯视图可看出,圆形和矩形线框对应的部位一个是凹进去的,另一个是凸出来的,但不确定哪一个是凹进去的,哪一个是凸出来的。但对照主、左视图就很快能判断出来。

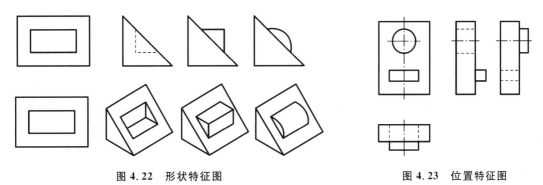

图 4.22 形状特征图   图 4.23 位置特征图

3. 线面分析法

组合体也可以看成是由若干面(平面或曲面)、线(直线或曲线)所围成的。线面分析法就是根据线、面的空间性质和投影规律,分析组合体视图中的某些线和面的投影关系,以确定组合体该部分形状的方法。线面分析法主要用来分析视图中的局部复杂投影,当对组合体某些局部读不懂时,一般采用线面分析法分析该部分形状。特别是有投影面的垂直面或一般位置平面的情况。

通常视图中的图线如图 4.24 所示,其含义有三种:

(1) 具有积聚性的平面或曲面的投影;

(2) 两个面交线的投影;

(3) 曲面转向轮廓线的投影。

通常视图中的封闭线框可能是平面的投影或曲面的投影,如图 4.24 所示。相邻的两个封闭线框,不可能是同一个面的投影。可能是两个面交错,也可能是两个面相交,如图 4.24 中的 A 面、B 面为相交的两个面,C 面、D 面为交错的两个面。

组合体的形体可以看作是由形体各表面围成的实体。形体分析法是从"体"的角度分析组合体,线面分析法是从"线""面"的角度分析形体的表面或表面间的交线的投影,这些线、面的视图之间的关系必须符合投影规律。运用线面分析法时,应注意线、面的积聚性、实形性、类似性等投影特点,特别是要注意投影面垂直面的类似形,如图 4.24 所示。

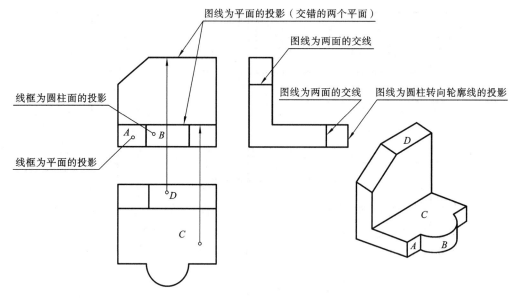

图 4.24   图线和线框的含义构成

4.3.2   读图的方法和步骤

读图的方法
和步骤

读组合体视图的基本方法和画图一样,主要是用形体分析法,对于比较复杂的组合体,可在形体分析法的基础上进一步采用线面分析法来读懂视图。

读图的顺序一般是:先看主要部分,后看次要部分;先看易懂部分,后看难懂部分;先看整体形状,后看局部细节。

读图的方法和步骤如下。

（1）画线框,分形体。以特征视图为主,借助三角板和圆规等,按照三视图的投影规律,配合其他视图,进行初步的投影分析和空间分析,画出线框,分出基本形体。

（2）对投影,想形状。利用"三等"关系,找出每一基本形体的三个投影,想象出它们的形状。

（3）定位置,综合起来想整体。在读懂每部分形体的基础上,进一步分析它们之间的组成方式和相对位置关系,从而想象出整体的形状。

一般情况下,形体清晰的组合体,用上述形体分析法读图就可以解决。但对于一些较复杂的组合体,特别是切割型组合体,单用形体分析法还不够,需采用线面分析法。

1.   形体分析法

运用形体分析法,在反映形状特征比较明显的主视图上先按线框将组合体划分为几个部分,即几个基本体,然后通过投影关系找到各线框所表示的部分在其他视图中的投影,并分析彼此之间的位置关系及表面连接关系,最后综合起来构思出组合体的整体形状。

例 4.2   应用形体分析法读懂如图 4.25(a)所示组合体的三视图。

总体思路   从三个视图的投影关系,可初步看出这是一个由三部分构成的组合体,首先通过形体分析构思出每一部分的空间形状,进而分析它们彼此之间的位置关系和表面连接关系,再综合起来想出完整的形状。

分析   （1）先从主视图入手,按线框将其分为三部分,如图 4.25(a)所示,然后根据线框分

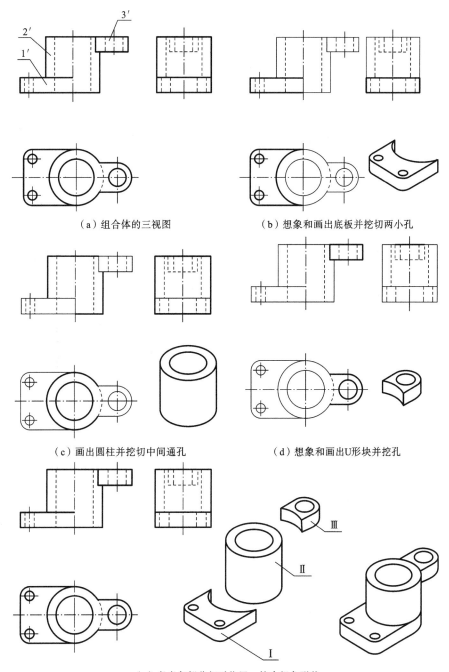

（a）组合体的三视图　　　　　　　　（b）想象和画出底板并挖切两小孔

（c）画出圆柱并挖切中间通孔　　　　　（d）想象和画出U形块并挖孔

（e）考虑各部分相对位置，综合想象形状

图 4.25　用形体分析法读图的方法和步骤

析每一部分形体的形状。

　　（2）如图 4.25（b）所示，由主视图中的左边线框 1′ 与俯、左视图对照投影，可知左视图对应的是一个矩形，俯视图对应的是一个矩形挖切掉一个半圆的投影，俯视图中的两个小圆框对应主、左视图中的虚线，说明这里是两个圆柱通孔。由此可看出左边的部分是一块板，板上面有两个小圆孔，板前后表面和 2′ 的外圆柱面相切。

　　（3）如图 4.25（c）所示，中间部分是一个圆柱，圆柱中间有一个通孔。

(4) 如图 4.25(d)所示,右边的部分是一个 U 形块,在上面有一个通孔,U 形块的上表面和圆柱的顶面平齐。U 形块的 W 面投影为一矩形,因为 U 形块被圆柱遮挡,W 面投影不可见,所以用细虚线表示。

(5) 根据上面画出的每一部分形体的左视图,考虑各部分相对位置,最后综合得到组合体,如图 4.25(e)所示。

2. 线面分析法

利用线面
分析法读图

形状比较复杂的组合体的视图,在运用形体分析法的同时,对于不易读懂的部分,常用线面分析法来帮助想象和读懂这些局部形状。

构成组合体的各表面,不论其形状如何,它们的投影如果不具有积聚性,一般都是一个封闭线框。

例 4.3 以图 4.26 所示组合体为例,说明线面分析法在读图中的应用。

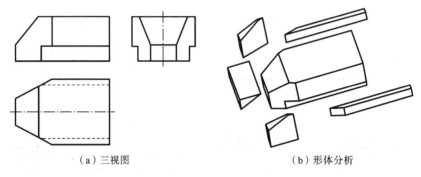

（a）三视图   （b）形体分析

图 4.26 压块的三视图和形体分析

分析 先用形体分析法粗略分析。如图 4.26(a)所示,由于压块的三个视图的轮廓基本上都是长方形(只是缺掉几个角),所以它的基本体是一个长方块。进一步分析细节形状:从主、俯视图可以看出,在长方块的左上方切掉了一个角,在其左端切掉了前、后两角;从左视图缺的两个角可看出,长方块前后两边各切去了一块,如图 4.26(b)所示。

这样,压块的大致形状就出来了,接着用线面分析法进行详尽分析,找出各个表面的三个投影。

(1) 如图 4.27(a)所示,由主视图中的斜线 p',在俯视图中找出对应的梯形线框 p,根据投影关系得 W 面投影 p'',p''、p 是类似形,由此可知 P 面是一个梯形正垂面,长方块的左上角就是这个正垂面切割而成的。

(2) 如图 4.27(b)所示,由俯视图中的斜线 q,在主视图中找出与它对应的七边形 q',根据投影关系对应 W 面投影,q'' 也是一个类似的七边形,可知 Q 是一个铅垂面,长方块的左端前后切口,就是由两个铅垂面切割而成的。

(3) 从左视图上的直线 r'' 入手,找出 R 面的三个投影,如图 4.27(c)所示;从左视图的 s'' 出发,找到 S 面的三个投影,如图 4.27(d)所示。可以看出,R 面是正平面,S 面是水平面。右前、右后两边的切口,就是由这两个平面切割而成的。

这样,我们既从形体上,又从线、面的投影上分析,全面弄清了整个压块的三个视图,想象出物体的空间形状如图 4.28 所示。

例 4.4 如图 4.29 所示,已知主、俯两个视图,补画左视图。

分析 分析主、俯视图,抓住特征视图,将主、俯视图划分为五个封闭线框,从而将组合

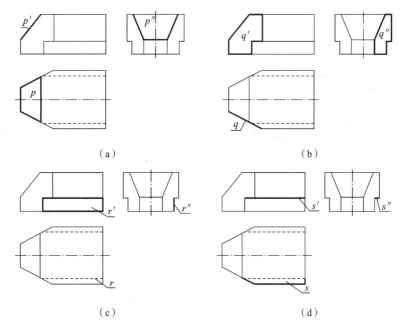

（a） （b）

（c） （d）

图 4.27 压块的读图方法

体分解为五大块。对照俯视图,逐个想形状。然后,分析它们之间
的相对位置和表面连接关系,综合想出组合体整体形状,如图 4.29
所示。组合体补画步骤如图 4.30 所示。

（1）在特征视图（主视图）上分离出底板的线框"1",由主、俯视图
对照投影,可看出它是一块倒凹字形的底板,中间挖切了一个孔,四周
挖切了四个小孔。根据投影规律"高平齐",从主视图中直接量取板的
高度尺寸,在俯视图中量取板宽度方向的尺寸,画出板的左视图可见
轮廓线的投影,然后画出板上中间大圆柱孔和四周的四个小圆柱孔的

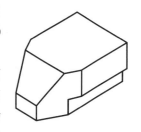

图 4.28 压块

投影,这些圆柱孔从投影方向看是不可见的,所以用细虚线表示,如图 4.30(a)所示。

（2）由特征视图（俯视图）结合主视图,分离出上部矩形线框"2",它是一个轴线垂直于水

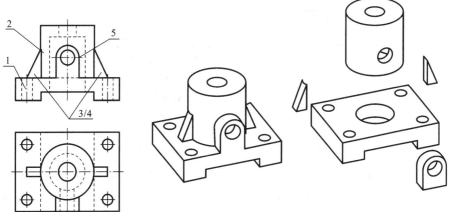

图 4.29 由已知视图想组合体形状

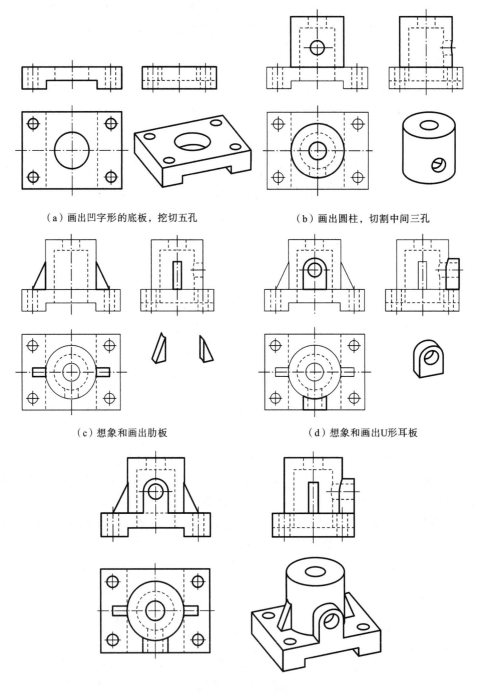

（a）画出凹字形的底板，挖切五孔　　　　　　（b）画出圆柱，切割中间三孔

（c）想象和画出肋板　　　　　　（d）想象和画出U形耳板

（e）想象组合体整体形状

图 4.30　想象组合体形状和补画左视图

平面的圆柱，中间有两个孔，其中下面的大孔穿通底板，与底板中间的孔大小一致且同轴；圆柱前面挖切一圆柱小孔，与垂直圆柱里面的内孔相通，且两孔轴线垂直相交。画出圆柱，切割中间两孔和前面一小孔，这些圆柱孔从投影方向看是不可见的，所以用细虚线表示，如图 4.30（b）所示。

（3）由特征视图（主视图），分离出左右边三角形线框"3/4"，它是一个三棱柱，如图 4.30（c）所示，其在左视图上的投影为一矩形。

（4）由特征视图（主视图），分离出前面 U 形带圆的线框"5"，它是一个 U 形耳板，里面挖切了一个水平圆柱孔，该孔与垂直圆柱里面的水平圆柱孔相通，两孔大小一致且同轴。由于耳板前面与底板前面平齐，所以前面不画线，只画出后面的投影虚线。特别要注意的是，垂直圆柱和 U 形耳板原本是一个整体，在两者挖切的通孔上没有分界线，不用画两表面上通孔的交线（相贯线），如图 4.30（d）所示。

例 4.5 如图 4.31 所示，已知组合体的主、俯视图，补画其左视图。

读、画组合体视图

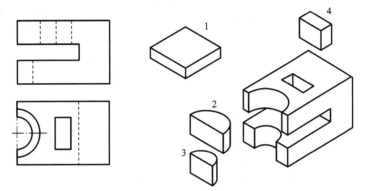

图 4.31 切割式组合体

总体思路 从图中可以看出，这是一个切割式组合体，对于这一类形体，通过形体分析首先恢复出切割体的原形，进而在原形的基础上分析切割掉的基本形体由哪些面切割，这些面相对于投影面的位置，切割后在形体表面上产生的交线是什么形状以及这些交线相对于投影面的投影是否反映实形。

分析 图中的组合体的原形是一个长方体，在此基础上分别用不同的柱面和平面逐步切割掉四块基本形体，生成组合体，如图 4.31 所示。

如图 4.32（a）所示，将主视图和俯视图中的最外轮廓线补齐，可以看出图中组合体的原形是一个长方体；画出原形的 W 面投影，为一矩形。

如图 4.32（b）所示，在原形的基础上用三个平面在中间切割掉一个长方体，中间形成一个通槽；画出中间通槽的左视图投影。

如图 4.32（c）所示，组合体的左边用不同的柱面分别切去两个半圆柱孔。画出不同半径的两个半圆柱孔在左视图中转向轮廓线的投影。

如图 4.32（d）所示，在组合体的上表面向下用四个平面挖去一个小的长方体，形成一个长方形的槽。从组合体上表面向下挖切的小长方槽的左视投影是不可见的，用细虚线表示。

例 4.6 如图 4.33 所示，已知组合体的主、俯视图，补画其左视图。

分析 如图 4.33 所示，组合体的三视图的外形轮廓基本上都是长方形，主、俯视图上有缺角，俯视图上有缺口，可以想象出该组合体是由一个长方体被切割掉三个基本体所形成的。

如图 4.34（a）所示，将主视图和俯视图中的最外轮廓线补齐，可以看出图中组合体的原形是一个长方体；画出原形的 W 面投影，原形是一个长方体，左视图为一矩形。

如图 4.34（b）所示，在原形的基础上用正垂面切割掉左上角三棱柱，在俯视图上产生交线；W 面投影中交线与矩形轮廓线重合。

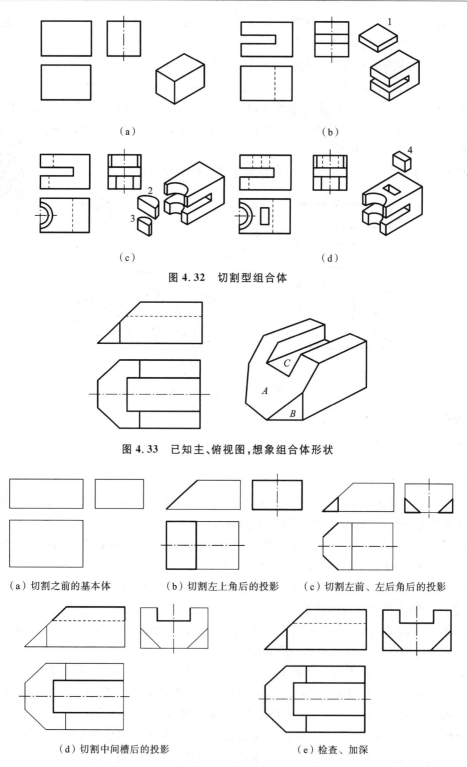

图 4.32　切割型组合体

图 4.33　已知主、俯视图,想象组合体形状

（a）切割之前的基本体　　　（b）切割左上角后的投影　　　（c）切割左前、左后角后的投影

（d）切割中间槽后的投影　　　　　　　　　　（e）检查、加深

图 4.34　用线面分析法读图的方法和步骤

如图 4.34(c)所示,由组合体左前、左后对称的两个铅垂面切割掉三角块,画出切割后的 W 面投影,注意类似形。

如图 4.34(d)所示,从主、俯视图中对应的投影分析,可想象在长方体的上部中间,是用前后对称的两个正平面和一个水平面切割出一个侧垂矩形槽而形成的,画出切割中间槽后的 W 面投影。

如图 4.34(e)所示,加深,画出组合体的完整左视图。

4.4　组合体的尺寸标注

视图只能表达组合体的形状,而组合体的大小应由标注的尺寸来确定。

4.4.1　组合体尺寸标注的基本要求

(1) 正确:尺寸标注要符合国家标准的规定。

(2) 完整:尺寸标注必须齐全。组合体尺寸包括三类,即定形尺寸、定位尺寸和总体尺寸。

① 定形尺寸用于确定每个基本体的形状和大小。

② 定位尺寸用于确定基本体间或基本体与尺寸基准间的相互位置。

③ 总体尺寸是确定整个组合体的总长、总宽、总高的尺寸,注意避免多余尺寸。

组合体形状多变,定形尺寸、定位尺寸、总体尺寸能够互相替代。

(3) 清晰:尺寸布局合理,尽量标注在形状特征明显的视图上,关联尺寸应尽量集中标注,排列整齐,便于看图。

4.4.2　尺寸完整

组合体由基本体组合而成,要想掌握组合体的尺寸标注,必须先学会标注基本体的尺寸。

标注基本体的尺寸时,一般要标注长、宽、高三个方向上的尺寸。常见基本体的尺寸标注法如图 4.35 所示。

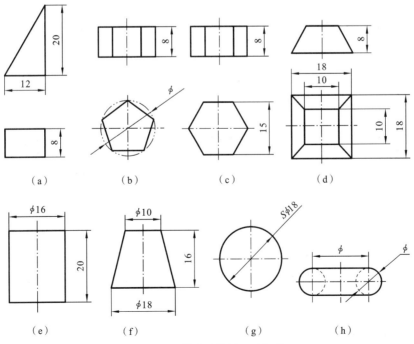

图 4.35　基本形体的尺寸标注

如图 4.35(a)所示,三棱柱不标注三角形斜边长;图 4.35(b)所示五棱柱的底面是圆内接正五边形,可标注出底面外接圆直径和高度尺寸;图 4.35(c)所示正六棱柱的俯视图中,正六边形不注边长,而是标注对面距(或对角距)以及柱高;图 4.35(d)所示四棱台只标注上、下两个底面尺寸和高度尺寸。

如图 4.35(e)、(f)所示,标注圆柱、圆台、圆环等回转体的直径尺寸时,应在数字前加注"ϕ",并且常注在其投影为非圆的视图上。用这种形式标注尺寸时,只要用一个视图就能确定其形状和大小,其他视图可省略不画。圆球也只需画一个视图,可在直径或半径符号前加注"S",如图 4.35(g)所示。

如图 4.36 所示,对于斜截面和带缺口的基本体,除了注出基本体的尺寸外,还要注出确定截平面位置的尺寸。截平面位置确定之后,立体表面的交线会自然产生,因此不必标注交线的尺寸。

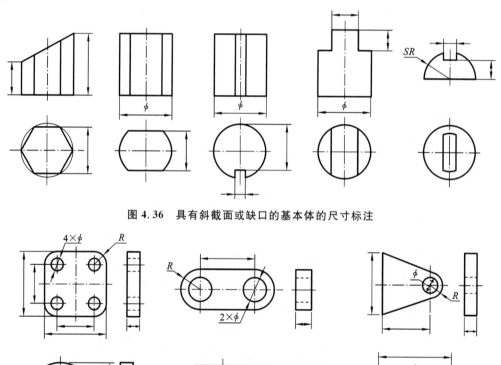

图 4.36　具有斜截面或缺口的基本体的尺寸标注

图 4.37　R 和 ϕ 的尺寸标注

如图 4.37 所示,常见几种平板的尺寸标注。当组合体的端部不是平面而是回转面时,在相应方向上一般不直接标注总体尺寸,而是由确定回转体轴线的定位尺寸和回转面的定形尺寸(半径或直径)来间接确定。

4.4.3　尺寸清晰

标注清晰,就是要求所标注的尺寸排列适当、整齐、清楚,便于看图。

（1）把尺寸标注在反映形状特征明显的视图上。

为了看图方便,尺寸应尽可能标注在反映基本形体形状特征较明显、位置特征较清楚的视图上,且把有关联的尺寸尽量集中标注。如图 4.38 所示,切口的尺寸要标注在反映形状特征的主视图上。

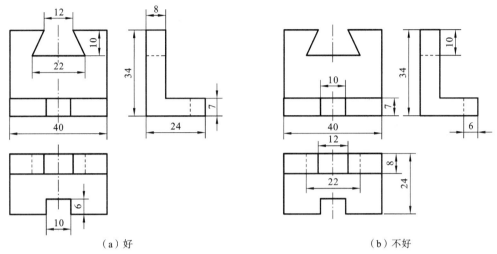

（a）好　　　　　　　　　　　　　　　　　（b）不好

图 4.38　尺寸标注在反映形状特征明显的视图上

（2）应尽量标注在视图外面,方便看图,并避免尺寸线、尺寸数字与视图的轮廓线相交,如图 4.39 所示。

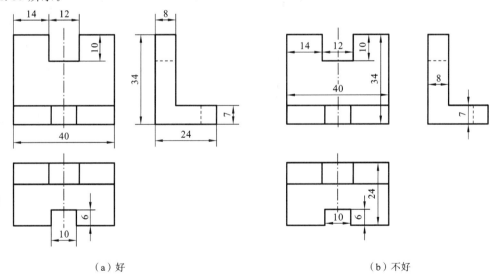

（a）好　　　　　　　　　　　　　　　　　（b）不好

图 4.39　尽量标注在视图外面,避免与其他图线相交

（3）相互平行的尺寸,应按大小顺序排列,小尺寸在内,大尺寸在外。如图 4.40 所示。

（4）同心圆柱的直径尺寸,最好注在非圆的视图上,如图 4.41 所示。

组合体尺寸
标注示例

4.4.4　尺寸标注的方法及步骤

（1）形体分析。将组合体分解成若干基本形体,明确组成该组合体的基本形体数量,各基本体的形状、相互位置、邻接表面的相互关系等。

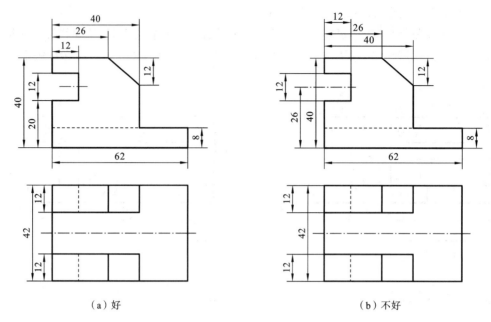

（a）好　　　　　　　　　　　（b）不好

图 4.40　小尺寸在内，大尺寸在外

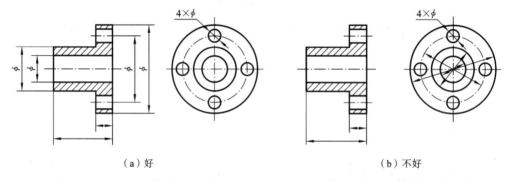

（a）好　　　　　　　　　　　（b）不好

图 4.41　同心圆柱的直径尺寸标注

（2）选尺寸基准（尺寸标注的主要基准）。要定位必须有基准，尺寸基准是尺寸标注的起点，是确定尺寸位置的点、直线、平面。一般组合体有长、宽、高三个方向的尺寸基准，有时候还会出现一个主要基准和多个辅助基准。常采用组合体的底面、端面、对称面以及主要回转体的轴线作为尺寸基准。

（3）逐个标注各形体的定形、定位尺寸，通常需要标注长度、宽度、高度三个方向上的定位尺寸。

（4）综合考虑，标注总体尺寸。一般包含总长、总宽、总高三个尺寸。

（5）检查。完成组合体尺寸标注后，应作整体性检查，包括每个尺寸标注的合理性、尺寸标注的完整情况。能够清楚每个尺寸的含义，以及每个基本体三个方向的定形和定位尺寸是否有遗漏和重复。

下面以图 4.7 所示轴承座的尺寸标注为例，说明组合体视图上尺寸标注的方法和步骤。

（1）形体分析，如图 4.7 所示的轴承座由圆筒Ⅰ、支承板Ⅱ、肋板Ⅲ和底板Ⅳ组成。

（2）选定尺寸标注的主要基准。组合体的长、宽、高三个方向的主要尺寸基准，常采用组合体的底面、端面、对称面以及主要回转体的轴线。如图 4.42(a)所示,选定组合体的公共对称面作为长度方向基准,底板的底面作为高度方向基准,底板的后面作为宽度方向基准。

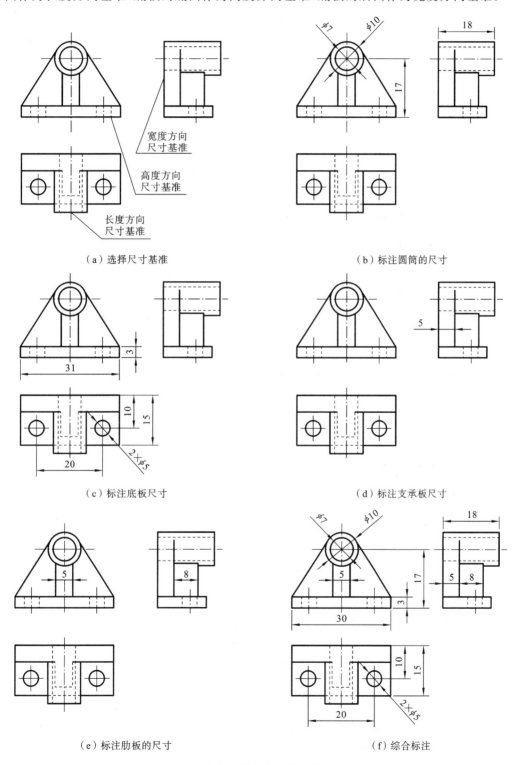

图 4.42　轴承座的尺寸标注

（3）逐个标注各形体的定形、定位尺寸。如图 4.42（b）所示，标注圆柱筒的定形尺寸直径 $\phi10$ 和 $\phi7$，长度尺寸 18，圆柱筒定位尺寸 17；如图 4.42（c）所示，标注底板长、宽、高尺寸 31、15、3，底板上圆孔尺寸 $2\times\phi5$，定位尺寸 20、10；如图 4.42（d）所示，标注支承板宽度尺寸 5，其下面的长度与底板相同，已标注，上面相切不需标长度和高度尺寸；如图 4.42（e）所示，标注肋板长、宽尺寸 5、8，上面与圆筒叠加，下面与底板叠加，不需标高度尺寸。

（4）综合考虑，标注总体尺寸，由于高度方向有一边有圆柱面，总高由定位尺寸 17 和圆柱半径确定，不需标注，如图 4.42（f）所示。

（5）检查。

4.5　组合体构形设计基础

4.5.1　组合体构成设计的基本要求

1. 构形应以基本体为主

组合体构形设计的目的主要是培养利用基本体构成组合体的方法及视图的画法，培养和提高空间思维能力，因此，所构思的组合体应由基本体组成，且尽量采用平面立体和回转体，无特殊需要不用其他不规则曲面立体，这样有利于绘图、标注尺寸和制造。如图 4.43 所示，小轿车和台灯的构形，都采用的是棱柱、圆台、圆柱、圆球等基本体。

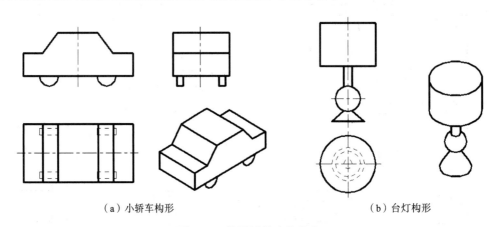

（a）小轿车构形　　　　　　　　　　　　（b）台灯构形

图 4.43　构形以基本体为主

2. 构形应具有创新性

构成一个组合体所使用的基本体类型、大小、组合方式和相对位置的任一因素发生变化，都将引起构形的变化，这些变化的组合就是千变万化的构形结果。设计者应充分发挥想象力，力求打破常规，构想出具有不同风格且结构新颖的形体。

3. 构形应便于成形

组合体的构形不但要合理，而且要易于制作。两个形体组合时，不能出现点、线、面连接的情况。如图 4.44（a）所示，圆锥与圆柱、圆球之间是点连接。图 4.44（b）、（c）中，圆柱和圆柱之间、长方体和长方体之间是直线连接；图 4.44（d）中圆柱与长方体之间是曲线（圆）连接。图 4.44（e）中，两长方体之间是面连接。另外，封闭的内腔不便于成形，一般不要采用，如图 4.44（f）所示。

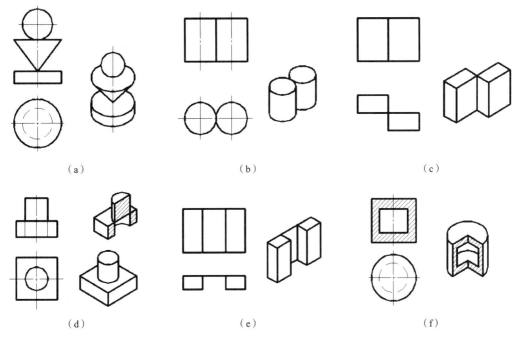

图 4.44　形体组合中的错误

4.5.2　组合体构形设计的方法

组合体构形设计的基本方法是叠加和切割。在具体进行叠加和切割构形时,还要考虑表面的凹凸、正斜、平曲以及形体之间不同组合方式等因素。

1. 通过基本体之间不同的组合方式联想构形

如图 4.45(a)所示为一组合体的主视图,可将它联想成两个基本体的简单叠加或切割,如图 4.45(b)、(c)所示;也可联想为多个基本体的叠加或切割,如图 4.45(d)、(e)所示;还可联想为多个基本体既叠加又切割,如图 4.45(f)、(g)所示。

2. 通过表面的凹凸、正斜、平曲联想构形

图 4.46(a)所示为一组合体的主视图,假设其原形是一长方体,根据主视图上的三个封闭线框,可确定组合体的前面有三个可见的表面,可以是平面,也可以是曲面。由于它们两两相邻,相邻的两个表面可以相交,也可以错开。相交可以是两平面相交,也可以是平面与曲面相

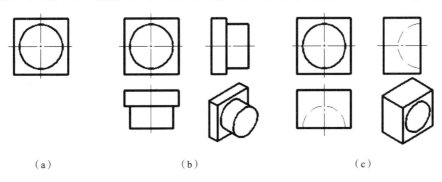

图 4.45　通过基本体之间不同的组合方式联想构形

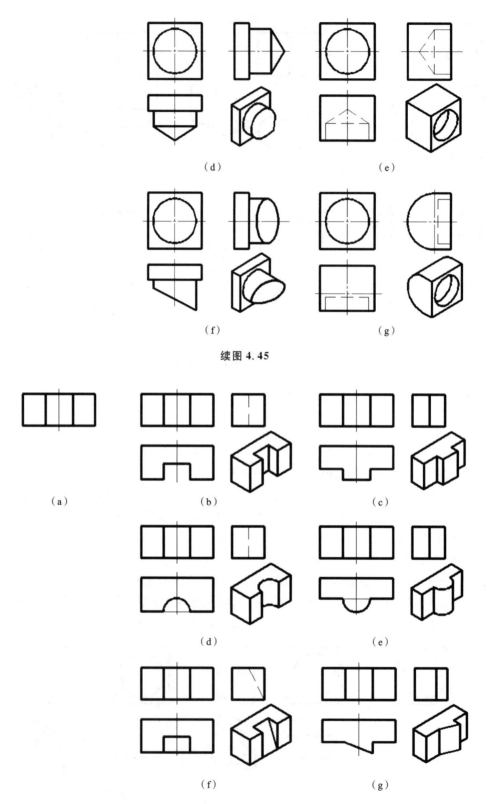

续图 4.45

图 4.46　通过表面的凹凸、正斜、平曲联想构形

交。因此,三个表面的凹凸、正斜、平曲就可以构成多种不同形状的组合体。图 4.46(b)～(g)是对中间的线框进行构想的结果,图 4.46(b)、(c)是正平面凹与凸的构形,图 4.46(d)、(e)是曲面凹与凸的构形,图 4.46(f)、(g)是斜平面凹与凸的构形。用同样的方法,还可以对左右两面进行凹与凸、正与斜、平与曲的联想,构思出的组合体将会更多。

3. 通过虚实线投影重影联想构形

如图 4.46(a)所示的主视图,若其中的某些粗实线的投影,各重有一条或多条虚线,还可构思出更多不同的组合体,如图 4.47 所示。

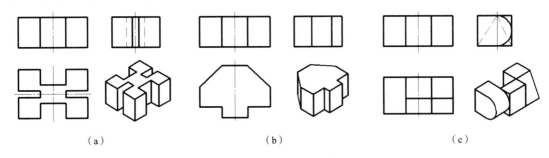

(a)　　　　　　　　　　　　　　(b)　　　　　　　　　　　　(c)

图 4.47　通过虚实线投影重影联想构形

4.5.3　组合体构形设计举例

1. 根据语言描述的要求构思组合体

例 4.7　设计一个七面体,使其包含所有特殊位置平面和一般位置平面。

分析　七面体的构形如图 4.48 所示。

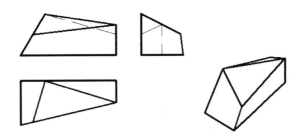

图 4.48　七面体的构形

2. 由一个或两个视图构思组合体

如果只给定一个或两个视图,组合体的形状是不确定的,可以通过构思得到各种各样的组合体。构形时,应根据视图中的线、线框与相邻线框的含义,对形体进行广泛的联想,根据相邻线框表示不同位置的表面,通过凹凸、正斜、平曲的变化构思不同的形体。

例 4.8　根据如图 4.49(a)所示的俯视图,构思三种不同的形体。

分析　俯视图上有三个封闭的线框,表示组合体的上面有三个可见的表面,根据面的凹凸、正斜、平曲的变化,可任意构思出三个组合体,如图 4.49(b)～(d)所示。

例 4.9　如图 4.50(a)所示,根据主视图和俯视图,构思三种不同的形体。

通过两个视图进行构形设计,需要将两个视图结合起来分析,利用投影关系,逐一找出可能的基本体并对其构形。如图 4.50(a)所示,主视图和俯视图分别由三个封闭线框构成,根据

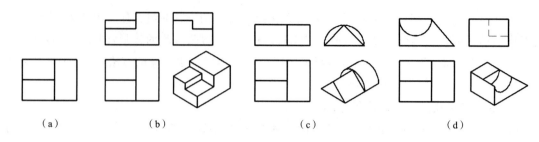

图 4.49　由一个视图构形

长对正的投影关系,初步将该组合体分成左、中、右三个基本形体,再逐步对三个基本形体进行构思,最后将构思的基本体叠加,叠加时要注意相邻两个基本体连接处的投影必须符合已知视图的要求,如图 4.50(b)~(d)所示。

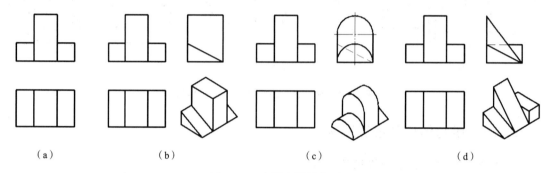

图 4.50　由两个视图构形

3. 通过给定形体的外形轮廓线构思组合体

　　例 4.10　由图 4.51(a)所示的三个投影方向的外形轮廓构思组合体。

　　分析　此类设计给定了组合体的外形轮廓线,但并未限制轮廓内图线的多少、形状以及是否可见。因为不能超出外轮廓,一般是以切割的形式进行构形设计。图 4.51(a)所示的三面投影与圆柱的外形轮廓接近,可构想组合体由圆柱切割而成,如图 4.51(b)、(c)所示。

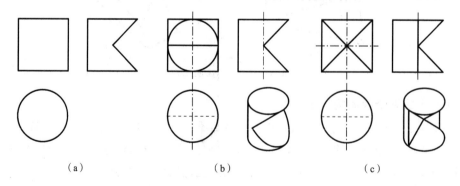

图 4.51　由给定的外形轮廓线构形

4. 组合构形设计

　　例 4.11　由图 4.52(a)所示的基本形体构思组合体。

　　分析　此类设计为给定几个基本体,通过各种不同位置的组合想象,构思设计多种不同形状的组合体。图 4.52(a)所示为三个简单形体,改变这三个形体的相对位置,就可得到多种不同的组合体,如图 4.52(b)~(d)所示。

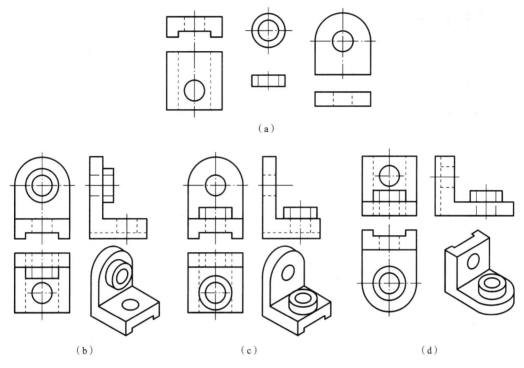

图 4.52　组合构形

5. 仿形构形设计

例 4.12　已知图 4.53(a)所示的组合体,设计一个与此组合体形体相近的组合体。

分析　仿形构形设计是仿照已知组合体的形状和结构特点,设计类似的组合体。图 4.53 (a)所示的组合体是由一个长方体切去一个方槽和一个圆柱孔而来,若仍保留其槽形结构,将左右两端的侧平面改成圆柱面,中间的圆柱孔改为长圆孔,便可得到一个新的组合体,如图 4.53(b)所示。

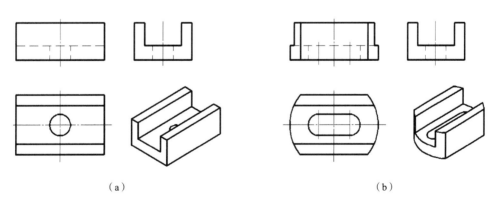

图 4.53　仿形构形

6. 铁丝模型体

例 4.13　根据图 4.54(a)、(b)所示的铁丝模型的三视图,构建铁丝的空间模型体。

分析　此类设计是给定一根具有空间形体的铁丝的三视图,通过分析投影特性,在空间立方体中构建铁丝的空间形体,如图 4.54(c)、(d)所示。

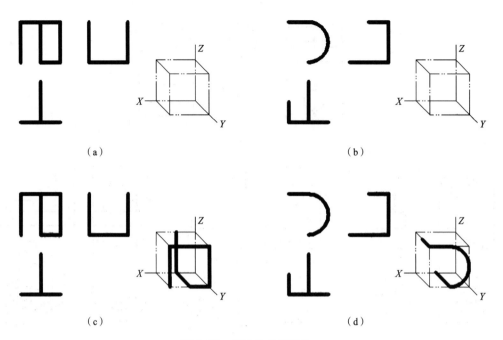

（a）　　　　　　　　　　　　　　　　（b）

（c）　　　　　　　　　　　　　　　　（d）

图 4.54　构建铁丝模型体

第5章 轴 测 图

5.1 轴测图的基本知识

工程实践中广泛采用正投影图(见图 5.1(a))来表达机件形体的形状和大小,正投影图的优点是度量性好,作图简便,但是其中的单个视图通常不能同时反映出物体的长、宽、高三个方向的尺寸和形状,需要对照几个视图和运用正投影原理进行阅读,才能想象出物体的形状,缺乏立体感。轴测图(见图 5.1(b))是将物体连同其参考直角坐标系,沿不平行于任一坐标面的方向,用平行投影法将其投射在单一投影面上所得的图形。尽管物体的一些表面形状有所变化,但形象比多面正投影生动,富有立体感,弥补了正投影图的不足,可以作为读图的辅助图样。

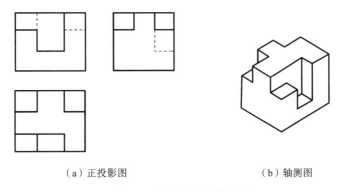

（a）正投影图　　　　　　　　　　　（b）轴测图

图 5.1　正投影图与轴测图

5.1.1　轴测图的形成

根据平行投影的原理,将空间形体连同确定其空间位置的直角坐标系一起,沿不平行于上述坐标系中任一条坐标轴的投影方向 S,投射到新投影面 P 上,使平面 P 上的图形同时反映出空间形体的长、宽、高三个方向的特征,这种图称为轴测投影图,简称轴测图。

5.1.2　形成轴测图相关的基本元素

1. 轴测投影面

将绘制轴测图时选定的投影面称为轴测投影面,如图 5.2 所示 P 面。

2. 轴测轴

如图 5.2 所示,在轴测图中,空间物体的三个坐标轴 O_1X_1、O_1Y_1、O_1Z_1 在轴测投影面 P 上的投影 OX、OY、OZ,称为轴测投影轴,简称轴测轴。

3. 轴测投影中的轴间角

轴测投影中的轴间角即轴测轴之间的夹角,如图 5.2 所示,$\angle XOY$、$\angle YOZ$、$\angle XOZ$ 为轴

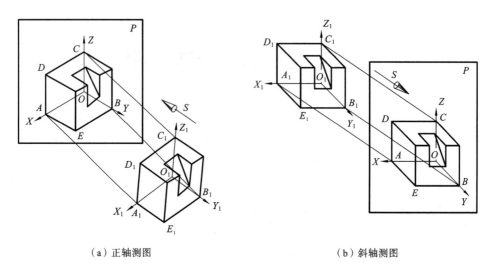

（a）正轴测图　　　　　　　　　　　　　　　　（b）斜轴测图

图 5.2　轴测投影的形成

间角。

4. 轴向伸缩系数 p、q、r

轴测轴上某段长度与相应坐标轴上某段长度的比值称为轴向伸缩系数。X、Y、Z 轴的轴向伸缩系数分别表示为：$p=OA/O_1A_1$，$q=OB/O_1B_1$，$r=OC/O_1C_1$。在绘制轴测图时，只要知道轴间角和轴向伸缩系数，便可根据形体的正投影图绘出其轴测图。

5.1.3　轴测投影的特性

轴测图是按照平行投影的原理得到的，具有平行投影的一切特性。

1. 平行性

空间相互平行的直线，它们的轴测投影仍相互平行。因此，立体上平行于三条坐标轴的线段，在轴测图上仍平行于相应的轴测轴。

如图 5.2 所示，$B_1E_1 // O_1X_1$，则 $BE // OX$；$AE // OY$；$AD // OZ$。

2. 定比性

形体上平行于坐标轴的线段的轴测投影与原线段实长之比，等于相应的轴向伸缩系数。

如图 5.2 所示，$BE=p \cdot B_1E_1$，$AE=q \cdot A_1E_1$，$AD=r \cdot A_1D_1$。

画轴测图时，形体上平行于各坐标轴的线段，只能沿着平行于相应轴测轴的方向画出，并按各坐标轴所确定的轴向伸缩系数测量其相应尺寸，"轴测"二字即由此而来。

5.1.4　轴测图的分类

根据轴测投射线与轴测投影面是否垂直，可将轴测图分为两类：

（1）正轴测图　轴测投射线垂直于轴测投影面的轴测图。

（2）斜轴测图　轴测投射线倾斜于轴测投影面的轴测图。

物体相对轴测投影面位置的不同，轴向伸缩系数也不同。故两类轴测图又分别有下列三种不同的形式。

$$正轴测图 \begin{cases} 正等轴测图（p=q=r） \\ 正二轴测图（p=q\neq r \text{ 或 } p\neq q=r \text{ 或 } p=r\neq q） \\ 正三轴测图（p\neq q\neq r） \end{cases}$$

$$斜轴测图 \begin{cases} 斜等轴测图(p=q=r) \\ 斜二轴测图(p=q \neq r\ 或\ p \neq q=r\ 或\ p=r \neq q) \\ 斜三轴测图(p \neq q \neq r) \end{cases}$$

在画物体的轴测图时,应根据物体的形状特征选择一种适合的轴测图,使作图既简单又具有一定的直观性。一般工程上常采用正等轴测图(简称正等测)、斜二轴测图(简称斜二测)方式绘制。

5.2 轴测图的画法

绘制各种轴测图的基本方法是相同的。常用的基本方法有坐标法、叠加法、切割法、断面法、综合法等。轴测投影中,被遮挡的棱线一般不画。

下面主要介绍正等轴测图和斜二轴测图的画法。

5.2.1 正等轴测图

正等轴测图是最常用的一种轴测投影图,特点是投射线垂直于投影面,三个轴测伸缩系数都相等($p=q=r$)。正等轴测图的轴向伸缩系数 $p=q=r=0.82$,轴间角 $\angle XOY = \angle YOZ = \angle XOZ = 120°$,如图 5.3(a)所示。

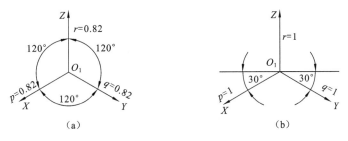

图 5.3 正等测的轴间角和轴向伸缩系数

考虑到作图方便,通常把 p、q、r 都取 1,称为简化轴向伸缩系数,OX、OY 轴均与水平方向成 30°角。这样画出的轴测图沿各轴向的长度都分别放大了 $1/0.82$(约 1.22)倍,如图 5.3(b)所示,显然,所画出的图形大于实际图形,但不影响看图的效果。

5.2.2 平面立体正等轴测图的画法

画平面立体正等轴测图的基本方法,是沿坐标轴测量,然后按坐标画出各顶点的轴测图,该方法简称为坐标法。对切割型平面立体,可先按完整形体画出,然后用切割的方法画出其不完整部分,此法简称为切割法。对叠加型平面立体则采用形体分析法,先将其分成若干基本形体,然后再逐个将形体混合在一起,此法称为综合法。

平面立体正等轴测图的画法

1. 坐标法

该方法是绘制轴测图的基本方法:根据形体上各点相对于坐标系的坐标值,画出各点的轴测投影,然后依次连接成形体表面的轮廓线,即得该形体的轴测图。

坐标法适用于平面立体,也适用于曲面立体;适用于正等轴测图的绘制,也适用于其他轴测图的绘制。

例 5.1　已知形体的正投影图如图 5.4(a)所示，用坐标法画出其正等轴测图。

分析　如图 5.4(a)所示，由正投影图可知，底面为水平面。在轴测图中，棱锥顶点可见，底面不可见，宜从棱锥顶点画起。

作图　具体作图步骤如下。

（1）在正投影图上确定坐标系，如图 5.4(a)所示。

（2）画正等轴测轴，如图 5.4(b)所示。

（3）根据各点坐标作各点的轴测图，如图 5.4(b)所示。

（4）连线，整理并擦去多余图线并描深，得到完整的三棱台的正等测图，如图 5.4(c)所示。

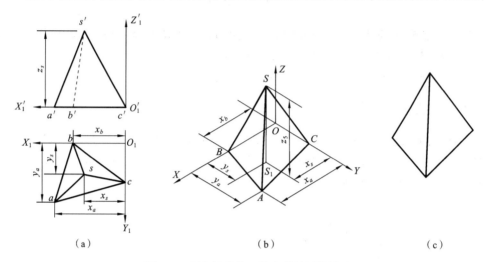

图 5.4　用坐标法绘三棱台的轴测投影

2. 切割法

切割法适用于以长方体为基本形体的平面立体，它以坐标法为基础。先用坐标法画出未被切割的平面立体的轴测图，然后用截切的方法逐一画出各个切割部分。

例 5.2　已知形体的正投影图，如图 5.5(a)所示，用切割法绘制切割四棱柱的正等轴测图。

分析　该物体可以看成是由一个四棱柱切割而成的。左上方被一个正垂面切割，右前方被一个侧垂面切割。画图时可先画出完整的四棱柱，然后逐步进行切割。

作图　作图步骤如下。

（1）先画轴测轴系 O-XYZ，然后画出完整的四棱柱的正等轴测图，如图 5.5(b)所示。

（2）量尺寸 a、b，切去左上方的第Ⅰ块，如图 5.5(c)所示。

（3）量尺寸 c、d，得一侧垂面，切去第Ⅱ块，如图 5.5(d)所示。

（4）擦去多余图线并描深，得到四棱柱切割体的正等轴测图，如图 5.5(e)所示。

3. 综合法

对于较复杂的组合体，可先分析其组合特征，然后综合运用上述方法，画出其轴测图。

例 5.3　根据图 5.6(a)所示的三视图，作出物体的正等轴测图。

分析　由图 5.6(a)可知，该物体可以看成是由两个四棱柱切割后叠加而成的。形体Ⅰ的左前方被一个铅垂面切割，形体Ⅱ是左方被一个正垂面切割。每个形体画图时可先画出完整的四棱柱，然后进行切割。

作图　作图步骤如下。

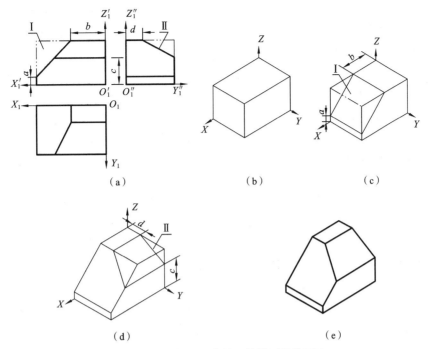

（a）　　　　　　　　（b）　　　　　　　（c）

（d）　　　　　　　　　　　　　（e）

图 5.5　四棱柱切割体的正等轴测图的画法

（1）在视图上定坐标轴，并将组合体分解成两个基本体Ⅰ、Ⅱ，如图 5.6(a)所示。

（2）画轴测轴，沿轴量取 32 mm、20 mm、8 mm，画出长方块，量切口尺寸 20 mm、12 mm，画出形体Ⅰ，如图 5.6(b)所示。

（3）沿轴量出 26 mm、8 mm、16 mm，画出长方块，量切口尺寸 17 mm，画出形体Ⅱ，如图 5.6(c)所示。

（4）擦掉多余图线和被遮挡的线，然后描深，如图 5.6(d)所示。

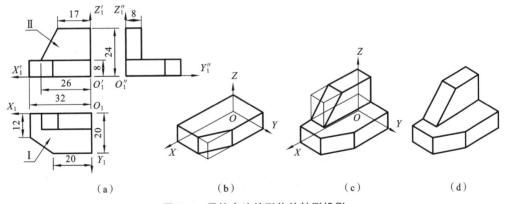

（a）　　　　　　　（b）　　　　　　　（c）　　　　　　　（d）

图 5.6　用综合法绘形体的轴测投影

5.2.3　曲面立体正等轴测图的画法

1. 圆的正等轴测图的画法

在画圆柱、圆锥等回转体的轴测图时，关键是解决圆的轴测投影的画法。图 5.7 表示一个正方体在正面、顶面和左侧面上分别画有内切圆的正等轴测图。由图可知，每个正方形都变成了菱形，而内切圆变为椭圆并与菱形相切，切点仍

曲面立体正等
轴测图的画法

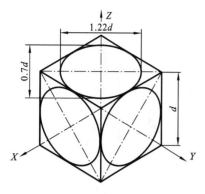

**图 5.7　平行于坐标面的圆
的正等轴测图**

在各边的中点。由此可见:平行于坐标面的圆的正等测图都是椭圆;椭圆的短轴与相应菱形的短对角线重合,即与相应的轴测轴方向一致,该轴测轴就是垂直于圆所在平面的坐标轴的投影;椭圆的长轴与短轴相互垂直,如水平圆的投影椭圆的短轴与 Z 轴方向一致,而长轴则垂直于短轴。若轴向伸缩系数采用简化系数,所得椭圆长轴约等于 $1.22d$,短轴约等于 $0.7d$。

下面以直径为 d 的水平圆为例,说明投影椭圆的近似画法。

(1) 过圆心 O 作坐标轴,并作圆的外切正方形,切点为 a、b、c、d,如图 5.8(a)所示。

(2) 作轴测轴及切点的轴测投影,过切点 A、B、C、D 分别作 X、Y 轴的平行线,相交成菱形(即外切正方形的正等轴测图);椭圆的长短轴在菱形的对角线上,如图 5.8(b)所示。

(3) 过切点 A、B、C、D 分别作各边的垂线,交得点 1、2、3、4,如图 5.8(c)所示。

(4) 分别以 1、2 为圆心,以 $1B$、$2A$ 为半径画大圆弧 BC、AD;以 3、4 为圆心,以 $3A$、$4B$ 为半径画小圆弧 AC、BD,如此连成近似椭圆,如图 5.8(d)所示。

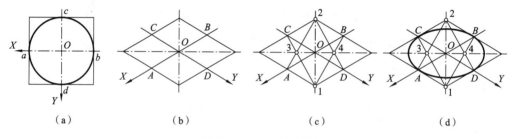

（a）　　　　　　　（b）　　　　　　　（c）　　　　　　　（d）

图 5.8　椭圆的近似画法

正平圆和侧平圆的正等轴测图作法与水平圆的正等轴测图的画法类似,如图 5.9(a)、(b)所示。

由此,当物体上具有平行于两个或三个坐标面的圆时,因正等轴测椭圆的作图方法统一而又较为简便,故适宜选用正等轴测图来绘制这类物体的轴测投影。

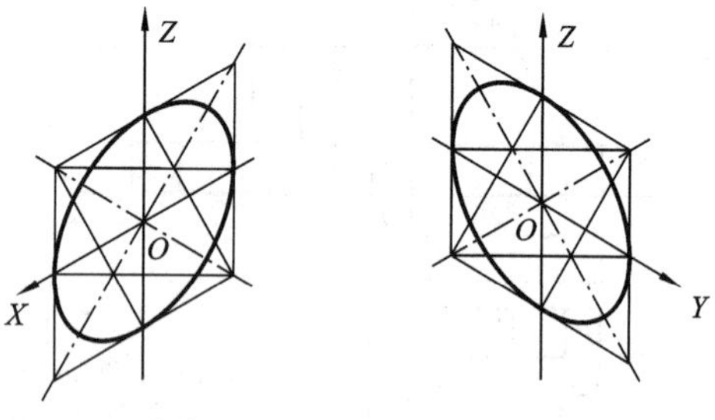

2. 圆柱体的正等轴测图的画法

如图 5.10(a)所示,圆柱的轴线垂直于水平

（a）　　　　　　　（b）

图 5.9　正平圆与侧平圆正等轴测图的画法

面,顶面和底面都是水平面,在将要画出的圆柱的正等轴测图中,其顶面为可见,故取顶面圆中心为坐标原点,使 Z 轴与圆柱的轴线重合,其作图步骤如下。

(1) 作轴测轴,用近似画法画出圆柱顶面的近似椭圆,再把连接圆弧的圆心沿 Z 轴方向向下移 H,以与顶面椭圆相同的半径画弧,作底面近似椭圆的可见部分,如图 5.10(b)所示。

(2) 过两长轴的端点作两近似椭圆的公切线,此即为圆柱面轴测投影的转向轮廓线,如图 5.10(c)所示。

(3) 擦去辅助作图线,然后描深,得到完整的圆柱体的正等轴测图,如图 5.10(d)所示。

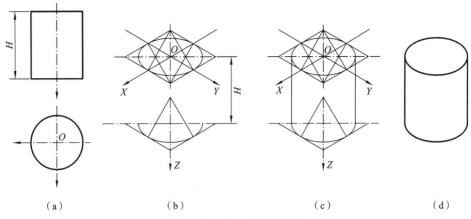

图 5.10　圆柱体正等轴测图的画法

3. 圆角的正等轴测图的画法

　　圆角通常是圆的 1/4,其正等轴测图的画法与圆的正等轴测图的画法相同,即作出对应的 1/4 菱形,画出近似圆弧。具体画法是:在作圆角的两条边线上量取圆角半径 R 的长,经过所量的点分别作边线的垂线,然后以两垂线交点为圆心、以圆心到垂足的垂线长为半径画弧,所得弧即为轴测图上的圆角;对于底面圆角,只要将切点、圆心都沿 Z 轴方向下移高度 H,以与顶面圆弧相同的半径画弧,即完成圆角的作图,其作图步骤如图 5.11 所示。注意,右边圆弧要画上两圆弧的公切线。

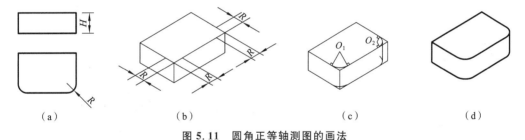

图 5.11　圆角正等轴测图的画法

5.3　斜二轴测图

斜二轴测
图的画法

5.3.1　斜二轴测图的轴间角和轴向伸缩系数

　　斜二轴测图中的投影方向 S 与轴测投影面 P 倾斜,与轴测投影面斜交,其轴间角 $\angle X_1 O_1 Z_1 = 90°$,$O_1 X_1$ 画成水平,$O_1 Z_1$ 竖直向上,轴测轴 $O_1 Y_1$ 与水平方向成 45°,也可画成 30°或 60°角。轴向伸缩系数 $p = r = 1$,$q = 1/2$,如图 5.12 所示。

　　由于斜二轴测图能反映与某个轴测投影面平行的面的实形,所以一般把物体在某个方向上形状较为复杂,特别是有较多的圆或曲线的面平行于某个坐标面,再作该面的斜二轴测图,从而使作图步骤更简单且反映实形。

5.3.2　斜二轴测图的画法举例

　　斜二轴测图与正等轴测图的作图方法基本相同。凡具有单向圆的零件,选用斜二轴测图

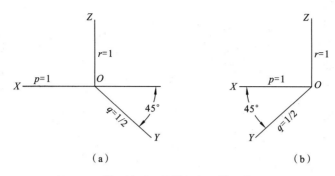

图 5.12　斜二轴测图的轴间角和轴向伸缩系数

作图较简便。其画法要点与正等轴测图类似,仅仅是轴间角和轴向伸缩系数以及椭圆的作法不同而已。

例 5.4　作出如图 5.13(a)所示压盖零件的斜二轴测图。

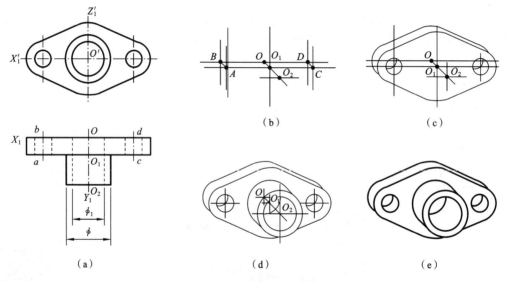

图 5.13　压盖零件斜二轴测图

分析　组合体由圆柱和底板叠加而成,并且组合体沿圆柱轴线上下、左右对称,取底板后面的中心为原点确定坐标轴。

作图　具体作图步骤如下。

(1)作轴测轴,并在 Y 轴上按 $q=0.5$ 确定底板前面的中心 O_1 和圆柱最前面的圆心 O_2,以及底板两侧的圆柱面的圆心 A、B、C、D,如图 5.13(b)所示。

(2)分别以 O、O_1 为圆心作出底板上下圆柱面,以 A、B、C、D 为圆心作出两侧圆柱面和圆孔,然后作它们的切线,完成底板的斜二轴测图,如图 5.13(c)所示。

(3)以 O_1、O_2 为圆心,ϕ 为直径作圆,并作两圆的公切线,完成组合体前方圆柱的斜二轴测图;以 O、O_2 为圆心,ϕ_1 为直径作圆,作出中间圆孔的斜二测图,如图 5.13(d)所示。

(4)擦去多余的作图线,加深,作图结果如图 5.13(e)所示。

5.4 轴测草图的画法

画轴测草图是设计者表达设计构思、帮助空间想象的一种十分有效的手段。工程师在产品开发、技术交流和产品介绍等过程中，常常用轴测图表达设计思想和方案，因此轴测草图的绘制是表达设计者思想行之有效的工具。

在第 1 章制图基本知识中，我们学习了徒手绘草图的方法。在画形体的轴测草图时，应运用前面所学的绘直线、角、圆、椭圆等草图的方法，结合轴测图的特点、基本规定、基本作图方法来画形体的轴测草图。

在绘制轴测草图时应该注意以下三点：一是同方向的图线要平行；二是明确不同方向圆的长、短轴方向；三是掌握各部分的大致比例。

图 5.14 是根据投影图作正等轴测草图的示例。

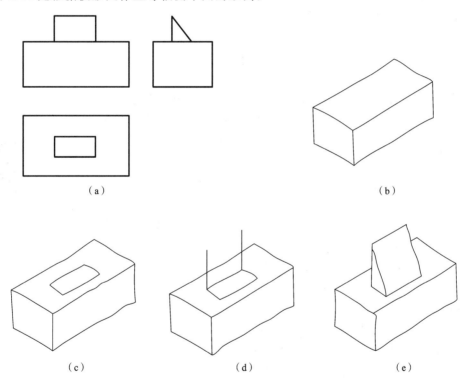

图 5.14 画平面立体的轴测草图示例

第6章 机件的表达方法

在生产实际中,机件的结构形状各种各样,很多机件的结构复杂而且不规则,如果仍用前面所介绍的三视图,很难把它们的内外结构形状准确、完整、清晰地表达出来。因此,国家标准图样画法(GB/T 4458.1—2002《机械制图 图样画法 视图》、GB/T 4458.6—2002《机械制图 图样画法 剖视图和断面图》、GB/T 17451—1998《技术制图 图样画法 视图》、GB/T 17452—1998《技术制图 图样画法 剖视图和断面图》、GB/T 17453—2005《技术制图 图样画法 剖面区域的表示法》、GB/T 16675.1—2012《技术制图 简化表示法 第1部分:图样画法》)中规定了视图、剖视图、断面图、局部放大图、简化画法和其他规定画法等各种表达方法。本章着重介绍一些机件常用的表达方法。

6.1 视 图

视图主要用于表达机件的外部结构形状,一般只画出机件的可见轮廓(用粗实线表示),必要时画出其不可见轮廓(用细虚线表示)。视图可分为基本视图、向视图、局部视图和斜视图。

6.1.1 基本视图

基本视图

当机件的形状比较复杂,用两个或三个视图尚不能完整、清晰地表达它们的内外形状时,可在原有的三个投影面的基础上,再增设三个投影面,组成一个正六面体,这六个投影面称为基本投影面。将机件放在正六面体内分别向各基本投影面投射,所得的视图称为基本视图。这六个基本视图为:

主视图——从前向后投射所得的视图;

俯视图——从上向下投射所得的视图;

左视图——从左向右投射所得的视图;

右视图——从右向左投射所得的视图;

后视图——从后向前投射所得的视图;

仰视图——从下向上投射所得的视图。

将基本视图的六个投影面按图6.1箭头所示方向展成同一个平面后,得到基本视图的配置关系,如图6.2所示。

在同一张图纸内,六个基本视图按图6.2所示配置时,一律不标注视图名称。六个基本视图之间仍满足"长对正,高平齐,宽相等"的投影规律。同时还分别反映出机件的前后、上下、左右的位置关系,如图6.3所示。可以看出,除后视图外,靠近主视图的一边是机件的后面,远离主视图的一边是机件的前面;主后、左右、俯仰视图形状成镜像关系。

实际使用时,并非所有机件都要采用六个基本视图来表达,而是根据机件形状的复杂程度和结构特点,在完整清晰的前提下,选择若干个基本视图,以求制图简便。一般优先选用主、俯、左三个视图。

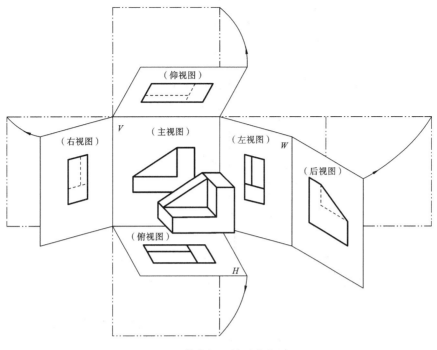

图 6.1　基本视图的形成和展开

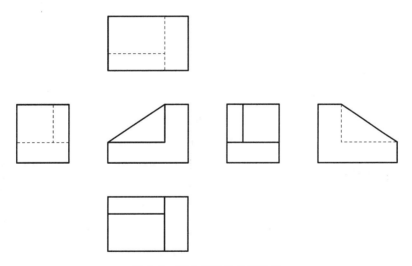

图 6.2　基本视图的规定配置

6.1.2　向视图

向视图是可以自由配置的视图。

向视图

当某一视图不按投影关系配置在相应的位置时，可以平移到其他适当位置，如图 6.4 所示。绘制向视图时，应在视图上方用"×"（"×"为大写的拉丁字母，后同）标注出该向视图的名称，称为"×向视图"，且在相应的视图附近用箭头指明投射方向，并注上同样的字母"×"，字母一律水平书写，如图 6.4 所示的 A 向视图、B 向视图和 C 向视图。

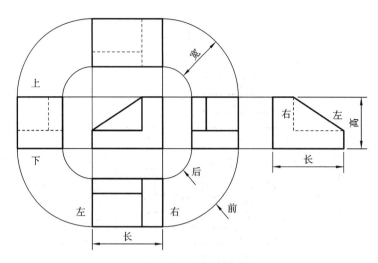

图 6.3　六个基本视图的投影规律及方位关系

表示投射方向的箭头应尽可能配置在主视图上,以便于读图。

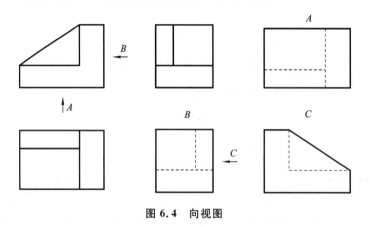

图 6.4　向视图

6.1.3　局部视图

将机件的某一部分向基本投影面投射所得的视图称为局部视图。

局部视图

当机件的主要形状已由一组基本视图表达清楚,仅有部分结构尚需表达,而又没有必要再画出完整的基本视图时,可采用局部视图。如图 6.5 所示的机件,用主、俯两个基本视图已清楚地表达了主体形状,但还需表达左、右两个凸缘形状,如果再增加左视图和右视图,就显得烦琐和重复,此时可采用两个局部视图,只画出所需表达的左、右凸缘形状,这种表达方案既简练又突出了重点。

对局部视图的画法、标注应注意以下两点。

(1)局部视图可按基本视图的形式配置,也可按向视图的形式配置在其他适当位置,但此时必须进行标注。一般应在局部视图的上方标注视图的名称"×",并在相应的视图附近用箭头指明投射方向,注上相同的字母"×",如图 6.5(b)所示的局部视图 B。当局部视图按基本视图的规定位置配置,中间又没有其他图形隔开时,可省略标注,如图 6.5(b)所示的局部视图 A(图中已标注,可以省略)。

(2)局部视图只画机件的某一部分,其断裂边界用波浪线或双折线表示,如图 6.5(b)所

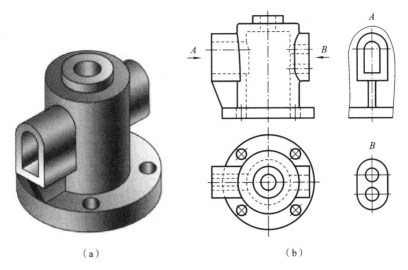

（a）　　　　　　　　　　　　　　　　　　　（b）

图 6.5　局部视图

示的局部视图 A。但当所表示的局部结构完整,且其投
影的外轮廓线封闭时,则波浪线可省略不画,如图 6.5
(b)所示的局部视图 B。波浪线不应超出机件实体的投
影范围,如图 6.6 所示。

6.1.4　斜视图

斜视图

将机件向不平行于基本投影面的
平面投射所得的视图,称为斜视图。

如图 6.7(a)所示的机件,其右半部分是倾斜结构,
在俯视图和左视图上不能反映实形,画图比较困难,读
图也不方便。为了清晰地表达机件的倾斜结构,可以增

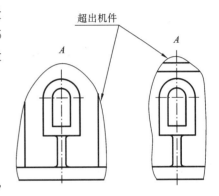

图 6.6　局部视图错误画法

加一个平行于倾斜结构表面且垂直于正投影面的新投影面,将倾斜结构按垂直于新投影面的
方向投射,就可以得到反映倾斜结构实形的视图,如图 6.7(b)所示。斜视图主要用于表达机
件上倾斜结构的外形。

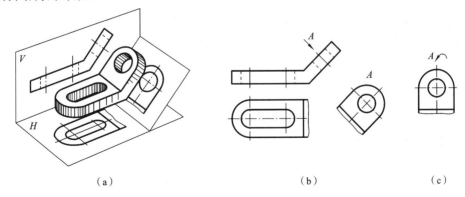

（a）　　　　　　　　　　　　　　　（b）　　　　　　　　　　　　　（c）

图 6.7　斜视图

斜视图的画法、标注应注意以下几点:

(1) 斜视图一般按向视图的配置形式配置,在斜视图的上方必须用拉丁字母标出视图的名

称"×",并在相应的视图附近用箭头指明投射方向,并注上同样的字母"×",如图 6.7(b)所示。

（2）在不致引起误解的情况下,从作图方便考虑,允许将图形旋转,这时斜视图应加注旋转符号,如图 6.7(c)所示,旋转符号为半圆形箭头,箭头方向为旋转方向,其半径等于字体高度,表示视图名称的大写拉丁字母应靠近旋转符号的箭头端。

（3）斜视图只表达倾斜部分的真实形状,其余部分的投影不必画出,此时可用波浪线或双折线将其断开,使之成为一个局部视图。但要注意的是:若画双折线,双折线的两端应超出图形的轮廓线;若用波浪线表示断裂边界,波浪线不应超过机件的轮廓线,即波浪线只能画在机件的实体上,不可画在可见空腔内。

6.2　剖　视　图

视图主要用于表达机件的外部形状,而内部结构只能用细虚线来表示。当机件的内部结构比较复杂时,在视图中就会出现很多细虚线,这些细虚线会影响机件表达的清晰程度,给读图和标注尺寸带来不便。因此国家标准(GB/T 17452—1998)中规定了用剖视图来表示机件的内部结构。

6.2.1　剖视图的基本概念

剖视图的概念

假想用剖切面剖开机件,将处在观察者和剖切面之间的部分移开,而将剩余部分向投影面投射所得的图形,称为剖视图,简称剖视。

如图 6.8(a)所示,机件的主视图中有很多表达内部结构的虚线,为了清楚地表达内部形状,可如图 6.8(b)所示,假想用一平行于正投影面的剖切平面将机件剖开,移去观察者和剖切平面之间的部分,将剩下的部分向正投影面投射,就得到如图 6.8(c)所示的剖视图。

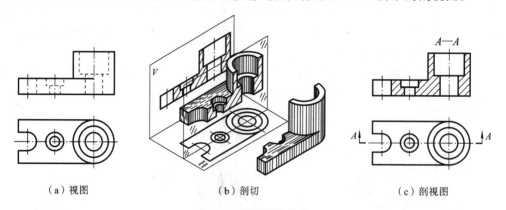

（a）视图　　　　　　　（b）剖切　　　　　　　（c）剖视图

图 6.8　剖视图的形成

下面以图 6.8 所示的机件为例,介绍画剖视图的步骤。

1. 确定剖切平面的位置

为了反映机件内部结构的真实形状,避免剖切后产生不完整的结构要素,通常剖切平面应通过机件的对称面且平行于相应的投影面,即通过机件的对称中心线或通过机件内部的孔、槽的轴线,如图 6.8(b)所示。

2. 画出机件轮廓线

用粗实线画出剖切平面与机件实体相交(接触部分)的轮廓,同时剖切平面后面机件的可见轮廓也要用粗实线画出,如图 6.8(c)所示。

3. 画剖面符号

剖切平面与机件的接触部分称为剖面区域。在剖面区域中应画出剖面符号。剖面符号与机件的材料有关,表 6.1 为国家标准规定的部分常用材料的剖面符号。

表 6.1 部分常用材料的剖面符号

材 料 名 称	剖 面 符 号	材 料 名 称	剖 面 符 号
金属材料(已有规定剖面符号者除外)		砖	
非金属材料(已有规定剖面符号者除外)		玻璃及供观察用的其他透明材料	
转子、电枢、变压器和电抗器等的叠钢片		液体	
型砂、填砂、粉末冶金、砂轮、陶瓷刀片、硬质合金刀片等		混凝土	
线圈绕组元件		钢筋混凝土	
木材纵剖面		格网(筛网、过滤网等)	

金属材料的剖面符号为与水平方向成 45°、间隔均匀的细实线,通常称为剖面线。对同一机件,在它的各个剖视图中,所有剖面线的倾斜方向和间隔都要一致,剖面线间隔因剖面区域的大小而异,一般为 2~4 mm。当图形中的主要轮廓线与水平方向成 45°角时,该图形的剖面线画成与水平方向成 30°或 60°的平行线,其倾斜方向、间隔仍与其他图形的剖面线一致,其他图形中的剖面线仍按 45°方向绘制,如图 6.9 所示。

若需要在剖面区域中表示材料的类别时,则应采用国家标准规定的剖面符号。不需在剖面区域中表示材料的类别时,可采用通用剖面线表示。通用剖面线最好采用与主要轮廓或剖面区域对称线成 45°角的等距细实线表示,如图 6.10 所示。

4. 标注

标注的目的是为了看图方便,一般需标注以下内容:

(1)剖切符号 表示剖切面起、迄和转折位置以及投射方向的符号。剖切平面的起、迄及转折位置用粗短画线表示,长度为 5~10 mm,画图时应尽可能不与图形轮廓线相交。在起、迄粗短

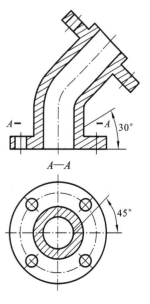

图 6.9 剖面符号的方向

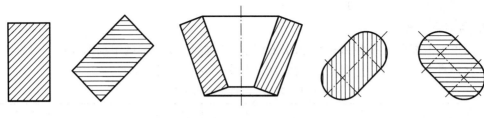

图 6.10 通用剖面线

画线外端用箭头指明投射方向。如图 6.8(c)所示。

(2)剖视图的名称 在剖视图上方用大写拉丁字母标注剖视图的名称"×—×",并在剖切符号粗短画线处注写相同的字母"×"。如图 6.9 所示的"A—A"。

当剖视图按投影关系配置,中间又没有其他图形隔开时,可省略箭头;当单一剖切平面通过机件的对称平面或基本对称平面,且剖视图按投影关系配置,中间又没有其他图形隔开时,可全部省略标注,如图 6.8(c)所示的标注可省略。

画剖视图的注意事项:

(1)剖开机件是假想的,因此当机件的一个视图画成剖视图后,其他视图的完整性不受影响,如图 6.8(c)所示的俯视图。

(2)位于剖切面之后的可见部分应全部画出,不能漏线、错线,如图 6.11 所示,画图时应特别注意。

(3)剖视图中,凡是已表达清楚的不可见结构,其细虚线可以省略不画。但没有表达清楚的结构,允许画出少量的细虚线,如图 6.12 所示。

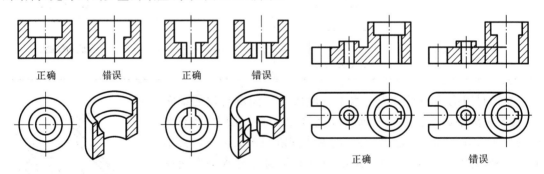

图 6.11 剖视图中不能漏线、错线

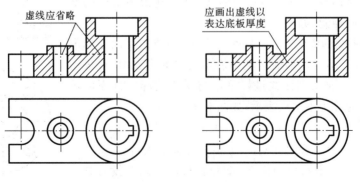

图 6.12 剖视图中的虚线问题

6.2.2　剖视图的种类

按剖切面剖开机件的范围不同,剖视图分为全剖视图、半剖视图和局部剖视图。

1. 全剖视图

用剖切面完全剖开机件所得的剖视图称为全剖视图。全剖视图用于外形简单、内部结构较复杂且不对称的机件。如图 6.8 所示的机件,它的外形比较简单,内部结构比较复杂,前后对称,上下和左右都不对称。假想用一个剖切平面沿着机件的前后对称面将它完全剖开,移去前半部分,将后半部分向正投影面投射,便得到机件的全剖视图。此时,机件的内部结构被清晰地展现出来。

全剖视图的标注同前面所述。

2. 半剖视图

半剖视图

当机件具有对称平面时,在垂直于对称平面的投影面上投射所得的图形,可以以对称中心线为界,一半画成剖视图,另一半画成视图,这种剖视图称为半剖视图。

如图 6.13 所示的支架,其内、外形状都比较复杂,主视图如果采用基本视图,则内部虚线太多,如果画成全剖视图,则圆柱体前方的凸台就会被剖去,凸台的形状和位置就不能表达出来。即两者均顾此失彼,内外形不能兼顾。但因为支架左右对称,因此可将主视图画成半剖视图,以对称中心为分界线,左边取视图的左半部分,用来表达外形;右边取全剖视图的右半部分,用来表达内部结构。同理,该支架的俯视图也可以画成半剖视图,如图 6.13(c)所示。

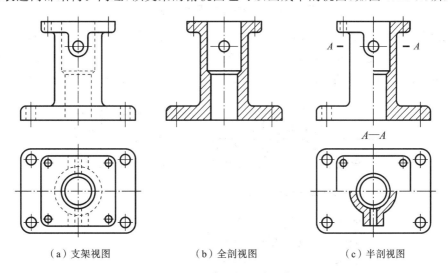

　（a）支架视图　　　　　　　（b）全剖视图　　　　　　　（c）半剖视图

图 6.13　半剖视图的形成

半剖视图的标注原则上与全剖视图相同。如图 6.13(c)所示,支架的主视图是用前后对称平面剖切产生的,且又按投影关系放置,与俯视图间又无其他图形隔开,标注可全部省略。而俯视图的剖切平面并非上下对称面,所以应在该视图的上方标出名称"×—×",并在主视图中用带字母"×"的剖切符号表示剖切位置,但由于图形按投影关系配置,中间又没有其他图形隔开,因此可省略表示投射方向的箭头。

画半剖视图应注意:

(1) 半个外形图和半个剖视图中间的分界线是细点画线,不能画成粗实线或其他线,如图

6.14(b)所示。

　　(2) 由于半剖视图的机件是对称结构,如果机件的内部结构已在半个剖视图中表达清楚,那么在表达外部形状的半个视图中,表示该结构的细虚线可省略不画,如图 6.14(b)所示。但如果机件的某些内部形状在半剖视图没有表达出来,则在表达外部形状的半个视图中应该用虚线画出,或者采用其他方法表达。

　　(3) 机件虽然对称,但当机件的外部或内部有轮廓线位于对称面上时,不宜采用半剖视图。如图 6.14(c)所示的机件就不宜画成半剖视图。

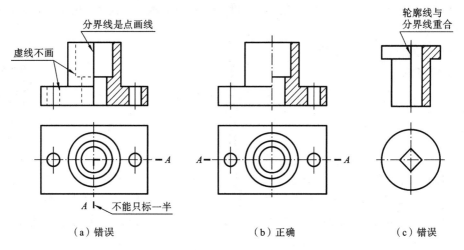

（a）错误　　　　　　　（b）正确　　　　　　　（c）错误

图 6.14　半剖视图中易出现的错误

　　半剖视图适用于内、外结构都需要表达的对称机件。当机件的形状接近于对称,且不对称部分已另有图形表达清楚时,也可以画成半剖视图。如图 6.15 所示的机件,其左右不对称的结构只是在顶部凸台处,因为在俯视图中凸台形状已表达清楚,所以可将主视图画成半剖视图。

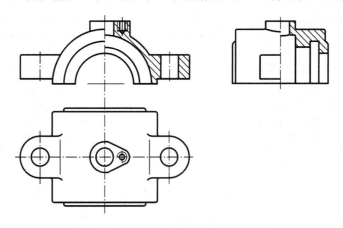

图 6.15　用半剖视图表达近似对称机件

3. 局部剖视图

　　用剖切面局部地剖开机件所得的剖视图称为局部剖视图。

　　如图 6.16 所示的机件,因其前后、左右都不对称,所以既不能用全剖视图也不能用半剖视图来表达,而以局部地剖开机件为宜。

　　在局部剖视图中,剖开部分与未剖视图之间用细波浪线或双折线分界,波浪线可以认为是

局部剖视图

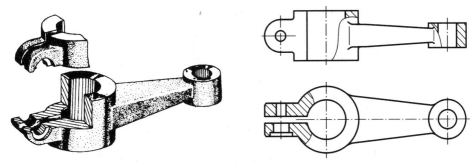

图 6.16　局部剖视图

断裂面的投影。关于波浪线的画法,应注意以下几点:

（1）局部剖视图与视图之间用波浪线或双折线分界,但同一图样上一般采用同一种线型。

（2）波浪线或双折线必须单独画出,不能与图样上的其他图线重合,也不能画在其他图线的延长线上;只有当被剖结构为回转体时,才允许将该结构的中心线作为分界线,如图 6.17 所示。

（3）波浪线不应超出被剖开部分的外形轮廓线,并且必须画在机件实体部分,若遇通孔或通槽时,波浪线必须断开,不能穿空而过,如图 6.18 所示。

局部剖视图的标注方法与全剖视图相同。当单一剖切平面的剖切位置明显时,可省略标注。但当剖切位置不明显或局部剖视图未按投影关系配置时,则必须加以标注。

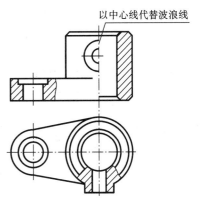

以中心线代替波浪线

图 6.17　用回转体的轴线作为局部剖视图与视图的分界线

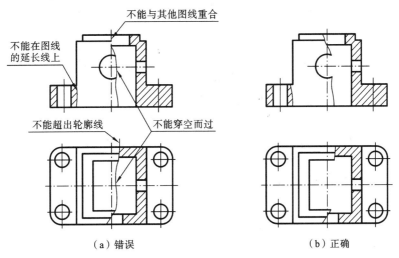

不能与其他图线重合

不能在图线的延长线上

不能超出轮廓线　　不能穿空而过

（a）错误　　　　　　　　　　（b）正确

图 6.18　局部剖视图波浪线的画法

局部剖视图主要用于表达不对称机件上的局部内形,对称机件不宜作半剖视图时,也采用局部剖视图来表达,如图 6.19 所示。

局部剖视图不受机件结构对称性的限制,剖切范围的大小,可根据表达机件的内外形状需要选取,所以局部剖视图是一种比较灵活的表达方法,运用得当可使图形简明清晰;但在一个视图中不宜过多采用局部剖,否则会使图形过于破碎,给读图带来困难。

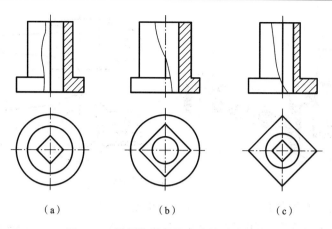

（a）　　　　　　　　（b）　　　　　　　　（c）

图 6.19　用局部剖视图表达的对称机件

6.2.3　剖切面的种类

根据剖切面的数量和位置的不同,剖切面可以分为单一剖切面、几个平行的剖切面和几个相交的剖切面(交线垂直于某一基本投影面)。

1. 单一剖切面

1）平行于某一基本投影面的剖切平面

前面所讲的全剖视图、半剖视图和局部剖视图都是采用平行于某一基本投影面的剖切平面剖开机件后得到的,这是最常用的一种剖切方法。

2）柱面剖切面

如图 6.20 所示,对于具有回转特性的结构,可采用柱面剖切。但采用柱面剖切的结构必须先将剖切部分展开成平行于投影面后,再画其剖视图,并在图名后加注"展开"两字。

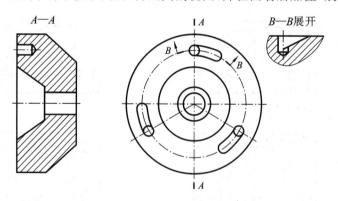

图 6.20　用圆柱面剖切

3）不平行于任何基本投影面的剖切平面

用不平行于任何基本投影面的剖切平面剖切机件的方法,习惯上称为斜剖。

若机件上有倾斜的内部结构需表达,可选择一个与该倾斜部分平行的辅助投影面,用一个平行于该辅助投影面的剖切面剖开机件,在辅助投影面上获得剖视图。如图 6.21 所示的 B—B 斜剖视图,表达了弯管及其顶部的结构。

画斜剖视图时,剖视图可按投影关系配置在与剖切符号相对应的位置,如图 6.21 中的 B—B 剖视图;也可将剖视图移至其他适当位置;在不致引起误解时允许将图形转正,但必须在图名中加注旋转符号以指明旋转方向,如图 6.21 中的"$B-B$↶"视图。需要注意的是,无论斜剖视图是否旋转,其标注的字母都必须水平注写。

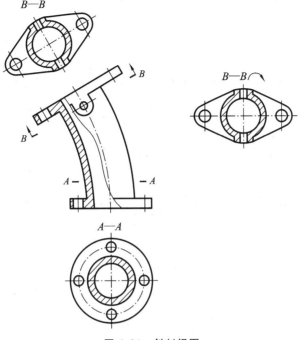

图 6.21　斜剖视图

2. 几个平行的剖切面

用几个平行的剖切面同时剖开机件的方法,习惯上称为阶梯剖。

阶梯剖视图

当机件的内部结构较多且位于几个相互平行的平面上时,难以用单一剖切面进行剖切,如图 6.22(a)所示,用三个相互平行的剖切平面剖开机件,将处在观察者和剖切平面之间的部分移去,剩余部分向正投影面投射,就得到了图 6.22(b)所示的 $A-A$ 全剖主视图。

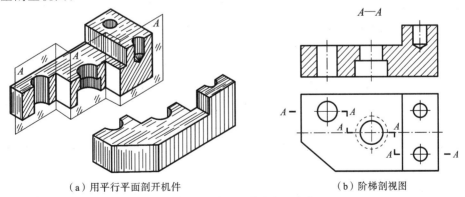

（a）用平行平面剖开机件　　　　　　　（b）阶梯剖视图

图 6.22　几个平行的剖切面剖切

画阶梯剖视图时必须进行标注。在剖切平面的起、迄和转折位置用短粗实线画出剖切符号,并标上相同的大写字母,在起、迄外侧用箭头表示投射方向,在相应的剖视图上用同样的字母注出剖视图名称"×—×"。当转折处地方有限又不致引起误解时,允许省略字母;当剖视图按投影关系配置,中间又无其他视图隔开时,可省略表示投射方向的箭头,如图 6.22(a)所示。

画阶梯剖视图时应注意:

(1) 在阶梯剖视图中,不能画出剖切平面转折处的投影;剖切平面转折处的剖切符号必须是直角,而且不能与图中的轮廓线重合。如图 6.23(b)所示。

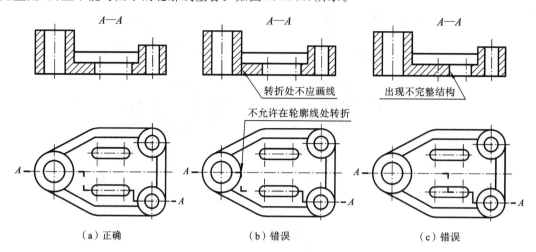

（a）正确   （b）错误   （c）错误

图 6.23　阶梯剖的标注

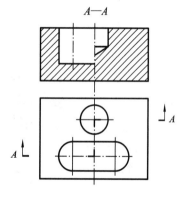

**图 6.24　具有公共对称面
的阶梯剖视图**

(2) 要正确选择剖切平面的位置,避免在剖视图中出现不完整的要素,如图 6.23(c)所示。

(3) 当机件有两个要素在图形上具有公共对称中心线或轴线时,可以以对称中心线或轴线为分界线,将两个要素各画一半,再合并成一个剖视图,如图 6.24 所示。

3. 几个相交的剖切面

用几个相交的剖切面(交线垂直于某一基本投影面)剖开机件的剖切方法,习惯上称为旋转剖。

旋转剖视图

采用旋转剖画剖视图时,先假想按剖切位置剖开机件,然后将被剖切面剖开的结构及其有关部分,绕剖切面的交线旋转到旋转剖切面与选定的投影面平行后再进行投射。如图 6.25(a)所示,为了将摇杆的结构和各个孔的形状都反映清楚,就采用了旋转剖。摇杆左半部分的剖切平面是水平面,右半部分剖切平面是正垂面,假想用这两个剖切平面剖开摇杆后,将处于观察者和剖切平面之间的部分移去,把右边的倾斜部分沿着两个剖切平面的交线旋转到与水平投影面平行后,再进行投射,就得到了图 6.25(b)所示的 $A—A$ 全剖视图。

旋转剖主要用表达孔、槽等内部结构不在同一剖切平面内,但又具有公共回转轴线的机件。

画旋转剖视图时应注意:

(1) 当机件具有明显的回转轴时,两个剖切面的交线应与机件上的回转轴线重合,如图 6.25 所示。

(2) 在剖切平面后面的其他结构,一般仍按照原来的位置投射,如图 6.25 所示摇杆下部的小圆孔,其在剖视图中仍按原来的位置投射画出。

(3) 当相交两剖切平面剖到机件上的结构产生不完整要素时,则这部分结构按不剖绘制,如图 6.26 所示。

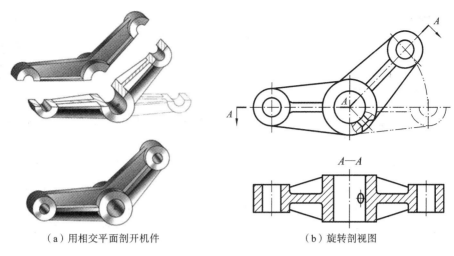

（a）用相交平面剖开机件　　　　　　　　（b）旋转剖视图

图 6.25　相交的剖切平面剖切机件（旋转剖）

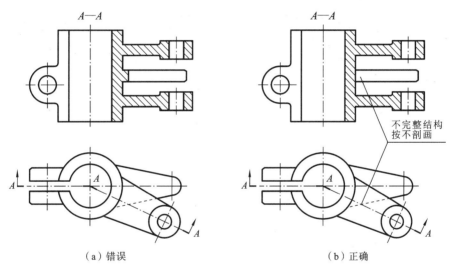

（a）错误　　　　　　　　　　　　　（b）正确

图 6.26　旋转剖产生不完整要素时的画法

（4）采用旋转剖画出的剖视图必须标注，标注方法与阶梯剖相同。

（5）旋转剖通常可用展开画法画出，当用展开画法时，图名应标注"×—×展开"，如图 6.27 所示。

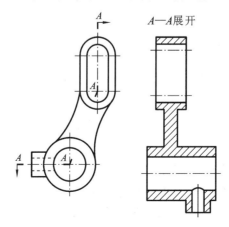

图 6.27　旋转剖的展开画法

6.3 断 面 图

断面图

6.3.1 断面图的概念

假想用剖切平面将机件的某处切断,仅画出剖切面与机件接触部分的图形,该图形称为断面图,简称断面。

如图 6.28(a)所示的轴,为了得到键槽的深度,假想用一个垂直于轴线的剖切平面在键槽处将轴切断,只画出它的断面形状,并画上剖面符号,就得到了断面图,如图 6.28(b)所示。

断面图与剖视图的区别是:断面图只画出机件的断面形状,而剖视图除了断面形状以外,还要画出机件剖切之后的投影。虽然剖视图能反映出键槽的深度,但却没有断面图简便清晰,如图 6.28(c)所示。

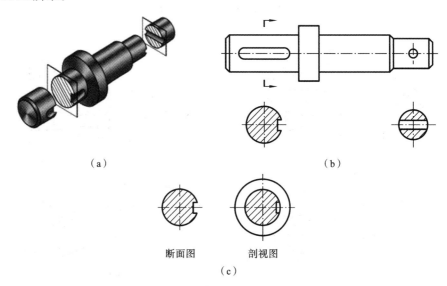

（a）   （b）

断面图   剖视图
（c）

图 6.28 断面图的画法及其与剖视图的区别

断面图主要用于表达机件上某一局部的断面形状,如轴上键槽和孔的深度、机件上的肋板和轮辐等。断面图要表示的是机件结构的正断面形状,因此剖切面要垂直于该结构的主要轮廓线或轴线。

6.3.2 断面图的种类

根据在图上配置位置的不同,断面图可分为移出断面图和重合断面图。

1. 移出断面图

画在视图之外的断面图称为移出断面图,简称移出断面。

1) 移出断面图的画法

移出断面图的画法应遵循以下规定。

(1) 移出断面图的轮廓线用粗实线绘制,在断面区域内一般要画剖面符号。移出断面图应尽量配置在剖切符号或剖切平面迹线的延长线上,如图 6.28(b)所示。必要时可将移出断面配置在其他适当位置,如图 6.29(a)所示的"A—A"。

　　(2) 当剖切平面通过由回转面形成的孔或凹坑的轴线时,这些结构按剖视绘制,即"封口",如图 6.29(a)所示的"A—A""B—B"。

　　(3) 当剖切平面剖切机件的非回转体结构而导致断面图完全分离时,则这些结构应按剖视绘制,在不致引起误解时,允许将图形旋转,如图 6.29(b)所示。

　　(4) 由两个或多个相交剖切平面得出的移出断面,中间应以波浪线断开,剖切平面应垂直于机件的边界轮廓线,如图 6.29(c)所示。

　　(5) 断面图对称时,也可画在视图的中断处,如图 6.29(d)所示。

　　2) 移出断面图的标注

　　(1) 移出断面图一般应用粗短画表示剖切面的位置,用箭头表示投射方向并注上字母,在断面图的上方用同样的字母标出相应的名称"$\times$—$\times$",如图 6.29(a)中的"A—A""B—B"所示。经过旋转的移出断面,还要标注旋转符号,并使符号的箭头靠近图名的拉丁字母,如图 6.29(b)所示。

　　(2) 配置在剖切符号或剖切平面迹线的延长线上的移出断面图,如果断面图不对称可省略字母,但应标注箭头,如图 6.28(b)所示;如果图形对称可省略标注。

　　(3) 移出断面按投影关系配置时,可省略箭头,如图 6.29(a)中的"B—B"所示。

　　(4) 配置在视图中断处的移出断面,断面图的对称平面迹线即表示剖切平面的位置,此时,断面图可省略标注,如图 6.29(d)所示。

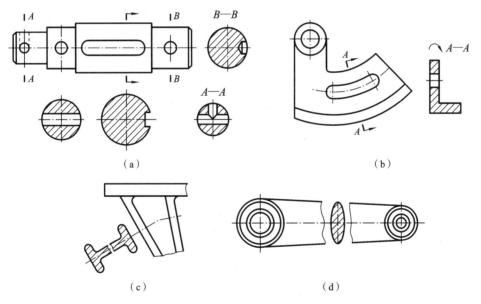

(a)　　　　　　　　　　　　　　　　(b)

(c)　　　　　　　　　　　　　　　　(d)

图 6.29　移出断面图画法

2. 重合断面图

　　在不影响图形清晰的前提下,断面图也可画在视图内部,画在视图内的断面图称为重合断面图,简称重合断面,如图 6.30 所示。

　　重合断面图的轮廓线用细实线绘制,当视图中的轮廓线与重合断面轮廓线重叠时,视图中的轮廓线仍应连续画出,不可间断。

　　重合断面图不管是否对称,均可不标注。如图 6.30(a)所示吊钩的重合断面图是对称的,不必标注;图 6.30(b)所示角钢的重合断面图是不对称的,也可省略标注。

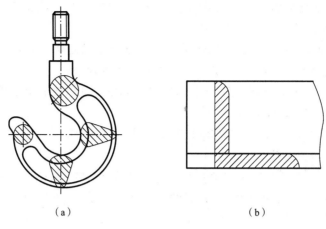

（a）　　　　　　　　　　　（b）

图 6.30　重合断面图

6.4　局部放大图及常用简化画法

6.4.1　局部放大图

将机件的部分结构，用大于原图形所采用的比例画出的图形称为局部放大图，如图 6.31 所示。

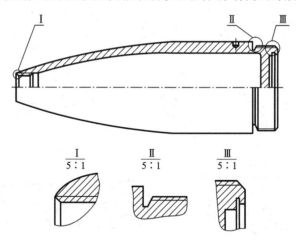

图 6.31　局部放大图

局部放大图可画成视图、剖视图、断面图，它与被放大部分的表达方式无关。

当机件上的某些细小结构在原图形中表示不清楚或不便于标注尺寸时，可采用局部放大图。局部放大图应尽量配置在被放大部分的附近，用细实线圈出被放大的部位。当机件上被放大的部分仅有一处时，在局部放大图的上方只需注明所采用的比例，如图 6.32 所示；当同一机件上有几个被放大的部位时，必须用罗马数字依次标明被放大的部位，并在局部放大图的上方标注出相应的罗马数字和采用的比例，如图 6.31 所示。同一机件上不同部位的局部放大图，当图形相同或对称时，只需要画出一个；必要时，可以用几个图形表达同一个被放大部位，如图 6.32 所示。

画局部放大图时应注意以下几点。

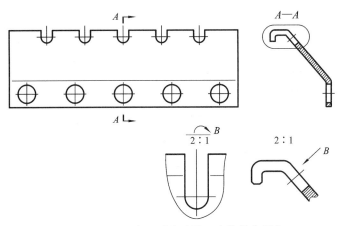

图 6.32　用几个图形表达同一个被放大部位

（1）局部放大图的比例是指放大图与机件相应要素的线性尺寸之比，与被放大部位的原图所采用的比例无关。

（2）局部放大图采用剖视图和断面图时，其图形按比例放大，但图形中的剖面线的间距仍必须与原图保持一致。

（3）局部放大图的断裂边界一般用波浪线表示，也可用细实线圆弧或双折线表示。

6.4.2　简化画法和其他规定画法

为了简化作图和提高绘图效率，可对机件的某些结构的表达方法进行简化，使图形既清晰又简单易画。常用的简化画法和其他规定画法如表 6.2 所示。

表 6.2　简化画法和其他规定画法

内　　容	图　　例	说　　明
肋和轮辐的画法		对于机件上的肋、轮辐等结构，如按纵向剖切，这些结构都不画剖面符号，而用粗实线将它与邻接部分分开； 当机件回转体上均匀分布的孔、肋和轮辐等结构不处于剖切平面上时，可将这些结构旋转到剖切平面上画出； 均匀分布的孔只需画一个，其余孔用中心线表示孔的中心位置即可
断开画法	实长	较长的机件沿长度方向的形状相同或按一定规律变化时，可断开后缩短绘制，断开后的结构应按实际长度标注尺寸；断裂边界可用波浪线和双折线绘制
相同结构要素的画法	X个　　30×ϕ3.5 （a）　　　（b）	当机件上具有相同的结构要素（如孔、槽）并按一定规律分布时，只需要画出几个完整的结构，其余的可用细实线连接或画出它们的中心位置，并在图中注明其总数

续表

内　容	图　　例	说　　明
较小结构的画法	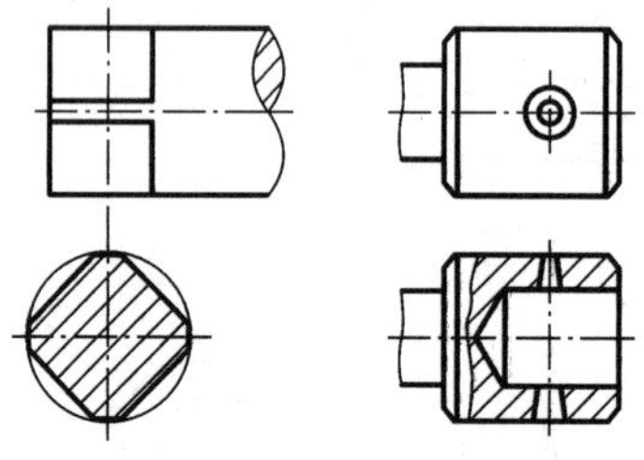 （a）　　　　　　　（b）	机件上较小结构如在一个图形中已表示清楚，其他图形可简化或省略不画
	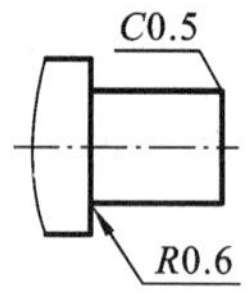 C0.5 R0.6	在不致引起误解时，机件图中的小圆角或45°小倒角均可省略不画，但必须注明尺寸或在技术要求中加以说明
斜度不大结构的画法	A—A A　　　　　L—A	斜度和锥度不大时，如在一个图形中已表达清楚，则在其他投影中可按小端画出 当圆或圆弧面与投影面的倾斜角度≤30°时，其投影仍画成圆或圆弧
圆柱形法兰盘上均布孔的画法	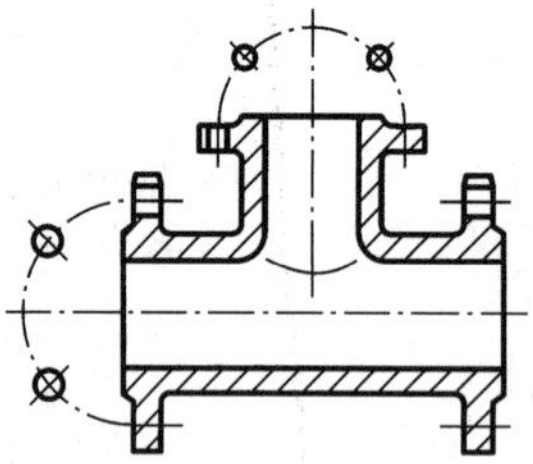	圆柱形法兰盘和类似机件上均匀分布的孔，可由机件外向该法兰端面方向投射画出
对称机件的省略画法	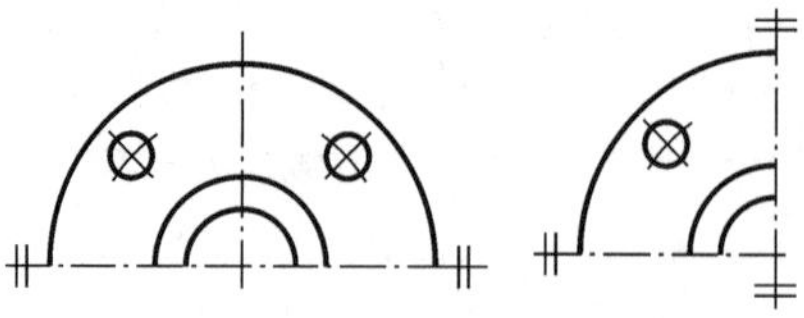	在不致引起误解的情况下，对称机件的视图可以只画1/2或1/4，并在中心线的两端画出两条与其垂直的平行细实线
平面的表示法	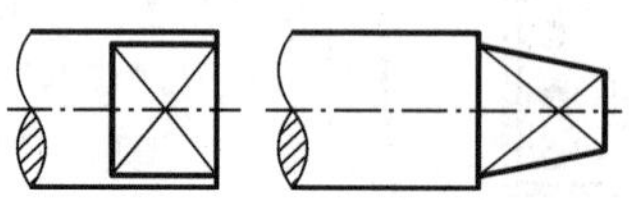	当回转体上图形不能充分表达平面时，可用平面符号（用细实线绘出的对角线）表示该平面

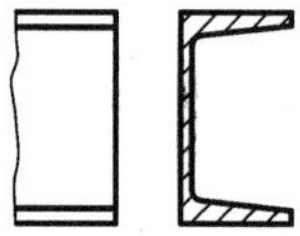

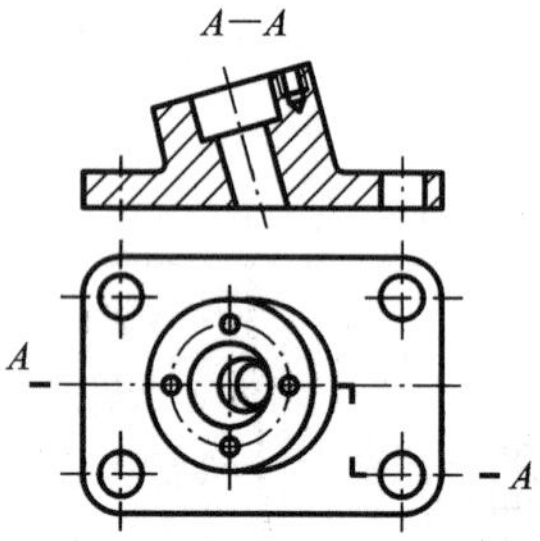

续表

内　容	图　例	说　明
网状结构的表示法	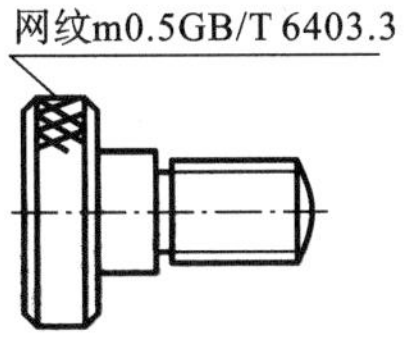 网纹m0.5GB/T 6403.3	机件上有网状物、编织物或滚花部分,可在轮廓线附近用粗实线示意画出,并在技术要求中注明这些结构的具体要求
断面图的画法	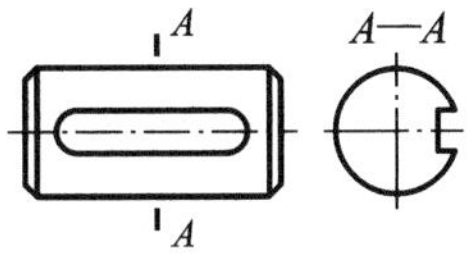 A　A—A　A	在不致引起误解的情况下,机件图中的移出断面允许省略剖面符号,但剖切位置和断面图的标注必须遵照原来的规定
剖切平面前结构的画法	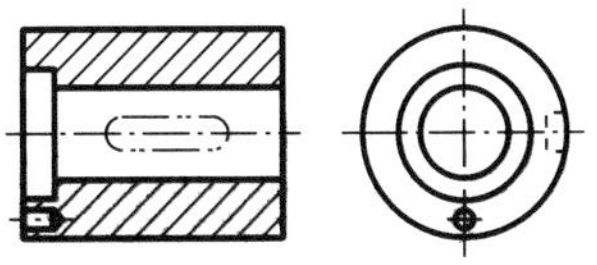	在需要表示位于剖切平面前的结构时,这些结构可用细双点画线画出

6.5　表达方法的综合应用

在绘制机械图样时,需根据机件的结构综合运用各种视图、剖视图和断面图,将机件的内外结构和形状清晰完整地表达出来。一个机件往往可以有多种不同的表达方法,通常经过比较分析,选择出一组既能完整、清晰、简明地表示出机件各部分内外结构形状,又使看图方便、绘图简单的最佳方法。所以在选用表达方案时,要使每个图形都具有明确的表达目的,又要注意它们之间的相互联系,避免过多的重复表达,还应结合尺寸标注等综合考虑,以方便读图和简化作图。

1. 表达方法的运用

1)机件外形的表达

机件外形的表达就是要正确合理地选用基本视图、局部视图和斜视图等各种视图,首先选择主视图,然后再配置其他视图。

2)机件内部形状的表达

表达机件的内部形状最常用的是剖视图,应根据机件的内部形状特点,协调视图与剖视图的关系,选择必要的、合适的剖视图。

3)机件断面形状的表达

为使图形清晰,通常采用移出断面图表达机件的断面形状;型材、肋板等简单形体一般选用重合断面图。

4)机件上特殊结构的表达

机件上的肋、孔、槽和齿等特殊结构,应选择各种简化画法或规定画法进行表达。

2. 视图选择的方法和步骤

1)形体分析

选择视图之前,需要对机件进行形体分析,以便了解机件的形状结构特征。

2）选择主视图

通常选择最能反映机件形状特征和相对位置特征的方向作为主视图的投影方向,同时应使机件的主要轴线或平面平行于基本投影面。主视图要尽量多地反映机件的结构形状,并根据内、外结构的复杂程度决定在主视图中是否采用剖视图,采用何种剖视图。

3）选择其他视图

主视图确定后,应根据机件的特点全面考虑所需要的其他视图。作其他视图是为了补充表达主视图上尚未表达清楚的结构,因此在选择时,要注意以下几点。

（1）优先选用基本视图,或在基本视图上进行剖切。

（2）所选择的每一个视图都应有表达重点,具有其他视图不能取代的作用。

（3）其他视图要"少而精",避免重复画出已在其他视图中表达清楚的结构。

在绘制图样时,确定机件表达方案的原则是:在完整、清晰地表达机件各部分内外结构形状及相对位置的前提下,力求看图方便,绘图简单。经过以上三步分析,一般可拟定几套表达方法,再根据表达方法的确定原则,选择一套最佳的表达方法,以此正确、完整、清晰地表达出机件的结构。

3. 表达方法的选择

下面通过一支架的表达来说明表达方法的选择。支架结构如图 6.33(a)所示。

1）形体分析

该支架由三部分组成,上面是一空心圆柱体,下面是一倾斜的底板,底板上有四个安装孔,中间用十字形肋板把圆柱体和底板连接成为一个整体。

2）选择主视图

根据主视图的选择原则,可把支架上空心圆柱的轴线摆放成侧垂线以确定支架的位置。这样既可以反映倾斜底板的倾斜状态,又可以反映肋板与空心圆柱和底板的连接情况。主视图上通过两处局部剖,还可反映孔的内部结构。

3）选择其他视图

根据形体分析,底板和十字肋板的外形,以及肋板与圆柱、底板在左视方向的连接情况还没有表达清楚。此时可采用局部视图表达空心圆柱的实形及其与十字肋的相对位置关系,底板的实形用斜视图来表达,十字肋则用移出断面图表达,如图 6.33(b)所示。

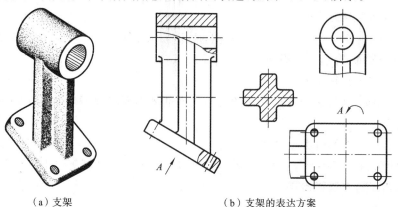

（a）支架　　　　　　　　　　（b）支架的表达方案

图 6.33　支架的表达

6.6　第三角画法简介

国家标准 GB/T 17451—1998 规定,我国工程图样按正投影绘制,并采用第一角画法,而美国、日本、加拿大、澳大利亚等国则采用第三角画法。为了便于国际技术交流,下面对第三角画法作简要介绍。

三个互相垂直的投影面 V、H 和 W 将空间分为八个区域,每一区域称为一个分角,若将物体放在 H 面之上、V 面之前、W 面之左进行投射,则称第一角画法。若将物体放在 H 面之下、V 面之后、W 面之左进行投射,则称第三角画法。

第三角画法也采用正投影法投影,具有六个基本投影面和六个基本视图,并且各个视图之间也遵循"长对正,高平齐,宽相等"的投影关系。第三角画法与第一角画法主要有以下不同之处。

(1) 位置不同。第一角画法将物体放在第一分角内,物体位于人和投影面之间;第三角画法是将物体放在第三分角内,投影面位于人和物体之间,就如同隔着玻璃观察物体并在玻璃上绘图。

(2) 投影面的展开方法不同。第一角画法中,正投影面 V 面不动,其他投影面向后展开,与 V 面平齐,如图 6.1 所示;第三角画法中,正投影面 V 面不动,其他投影面向前展开,与 V 面平齐,如图 6.34 所示。

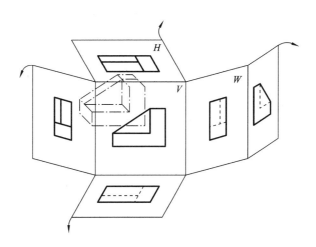

图 6.34　第三角投影的基本投影面及其展开

图 6.2 和图 6.35 是用上述两种方法画出的同一物体的六个基本视图,由图可见,两种画法的六个基本视图中,同名视图的形状完全相同,只是左视图与右视图、俯视图与仰视图的配置位置相反,而主视图与后视图的配置位置完全相同。和第一角画法一样,采用第三角画法画出的图样,按规定位置配置时也不必注写视图名称。

图 6.36 所示是第一角画法和第三角画法的识别符号。由于我国采用第一角画法,所以在图样中其识别符号可以省略不画。但若在涉外工程中,必须采用第三角画法时,为了避免引起误会,必须在标题栏右下角的"投影符号"栏中,画出其识别符号。

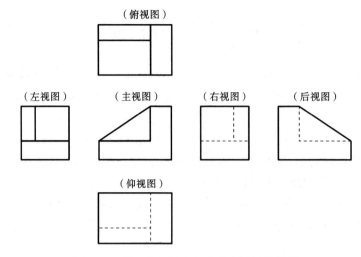

图 6.35　第三角画法中六个基本视图的配置

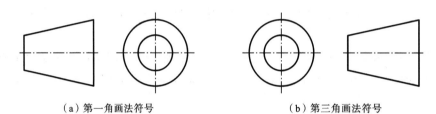

（a）第一角画法符号　　　　　　　　　　（b）第三角画法符号

图 6.36　第一角和第三角画法的投影识别符号

第7章　标准件与常用件

在各种机器、仪器或部件的装配和安装中,除一般零件外,还广泛使用了螺钉、螺母等螺纹紧固件及键、销钉等其他连接件,在机械传动装置中,经常用到垫圈、齿轮、滚动轴承、弹簧等零件,由于这些零件用途十分广泛,而且需求量大,为了便于制造和使用,使其满足互换性的使用要求,利于装配和维修,国家标准将它们的结构、形式、画法、尺寸精度等全部或部分地进行了标准化。如图 7.1 所示为一种齿轮油泵爆炸图,其由一般零件、标准件及常用件组成。

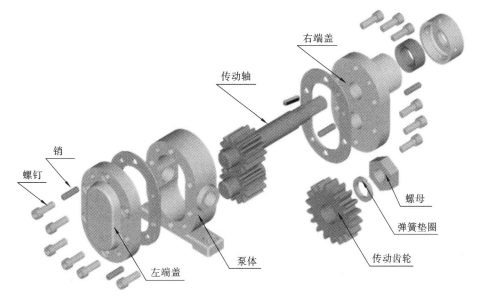

图 7.1　齿轮油泵

结构和尺寸均已标准化的零件,称为标准件。

仅部分结构和参数已标准化和系列化的零件,称为常用件。

本章介绍螺纹、螺纹紧固件、齿轮、键、销、滚动轴承及螺旋压缩弹簧的规定画法和标记方法,为下一阶段绘制和阅读机械制图打下基础。本书后面的附录摘录了部分标准件所涉及的国家标准,供读者查阅参考。

7.1　螺纹的基本知识

7.1.1　螺纹的形成

螺纹是零件上一种常见的设计结构,分为外螺纹和内螺纹两种,一般成对使用。螺纹是在圆柱或圆锥体表面上沿螺旋线运动所形成的、具有相同轴向断面的连续凸起和沟槽。螺纹在螺钉、螺栓、螺母和丝杠上起连接或传动作用。在圆柱(或圆锥)外表面上所形成的螺纹称为外螺纹;在圆柱(或圆锥)内表面上所形成的螺纹称内螺纹。

　　螺纹的加工方法很多，如在车床上车削内、外螺纹，如图7.2所示；也可用成形刀具（如板牙、丝锥）加工，如图7.3所示。

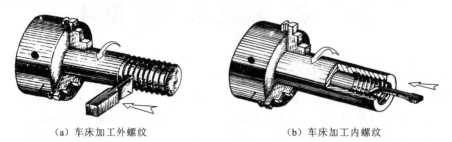

（a）车床加工外螺纹　　　　　　　　　　　　（b）车床加工内螺纹

图7.2　车削螺纹

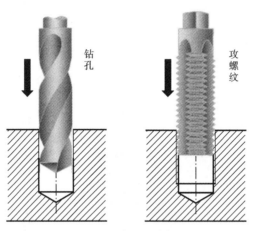

图7.3　丝锥加工内螺纹

　　车削螺纹时，将工件装夹在与机床主轴相连的卡盘上并随主轴做等速旋转，同时使车刀沿轴线方向做等速移动，刀尖切入工件就在工件表面上加工出螺纹。螺纹也可看做是一个平面图形沿圆柱螺旋线运动而形成的。

　　对于加工直径比较小的内螺纹，一般先用钻头钻出光孔，再用丝锥攻螺纹，如图7.3所示。

7.1.2　螺纹的要素

　　螺纹的基本要素有牙型、公称直径、线数、螺距、旋向等五个要素。内、外螺纹连接时，内、外螺纹的五个要素必须完全相同，否则不能旋合。螺纹的种类很多，国家标准规定了一些标准的牙型、公称直径和螺距，凡是这些要素符合国家标准的均称为标准螺纹，牙型符合国家标准，公称直径或螺距不符合国家标准的称为特殊螺纹，牙型不符合国家标准的称为非标准螺纹。

1. 牙型

　　螺纹的牙型是指通过螺纹轴线的剖切面上的螺纹断面轮廓形状，其凸起部分称为螺纹的牙，凸起的顶端称为螺纹的牙顶，沟槽的底部称为螺纹的牙底。螺纹的牙型标志着螺纹的特征。通常可以按牙型的不同来区分螺纹的种类。常见的螺纹牙型有三角形、梯形、锯齿形等几种，如图7.4所示。牙型两侧边的夹角称为牙型角。在图样上一般只要标注螺纹的特征代号即能区别出各种牙型。

2. 螺纹的直径

　　螺纹的直径有大径、小径、中径之分，如图7.5所示。

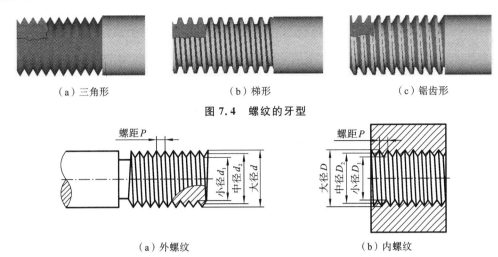

（a）三角形 （b）梯形 （c）锯齿形

图 7.4 螺纹的牙型

（a）外螺纹 （b）内螺纹

图 7.5 螺纹的直径

1）螺纹的大径（公称直径）

螺纹的大径是指与外螺纹牙顶或内螺纹牙底相切的假想圆柱面的直径。外螺纹的大径用 d 表示，内螺纹的大径用 D 表示。大径即为公称直径，而管螺纹公称直径指外螺纹所在管子的近似孔径。

2）螺纹的小径

螺纹的小径是指与外螺纹牙底或内螺纹牙顶相切的假想圆柱面的直径。外螺纹的小径用 d_1 表示，内螺纹的小径用 D_1 表示。

3）螺纹的中径

螺纹的中径是指在大径和小径之间，使牙型上沟槽和凸起部分宽度相等的假想圆柱面的直径。外螺纹的中径用 d_2 表示，内螺纹的中径用 D_2 表示。

3. 线数

螺纹有单线和多线之分。沿一条螺旋线形成的螺纹称为单线螺纹；沿两条或两条以上，在轴上等距分布的螺旋线形成的螺纹称为多线螺纹，如图 7.6 所示。螺纹的线数用 n 来表示。如图 7.6（a）所示为单线螺纹，$n=1$；如图 7.6（b）所示为双线螺纹，$n=2$。

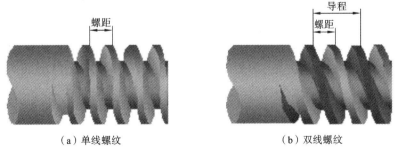

（a）单线螺纹 （b）双线螺纹

图 7.6 螺纹的线数、导程和螺距

4. 螺距和导程

1）螺距

相邻两牙在螺纹基本中径线上对应两点间的轴向距离称为螺距，用 P 表示。

2）导程

同一条螺旋线上相邻两牙在螺纹基本中径线上对应两点间的轴向距离称为导程，用 P_h 表示。

如图 7.6 所示,对单线螺纹,$P_h = P$;对多线螺纹,导程=螺距×线数,即 $P_h = P \times n$。

5. 旋向

螺纹按其形成时的旋向,分为右旋螺纹和左旋螺纹两种,顺时针旋转时旋入的螺纹,称为右旋螺纹;逆时针旋转时旋入的螺纹,称为左旋螺纹。竖立螺旋体从正面看,左侧高即为左旋螺纹,右侧高即为右旋螺纹,如图 7.7 所示。工程上常用右旋螺纹。

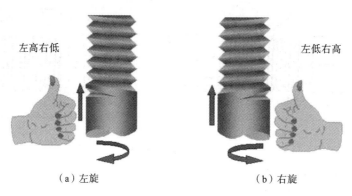

（a）左旋　　　　　　　　　　　（b）右旋

图 7.7　螺纹的旋向

7.1.3　螺纹的种类

螺纹按用途分为两大类:连接螺纹和传动螺纹。连接螺纹有普通螺纹和管螺纹两类,主要用于连接;传动螺纹有梯形螺纹和锯齿形螺纹等,主要用于传递动力和运动,如表 7.1 所示。

表 7.1　常用标准螺纹的类型、特点及应用

螺 纹 类 别		牙型及牙型图	代 号	特点及应用
连接螺纹	普通螺纹	60°	M	牙型角为 60°。同一公称直径,按螺距 P 的大小有粗牙和细牙之分。应用极广,主要用于连接。细牙用于精密、薄壁或承受动载荷的连接,还可用于微调机构等
	55°非密封管螺纹	55°	G	牙型角为 55°,牙顶呈圆弧形。公称直径近似为管子的孔径,以 in(英寸)为单位。密封性好,主要用于低压水、煤气管道中的连接。如果要求连接具有密封性,需添加密封物
	55°密封管螺纹		Rp Rc R	牙型角为 55°,内外螺纹旋合时没有间隙,不用填料也可保证不渗漏。主要用于高温、高压系统和润滑系统,及一般要求的管道连接
传动螺纹	梯形螺纹	30°	Tr	牙型角为 30°。牙根强度较高,易加工,可用于双向运动与动力传递
	锯齿形螺纹	30° 3°	B	工作面牙型边倾斜角为 3°,非工作面牙型边倾斜角为 30°,牙根强度比梯形螺纹强,但只能用于单向受力时的传动

7.1.4　螺纹的结构

1. 螺纹末端

为了防止螺纹的起始圈损坏并便于装配,通常将螺纹的末端做成一定的形式,有直角、倒角和球面三种形式,如图 7.8 所示。最常见的是倒角形式的末端。

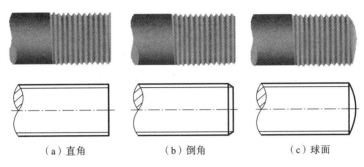

（a）直角　　　　　　　（b）倒角　　　　　　　（c）球面

图 7.8　螺纹末端

2. 螺纹的收尾和退刀槽

在车削螺纹过程中,刀具接近螺纹末尾时需要逐渐离开工件,导致螺纹末尾附近的螺纹牙型不完整,此时要进行螺纹收尾处理,如图 7.9 所示。有时为了避免进行螺纹收尾,会在螺纹末尾预制出一个退刀槽,如图 7.10 所示。螺纹收尾和退刀槽都已标准化,具体尺寸可查阅相关标准。

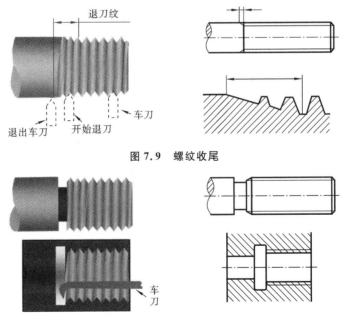

图 7.9　螺纹收尾

图 7.10　螺纹退刀槽

7.1.5　螺纹的规定画法

为了便于设计和制造,简化作图,提高工作效率,国家标准 GB/T 4459.1—1995《机械制图　螺纹及螺纹紧固件表示法》规定了螺纹及螺纹紧固件在图样中的表示方法。

1. 外螺纹的画法

外螺纹的牙顶（大径）和螺纹终止线用粗实线绘制；外螺纹的牙底（小径）用细实线绘制，并画入末端倒角或倒圆部分。在垂直于轴线的投影中，牙顶圆用粗实线表示，牙底圆只画 3/4 圈，用细实线表示，倒角圆省略不画，如图 7.11(a)所示。图 7.11(b)所示为螺纹结构内部有孔时采用局部剖的画法。

外螺纹画法

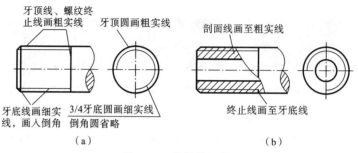

图 7.11　外螺纹画法

2. 内螺纹的画法

内螺纹一般画成剖视图，螺纹的牙顶（小径）和螺纹终止线用粗实线绘制；螺纹的牙底（大径）用细实线绘制。剖面线画至粗实线。在垂直于轴线的投影中，牙顶圆用粗实线表示，牙底圆只画 3/4 圈，用细实线表示，倒角圆省略不画，如图 7.12(a)所示。对于不穿通螺孔，应将钻孔深度和螺孔深度分别画出，钻孔顶端应画成 120°，如图 7.12(b)所示。

内螺纹画法

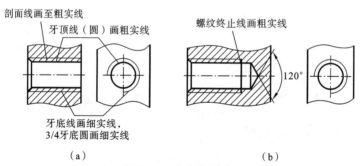

图 7.12　内螺纹画法

3. 螺纹副的画法

内外螺纹的连接一般用剖视图表示。绘制时，连接部分按外螺纹绘制，其余部分按各自的规定画法绘制。注意表示螺纹大、小径的粗、细实线必须对齐，通过轴线剖开的实心杆件按不剖处理，如图 7.13 所示。

画图时，螺纹小径一般采用近似画法，约为螺纹大径的 0.85。

内外螺
连接画法

4. 螺纹孔相贯线的画法

两螺纹孔或螺纹孔与光孔相贯时，相贯线为小径所表示的两圆柱孔形成的，所以其相贯线按螺纹的基本小径画出，如图 7.14 所示。

7.1.6　螺纹的标注

国家标准规定，螺纹在按照规定画法绘制后，为识别螺纹的种类和要素，对螺纹必须按规定格式进行标注。

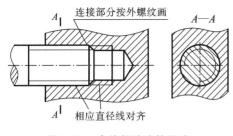

图 7.13　内外螺纹连接画法

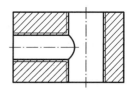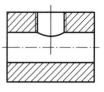

图 7.14　螺纹孔相贯线的画法

1. 普通螺纹的标注

对于普通螺纹，其标注格式为

| 特征代号 | 尺寸代号 |-| 公差带代号 |-| 旋合长度代号 |-| 旋向 |

各项内容说明如下：

(1) 普通螺纹的特征代号为"M"。

(2) 单线螺纹的尺寸代号为"公称直径×螺距"。普通螺纹分为粗牙和细牙两种，在同一公称直径下，螺距最大的螺纹称为粗牙螺纹，其余螺距的螺纹统称为细牙螺纹。粗牙普通螺纹不标螺距，细牙普通螺纹则需标出螺距。例如"M8×1"，表示公称直径为 8 mm、螺距为 1 mm 的单线细牙螺纹。

(3) 多线螺纹的尺寸代号为"公称直径×导程(P 螺距)"。例如"M16×3(P1.5)表示公称直径为 16 mm，螺距为 1.5 mm，导程为 3 mm 的双线螺纹。

(4) 普通螺纹公差带代号包括中径与顶径公差带代号。螺纹公差带代号由表示公差等级的数字和表示基本偏差的字母组成，小写字母表示外螺纹，大写字母表示内螺纹。当中径和顶径公差带相同时只标注一个代号；若两者不同，则要分别标注，且前者表示中径公差带代号，后者表示顶径公差带代号。如"M10×1-5g6g"、"M10-6H"。普通螺纹公差带的有关内容可查阅(GB/T197—2003)。

(5) 螺纹旋合长度分为长(L)、中(N)、短(S)旋合长度三组，当旋合长度为"N"时，可省略标注。

(6) 右旋螺纹不标旋向，左旋则标"LH"。

2. 梯形螺纹和锯齿形螺纹的标注

梯形螺纹和锯齿形螺纹的标注内容与普通螺纹基本相同，不同之处在于梯形螺纹特征代号为"Tr"，锯齿形螺纹特征代号为"B"，这两类螺纹的公差带代号只标注中径公差带代号；旋合长度只有"N"、"L"两种。

普通螺纹、梯形螺纹、锯齿形螺纹都是米制螺纹，即公称直径以毫米(mm)为单位，在图样上的标注与一般线性尺寸的标注形式相同，直接标注在大径的尺寸线上或其延长线上。标注示例如表 7.2 所示。

3. 管螺纹的标注

管螺纹分为非螺纹密封的管螺纹和用螺纹密封的管螺纹。其规定标记为

| 特征代号 | 尺寸代号 | 公差等级代号 |-| 旋向 |

各项内容说明如下。

表 7.2　普通螺纹、梯形螺纹、锯齿形螺纹标注示例

标 记 示 例	标 注 示 例	标 记 说 明
M10×1.25-5g6g-S	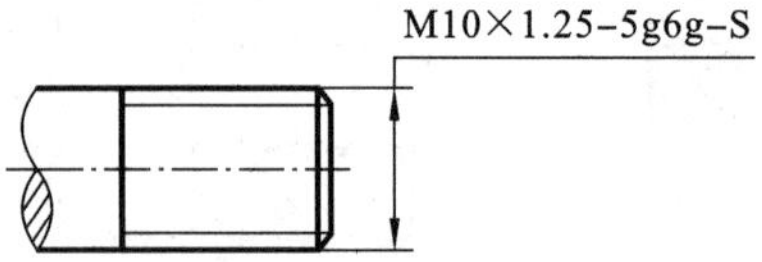 M10×1.25-5g6g-S	细牙普通螺纹,大径 10,螺距1.25,单线、中径、顶径公差带代号分别为5g、6g,短旋合长度,右旋
M10-6H	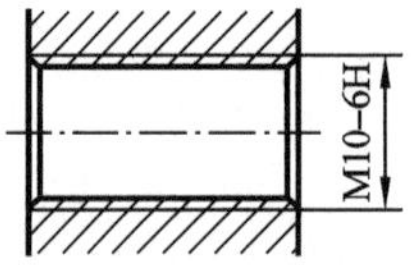 M10-6H	粗牙普通螺纹,大径 10,单线、中径、顶径公差带代号同为6H,中等旋合长度,右旋
M10-7h-LH	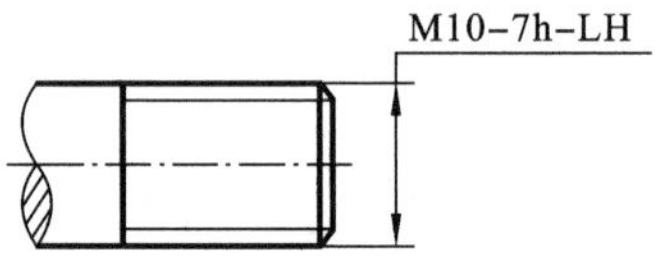 M10-7h-LH	粗牙普通螺纹,大径 10,单线、中径、顶径公差带代号同为7h,中等旋合长度,左旋
Tr40×14(P7)-7H-LH	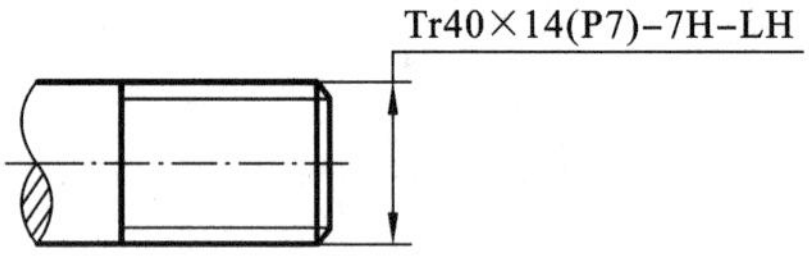 Tr40×14(P7)-7H-LH	梯形螺纹,公称直径 40,导程 14,螺距 7,双线,中径公差带代号为7H,中等旋合长度,左旋
B40×7-7e	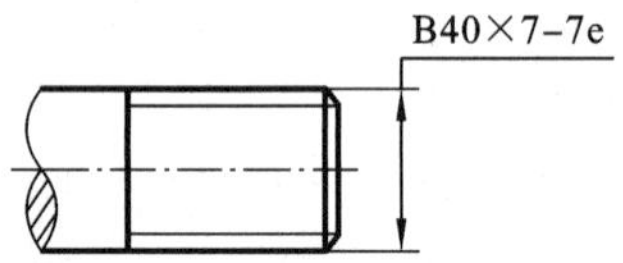 B40×7-7e	锯齿形螺纹,公称直径 40,螺距 7,单线,中径公差带代号为7e,中等旋合长度,右旋

(1) 非螺纹密封的圆柱管螺纹特征代号为"G",螺纹密封的圆柱内管螺纹特征代号为"Rp",螺纹密封的圆锥内管螺纹特征代号为"Rc",螺纹密封的圆锥外管螺纹特征代号为"R"。

(2) 尺寸代号用分数或整数的阿拉伯数字表示,它指的不是螺纹的大径,而是近似的管子直径,以英寸为单位。管螺纹的大径可以根据它的尺寸代号从标准中查得。

(3) 外管螺纹,分 A、B 两级进行标注,对于内管螺纹则不标记公差等级代号。

(4) 管螺纹不标右旋向,左旋则标"LH"。

(5) 管螺纹的标注采用斜向引线标注法,斜向引线一端指向螺纹大径。标注示例见表7.3所示。

表 7.3　管螺纹标注示例

标 记 示 例	标 注 示 例	标 记 说 明
G3/4	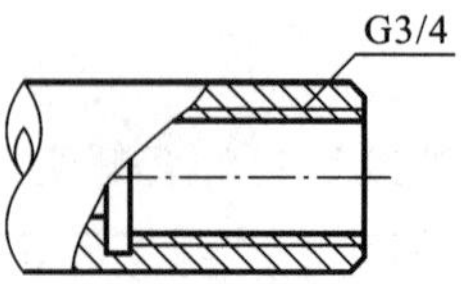 G3/4	非螺纹密封的圆柱内管螺纹,尺寸代号为3/4,右旋

续表

标 记 示 例	标 注 示 例	标 记 说 明
G1/2 A-LH	G1/2 A-LH	非螺纹密封的圆柱外管螺纹,尺寸代号为 1/2,公差等级为 A 级,左旋
Rp3/4	Rp3/4	螺纹密封的圆柱内管螺纹,尺寸代号为 3/4,右旋
Rc3/4	Rc3/4	螺纹密封的圆锥内管螺纹,尺寸代号为 3/4,右旋
R3/4	R3/4	螺纹密封的圆锥外管螺纹,尺寸代号为 3/4,右旋

4. 其他螺纹的标注

对于特殊螺纹,应该在螺纹特征代号前加注"特"字,并注明大径和螺距。对于非标准螺纹,需要画出牙型并标出所需尺寸。示例如图 7.15 所示。

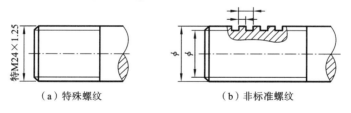

（a）特殊螺纹　　　　　　　　　（b）非标准螺纹

图 7.15　特殊和非标准螺纹的标注

7.2　螺纹紧固件及其连接的画法

采用螺纹结构进行连接和紧固的零件称为螺纹紧固件。螺纹紧固件的种类很多,常用的有螺栓、双头螺柱、螺钉、螺母和垫圈等。它们都属于标准件,结构形式及尺寸均已标准化,一般由标准件厂专业生产,使用时按规定标记直接外购即可。

7.2.1　常用螺纹紧固件的种类及标记

在国家标准中,螺纹紧固件均有相应规定的标记,其完整的标记由名称、标准编号、螺纹规格、性能等级或材料等级,以及热处理、表面处理代号组成,一般主要标记前四项。

常用的标记格式为

| 产品名称 | 标准编号 | 螺纹规格 | — | 性能等级 |

表 7.4 列出了部分常用螺纹紧固件及其规定标记,螺纹紧固件的详细结构尺寸见附录 A 的表 A.1。

表 7.4　常用螺纹紧固件及其标记

名　称	图　例	标　记	说　明
六角头螺栓		螺栓 GB/T 5782—2016 M8×35	A 级六角头螺栓,螺纹规格:$d=$ 8 mm,公称长度 $l=35$ mm
双头螺柱		螺柱 GB/T 898—1988 M10×35	A 型 $b_m=1.25d$ 的双头螺柱,螺纹规格:$d=10$ mm,旋入一端长度为 $b_m=12.5$ mm
螺钉		螺钉 GB/T 65—2000 M10×50	开槽圆柱头螺钉,螺纹规格:$d=$ 10 mm,公称长度 $l=50$ mm
六角螺母		螺母 GB/T 6170—2015 M10	A 级 Ⅰ 型六角螺母,螺纹规格:$d=10$ mm
平垫圈		垫圈 GB/T 97.1—2002 10—140HV	A 级平垫圈,螺纹规格:公称尺寸 $d=10$ mm,性能等级为 140HV(硬度)级
弹簧垫圈		垫圈 GB/T 93—1987 12	标准型弹簧垫圈,螺纹规格:公称尺寸 $d=12$ mm

7.2.2　常用螺纹紧固件的画法

绘制螺纹紧固件,一般有两种画法。

1. 查表画法

根据已知螺纹紧固件的规格尺寸,从相应的附录中查出各部分的具体尺寸。如绘制螺栓 GB 5782—2016 M20×60 的图形,可从附录 B 的表 B.1 中查到各部分尺寸:螺栓直径 $d=20$ mm,螺栓头厚 $k=12.5$ mm,螺纹长度 $b=46$ mm,公称长度 $l=60$ mm,六角头对边距 $s=30$ mm,六角头对角距 $e=39.98$ mm。

根据以上尺寸即可绘制螺栓零件图。

螺纹紧固件的画法

2. 近似画法

在实际画图中,常常根据螺纹公称直径 d、D 按比例关系计算出各部分的尺寸,近似画出螺纹紧固件。

垫圈的近似画法如图 7.16(a)所示,$d_2=2.2d$,$h=0.15d$,$d_1=1.1d$。

六角头螺栓的近似画法如图 7.16(b)所示,d、l 由结构确定,$b=2d$($l\leqslant2d$ 时 $b=l$),$e=2d$,$k=0.7d$,$r=0.15d$。

六角螺母的近似画法如图 7.16(c)所示,$e=2d$,$m=0.8d$。

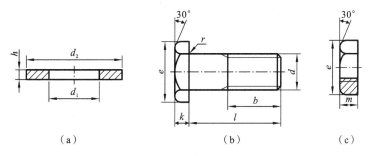

图 7.16　螺纹紧固件近似画法

用比例关系计算各部分尺寸作图比较方便,但如需在图中标注尺寸时,其数值仍需从相应的标准中查得。

螺栓及螺母头部有 30°倒角,因而六棱柱表面产生交线,其在空间的形状为双曲线,为绘制图形方便,一般用圆弧近似地代替,如图 7.17 所示。

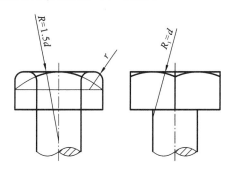

图 7.17　螺栓及螺母头部的近似画法

7.2.3　螺纹紧固件连接的画法

螺纹紧固件连接的基本形式有螺栓连接、双头螺柱连接、螺钉连接,如图 7.18所示。

螺纹紧固件
连接的画法

在绘制螺纹紧固件连接装配图样时,应符合下列规定。

(1) 两零件的接触面画一条线,非接触面画两条线。

(2) 互相邻接的两零件剖面线方向应相反,或者方向一致而间隔不等。

(3) 对于紧固件和实心零件(螺栓、螺柱、螺钉、螺母、垫圈、轴等),通过轴线的剖视图按不剖绘制,需要时可采用局部剖视图。

1. 螺栓连接及其装配图画法

螺栓连接常用的连接件有螺栓、螺母、垫圈。它用于被连接件都不太厚,能加工成通孔且

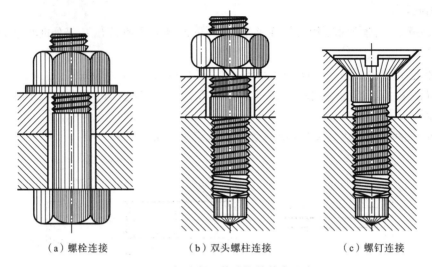

（a）螺栓连接　　　　　（b）双头螺柱连接　　　　　（c）螺钉连接

图 7.18　螺纹紧固件连接的基本形式

要求连接力较大的情况。在被连接件上预先加工出螺栓孔，孔径 d_0 应大于螺栓直径 d，装配时，将螺栓插入螺栓孔中，垫上垫圈，拧上螺母，完成螺栓连接。

如图 7.19 所示，螺栓连接装配图按照以下步骤进行绘制。

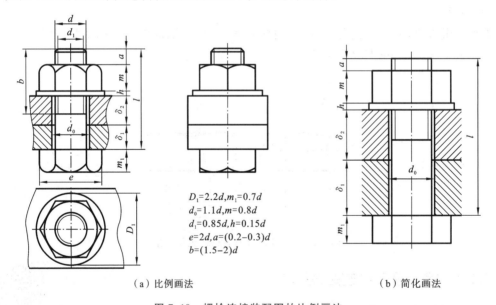

$D_1=2.2d, m_1=0.7d$
$d_0=1.1d, m=0.8d$
$d_1=0.85d, h=0.15d$
$e=2d, a=(0.2-0.3)d$
$b=(1.5-2)d$

（a）比例画法　　　　　　　　　　　　　　（b）简化画法

图 7.19　螺栓连接装配图的比例画法

（1）根据螺纹紧固件螺栓、螺母、垫圈的标记，由附录查得或按照近似画法确定它们的全部尺寸。

（2）确定螺栓的公称长度 l。螺栓的公称长度 l 可按下式估算：

$$l \geqslant \delta_1 + \delta_2 + h + m + a$$

式中：$a=(0.2 \sim 0.3)d$。

计算出 l 后再通过查标准，选取接近 l 的标准长度值作为公称长度。

画螺栓连接装配图时，应注意以下几点。

（1）被连接件的孔径 d_0 大于螺栓大径 d，取 $d_0=1.1d$。

　　(2) 剖视图中,被连接零件的接触面的投影线画至螺栓大径处。

　　(3) 螺栓的螺纹终止线应高于两零件的接触面,低于上端面。

　　(4) 螺母和螺栓的六角头的三个视图要符合投影关系。

2. 双头螺柱连接及其装配图画法

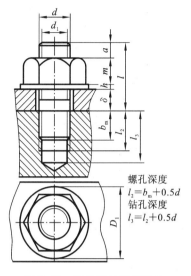

　　双头螺柱连接常用的连接件有双头螺柱、螺母、垫圈,一般用于被连接件之一较厚,不适合加工成通孔,其上部较薄零件加工成通孔,且要求受力较大的情况。用螺柱连接零件时,先将螺柱的旋入端旋入一个零件的螺孔中,再将另一个带孔的零件套入螺柱,然后放入垫圈,用螺母旋紧。

　　双头螺柱两端都带有螺纹。一端旋入较厚零件的螺孔中,称为旋入端;另一端穿过较薄零件的通孔,称为紧固端。

　　双头螺柱连接画法如图 7.20 所示,作图时要注意以下几点。

　　(1) 双头螺柱的有效长度可参考螺栓连接,按下式估算:

$$l \geqslant \delta + h + m + a$$

式中,$a = (0.2 \sim 0.3)d$,计算出 l 后再查标准,选取相近的标准长度。

图 7.20　双头螺柱连接画法

　　(2) 双头螺柱的旋入端长度 b_m 值与带螺孔的被连接件的材料有关,可参考表 7.5 选取。

表 7.5　双头螺柱旋入深度参考值

被旋入零件的材料	旋入端长度	国　标
钢、青铜	$b_m = d$	GB/T 897—1988
铸铁	$b_m = 1.25d$	GB/T 898—1988
	$b_m = 1.5d$	GB/T 899—1988
铝	$b_m = 2d$	GB/T 900—1988

　　(3) 机件上螺孔的螺纹深度应大于旋入端螺纹长度 b_m,画图时,螺孔的螺纹深度可按 $b_m + 0.5d$ 画出,钻孔深度可按 $b_m + d$ 画出。

　　(4) 旋入端的螺纹终止线必须与两连接件接触面平齐。

　　(5) 表示旋入端的内螺纹与外螺纹的大、小径线要对齐。

3. 螺钉连接画法

螺钉连接包括连接螺钉连接和紧定螺钉连接。

1) 连接螺钉连接

螺钉连接常用于连接受力不大的零件,被连接件其中之一有通孔,另一个为不通的螺纹孔。螺钉根据其头部形状的不同有多种形式,可参考附录。

螺钉连接的装配画法如图 7.21 所示,画图时应注意以下几点。

　　(1) 螺钉的有效长度 l 可按下式估算:

$$l = \delta + l_1$$

根据初步算出的 l 值,参考附录,在螺钉的标准中选取与其近似的标准值,作为最后确定的 l。

　　(2) 螺钉的旋入端长度 l_1 与带螺孔的被连接件的材料有关,可参照双头螺柱连接的旋入

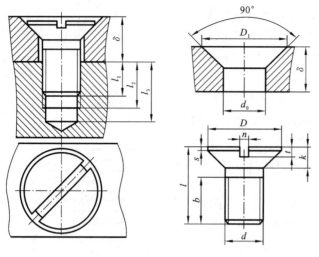

D 由作图确定，D_1 从手册中查出
$n=t=0.25d$, $s=0.1d$,
$k=0.5d$, $d_0=1.1d$, $b>b_m$
螺孔深度 $l_2=b_m+0.5d$
钻孔深度 $l_3=l_2+0.5d$

图 7.21　螺钉连接画法

端长度 b_m 值，近似选取 $l_1=b_m$。

（3）为使螺钉连接牢靠，螺钉的螺纹长度和螺孔的螺纹长度都应大于旋入深度 l_1。螺孔的螺纹长度可取 $l_1+0.5d$。被连接件的光孔直径可近似地画成 $1.1d$。

（4）为了使螺钉头能压紧被连接零件，螺钉的螺纹终止线应高出螺孔的端面，或在螺杆的全长上都有螺纹。

（5）螺钉头部的一字槽，在俯视图上画成与中心线成 $45°$。当图形中的槽宽小于或等于 2 mm 时，则应涂黑。

　　2）紧定螺钉连接

紧定螺钉的作用是使两零件的相对位置保持固定、防松，一般用于受力较小的场合。根据尾端的形状不同，紧定螺钉分为锥端紧定螺钉和圆柱端紧定螺钉。使用时，螺钉拧入一个零件的螺孔中，尾端压在另一个零件的凹坑或拧入另一个零件的小孔中。紧定螺钉连接画法如图 7.22 所示。

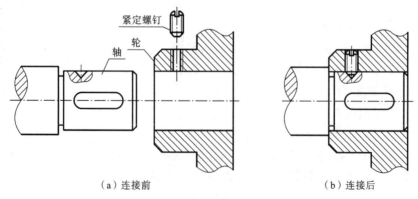

（a）连接前　　　　　　　　　　　　　　　（b）连接后

图 7.22　紧定螺钉连接画法

7.3 齿　轮

齿轮是工程中常用的传动件。齿轮传动装置可传递力和运动，改变运动方向和旋转速度。

按齿轮的形状和两齿轮轴线的相对位置的不同,齿轮分为圆柱齿轮、圆锥齿轮和蜗轮蜗杆,如图 7.23 所示。其中圆柱齿轮应用最为广泛,又分为直齿圆柱齿轮、斜齿圆柱齿轮和人字齿圆柱齿轮。下面主要介绍直齿圆柱齿轮的几何要素和规定画法。

齿轮

　　（a）直齿圆柱齿轮　　　（b）斜齿圆柱齿轮　　　　（c）圆锥齿轮　　　　（d）蜗轮蜗杆

图 7.23　常见的齿轮

7.3.1　直齿圆柱齿轮几何要素名称

直齿圆柱齿轮的齿向与齿轮轴线平行,图 7.24 所示为标准直齿圆柱齿轮各部分名称和代号。

（1）齿顶圆直径 d_a　过轮齿齿顶的圆柱面与端平面的交线称为齿顶圆,其直径用 d_a 表示。

（2）齿根圆直径 d_f　过轮齿齿根的圆柱面与端平面的交线称为齿根圆,其直径用 d_f 表示。

（3）分度圆直径 d　对于渐开线齿轮,过齿厚弧长 s 与齿槽弧长 e 相等处的圆柱面称为分度圆柱面。分度圆柱面与端平面的交线称为分度圆,其直径用 d 表示。

一对齿轮啮合安装后,在理想状态下,两个分度圆是相切的,此时的分度圆也称为节圆。

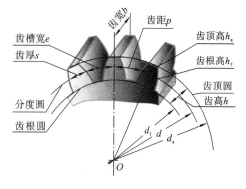

图 7.24　圆柱齿轮各部分名称及代号

（4）齿高 h　齿顶圆与齿根圆之间的径向距离,用 h 表示;齿顶高 h_a 是齿顶圆与分度圆之间的径向距离;齿根高 h_f 是齿根圆与分度圆之间的径向距离,$h=h_a+h_f$。

（5）齿距 p　分度圆上相邻两齿的对应点之间的弧长称为齿距,用 p 表示;齿厚 s 是一个齿的两侧齿廓之间的分度圆的弧长;齿槽宽 e 是一个齿槽的两侧齿廓之间的分度圆的弧长,标准齿轮 $p=s+e$。

（6）齿宽 b　沿齿轮轴线方向测量的轮齿的宽度。

7.3.2　直齿圆柱齿轮的基本参数计算

（1）齿数 z　一个齿轮的轮齿总数。

（2）模数 m　若齿轮的齿数用 z 表示,则分度圆的周长为 $\pi d=pz$,即 $d=pz/\pi$,式中 π 为无理数,为了计算和测量方便,令 $m=p/\pi$,称 m 为模数,其单位为 mm。

模数是设计和制造齿轮的一个重要参数。模数越大,轮齿越厚,齿轮的承载能力越大。为了便于设计和加工,国家标准中规定了齿轮模数的标准数值,见表 7.6。

表 7.6　渐开线圆柱齿轮的标准模数

第一系列	1,1.25,1.5,2,2.5,3,4,5,6,8,10,12,16,20,25,32,40,50
第二系列	1.125,1.375,1.75,2.25,2.75,3.5,4.5,5.5,(6.5),7,9,(11),14,18,22,28,(30),36,45

注:① 对斜齿轮是指法向模数。

　　② 应优先选用第一系列,其次选用第二系列,括号内的模数尽量不用。

(3)压力角 α　在端平面内,过端面齿廓与分度圆交点的径向直线与齿廓在该点的切线所夹的锐角。我国采用的压力角为 $20°$。

(4)传动比 i　主动齿轮转速 n_1(r/min)与从动齿轮转速 n_2(r/min)之比称为传动比,即 $i=n_1/n_2$。由于主动齿轮和从动齿轮单位时间里转过的齿数相等,即 $n_1 z_1 = n_2 z_2$,因此,传动比 i 也等于从动齿轮齿数 z_2 与主动齿轮齿数 z_1 之比,即

$$i = n_1/n_2 = z_2/z_1$$

(5)中心距 a　两啮合齿轮轴线之间的最短距离。

标准直齿圆柱齿轮各部分的尺寸都与模数有关,设计齿轮时,先确定模数 m 和齿数 z,然后根据表 7.7 中的计算公式计算出各部分尺寸。

表 7.7　直齿圆柱齿轮各基本尺寸的计算公式

名称及代号	公　　式	名称及代号	公　　式
分度圆直径 d	$d_1 = mz_1$；$d_2 = mz_2$	齿顶高 h_a	$h_a = m$
齿顶圆直径 d_a	$d_{a1} = m(z_1+2)$；$d_{a2} = m(z_2+2)$	齿根高 h_f	$h_f = 1.25m$
齿根圆直径 d_f	$d_{f1} = m(z_1-2.5)$；$d_{f2} = m(z_2-2.5)$	齿距 p	$p = \pi m$
齿高 h	$h = h_a + h_f = 2.25m$	中心距 a	$a = (d_1+d_2)/2$

注:表中 d_a、d_f、d 的计算公式适用于外啮合直齿圆柱齿轮传动。

7.3.3　圆柱齿轮的规定画法

本部分参考国标 GB/T 4459.2—2003《机械制图　齿轮表示法》。主要介绍齿轮的表示法,机械图样中齿轮的绘制。

1. 单个直齿圆柱齿轮画法

单个直齿圆柱齿轮常采用全剖的主视图和投影为圆的左视图两个视图表达,如图 7.25 所示。

规定画法:

(1)齿顶圆和齿顶线用粗实线绘制;分度圆和分度线用细点画线绘制;齿根圆用细实线绘制或省略不画,如图 7.25(d)所示。

(2)在视图中,齿根线用细实线绘制或省略不画,如图 7.25(a)所示;剖视图中,齿根线用粗实线绘制,如图 7.25(b)所示。

(3)在剖视图中,轮齿按不剖处理。

(4)对于斜齿轮,可用与齿轮方向相同的三条细实线表示,如图 7.25(c)(d)所示。

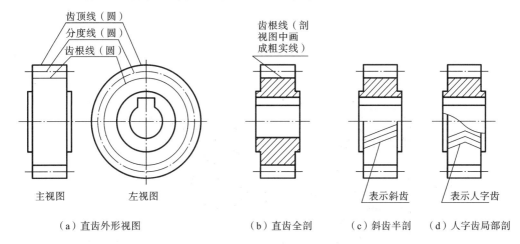

（a）直齿外形视图　　　　　　（b）直齿全剖　　　（c）斜齿半剖　　（d）人字齿局部剖

图 7.25　单个直齿圆柱齿轮画法

2. 直齿圆柱齿轮副啮合画法

两个标准齿轮啮合传动时,两齿轮分度圆相切并做纯滚动。一对圆柱齿轮的啮合通常用全剖的主视图和投影为圆的左视图来表达,如图 7.26(a)所示。

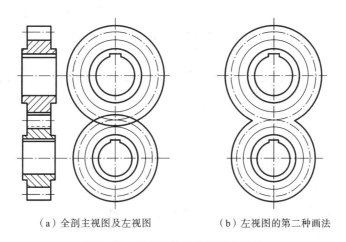

（a）全剖主视图及左视图　　　　　　（b）左视图的第二种画法

图 7.26　直齿圆柱齿轮副啮合画法

规定画法:

(1) 在投影为圆的左视图中,用细点画线绘制两个相切的分度圆,用粗实线绘制齿顶圆,用细实线绘制齿根圆或省略不画;啮合区的齿顶圆和齿根圆可不画,如图 7.26(b)所示。

(2) 全剖非圆的主视图中,轮齿部分按不剖处理,用粗实线绘制齿顶线和齿根线,用细点画线绘制分度线。

(3) 在非圆剖视图中的啮合区,两圆分度线重合,用细点画线绘制;被遮挡的轮齿齿顶线用细虚线画出或不画,如图 7.26(a)所示。

3. 齿轮零件图

图 7.27 为一齿轮的零件图,其按照齿轮的规定的标准画法绘制,图中右上角为齿轮的相关参数,一般情况还会在此基础之上增加齿轮质量要求的其他技术指标,在此没有标出。

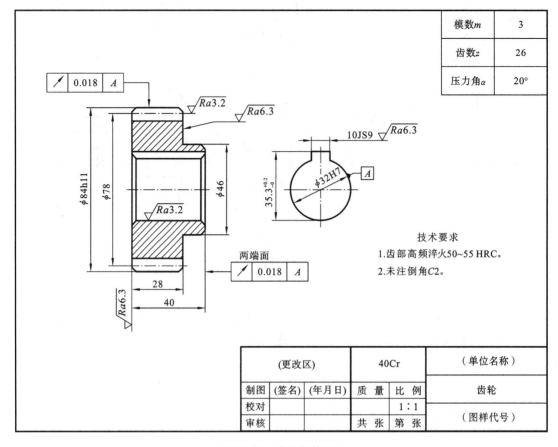

模数m	3
齿数z	26
压力角α	20°

技术要求
1.齿部高频淬火50~55 HRC。
2.未注倒角C2。

（更改区）			40Cr		（单位名称）
制图	(签名)	(年月日)	质　量	比　例	齿轮
校对				1：1	
审核			共　张	第　张	（图样代号）

图 7.27　齿轮零件图

7.4　键　与　销

键和销都是标准件。键用于连接轴和轴上传动件(齿轮、带轮等)，使轴和
传动件轴向不发生相对运动，以实现传动扭矩的作用。销常用以固定零件间的相对位置和进
行连接。如图 7.28 所示为键连接的示意图。本部分所示键连接画法主要参考国标 GB/T
1095—2003 和 GB/T 1096—2003。

图 7.28　键连接示意图

7.4.1　键连接

1. 键的形式和规定标记

常用键按结构形式分有普通平键、半圆键、钩头楔键等。其中以普通平键最为常见，又可

分为圆头普通平键(A 型)、方头普通平键(B 型)、单圆头普通平键(C 型)。各种常用键的简图及标记如表 7.8 所示。

表 7.8　常用键的形式和标记

名称及标准号	简　　图	标记及说明
普通平键 GB/T 1096—2003		GB/T 1096 键 18×11×100 A 型圆头普通平键,键宽 $b=18$ mm、高度 $h=11$ mm、长度 $L=100$ mm
半圆键 GB/T 1099.1—2003		GB/T 1099.1 键 6×10×25 半圆键,键宽 $b=6$ mm,高度 $h=10$ mm,直径 $d=25$ mm
钩头楔键 GB/T 1565—2003		GB/T 1565 键 16×100 钩头楔键,键宽 $b=16$ mm,高度 $h=10$ mm,长度 $L=100$ mm

2. 键连接的画法

键的公称尺寸 $b×h$ 可根据轴径从标准中直接查得,键的长度 L 根据轴上传动件的轮毂长度从标准长度系列里选定。

1) 键槽的画法及标注

轴或轮毂上的键槽主视图常采用局部剖视图或全剖视图,并配合断面图来表达,如图 7.29(a)、(b)所示分别为轴上键槽和轮毂上键槽的表示方法。

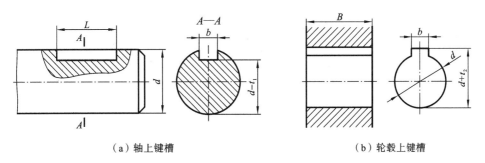

（a）轴上键槽　　　　　　　　　　　　　（b）轮毂上键槽

图 7.29　键槽的画法和标注

2) 键连接的画法

键连接的装配图常采用剖视图和断面图来表达。如图 7.30 所示分别为普通平键、半圆键、钩头楔键连接的画法。普通平键和半圆键两侧面是工作面,两侧面和键槽紧密配合,画图时侧面是一条线;键的顶部和轮毂键槽有一空隙,画图时顶面是两条线。钩头楔键工作面是上下两面,分别与轴和轮毂的键槽底部紧密配合,画图时上下面是一条线;侧面与键槽画图时也是一条线;键的纵向剖切按不剖画,横向剖切需画剖面线。

图 7.31 所示为花键画法。平键连接常用于具有过盈配合的齿轮或联轴器与轴的连接。

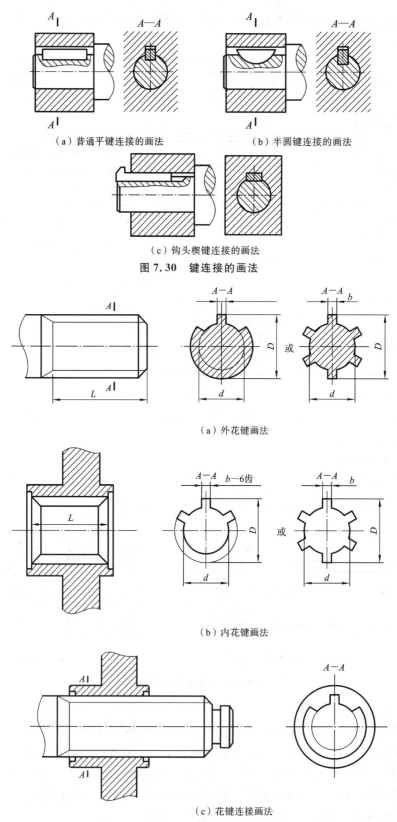

（a）普通平键连接的画法　　　　　　　（b）半圆键连接的画法

（c）钩头楔键连接的画法

图 7.30　键连接的画法

（a）外花键画法

（b）内花键画法

（c）花键连接画法

图 7.31　花键画法

而通常花键连接是没有过盈的,故被连接零件需要轴向固定。花键连接由内花键和外花键组成。内、外花键均为多齿零件,在内圆柱表面上的花键为内花键,在外圆柱表面上的花键为外花键。由于结构形式和制造工艺的不同,与平键连接比较,花键连接在强度、工艺和使用方面有以下特点:因为在轴上与毂孔上直接而均匀地制出较多的齿与槽,故花键连接受力较为均匀;因槽较浅,齿根处应力集中较小,轴与毂的强度削弱较少;齿数较多,总接触面积较大,因而可承受较大的载荷;轴上零件与轴的对中性好,这对高速及精密机器很重要;导向性好,这对动连接很重要;可用磨削的方法提高加工精度及连接质量;制造工艺较复杂,有时需要专门设备,成本较高。适用场合:定心精度要求高、传递转矩大或经常滑移的连接。

花键的画法参考国标 GB/T 4459.3—2000《机械制图　花键画法》。

在机械制图中,花键的键齿作图比较烦琐。为提高制图效率,许多国家都制定了花键画法标准,国际上也制定有 ISO 标准。中国机械制图国家标准规定:对于矩形花键,其外花键在平行于轴线的投影面的视图中,大径用粗实线、小径用细实线绘制(见图 7.31(a));内花键在平行于轴线的投影面的剖视图中,大径和小径都用粗实线绘制(见图 7.31(b))。花键的工作长度的终止端和尾部长度的末端均用细实线绘制。对于渐开线花键,画法基本上与矩形花键相同,但需用点画线画出其分度圆和分度线。

7.4.2　销连接

本部分销连接的画法主要参考国标 GB/T 119.1—2000、GB/T 119.2—2000、GB/T 91—2000 和 GB/T 117—2000。

1. 销的形式和规定标记

常用的销有圆柱销、圆锥销和开口销等,它们的形式和标记如表 7.9 所示。

表 7.9　销的形式和规定标记

名称及标准号	简　图	标记及说明
圆柱销 GB/T 119.1—2000 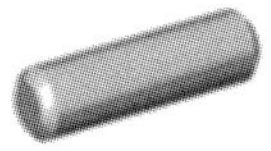	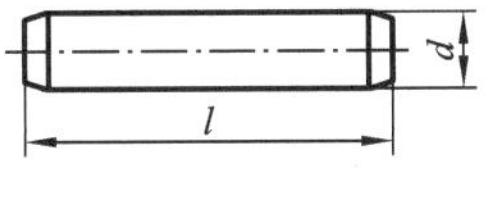	销 GB/T 119.1　6×30 公称直径 $d=6$ mm,长度 $l=30$ mm
圆锥销 GB/T 117—2000 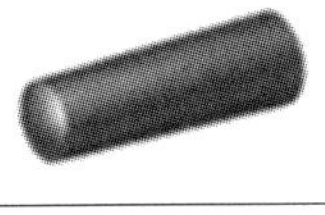	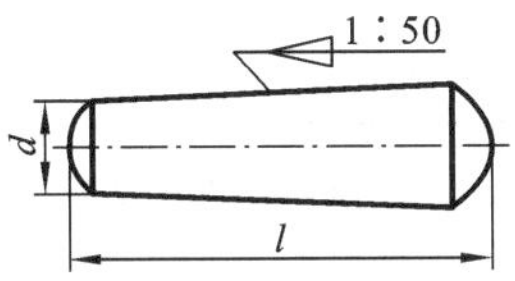	销 GB/T 117　6×30 公称直径 $d=6$ mm,长度 $l=30$ mm
开口销 GB/T 91—2000 	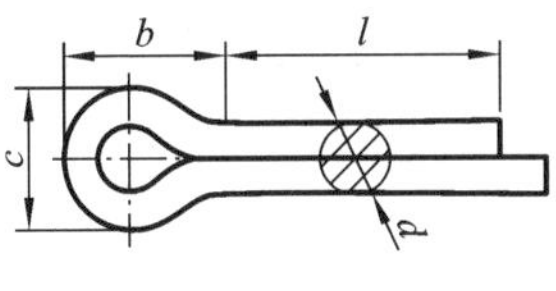	销 GB/T 91　8×45 公称直径 $d=8$ mm,长度 $l=45$ mm

2. 销连接的画法

销连接的画法如图 7.32 所示,分别为圆柱销和圆锥销连接的画法。销连接常采用剖视图表达,当剖切面通过销的轴线时,销按不剖绘制。另外,用销连接的两个零件上的销孔通常需要一起加工,因此,在图样中标注销孔尺寸时一般要注写"配作"。

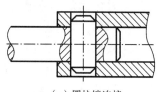

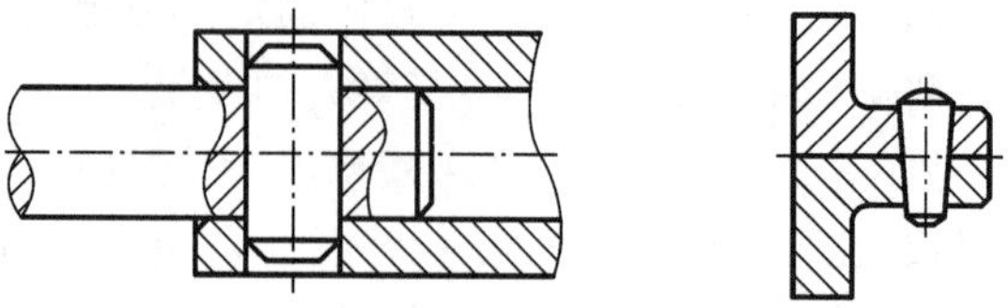

（a）圆柱销连接　　　（b）圆锥销定位

图 7.32　销连接的画法

滚动轴承

7.5　滚　动　轴　承

7.5.1　滚动轴承的结构、分类和代号

本部分内容参考国家标准 GB/T 4409.7—1998《机械制图　滚动轴承表示法》。

滚动轴承用于支承旋转轴，是标准件。滚动轴承结构紧凑，摩擦力小，能在较大的载荷、转速及较高精度范围内工作，已被广泛应用在机器、仪表等多种产品中。

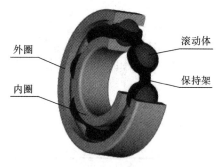

外圈

内圈

滚动体

保持架

图 7.33　滚动轴承的组成

1. 滚动轴承的结构和分类

滚动轴承由内圈、外圈、滚动体和保持架等组成，如图 7.33 所示。最常用的有深沟球轴承、圆锥滚子轴承、角接触球轴承和推力球轴承等。一般情况下，轴承外圈装在机座的孔内，内圈套在轴上，外圈固定不动而内圈随轴转动。

滚动轴承按承受力的方向分为三类。

（1）向心轴承：主要承受径向载荷。

（2）推力轴承：只承受轴向载荷。

（3）向心推力轴承：能同时承受径向载荷和轴向载荷。

2. 滚动轴承的代号

不同结构形式和特点的滚动轴承可由数字加字母的代号来表示。滚动轴承的代号由前置代号、基本代号、后置代号顺序组成。排列如下：

前置代号　　基本代号　　后置代号

基本代号是轴承代号的基础，表示轴承的基本类型和结构尺寸，由轴承类型代号、尺寸系列代号和内径代号组成。排列如下：

轴承类型代号　　尺寸系列代号　　内径代号

轴承类型代号由数字或字母组成，如深沟球轴承代号为 6，圆锥滚子轴承代号为 3，角接触球轴承代号为 7 等，其他具体可查阅相关标准。

尺寸系列代号由轴承的宽(高)度系列代号和直径系列代号组成，用两位阿拉伯数字表示，用于区别内径相同而宽度和外径不同的轴承。

内径代号用于表示轴承的内径，用两位阿拉伯数字表示。当轴承的公称内径为 20～480 mm(22 mm、28 mm、32 mm 除外)时，内径除以 5 的商即为内径代号(商为个位数时，在左边加 0)；当公称内径大于等于 22 mm、28 mm、32 mm 和 500 mm 时，其代号用内径毫米数直接表示,并用"/"与尺寸系列代号分开;当公称内径为 10 mm、12 mm、15 mm、17 mm 时,代号分别为 00、01、02、03。

前置代号和后置代号在轴承的结构形状、尺寸、公差、技术要求等有变化时在基本代号的前后添加,具体含义和标记方法可查阅相关标准。

标注示例:

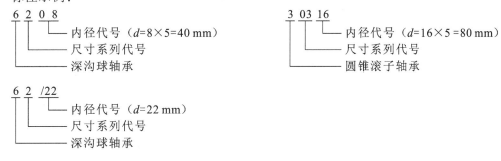

7.5.2　滚动轴承的画法

根据滚动轴承的代号可以确定轴承结构的主要尺寸,进而可以采用规定画法或特征画法两种方法绘制滚动轴承,但在同一图样中一般只采用一种画法。常用滚动轴承的画法如表 7.10 所示。

在规定画法和特征画法中的各种符号、矩形线框和轮廓线均采用粗实线绘制。

采用规定画法画滚动轴承的剖视图时,轴承的滚动体不画剖面线,其各套圈可画成方向和间距相同的剖面线。在不引起误解时,可允许不画。

表 7.10　常用滚动轴承的画法

轴承类型	结构形式	规定画法	特征画法
深沟球轴承 GB/T 276—2013 类型代号:6 主要尺寸:D、d、B			
圆锥滚子轴承 GB/T 297—1994 类型代号:3 主要尺寸 D、d、T			

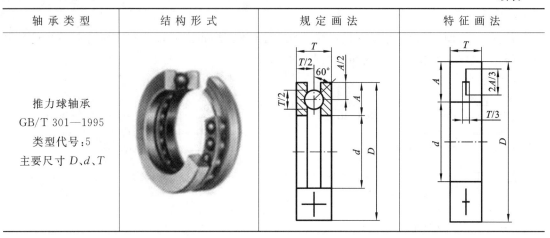

轴承类型	结构形式	规定画法	特征画法
推力球轴承 GB/T 301—1995 类型代号:5 主要尺寸 D、d、T			

装配图中滚动轴承的画法如图 7.34 所示。

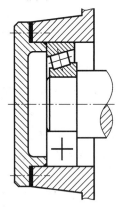

图 7.34　装配图中滚动轴承的画法

7.6　弹　　簧

7.6.1　弹簧的用途和类型

本部分参考国家标准 GB/T 4459.4—2003《机械制图　弹簧的表示法》。

弹簧是一种常用件,是在机械中广泛地用来减振、夹紧、储存能量和测力的零件。

弹簧的种类很多,如图 7.35 所示为常见的弹簧种类。常见的有螺旋弹簧、涡卷弹簧和板弹簧等,其中螺旋弹簧应用最多。螺旋弹簧按用途又分为压缩弹簧、拉伸弹簧和扭力弹簧。本节重点介绍圆柱螺旋压缩弹簧的各部分名称和画法。

7.6.2　圆柱螺旋压缩弹簧的名称和尺寸关系

圆柱螺旋压缩弹簧由钢丝绕成,一般将两端并紧后磨平,使其端面与轴线垂直,便于支承,并紧磨平的若干圈不产生弹性变形,称为支承圈,通常支承圈圈数有 1.5、2、2.5 三种,以 2.5 圈的最为常见。

圆柱螺旋压缩弹簧的参数如图 7.36 所示。

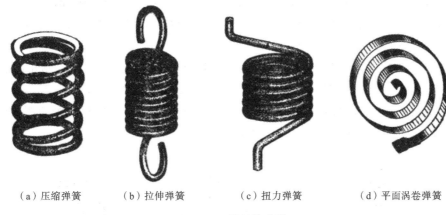

（a）压缩弹簧　　（b）拉伸弹簧　　（c）扭力弹簧　　（d）平面涡卷弹簧

图 7.35　常用的弹簧

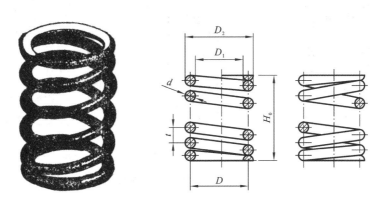

图 7.36　圆柱螺旋压缩弹簧的参数

（1）弹簧钢丝直径 d　制造弹簧的金属丝的直径。

（2）弹簧外径 D_2　弹簧的最大直径。

（3）弹簧内径 D_1　弹簧的最小直径，$D_1 = D_2 - 2d$。

（4）弹簧中径 D　弹簧的平均直径，$D = D_2 - d$。

（5）弹簧节距 t　除支承圈外，相邻两有效圈上对应点间的轴向距离。

（6）有效圈数 n　弹簧中参加弹性变形、进行有效工作的圈数。

（7）总圈数 n_1　$n_1 = n +$ 支承圈数。

（8）自由高度 H_0　弹簧并紧磨平后在不受外力情况下的全部高度。

支承圈为 2.5 时，$H_0 = nt + 2d$；

支承圈为 2 时，$H_0 = nt + 1.5d$；

支承圈为 1.5 时，$H_0 = nt + d$。

7.6.3　弹簧的规定画法

弹簧的规定画法如下。

（1）在平行于螺旋弹簧轴线的视图中，弹簧各圈的轮廓不必按螺旋线的真实投影画出，而是用直线来代替螺旋线的投影，如图 7.36 所示。

（2）螺旋弹簧均可画成右旋，但左旋弹簧不论画成左旋或右旋，一律要加注旋向"左"字。

（3）有效圈数在 4 圈以上的螺旋弹簧，中间各圈可以省略，只画出其两端的 1～2 圈（不包括支承圈），中间只需用通过弹簧钢丝剖面中心的细点画线连起来。省略后，允许适当缩小图形的高度，但应注明弹簧的自由高度。

（4）在装配图中，螺旋弹簧被剖切后，不论中间各圈是否省略，被弹簧挡住的结构一般不画，其可见部分应从弹簧的外轮廓线或从弹簧钢丝剖面的中心线画起，如图 7.37(a)所示。

（5）在装配图中，当弹簧钢丝的直径在图上等于或小于 2 mm 时，其断面可以涂黑表示，如图 7.37(b)所示，或采用图 7.37(c)的示意画法。

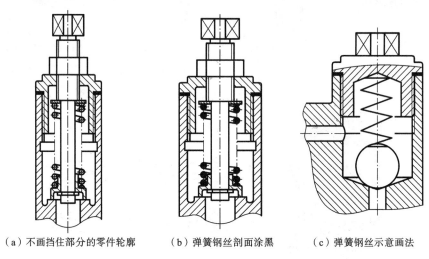

（a）不画挡住部分的零件轮廓　　　（b）弹簧钢丝剖面涂黑　　　（c）弹簧钢丝示意画法

图 7.37　装配图中弹簧的画法

对于两端并紧、磨平的圆柱螺旋压缩弹簧，已知钢丝直径 d，弹簧外径 D_2，弹簧节距 p，有效圈数 n，支承圈数，右旋，画图步骤如下。

（1）根据计算出的弹簧中径及自由高度 H_0，画出弹簧的整体轮廓矩形，如图 7.38(a)所示。

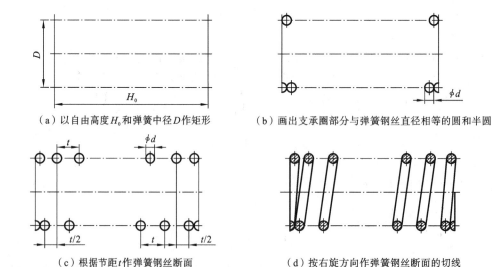

（a）以自由高度 H_0 和弹簧中径 D 作矩形　　　（b）画出支承圈部分与弹簧钢丝直径相等的圆和半圆

（c）根据节距 t 作弹簧钢丝断面　　　（d）按右旋方向作弹簧钢丝断面的切线

图 7.38　圆柱螺旋压缩弹簧的画图步骤

（2）在中心线上画出弹簧支承圈的圆，如图 7.38(b)所示。

（3）根据节距画有效圈部分的弹簧钢丝断面，如图 7.38(c)所示。

（4）按右旋方向作相应圆的公切线及剖面线，即完成作图，如图 7.38(d)所示。

7.6.4　圆柱螺旋压缩弹簧的标记

圆柱螺旋压缩弹簧标记的组成和格式，规定如下：

$$\boxed{类型代号}—d\times D\times H_0\ \boxed{精度代号}\ \boxed{旋向代号}\ \ GB/T\ 2089$$

国家标准规定：两端圈并紧磨平的冷卷压缩弹簧用"YA"表示，两端圈并紧制扁的热卷压缩弹簧用"YB"表示；弹簧规格为材料直径×弹簧中径×自由高度（即 $d\times D\times H_0$）表示；制造精度分为 2 级和 3 级，2 级精度制造不表示，3 级精度制造应注明"3"；旋向代号左旋应注明为"左"，右旋不表示。

标记示例：YA 型弹簧，材料直径为 1.2 mm，弹簧中径为 8 mm，自由高度为 40 mm，精度等级为 2 级，左旋的两端并紧磨平的冷卷压缩弹簧，其标记为"YA—1.2×8×40 左 GB/T 2089"。

7.6.5　弹簧的零件图

圆柱螺旋压缩弹簧的零件图中，图形一般采用两个或一个视图表示。

图 7.39 所示为圆柱螺旋压缩弹簧的零件图。弹簧零件图上除了画出必要的视图外，一般还应：

（1）标注弹簧的参数。弹簧的参数应直接标注在图形上，当直接标注有困难时可在"技术要求"中说明。

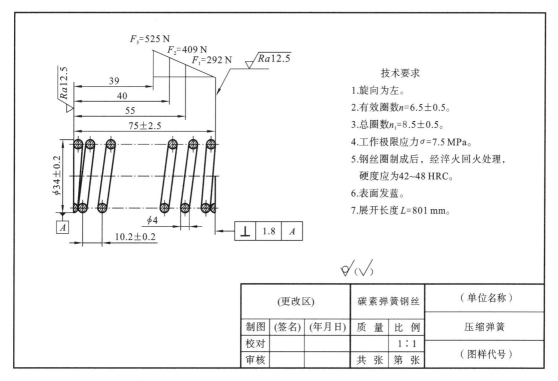

图 7.39　圆柱螺旋压缩弹簧零件图

（2）表明弹簧的力学性能。一般用图解方式表示弹簧的力学性能,圆柱螺旋压缩弹簧和拉伸弹簧的力学性能曲线均画成直线,标注在主视图上方,并用粗实线绘制。其中,F_1 为弹簧的预加载荷,F_2 为弹簧的最大载荷,F_3 为弹簧的允许极限载荷。

（3）当某些弹簧只需给定刚度要求时,允许不画力学性能图,而在"技术要求"中说明刚度要求。

第8章 零件图

8.1 零件图的内容

任何机器或者部件都是由若干个零件按一定的装配关系及技术要求装配而成的。

球阀(见图8.1)是管道系统中控制流量和启闭的部件,共由13种零件组成。当球阀的阀芯轴线与阀体的水平轴线对齐时,阀门全部开启,管道畅通;转动扳手带动阀杆和阀芯转动90°,则阀门全部关闭,管道断流。

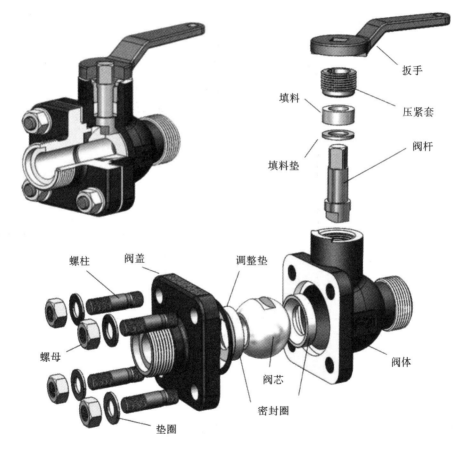

图 8.1 球阀

零件是组成机器的最小单元体。设计机器时要考虑每个零件的设计,制造机器时也以零件为基本制造单元。

表达单个零件结构形状、尺寸大小和技术要求的图样称零件工作图,简称零件图。零件图是制造和检验零件的依据,是直接用于指导生产的重要技术文件。除标准件外,其余零件一般均应绘制零件图。

如图 8.2 所示,一张完整的零件图应包括以下四项内容。

(1)一组视图　采用必要的视图、剖视图、断面图、局部放大图及其他规定画法,正确、完整、清晰地表达零件的内外结构形状。

(2)完整的尺寸　应正确、完整、清晰、合理地标注出满足零件在制造、检验、装配时所必需的全部尺寸。

(3)技术要求　用规定的符号、代号、标记和简要的文字表达出零件在制造、检验时所应达到的各项技术指标和要求,如几何公差、表面粗糙度、热处理和表面处理等要求。

(4)标题栏　一般在零件图的右下角,用标题栏表明零件名称、材料、绘图比例、图样编号以及设计、审核等人的签名和日期等。

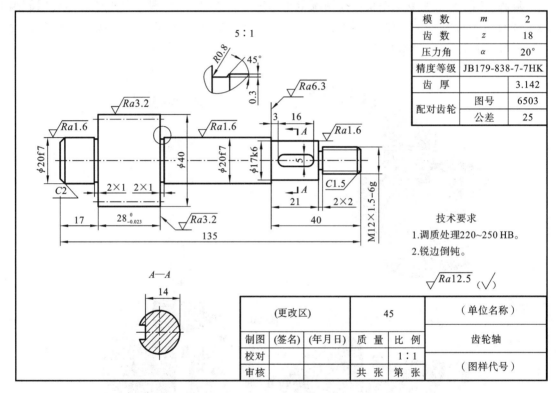

图 8.2　零件图

8.2　零件图的视图选择

不同的零件有不同的结构形状,要将零件的结构形状正确、完整、清晰地表达出来,关键在于抓住零件的结构特点,灵活应用表达方法。

在选择视图时,首先选择好主视图;再选一组合适的其他视图。

设计零件图时通常考虑多个方案,经过认真分析、对比,选择一个较好的表达方案。

8.2.1　主视图的选择

主视图是一组视图的核心,主视图的选择是否正确与合理,直接影响到其他视图的数量与配置,也影响到读图的方便与图纸的合理利用。选择主视图时,应考虑以下两个方面。

1. 确定零件的安放位置

画零件的主视图时,零件的安放位置一般有两种。

(1)加工位置 主视图的安放位置与零件在主要加工工序的装夹位置一致,以便于制造者看图。如主要在车床或外圆磨床上加工的轴、套、轮盘等零件,一般应按加工位置画主视图。

(2)工作位置 将主视图按照零件在机器或部件中工作时的位置放置,这样容易想象零件在机器或部件中的作用,也便于指导安装。如支座、箱体等零件,它们的结构形状比较复杂,加工工序较多,加工时的装夹位置经常变化,故一般应按工作位置画主视图。

2. 确定零件的主视图投射方向

在零件的安放位置确定后,应选择尽可能多地展现零件内、外结构及组成零件各形体之间的相对位置关系的方向作为零件的主视图投射方向。

8.2.2 其他视图选择

主视图选定以后,还需要采用其他视图配合主视图,把主视图没有表达清楚的结构形状进一步表达。力求在完整、清晰地表达出零件结构形状的前提下,尽可能减少视图的数量。要使每一个视图都有表达的重点内容,具有独立存在的意义,几个视图互相补充而不重复。

在选择视图时,优先选择基本视图以及在基本视图上作适当的剖视。对于次要结构和局部结构可采用局部视图、断面图等辅助视图来表达。

8.2.3 典型零件的视图选择

零件的结构形状多种多样,根据其在部件中所起的作用及加工工艺等,零件可大体分为轴套类、盘盖类、叉架类、箱体类四种类型,每一类零件中各种零件的结构都有一些共同点,在视图选择和尺寸标注方面都有共同之处,下面分别讨论各类零件的结构特点和视图的选择。

1. 轴套类零件

轴套类零件包括各种轴、丝杠、套筒等,在机器中主要用来支承传动件(如齿轮、带轮等),实现旋转运动并传递动力。

1)结构特点

轴套类零件大多数由同轴线、不同直径的数段回转体组成,轴向尺寸比径向尺寸大得多。这类零件一般起支承轴承、传动零件的作用。轴上常有一些典型工艺结构,如倒角、倒圆、轴肩、键槽、销孔、退刀槽、越程槽、螺纹等,其形状和尺寸大部分已标准化,如图 8.3 所示的轴即为轴套类零件。

2)表达方法

轴套类零件一般在车床或磨床上加工,通常根据加工位置将轴线水平横放作为主视图来表达零件的主体结构,大头在左、小头在右,键槽和孔结构可以朝前或朝上。

轴套类零件主要结构是回转体,一般只画一个主视图。对于零件上的键槽、孔等,可作出移出断面。砂轮越程槽、退刀槽、中心孔等可用局部放大图表达。

如图 8.3 所示的轴,采用加工位置作为安放位置作的主视图,表达长度方向的结构形状,两个移出断面图表达了两个键槽的结构形状,一个局部放大图表达了螺纹退刀槽的结构形状,

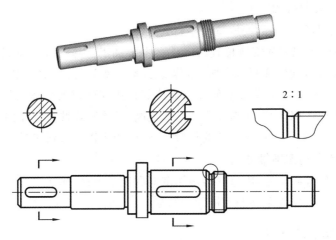

图 8.3　轴套类零件的视图选择

以便标注尺寸和技术要求。

2. 轮盘类零件

轮盘类零件包括各种齿轮、带轮、手轮、端盖、盘座、法兰盘等,轮一般用来传递动力和扭矩,盘主要起支承、轴向定位以及密封等作用。

1) 结构特点

轮盘类零件主体结构大部分为回转体,其径向尺寸较大,轴向尺寸较短,呈扁平的盘状。为加强结构连接的强度,常有肋板、轮辐等连接结构;为便于安装、紧固,一般有一个端面是与其他零件连接的重要接触面。如图 8.4 所示的阀盖零件即为轮盘类零件。

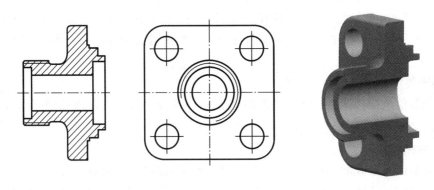

图 8.4　阀盖零件的视图选择

2) 表达方法

轮盘类毛坯多为铸件,主要的加工方法有车削、刨削或铣削。在视图选择时,一般采用两个基本视图,以车削加工为主的零件将轴线水平放置来作主视图,根据结构形状及位置再选用一个左视图(或右视图)来表达轮盘零件的外形和安装孔的分布情况。主视图常采用全剖视图来表达内部结构,有肋板、轮辐结构的常采用断面图来表达其断面形状,细小结构采用局部放大图表达。

如图 8.4 所示的阀盖,主视图选择加工位置的全剖视图,表达零件的内、外总体结构形状和大小,左视图用外形视图表达了带圆角的方形凸缘及其四个角上的通孔和其他可见的轮廓形状。

3. 叉架类零件

叉架类零件结构形状差异很大,大部分有倾斜结构。如拨叉、连杆、拉杆和支架等,一般用来操作机构、调节速度,以及用于支承和连接等。

1)结构特点

叉架类零件一般由连接部分、工作部分和安装部分三部分组成,多为铸造件和锻造件,表面多为铸锻表面,而内孔、接触面则是机加工面,加工位置多变。连接部分由工字形、T 形或 U 形肋板等结构组成。工作部分常是圆筒状,上面有较多的细小结构,如油孔、油槽、螺孔等。安装部分一般为板状,上面布有安装孔,常有凸台和凹坑等工艺结构。

2)表达方法

叉架类零件结构比较复杂,加工位置多有变化。在选择主视图时,这类零件一般根据工作位置、安装位置和形状特征综合考虑来确定主视图投射方向,通常还要选择一个或两个其他基本视图。由于叉架零件的连接结构常是倾斜或不对称的,还需要采用斜视图、局部视图、局部剖视图、断面图等组成一组视图来表达。

如图 8.5 所示的支架,主视图选择工作位置,采用局部剖视图表达底脚孔和上部调整孔的结构形状;采用移出断面表达连接部分的断面结构形状。左视图表达了主视图尚未表达清楚的安装孔的相对位置,并采用局部剖视图表达了工作部分的光孔的结构形状,采用细虚线表达底板后面的形状,使固定部分的底板形状更加清晰,便于读图时理解。

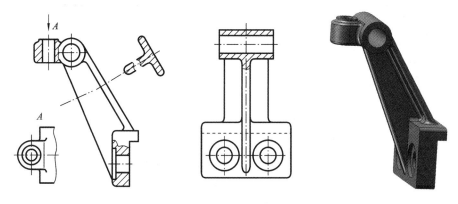

图 8.5　叉架类零件的视图选择

4. 箱体类零件

箱体类零件结构形状复杂且体积较大,多为铸件,在机器或部件中起容纳、支撑、密封和定位等作用,如箱体、泵体、阀体、机座等。

1)结构特点

为了能够支承和容纳其他零件,箱体类零件常有比较复杂的内腔和外形结构,箱壁上常带有轴承孔、凸台、肋板等结构;为了能安装在机座上,以及将箱盖、轴承盖安装在其上,箱体类零件常有安装底板、螺栓孔和螺孔;为符合铸件制造工艺特点,安装底板和箱壁、凸台外部常有起模斜度、铸造圆角、壁厚均匀等铸造工艺结构。如图 8.6 所示的阀体零件即箱体类零件。

2) 表达方法

由于箱体零件结构复杂,加工工序较多,加工位置多有变化,在选择主视图时,主要是根据箱体零件的工作位置及形状特征综合考虑。通常需要 3～4 个基本视图,每个视图都应有表达重点,并采用全剖视图、局部剖视图来表达箱体的内部结构。还常用局部视图、斜视图和规定画法等来表达局部外形。

如图 8.6 所示的阀体是球阀中的一个主要零件。主视图采用全剖视图,主要表达了内部结构特点;为进一步表达阀体内、外形状特征,左视图采用半剖视图,表达左侧带圆角的方形凸缘及四个螺孔的位置、大小,以及中间部分的内外圆柱体结构;俯视图采用外形视图,进一步表达外形,以及顶端的 90°扇形限位块。

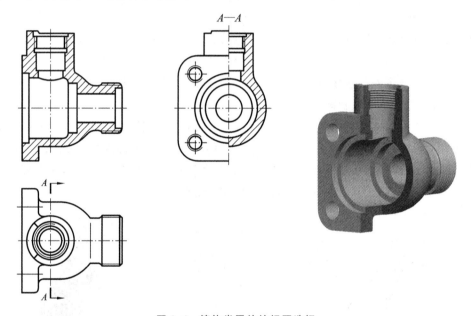

图 8.6　箱体类零件的视图选择

8.3　零件图的尺寸标注

零件图尺寸标注,除应做到正确、完整、清晰外,还要做到合理。所谓"合理",是指所标注的尺寸既要满足设计要求,以保证零件在机器中的功能;又要符合工艺要求,以便于零件的加工、测量和检验。要合理地标注尺寸,需要有较多的生产实践经验和有关的专业知识,这里仅介绍一些合理标注尺寸的基本知识。

8.3.1　尺寸基准

零件在设计、制造和检验时,计量尺寸的起点称为尺寸基准。它通常选用零件上的某些点、线、面。根据基准的作用,基准可分为设计基准和工艺基准两大类。

1. 设计基准

根据零件在机器中的作用和结构特点,为保证零件的设计要求而选定的一些基准称为设计基准。从设计基准出发标注尺寸,可以直接反映设计要求,能满足零件在部件中的功能要求。

2. 工艺基准

在加工和测量零件时,用来确定零件上被加工表面位置的基准称为工艺基准。从工艺基准出发标注尺寸,可直接反映工艺要求,便于保证加工和测量的要求。

8.3.2 基准的选择

在标注尺寸时,最好把设计基准和工艺基准统一起来,这样既能满足设计要求,又能满足工艺要求。两者不能统一时,零件的功能尺寸从设计基准开始标注,设计基准为主要基准;不重要的尺寸从工艺基准开始标注,工艺基准为辅助基准。每个零件都有长、宽、高三个方向的尺寸,也都有三个方向的主要尺寸基准。辅助基准可以没有,也可以有多个,这取决于零件的结构形状和加工方法。主要基准与辅助基准之间或两辅助基准之间都应有尺寸联系。

常用的尺寸基准有零件上的安装底面、装配定位面、重要端面、对称面、主要孔和轴的轴线等。

图 8.7 所示轴的径向尺寸基准是轴线,它既是设计基准,又是工艺基准。因为中间 $\phi15m6$ 轴段和右端 $\phi15m6$ 轴段分别安装滚动轴承,$\phi16k7$ 轴段装配齿轮,这三个尺寸是轴的主要径向尺寸,为了使轴转动平稳,齿轮啮合正确,各段回转轴应在同一轴线上,因此设计基准是轴线。又由于加工时两端用顶尖支承,因此轴线亦是工艺基准。可见设计基准和工艺基准重合,这个基准既满足了设计要求,又满足了工艺要求。

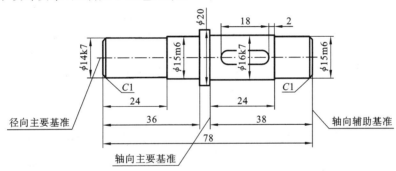

图 8.7 轴的尺寸基准选择

齿轮是所有安装关系中最重要的一环,齿轮的轴向位置靠尺寸为 $\phi20$ 的右端轴肩来保证,所以设计基准在轴肩的右端面,这也是主要基准。从这一基准出发,标出与齿轮配合的轴向长度 24;为方便轴向尺寸测量,选择轴的右端面为工艺基准,这也是辅助基准。从这一辅助基准出发,确定全轴长度 78。主要基准和辅助基准用尺寸 38 来联系。

8.3.3 合理标注尺寸应注意的问题

1. 主要尺寸要直接注出

主要尺寸是指零件上的配合尺寸、安装尺寸、特性尺寸等,它们是影响零件在机器中的工作性能和装配精度等要求的尺寸,都是设计上必须保证的重要尺寸。主要尺寸必须直接注出,以保证设计要求。

如图 8.8(a)所示,轴承座中心高 35 是一个主要尺寸,应以底面为基准直接注出;若注成图 8.8(b)所示的 7 和 28 这种形式,由于加工误差累积的影响,轴承座中心高 35 尺寸很难保证,则可能不能满足设计要求或给加工造成困难。同理,轴承座上的两个安装孔的中心距 42 应按图 8.8(a)所示方式直接注出,而不能按图 8.8(b)所示由两个尺寸 7 间接确定。

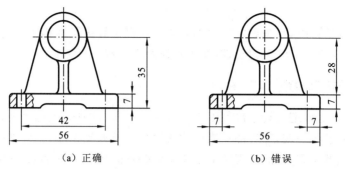

（a）正确　　　　　　　　　（b）错误

图 8.8　主要尺寸要直接注出

2. 应保证加工、测量方便

零件加工时都有一定的顺序,尺寸标注应尽量与加工顺序一致,这样便于加工时看图、测量。如图 8.9 所示阶梯轴的主要尺寸及阶梯轴在车床上的加工顺序。

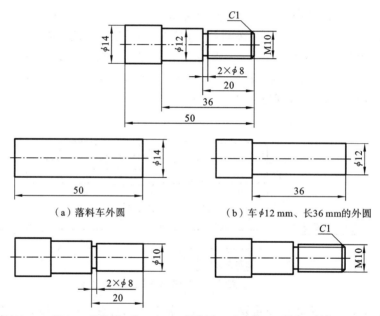

（a）落料车外圆　　　　　（b）车φ12 mm、长36 mm的外圆

（c）车φ10 mm、长20 mm的外圆,车2×φ8 mm的外圆　　（d）车M10螺纹,倒角C1

图 8.9　阶梯轴的加工顺序

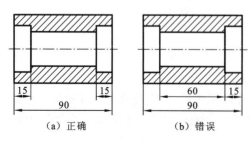

（a）正确　　　　（b）错误

图 8.10　标注尺寸要便于测量

尺寸标注时应考虑便于测量,如图 8.10(a) 所示的尺寸便于测量,而如图 8.10(b)所示的尺寸不便于测量。

3. 应避免注成封闭的尺寸链

零件在同一方向按一定顺序依次连接起来排成的尺寸标注形式称为尺寸链。组成尺寸链的每个尺寸称为环。在一个尺寸链中,若将每个环都注出,首尾相接,就形成了封闭的尺寸链,如图 8.11(a)所示。因为 80 是 14、38、28 之和,而每个尺寸在加工之后绝对误差是不可避免的,则 80 的误差为另外三个尺寸误差之和,这样往往不能保证设计要求。因此,在尺寸标注时要避免出现封闭的尺寸链。应将尺寸精度要求最低的一个环空出不注,使所有的尺寸误差都积累到这一段,来保证主要尺寸的精度,这种尺寸链称为开口环,如图 8.11(b)所示。

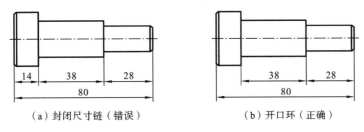

（a）封闭尺寸链（错误）　　　　　　（b）开口环（正确）

图 8.11　避免注成封闭尺寸链

4. 毛坯面的尺寸标注

对于铸造或锻造零件,标注零件上各毛坯面的尺寸时,同一方向的加工面和非加工面应各选择一个基准分别标注有关尺寸,通常分两侧标注。并且两基准之间只允许有一个联系尺寸（也可选同一基准,但应分别标注）。如图 8.12 所示。

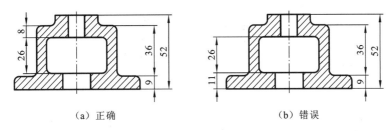

（a）正确　　　　　　　　　　　（b）错误

图 8.12　毛坯面尺寸标注

5. 零件上常见典型结构

对零件上常见的典型结构,如光孔、盲孔、沉孔、螺纹孔、倒角、倒圆、退刀槽、键槽等,应按有关国家标准来标注,如表 8.1 所示。

表 8.1　零件上的部分标准结构的尺寸注法

序号	类型	旁 注 法		普通注法	说 明
1	光孔	4×φ4↓10	4×φ4↓10	4×φ4	四个直径为 4 mm,深度为 10 mm 的孔
2		4×φ4H7↓10　↓12	4×φ4H7↓10　↓12	4×φ4H7	四个直径为 4 mm,均匀分布的孔。深度为 10 mm 的部分公差为 H7,孔全深为 12 mm
3	螺孔	3×M6-7H	3×M6-7H	3×M6-7H	三个螺纹孔,大径为 M6,螺纹公差等级为 7H,均匀分布

续表

序号	类型	旁　注　法		普通注法	说　明
4	螺孔	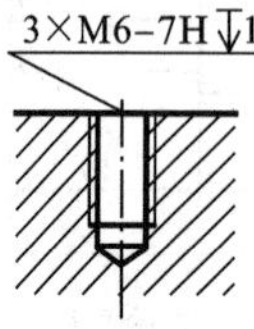 3×M6-7H↓10	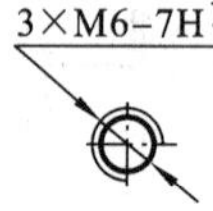 3×M6-7H↓10	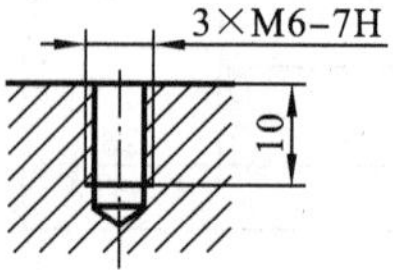 3×M6-7H	三个螺纹孔,大径为 M6,螺纹公差等级为 7H,螺孔深度为 10 mm,均匀分布
5		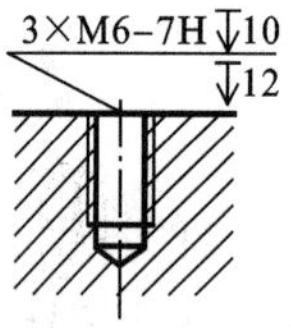 3×M6-7H↓10 ↓12	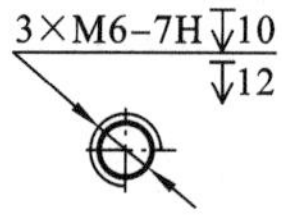 3×M6-7H↓10 ↓12	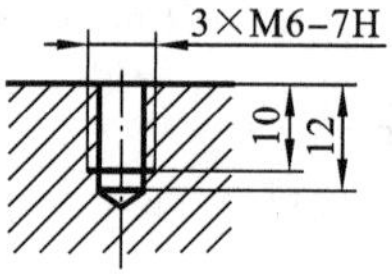 3×M6-7H	三个螺纹孔,大径为 M6,螺纹公差等级为 7H,螺孔深度为 10 mm,光孔深为 12 mm,均匀分布
6	沉孔	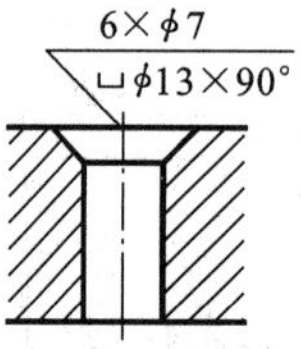 6×φ7 ∨φ13×90°	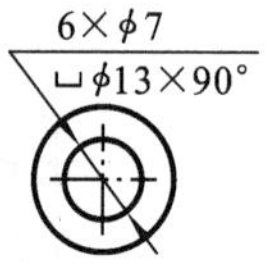 6×φ7 ∨φ13×90°	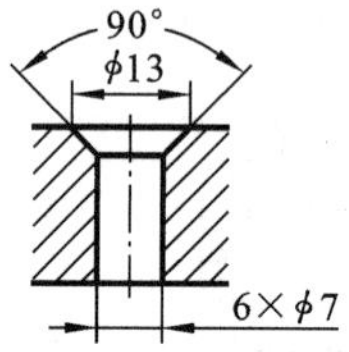 90° φ13　6×φ7	锥形沉孔的直径 φ13 mm 及锥角 90°,均需标注
7		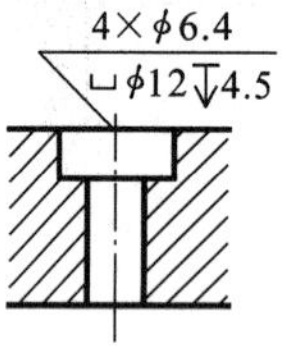 4×φ6.4 ⊔φ12↓4.5	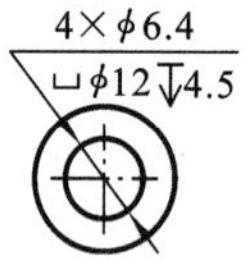 4×φ6.4 ⊔φ12↓4.5	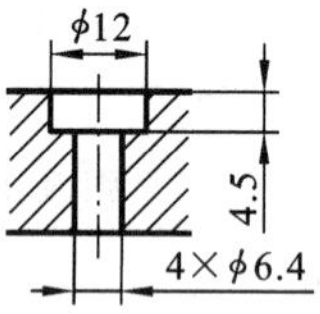 φ12　4.5　4×φ6.4	柱形沉孔的直径 φ12 mm 及深度 4.5 mm,均需标注
8		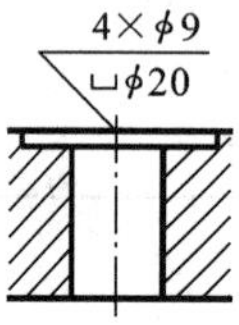 4×φ9 ⊔φ20	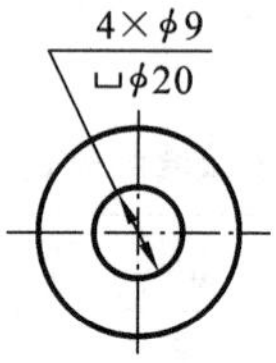 4×φ9 ⊔φ20	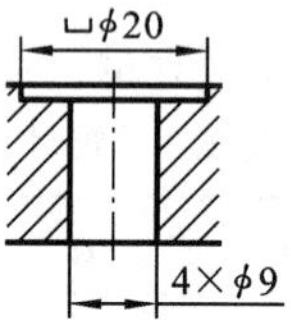 ⊔φ20　4×φ9	锪平 φ20 mm 的沉孔,深度不需标注,一般锪平到光面为止
9	倒角	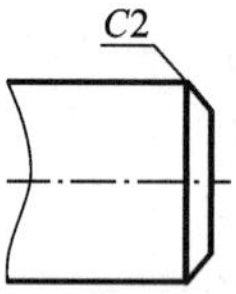 C2	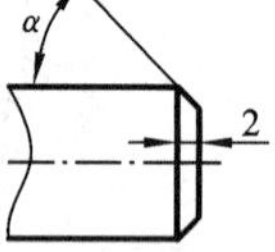 α　2	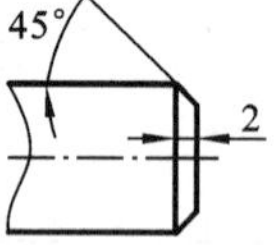 45°　2	
10	退刀槽	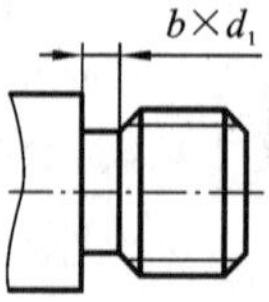 $b×d_1$	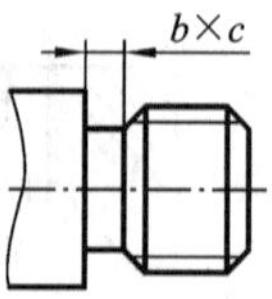 $b×c$	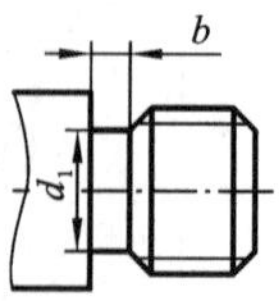 b　d_1	
11	砂轮越程槽	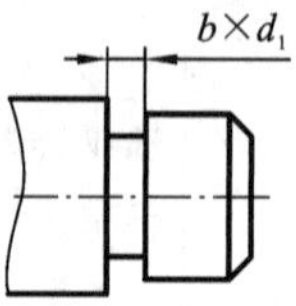 $b×d_1$	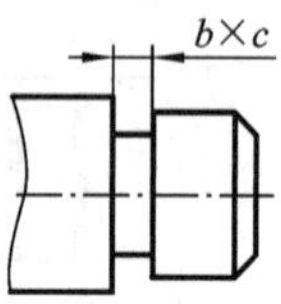 $b×c$	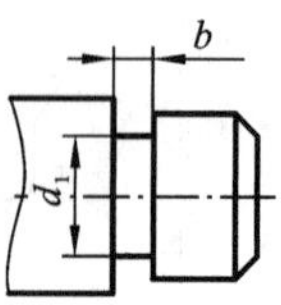 b　d_1	

8.3.4 典型零件标注尺寸要点

1. 回转类(轴套类和轮盘类)零件

回转类零件以回转体为主,主要需标注轴向和径向尺寸。

径向尺寸的主要基准是轴线,主要形体是同轴的,可省去定位尺寸。轴向尺寸的主要基准是一些重要的端面,对于轴类零件,重要的轴向尺寸以轴的安装端面(轴肩端面)为主要尺寸基准,其他尺寸可以以轴的两头端面作为辅助尺寸基准。重要尺寸必须直接注出,其余尺寸多按加工顺序注出。

为了清晰和便于测量,在剖视图上,内外结构形状尺寸应分开标注;零件上的标准结构,应按该结构标准尺寸注出。

2. 非回转类(叉架类和箱体类)

这两类零件结构都比较复杂,标注尺寸时,确定各部分结构的定位尺寸很重要,因此要选择好各个方向的尺寸基准,一般是以安装表面、主要支承孔轴线和主要端面作为尺寸基准。

例 8.1 如图 8.13 所示,标注泵体的尺寸。

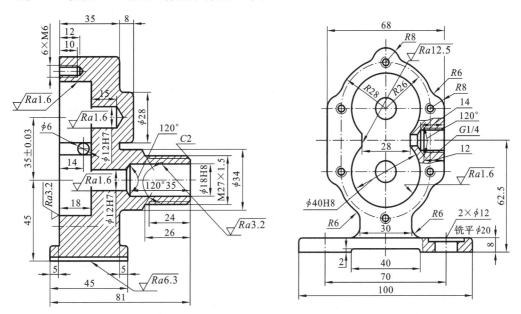

图 8.13 标注尺寸示例

分析 如图 8.13 所示的泵体为箱体类零件,对于箱体类尺寸标注,其尺寸基准应尽量使箱体在加工时装夹次数少,通常选择主要的轴线、对称面、较大的加工面和安装面。重要的设计尺寸应直接注出。其余尺寸按形体分析法标注。如图 8.13 所示,选取泵体与泵盖的结合面作为长度方向主要基准(即左端面),与压盖装配孔(即 $\phi34$ 右端面)为辅助基准;选取泵体结构前后对称面的轴线作为宽度方向基准;高度方向尺寸基准选择安装底板的底面,辅助基准选择进出油口的轴线。标注尺寸的顺序如下:

(1) 由长度方向主要尺寸基准(泵体左端面)标注 35、45、18、14、81 等,以右端面为辅助基准,标注尺寸 24、26、35。

(2) 由高度方向的尺寸基准标注定位尺寸 62.5、45、35±0.03,由进出油口的轴线作为辅助基准,标注进出油口尺寸 $G1/4$,以及 $\phi12H7$、$\phi18H8$、$\phi40H8$、$R28$ 等形状尺寸、螺纹孔的定位尺寸 $R26$ 等。

(3) 由宽度方向的主要尺寸基准,即泵体的前后对称面,在左视图上标注 68、28、30、40、100,以及安装孔的定位尺寸 70。

8.4　零件结构的工艺性

零件的结构形状主要由它在机器中的作用而定,同时还要考虑制造工艺对零件结构形状的要求。下面介绍一些常见的零件工艺结构。

8.4.1　铸造零件的工艺结构

1. 铸造圆角

为了防止浇铸金属液体时砂型脱落,以及金属液体冷却收缩时在铸件的转角处产生缩孔和因应力集中出现裂纹,一般在铸件的转角处制出圆角,这种圆角称为铸造圆角,如图 8.14 所示。铸造圆角半径一般取 3~5 mm,或取壁厚的 0.2~0.4。一般不在图样上标注铸造圆角,而是统一在技术要求中说明。铸造圆角若经切削加工,则应画成直角。

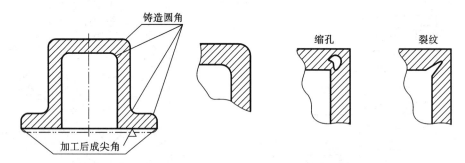

图 8.14　铸造圆角

2. 起模斜度

铸件在造型时,为了便于在铸型中取出金属模或木模,在平行于起模方向设计出一定斜度($3°\sim6°$),称为起模斜度。浇铸后这一斜度留在了铸件上,如图 8.15(a)所示。但在图中一般不画不注,如图 8.15(b)所示,必要时可在技术要求中用文字说明。

3. 铸件壁厚

在制造零件毛坯时,为了避免浇铸后零件各部分因冷却速度不同而产生缩孔或裂纹,如图 8.16(a)、(b)所示,铸件的壁厚应保持均匀或逐渐过渡,同一铸件最大壁厚比一般不超过 2~2.5,如图 8.16(c)、(d)所示。

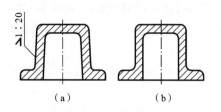

(a)　　　　　　(b)

图 8.15　起模斜度

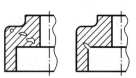

(a)产生缩孔　(b)产生裂纹　(c)壁厚均匀　(d)逐渐过渡

图 8.16　铸造壁厚

4. 零件圆角处的过渡线画法

零件的铸造、锻造表面的相交处,由于有制造圆角使交线变得不明显,在零件图上,仍画出表面的理论交线,但在交线两端或一端留出空白,用细实线画出,称为过渡线(GB/T 4458.1—2002),如图 8.17 所示。

(1)两曲面相交时,轮廓线相交处画出圆角,曲面交线端部与轮廓线间留出空白,如图 8.17(a)所示。

(2)两曲面相切时,切点附近应留有空白,如图 8.17(b)所示。

(3)肋板过渡线画法如图 8.17(c)所示。

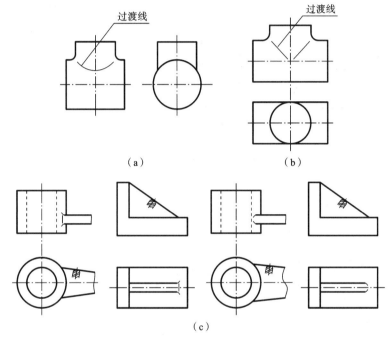

图 8.17　过渡线画法

8.4.2　零件机械加工的工艺结构

1. 倒角和倒圆

为了去除零件加工表面的毛刺、锐边和便于装配,在轴或孔的端部,一般加工出与水平方向成 45°或 30°、60°的倒角。在阶梯轴和孔中,为了避免因应力集中而产生裂纹,在轴肩处通常加工出过渡圆角,称为倒圆。倒角和倒圆的尺寸注法如图 8.18 所示,图中的"C"表示 45°倒角,倒角和倒圆的尺寸可查阅有关标准。

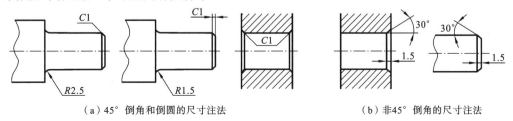

（a）45°倒角和倒圆的尺寸注法　　　　　　　（b）非45°倒角的尺寸注法

图 8.18　倒角和倒圆的尺寸注法

2. 退刀槽和砂轮越程槽

在车削螺纹时,为了便于退出刀具,常在待加工表面的末端预先车出螺纹退刀槽,如图 8.19(a)所示。退刀槽的尺寸标注,一般按"槽宽(b)×直径(ϕ)"或者"槽宽×槽深"的形式标注。退刀槽的尺寸可根据螺纹的螺距查阅有关标准确定。

在磨削加工时为了使砂轮稍微超过加工面,也常在零件表面上预先加工出砂轮越程槽,如图 8.19(b)所示。越程槽的尺寸标注,一般按"槽宽(b)×槽深(h)"的形式标注,越程槽的尺寸可根据轴径查阅有关标准。

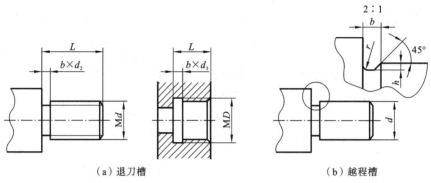

（a）退刀槽　　　　　　　　　　　　（b）越程槽

图 8.19　退刀槽和越程槽

3. 凸台和凹坑

零件与零件的接触面一般应经过加工,为了减少加工面,同时保证两表面接触良好,常在接触表面处设计出凸台或凹坑,这时只需要切削加工凸台或沉孔上的平面,如图 8.20 所示。

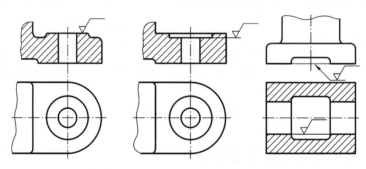

图 8.20　凸台和凹坑

4. 钻孔结构

钻孔加工时,钻头应与孔的端面垂直,以保证钻孔精度,避免钻头歪斜、折断。在曲面、斜面上钻孔时,一般应在孔端做出凸台、凹坑或平面,如图 8.21(a)所示。用钻头钻不通孔时,在

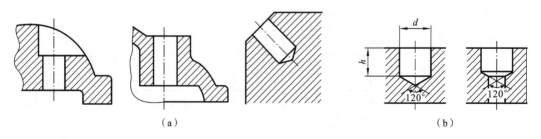

（a）　　　　　　　　　　　　　　　（b）

图 8.21　钻孔结构

底部有一个 120°的锥角,钻孔深度指的是圆柱部分的深度,不包括锥角。在阶梯形钻孔的过渡处,也存在锥角为 120°的圆台,如图 8.21(b)所示。

8.5　零件图的技术要求

　　为了使零件达到预定的设计要求,保证零件的使用性能,在零件上还必须注明零件在制造过程中必须达到的质量要求,即技术要求。零件图上应该标注的技术要求主要有尺寸公差、表面粗糙度、几何公差、材料热处理及表面处理等。这些内容常用规定的代号、符号标注在视图中,有些内容可用简明的文字分条书写在标题栏附近。标注要明确、清楚,文字要简明、确切,提出的要求要切实可行。

8.5.1　极限与配合

1. 互换性概念

　　产品装配时,在制成的同一规格的一批零(部)件中任取其一,不需要作任何附加加工(如钳工修配)或再调整,就可装在机器(或部件)上,并能满足其使用功能要求,零(部)件的这种性质,称为互换性。日常生活中,互换性随处可见,例如自行车上的螺栓、螺母,电灯泡,手表里的齿轮,电脑里的显卡、网卡等,只要规格相同,不管它们是哪家工厂生产的,都可以按规格替换,并且能很好地满足使用要求。现代化的机械工业生产,要求机器零(部)件必须具有互换性,以便广泛地组织协作,进行高效率的专业化生产,从而降低产品的生产成本,提高产品质量,方便使用与维护。

　　为使零件具有互换性,必须保证零件的尺寸、几何形状和相互位置以及表面特征等技术要求的一致性。但这并不意味着零件的尺寸等几何参数必须绝对一致。在零件的加工过程中,因为受到机床、刀具、量具、加工、测量等诸多因素的影响,不可能把一批零件的尺寸制造得绝对一样,即加工出绝对精确的零件是做不到的,也是没有必要的。实践证明,只要将零件尺寸等几何参数控制在一定的范围内,就能满足互换性的要求。允许零件尺寸的变动范围,就是尺寸公差。

2. 有关尺寸的术语及定义

　　尺寸是指以特定单位(如 mm)表示的线性尺寸的数值。

　　1) 公称尺寸

　　公称尺寸是指设计时给定的尺寸。它是根据零件的使用要求,通过计算、试验或经验确定的尺寸。一般应选取标准值,如 $\phi30$ mm。

　　2) 实际尺寸

　　实际尺寸是指零件加工完毕后测量所得的尺寸。由于存在测量误差,实际尺寸并非尺寸的真值,同时由于工件存在形状误差,所以同一表面不同部位的实际尺寸也不相同。

　　3) 极限尺寸

　　极限尺寸是指允许尺寸变动的两个界限值。其中允许的最大尺寸称为上极限尺寸,允许的最小尺寸称为下极限尺寸。零件尺寸合格的条件是:下极限尺寸≤实际尺寸≤上极限尺寸。

　　4) 极限偏差(简称偏差)

　　极限偏差是指极限尺寸减其公称尺寸所得的代数差,分为上极限偏差和下极限偏差。

$$上极限偏差＝上极限尺寸－公称尺寸$$
$$下极限偏差＝下极限尺寸－公称尺寸$$

国家标准规定:孔的上极限偏差用 ES 表示,下极限偏差用 EI 表示;轴的上极限偏差用 es 表示,下极限偏差用 ei 表示。由于极限尺寸可以大于、小于或等于公称尺寸,故偏差值可以为正值、负值或零。

5) 尺寸公差(简称公差)

尺寸公差是指允许零件实际尺寸的变动量,如图 8.22 所示。

$$尺寸公差＝上极限尺寸－下极限尺寸＝上极限偏差－下极限偏差$$

尺寸公差仅表示尺寸允许变动的范围,所以是没有正、负号的绝对值,也不可能为零。

6) 公差带图

为了便于分析,一般将尺寸公差与公称尺寸的关系,按放大比例画成简图,称为公差带图。在公差带图中,确定偏差的一条基准直线,称为零偏差线,简称零线,通常用零线表示公称尺寸。位于零线之上的偏差值为正,位于零线之下的偏差值为负。由代表上、下极限偏差值的两条直线所限定的矩形区域称为公差带。矩形的上边代表上极限偏差,下边代表下极限偏差,矩形的长度无实际意义,高度代表公差,如图 8.23 所示。

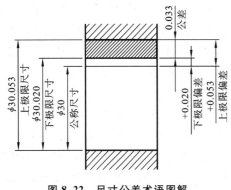

图 8.22　尺寸公差术语图解

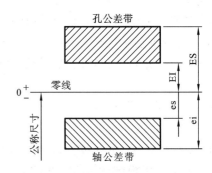

图 8.23　公差带图

7) 标准公差

国家标准规定的用以确定公差带大小的任一公差称为标准公差。标准公差数值是由公称尺寸和标准公差等级来确定的。

标准公差等级是指同一公差等级对所有公称尺寸的一组公差被认为具有同等精确程度。标准公差等级代号用标准公差符号"IT"和等级数值组成。国家标准规定公称尺寸在 500 mm 内公差划分为 20 个等级,分别为 IT01,IT0,IT1,IT2,…,IT18。尺寸精确程度从 IT01 至 IT18 依次降低。对于一定的公称尺寸,公差等级越高,则相应的标准公差值越小,尺寸精度越高。公差等级相同时,公称尺寸越大,标准公差值越大。标准公差数值如表 8.2 所示。

表 8.2　部分标准公差数值　　　　　　　　(单位:μm)

公称尺寸 /mm	公差等级							
	IT5	IT6	IT7	IT8	IT9	IT10	IT11	IT12
>3～6	5	8	12	18	30	48	75	120
>6～10	6	9	15	22	36	58	90	150
>10～18	8	11	18	27	43	70	110	180

续表

公称尺寸 /mm	公差等级							
	IT5	IT6	IT7	IT8	IT9	IT10	IT11	IT12
>18～30	9	13	21	33	52	84	130	210
>30～50	11	16	25	39	62	100	160	250
>50～80	13	19	30	46	74	120	190	300
>80～120	15	22	35	54	87	140	220	350
>120～180	18	25	40	63	100	160	250	400
>180～250	20	29	46	72	115	185	290	460
>250～315	23	32	52	81	130	210	320	520
>315～400	25	36	57	89	140	230	360	570
>400～500	27	40	63	97	155	250	400	630

　　规定和划分公差等级的目的,是为了简化和统一对公差的要求,使规定的等级既能满足不同的使用要求,又能大致代表各种加工方法的精度,有利于设计,也有利于制造。

　　8）基本偏差

　　基本偏差是用来确定公差带相对于零线位置的上极限偏差或下极限偏差,一般为靠近零线的那个极限偏差。

　　根据实际需要,国家标准对孔、轴各规定了 28 个不同的基本偏差,其偏差代号用拉丁字母顺序表示,孔的基本偏差代号用大写字母表示,轴的基本偏差代号用小写字母表示。在 26 个字母中,除去易与其他含义混淆的 I(i)、L(l)、O(o)、Q(q)、W(w)5 个字母外,还采用了 7 个双字母 CD(cd)、EF(ef)、FG(fg)、JS(js)、ZA(za)、ZB(zb)、ZC(zc),如图 8.24 所示。

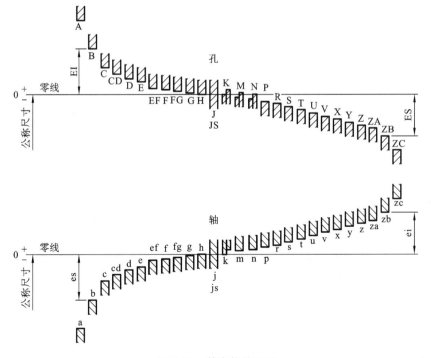

图 8.24　基本偏差系列

由图 8.24 可知,孔的基本偏差从 A 到 H 为下极限偏差,是正值(H 例外),基本偏差数值依次减小;基本偏差从 J 到 ZC 为上极限偏差,是负值(J 例外),基本偏差绝对值依次增大。轴的基本偏差从 a 到 h 为上极限偏差,是负值(h 例外),基本偏差绝对值依次减小;基本偏差从 j 到 zc 为下极限偏差,是正值(j 例外),基本偏差数值依次增大。需要说明的是,H 和 h 的基本偏差数值均为 0;基本偏差代号 JS(js)的公差带相对于零线对称分布,基本偏差可以是上极限偏差,也可以是下极限偏差,其数值为标准公差的一半(即±IT/2)。

常用轴、孔极限偏差数值分别如附录 C 的表 C.1、表 C.2 所示。

9）孔、轴公差带代号

孔、轴公差带代号由基本偏差代号和标准公差等级数字组成。书写时,数字和字母的字号相同,如 ϕ30H7,表示公称尺寸为 ϕ30 mm,基本偏差代号为 H,标准公差等级为 7 级的孔的公差带代号;ϕ30g6,表示公称尺寸为 ϕ30 mm,基本偏差代号为 g,标准公差等级为 6 级的轴的公差带代号,如图 8.25 所示。

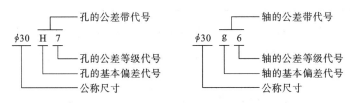

图 8.25　孔和轴的公差带代号

3. 配合的有关术语及定义

1）配合

公称尺寸相同、相互结合的孔与轴公差带之间的关系,称为配合。由于孔和轴的实际尺寸不同,配合后会产生不同的松紧程度,即产生间隙或过盈。孔的尺寸与相配合的轴的尺寸之差为正时会产生间隙,为负时会产生过盈。

2）配合的分类

根据实际需要,国家标准将配合分为三类。

（1）间隙配合　孔与轴装配在一起时具有间隙(包括最小间隙为零)的配合称为间隙配合。此时孔的公差带在轴的公差带之上。由于孔和轴的实际尺寸允许在各自公差带内变动,所以孔、轴配合的间隙也是变动的。当孔达到最大极限尺寸,而轴达到最小极限尺寸时,装配后形成最大间隙;当孔达到最小极限尺寸,而轴达到最大极限尺寸时,装配后形成最小间隙。如图 8.26 所示。

（2）过盈配合　孔与轴装配在一起时具有过盈(包括最小过盈为零)的配合称为过盈配合。此时孔的公差带在轴的公差带之下。当孔达到最小极限尺寸,而轴达到最大极限尺寸时,装配后形成最大过盈;当孔达到最大极限尺寸,而轴达到最小极限尺寸时,装配后形成最小过盈。如图 8.27 所示。

（3）过渡配合　孔与轴装配在一起时可能具有间隙,也可能出现过盈的配合称为过渡配合。此时孔的公差带与轴的公差带有重叠部分。当孔达到最大极限尺寸,而轴达到最小极限尺寸时,装配后形成最大间隙;当孔达到最小极限尺寸,而轴达到最大极限尺寸时,装配后形成最大过盈。如图 8.28 所示。

3）配合制

公称尺寸相同的孔和轴相配合,孔和轴各有 28 种基本偏差和 20 个精度等级,任取一对孔、

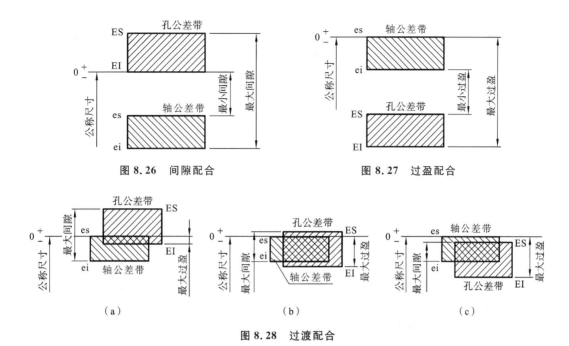

图 8.26 间隙配合   图 8.27 过盈配合

（a）   （b）   （c）

图 8.28 过渡配合

轴的公差带都能形成一定性质的配合,如果任意选配,可以形成众多不同的方案,这样不便于零件的设计与制造。为了简化起见,可固定其一,变更另一个,这样即可满足不同使用性能的要求。因此,国家标准对孔、轴公差带之间的相互位置关系规定了两种基准制,即基孔制和基轴制。一般情况下优先选用基孔制配合。

（1）基孔制配合　基本偏差一定的孔的公差带,与不同基本偏差的轴的公差带形成各种配合的一种制度。这种配合制度是在同一公称尺寸的配合中,将孔的公差带位置固定,通过变动轴的公差带位置,得到各种不同的配合,如图 8.29 所示。

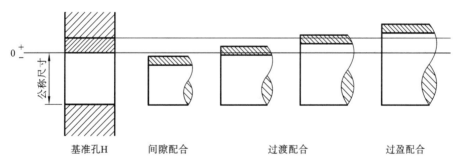

基准孔H   间隙配合   过渡配合   过盈配合

图 8.29 基孔制配合示意图

基孔制配合中的孔称为基准孔,用基本偏差代号 H 表示,其下极限偏差为零（即 EI＝0）。在基孔制配合中:轴的基本偏差从 a 到 h 为间隙配合;从 j 到 m 为过渡配合;从 r 到 zc 为过盈配合;n、p 可能是过渡配合,也可能是过盈配合。

（2）基轴制配合　基本偏差一定的轴的公差带,与不同基本偏差的孔的公差带形成各种配合的一种制度。这种配合制度是在同一公称尺寸的配合中,将轴的公差带位置固定,通过变动孔的公差带位置,得到各种不同的配合,如图 8.30 所示。

基轴制配合中的轴称为基准轴,用基本偏差代号 h 表示,其上极限偏差为零（即 es＝0）。在基轴制配合中,孔的基本偏差从 A 到 H 为间隙配合;从 J 到 M 为过渡配合;从 P 到 ZC 为过

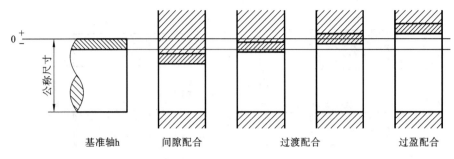

图 8.30　基轴制配合示意图

盈配合;N 可能是过渡配合,也可能是过盈配合。

4) 配合代号

配合代号用孔、轴公差带的组合表示,写成分数形式,分子为孔的公差带代号,分母为轴的公差带代号。如 H8/f7,其中:H8 表示孔的公差带代号,H 表示孔的基本偏差,8 为公差等级;f7 表示轴的公差带代号,f 表示轴的基本偏差,7 为公差等级;该配合为基孔制间隙配合代号。R7/h6 为基轴制过盈配合代号。

4. 公差与配合在图样中的标注

1) 零件图上的标注

零件图上需要标注零件的尺寸公差,有以下三种标注方式。

(1) 标注公差带代号　这种注法适用于大批量生产。此时公差带代号应注在公称尺寸的右边,如图 8.31(a)所示。

(2) 标注极限偏差　这种注法适用于小批量生产。此时上极限偏差应注在公称尺寸的右上方,下极限偏差与公称尺寸注在同一底线上,上、下极限偏差应注出正、负号,并且保持小数点对齐,小数点后的位数也必须相同。上、下极限偏差字号应比公称尺寸小一号。当某一极限偏差为 0 时,直接用"0"标出,并与另一极限偏差的个位数对齐,如图 8.31(b)所示。注写对称偏差时,在偏差与公称尺寸之间加注符号"±",偏差数字与公称尺寸数字字号相同。

(3) 同时标注公差带代号和极限偏差　此时极限偏差标注在公差带代号的右方,并加注圆括号,如图 8.31(c)所示。

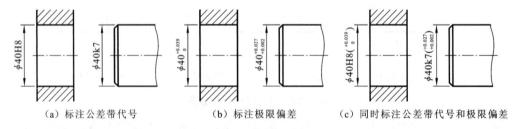

（a）标注公差带代号　　　　（b）标注极限偏差　　　（c）同时标注公差带代号和极限偏差

图 8.31　零件图上尺寸公差的标注

2) 装配图上的标注

装配图上需要标注孔、轴的配合。配合用相同的公称尺寸后跟孔、轴的配合代号表示。孔、轴配合代号的字号与公称尺寸字号相同,如图 8.32(a)所示。必要时也允许用斜线代替分数线,如图 8.32(b)所示。

标注标准件、外购件与零件(孔或轴)的配合代号时,可以只标注相配零件的公差带代号,如图 8.33 所示。

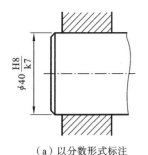 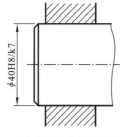

（a）以分数形式标注　　（b）用斜线代替分数线

图 8.32　装配图上公差与配合的标注

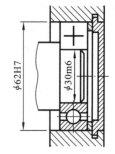

图 8.33　滚动轴承与相配零件的标注

5. 查极限偏差表

例 8.2　查表写出 $\phi30$H8/f7 的上、下极限偏差数值。

分析　$\phi30$H8 是基准孔的公称尺寸和公差带代号，其极限偏差值可由附录 C 的表 C.2 查得。在表 C.2 中由公称尺寸从"大于 24 至 30"的行和孔的公差带 H8 的列相交处可得该孔的上极限偏差值为 $+33$ μm（即 $+0.033$ mm），下极限偏差值为 0。在标注时可写成 $\phi30^{+0.033}_{0}$ 或 $\phi30$H8($^{+0.033}_{0}$)。

$\phi30$f7 是配合轴的公称尺寸和公差带代号，其极限偏差值可由表 C.2 查得。在表 C.2 中由公称尺寸从"大于 24 至 30"的行和轴的公差带代号为 f、公差等级为 7 级的列相交，可得该轴的上极限偏差值为 -20 μm，下极限偏差值为 -41 μm。在标注时可写成 $\phi30^{-0.020}_{-0.041}$ 或 $\phi30$f7($^{-0.020}_{-0.041}$)。

8.5.2　表面粗糙度

零件在加工过程中，由于刀具或砂轮切削后会遗留刀痕、切削过程中切屑分离时可产生塑性变形，以及机床的振动等原因，被加工零件的表面将产生微小的峰谷，如图 8.34 所示。为了保证零件装配后的使用要求，在机械图样上，需要对零件的表面质量——表面结构给出要求。表面结构是表面粗糙度、表面波纹度、表面缺陷、表面纹理和表面几何形状的总称。表面结构的各项要求在图样上的表示法在 GB/T 131—2006 中有具体规定。这里主要介绍常用的表面粗糙度表示法。

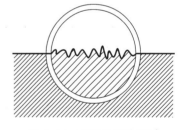

图 8.34　表面的微观状况

零件加工表面上具有较小间距的峰谷所组成的微观几何形状特征称为表面粗糙度。

表面粗糙度是评定零件表面质量的一项重要指标。它对零件的配合性能、耐磨性、耐蚀性、接触刚度、抗疲劳强度、密封性以及外观等都有显著的影响，是零件图中必不可少的一项技术要求。

零件表面粗糙度的选用，应该既满足零件表面的功用要求，又经济合理。一般情况下，凡是零件上有配合要求或有相对运动的表面，粗糙度参数值要小，参数值越小，表面质量越高，但加工成本也越高。因此在满足要求的前提下，应尽量选用较大的参数值，以降低成本。

1. 表面粗糙度的评定

1）基本术语

（1）取样长度 lr　用于判别具有表面粗糙度特征的一段基准线长度。标准规定，取样长度按表面粗糙程度合理取值，通常应包含至少 5 个轮廓峰和 5 个轮廓谷。如图 8.35 所示。

（2）评定长度 ln　评定轮廓表面粗糙度所必需的一段长度。它可包括一个或几个取样长度,一般情况下,标准推荐 $ln=5lr$。

2)表面粗糙度的评定参数

表面粗糙度是以参数值的大小来评定的,目前在生产中评定零件表面质量的主要参数是轮廓算术平均偏差 Ra 和轮廓最大高度 Rz,其中应用最多的是 Ra。

(1)轮廓算术平均偏差 Ra 指在一个取样长度 lr 内,轮廓偏距 y 绝对值的算术平均值,如图 8.35 所示,可用公式表示为

$$Ra = \frac{1}{lr}\int_0^{lr} |z(x)|\,\mathrm{d}x \quad 或 \quad Ra \approx \frac{1}{n}\sum_{i=1}^{n} |z_i|$$

(2)轮廓的最大高度 Rz 指在同一取样长度 lr 内,最大轮廓峰高和最大轮廓谷深之和的高度,如图 8.35 所示。

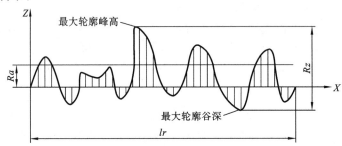

图 8.35   轮廓的算术平均偏差 Ra 和轮廓最大高度 Rz

3)评定参数的规定数值

表面粗糙度的参数已经标准化,设计时应按照国家标准 GB/T 1031—2009 规定的参数值系列选取。表 8.3 为粗糙度参数值 Ra 和 Rz 的优先选用值。

表 8.3 Ra 和 Rz 的数值   (单位:μm)

Ra	0.012	0.025	0.050	0.100	0.20	0.40	0.80	1.60	3.2
	6.3	12.5	25	50	100	—	—	—	—
Rz	0.025	0.050	0.100	0.20	0.40	0.80	1.60	3.2	6.3
	12.5	25	50	100	200	400	800	1600	—

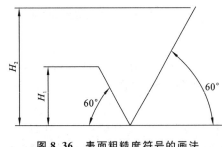

图 8.36   表面粗糙度符号的画法

2. 表面粗糙度的注法

表面粗糙度在图样上的注法应符合国家标准 GB/T 131—2006 的规定。图样上所标注的表面粗糙度代(符)号,是对该表面完工后的要求。

1)表面粗糙度符号

表面粗糙度的基本符号由两条不等长且与被注表面成 60°夹角的直线组成,如图 8.36 所示,符号和意义如表 8.4 所示。其中,符号线宽、字母线宽、图 8.36 中 H_1、H_2 及其与字高的关系如表 8.5 所示。

表 8.4   表面粗糙度符号

符 号	含 义
$\sqrt{}$	基本符号,表示表面可用任意方法获得。当不加注粗糙度参数值或有关说明时,仅适用于简化代号标注

续表

符 号	含 义
√	基本符号加一短画,表示表面是用去除材料的方法,如车、铣、钻、磨、抛光、电火花、气割等获得的
⫰	基本符号加一小圆,表示表面是用不去除材料的方法获得,如铸、锻、冲压变形、热轧、粉末冶金等,或用于保持原供应状况的表面(包括保持上道工序的状况)
‾√ ‾⫯ ‾⫰	在上述三个符号的长边上均可加一横线,用于标注有关参数和说明

表 8.5 表面粗糙度符号的尺寸　　　　　　　　　　　　（单位:mm）

数字和字母高度 h	2.5	3.5	5	7	10	14	20
符号线宽	0.25	0.35	0.5	0.7	1	1.4	2
字母线宽							
高度 H_1	3.5	5	7	10	14	20	28
高度 H_2 最小值	7.5	10.5	15	21	30	42	60

2) 表面粗糙度代号

在表面粗糙度符号的基础上,标上其他表面结构要求(如表面粗糙度参数值、取样长度、加工纹理、加工方法等)就组成了表面粗糙度代号。表面特征各项规定在符号中注写的位置如图 8.37 所示。

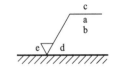

图 8.37　表面粗糙度代号注法

位置 a:注写第一个表面结构要求,包括粗糙度参数代号和数值(在参数代号和数值间应插入空格,如 Ra 0.8)、取样长度等。

位置 b:注写第二个表面结构要求(表面粗糙度参数代号和数值)。

位置 c:注写加工方法、表面处理或其他加工工艺要求,如"车"、"磨"、"镀"等。

位置 d:注写加工纹理方向符号,如"="、"×"、"⊥"。

位置 e:注写加工余量(mm)。

表面粗糙度代号及其意义示例如表 8.6 所示。

表 8.6　表面粗糙度代号示例

代 号 示 例	含 义/解 释
√ Ra 0.8	表示用任意方法获得的表面,Ra 的上限值为 0.8 μm,评定长度为 5 个取样长度(默认),"16%规则"(默认)
√ Rzmax 0.2	表示用去除材料的方法获得的表面,Rz 的最大值为 0.2 μm,评定长度为 5 个取样长度(默认),"最大值规则"
⫰ Ra 6.3 Ra 3.2	表示用不去除材料的方法获得的表面,Ra 的上限值为 6.3 μm,Ra 的下限值为 3.2 μm,评定长度为 5 个取样长度(默认),"16%规则"(默认)
车 √ Ramax 3.2 Ramin 1.6　0.3	表示用"车"的方法获得的表面,Ra 的最大值为 3.2 μm,Ra 的最小值为 1.6 μm,评定长度为 5 个取样长度(默认),加工余量为 0.3 mm,"最大值规则"

代 号 示 例	含 义/解 释
$\sqrt{}$ *Ra*max 3.2 *Rz*max 1.6	表示用去除材料的方法获得的表面,*Ra* 的最大值为 3.2 μm,*Rz* 的最大值为 1.6 μm,评定长度为 5 个取样长度(默认),"最大值规则"

注:完工零件的表面按检验规范测得轮廓参数值后,需与图样上给定的极限值比较,以判定其是否合格。极限值判断规则有以下两种。

16%规则:运用本规则时,当被检表面测得的全部参数值中,超过极限值的个数不多于总数的16%时,该表面是合格的。(超过极限值有两种含义:当给定上极限值时,超过是指大于给定值;当给定下极限值时,超过是指小于给定值)

最大值规则:运用本规则时,被检的整个表面上测得的参数值一个也不应超过给定的极限值。应用最大值规则时,须在表面粗糙度代号中的参数代号和数值间插入"max"或"min"。

16%规则是所有表面结构要求标注的默认规则。即当参数代号后未注写"max"或"min"字样时,均默认为应用16%规则(例如 *Ra* 0.8)。反之,则应用最大规则(例如 *Ra*max 0.8)。

3. 表面粗糙度在图样中的注法

(1)表面粗糙度要求对每一表面一般只注一次,并尽可能注在相应的尺寸及其公差的同一视图上。除非另有说明,所标注的表面粗糙度要求是对完工零件的表面要求。

(2)表面粗糙度的注写和读取方向与尺寸的注写和读取方向一致。

表面粗糙度在图样中的标注方法如表 8.7 所示。

表 8.7　表面粗糙度在图样中的标注

类　型	图　例	说　明
表面粗糙度代号基本注法		表面粗糙度可标注在轮廓线或其延长线上,其符号应从材料外指向并接触表面。必要时,也可用带箭头或黑点的指引线引出标注
		在不致引起误解时,表面粗糙度可标注在给定的尺寸线上
		表面粗糙度可标注在几何公差框格的上方
		由几种不同的工艺方法获得的同一表面,当需要明确每种工艺方法的表面粗糙度要求时,应分别进行标注

续表

类　　型	图　　例	说　　明
常用零件表面粗糙度的注法	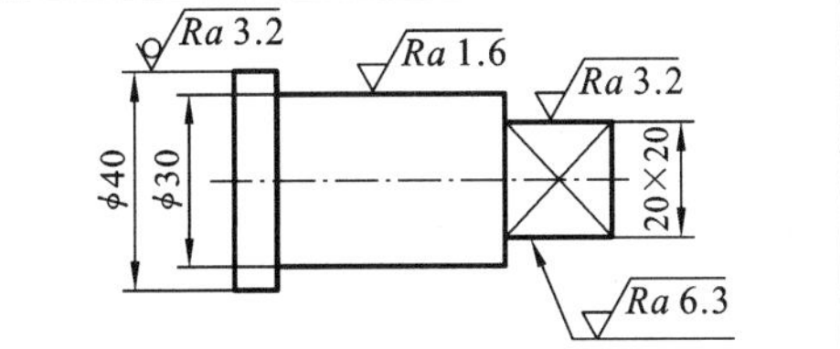	圆柱和棱柱表面的表面粗糙度要求只标注一次。如果每个棱柱表面有不同的表面粗糙度要求,则应分别单独标注
	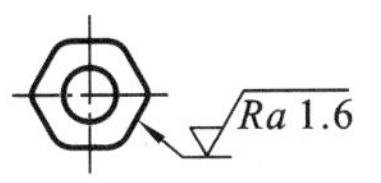	零件上连续表面的粗糙度要求只标注一次
	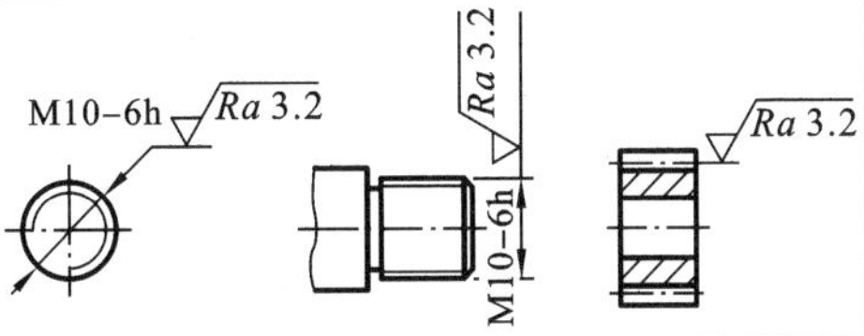	螺纹、齿轮工作表面没有画出牙(齿)形时,螺纹的表面粗糙度标在尺寸线上,齿轮的表面粗糙度标在分度圆上
	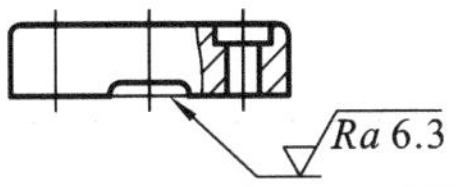	不连续的同一表面,表面粗糙度按图示方式标注
	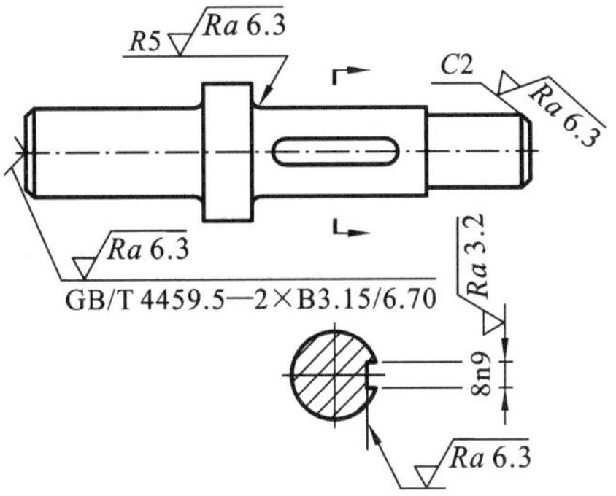	倒角、圆角、键槽、中心孔的表面粗糙度要求按图示标注
	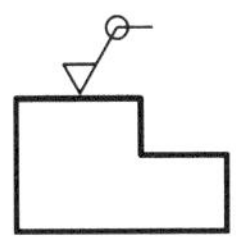	当在图样某个视图上构成封闭轮廓的各表面有相同的表面粗糙度要求时,在表面粗糙度代号上加一圆圈,标注在图样中零件的封闭轮廓线上。图示符号是指对图形中封闭轮廓的六个面的共同要求,不包括前后面
表面粗糙度的简化标注	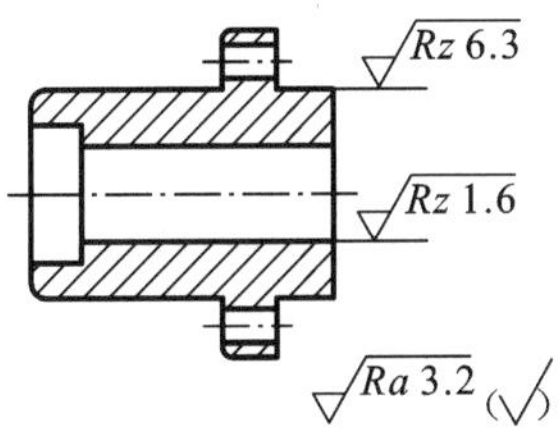	如果工件的多数(包括全部)表面有相同的表面粗糙度要求时,则其表面粗糙度可统一标注在图样的标题栏附近。此时,应在表面粗糙度符号后面的圆括号内给出无任何其他标注的基本符号或者不同的表面粗糙度要求。不同的表面粗糙度要求应直接标注在图形中

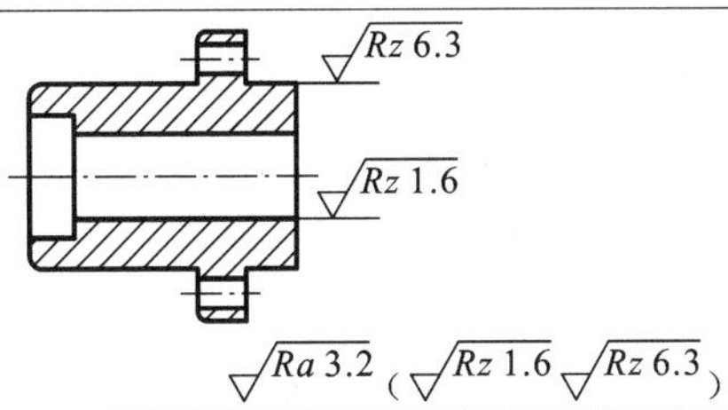

类　型	图　例	说　明
表面粗糙度的简化标注	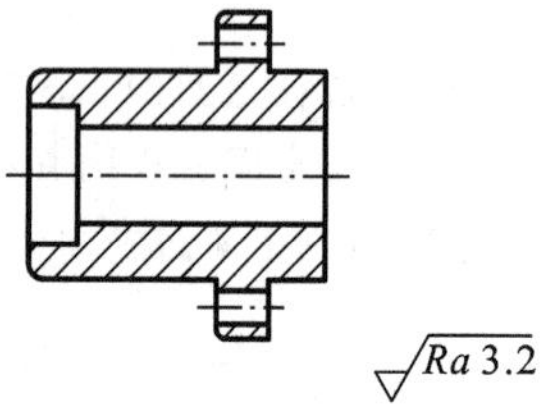 $\sqrt{Ra\,3.2}$	如果零件的所有表面有相同的表面粗糙度要求，则可将表面粗糙度代号统一标注在图样的标题栏附近
	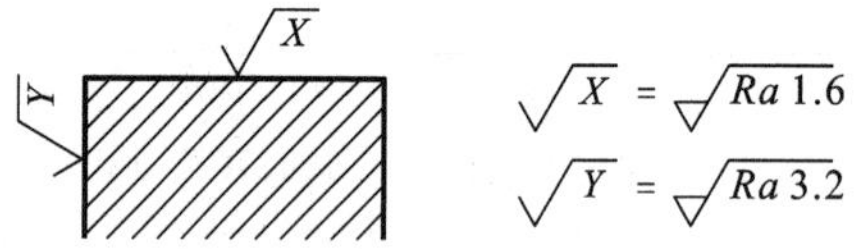 $\sqrt{X} = \sqrt{Ra\,1.6}$　$\sqrt{Y} = \sqrt{Ra\,3.2}$	多个表面有共同的表面粗糙度要求时，用带字母的完整符号，以等式的形式，在图形或标题栏附近，对有相同表面粗糙度要求的表面进行简化标注
	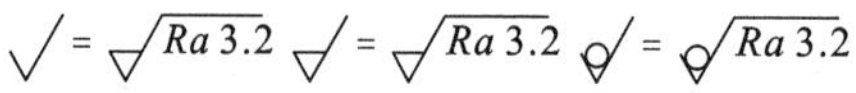 $\sqrt{} = \sqrt{Ra\,3.2}$　$\checkmark = \sqrt{Ra\,3.2}$　$\sqrt[\odot]{} = \sqrt[\odot]{Ra\,3.2}$	只用表面结构符号的简化注法：用表面粗糙度符号，以等式的形式，给出对多个表面共同的表面要求

8.5.3　几何公差

　　机械零件都是在机床上通过夹具、刀具等工艺设备制造而成的。由于机床工艺设备本身有一定的误差，而零件在加工过程中受到夹紧力、切削力、温度等因素的影响，因而完工零件的几何形状不能和所设计的理想形状完全相同，会产生形状误差。同时，完工零件上的某一几何要素相对于同一零件上另一几何要素的相对位置也不可能和设计的理想位置完全相同，会存在位置误差。

　　如图 8.38(a) 所示的轴，加工后轴线出现弯曲，因而产生了形状误差；如图 8.38(b) 所示的零件，小圆柱面的轴线相对大圆柱面的轴线出现了偏离，从而产生了位置误差。如果零件存在严重的形状和位置误差，将使其难以装配，影响机器的质量，因此，对于精度要求较高的零件，除了给出尺寸公差外，还应根据设计要求，合理地确定形状和位置误差的最大允许值，即几何公差。

　　　　　　（a）轴线弯曲　　　　　　　　　（b）轴线不共线

图 8.38　零件的几何误差

1. 几何公差的研究对象

　　几何公差的研究对象是零件的几何要素，就是构成零件几何特征的点、线、面。

　　零件的几何要素可分为被测要素和基准要素。被测要素是指给出几何公差要求的要素。基准要素是用来确定被测要素方向或（和）位置的要素，理想的基准要素简称为基准。

2. 几何公差的特征项目及其符号

　　几何公差是实际要素相对于理想要素所允许的变动量，包括形状、方向、位置、跳动四个方面的公差。国家标准规定有 19 个几何公差项目,并对每个项目规定了专用符号,如表 8.8 所示。

表 8.8　几何公差特征项目及其符号(GB/T 1182—2008)

公差类型	特征项目	符　号	有无基准	公差类型	特征项目	符　号	有无基准
形状公差	直线度	—	无	位置公差	位置度	⊕	有或无
	平面度	▱	无		同心度 (用于中心点)	◎	
	圆度	○	无				
	圆柱度	⌀	无		同轴度 (用于轴线)	◎	
	线轮廓度	⌒	无				
	面轮廓度	⌓	无		对称度	≡	有
方向公差	平行度	//	有		线轮廓度	⌒	
	垂直度	⊥			面轮廓度	⌓	
	倾斜度	∠		跳动公差	圆跳动	↗	
	线轮廓度	⌒			全跳动	↗↗	
	面轮廓度	⌓					

3. 几何公差的标注

在机械图样上,几何公差应采用代号标注。几何公差代号包括:几何公差特征符号、公差框格、带箭头的指引线、公差数值、表示基准要素的字母及其他附加符号等。

1) 公差框格

对几何公差的要求可填写在由细实线绘制的公差框格内,该框格由两格或多格组成,可水平或垂直放置。框格的高度是图中尺寸数字高度的 2 倍,它的长度视需要而定。框格第一格为正方形,其他格可为正方形或矩形。框格中的数字、字母和符号与图样中的数字高度相同。

公差框格内从左往右(或从下往上)依次填写公差特征符号、公差值和基准符号。基准符号用大写英文字母表示,当采用多基准时,表示基准的大写字母按基准的优先顺序从左往右(或从下往上)填写在各框格内。如图 8.39 所示。

图 8.39　公差框格

2) 被测要素

用带箭头的指引线将框格与被测要素相连。当被测要素为轮廓线或表面时,箭头应指向轮廓线或其延长线,但应与尺寸线明显错开,如图 8.40(a)所示;当被测要素为轴线、中心线或中心平面时,带箭头的指引线应与尺寸线对齐,如图 8.40(b)、(c)所示。

3) 基准要素

基准要素由基准符号表示。基准符号由一个涂黑(或空白)的三角形、连线和带方格的基准字母组成,如图 8.41(a)所示。连线和方格用细实线绘制,涂黑和空白的基准三角形含义相同。基准符号的画法如图 8.41(b)所示,无论基准符号在图中的方向如何,基准字母一律水平书写。

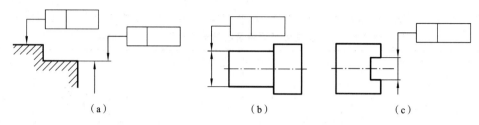

图 8.40   被测要素的标注

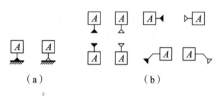

图 8.41   基准符号

当基准要素为轮廓线或表面时,基准三角形应靠近轮廓线或它的延长线,但应与尺寸线明显错开,如图 8.42(a)所示;当基准要素为轴线、中心线或中心平面时,基准符号的连线应与尺寸线对齐,如图 8.42(b)所示;如尺寸线安排不下两个箭头,则另一个箭头可用短横线代替,如图 8.42(c)所示。

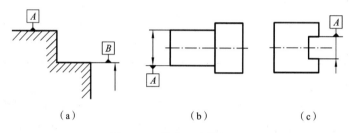

图 8.42   基准要素的标注

4. 几何公差标注示例

图 8.43 所示的轴共有 4 处几何公差要求。

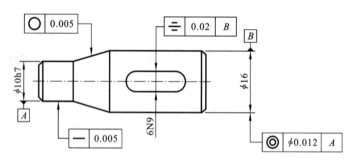

图 8.43   几何公差标注示例

(1) ϕ10h7 圆柱面的直线度公差是 0.005 mm;

(2) 圆锥面的圆度公差为 0.005 mm;

(3) 键槽对 ϕ16 圆柱面轴线的对称度公差为 0.02 mm;

(4) ϕ16 圆柱面轴线对 ϕ10h7 圆柱面轴线的同轴度公差为 ϕ0.012 mm。

8.6   读零件图

读零件图在设计、生产及学习等活动中是一项非常重要的工作,从事各种专业的工程技术人员,都必须具备读零件图的能力。

读零件图的基本要求：

(1) 了解零件的名称、材料和用途。

(2) 了解零件各部分结构形状、功能，以及它们之间的相对位置。

(3) 弄清该零件的全部尺寸和各项技术要求。

8.6.1 读零件图的方法和步骤

读零件图

1. 概括了解

读一张图，首先从看标题栏入手，从标题栏中了解零件的名称、用途、材料、重量、比例等信息，也可参看装配图及其相关的零件图等其他技术资料，由此对该零件有一个概括的了解。

2. 表达方案分析

了解该零件选用了几个视图，采用的表达方法和所表达的内容。一般先从主视图入手，看零件的大体内外形状，结合其他基本视图、辅助视图，弄清各视图之间的关系，以及各视图的作用和表达重点。对于剖视图则应明确剖切位置及投射方向。

3. 结构形状分析

在分析表达方案的基础上，运用形体分析法和线面分析法，从组成零件的基本形体入手，由大到小，从整体到局部，逐步想象出零件的结构形状。

4. 尺寸和技术要求分析

分析零件的长、宽、高三个方向的尺寸基准，然后从基准出发分析各部分的定形尺寸和定位尺寸以及总体尺寸。

分析技术要求主要是了解各配合表面的尺寸公差、各表面的结构要求及其他要达到的技术指标等。

5. 归纳总结

把读懂的结构形状、尺寸标注和技术要求等内容综合起来，就能比较全面地读懂这张零件图。有时为了读懂比较复杂的零件图，还需参考有关的技术资料，包括零件所在的部件装配图以及与它有关的零件图。

8.6.2 读零件图举例

以图 8.44 所示的阀体为例说明如下。

1. 概括了解

从名称"阀体"就知道它是箱体类零件，起支承作用，是球阀中的一个主要零件。从材料"ZG230-450"知道，零件毛坯是铸件，是用铸造的方法加工出来的，因此具有起模斜度、铸造圆角、铸件壁厚均匀等结构。通过对铸造毛坯进行一系列切削加工就得到了该零件。

2. 表达方案分析

如图 8.44 所示阀体零件图，采用了主、俯、左三个基本视图。主视图采用全剖视图，主要表达内部结构特点，左视图采用半剖视图、俯视图采用外形视图进一步表达内、外形状特征。

3. 结构形状分析

从图 8.44 所示阀体零件图中的三个视图可以看出，阀体左侧带圆角的方形凸缘及四个螺孔是与阀盖连接的结构，左端 ϕ50H11 圆柱形槽与阀盖的圆柱形凸缘相配合；ϕ43 圆柱空腔容

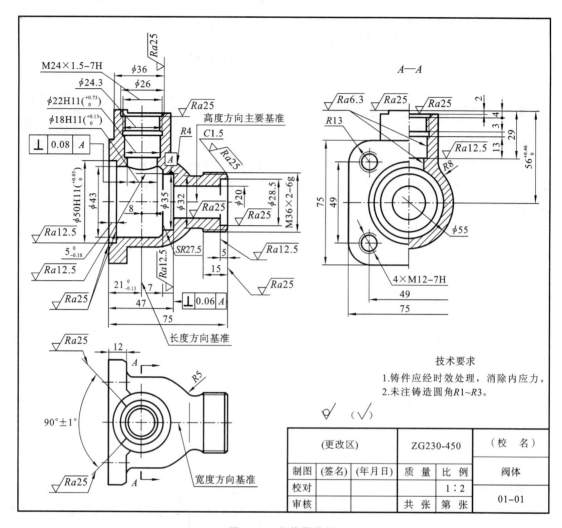

图 8.44 阀体零件图

纳阀芯；阀体空腔右侧 $\phi35$ 圆柱形槽用来放置密封圈，以保证在球阀关闭时不泄漏液体。阀体右端有用于连接管道系统的外螺纹 M36×2-6g，内部有阶梯孔 $\phi28.5$、$\phi20$ 与空腔相通。

图 8.45 阀体的立体图

在阀体上部的 $\phi36$ 圆柱体中，有 $\phi26$、$\phi22H11$、$\phi18H11$ 的阶梯孔与空腔相通，在阶梯孔内容纳阀杆和填料等；阶梯孔的顶端有一个 90°扇形限位块（对照俯、左视图），用来控制扳手和阀杆的旋转角度。

由此可想象出阀体的形状，如图 8.45 所示。

4. 分析尺寸和技术要求

1）分析尺寸

以阀体水平孔的轴线为径向尺寸基准（它同时也是高度和宽度方向的主要基准），注出了水平方向孔的直径尺寸 $\phi50H11$、$\phi43$、$\phi35$、$\phi20$、$\phi28.5$、$\phi32$，以及右端外螺纹 M36×2-6g 等。同时，也由这个径向尺寸基准注出了阀体下部的外形尺寸 $\phi55$。

以阀体竖直孔的轴线为径向尺寸基准(它同时也是长度和宽度方向基准),注出了 $\phi36$、$\phi26$、M24×1.5-7H、$\phi24.3$、$\phi22$H11、$\phi18$H11 等,同时注出了竖直孔轴线到左端面的距离 $21_{-0.13}^{0}$。

以过竖直孔的轴线的侧平面为长度方向基准,在水平轴线上向右 8,就是阀体的球形外轮廓的球心,在主视图中由球心注出球半径 $SR27.5$,向左 $21_{-0.13}^{0}$(定位尺寸)就是阀体的左端面,即长度方向辅助基准,由该基础注出了尺寸 47 和 75,再将由这两个尺寸确定的 $\phi35$ 的圆柱形槽底和阀体右端面为长度方向的第二辅助基准,注出其余长度尺寸。

以阀体的水平轴线和竖直轴线确定的正平面为宽度方向主要基准,注出了阀体前后对称的左端方形凸缘的宽度方向尺寸 75 以及四个圆角和螺孔的宽度方向定位尺寸 49,同时在俯视图上注出了前后对称的扇形限位块的角度尺寸 90°。

以过阀体的水平轴线的水平面为高度方向的尺寸基准,注出了左端面方形凸缘的高度尺寸 75,四个圆角和螺孔的高度方向定位尺寸 49,以及扇形限位块顶面的定位尺寸 $56_{0}^{+0.46}$,然后以限位块顶面为高度方向的辅助基准,注出了尺寸 2、4 和 29 等。

2)技术要求

通过以上分析可以看出,阀体中比较重要的尺寸都标注了公差数值,与此对应的表面粗糙度要求也较高,Ra 值一般为 6.3 μm,对表面粗糙度要求不严的表面 Ra 值为 12.5 μm,零件上不太重要的加工表面 Ra 值一般为 25 μm。

主视图中对应阀体的几何公差要求是:$\phi35$ 空腔圆柱轴线对 $\phi35$ 空腔右端面的垂直度公差为 0.06 mm,$\phi18$H11 圆柱孔轴线相对 $\phi35$ 空腔轴线的垂直度公差为 0.08 mm。

此外,在图中还用文字补充说明了有关热处理和铸造圆角的技术要求。

第 9 章 装　配　图

9.1　装配图的作用和内容

9.1.1　装配图的作用

用于表达机器或部件的图样称为装配图。表示一个部件的装配图称为部件装配图；表示一台完整机器的图样称为总装配图。在设计过程中，设计者为了表达产品的性能、工作原理及其组成部分之间的连接和装配关系，首先需要画出装配图，以此确定各零件的结构形状、协调各零件的尺寸等，然后再绘制零件图。在生产过程中，生产者需要根据装配图制定装配工艺规程。在使用和维修过程中，使用者要通过装配图了解机器或部件的工作原理、结构性能，从而确定操作、保养、拆装和维修方法，因此装配图是机器装配、检验、调试和安装工作的重要依据。此外，在进行技术交流、引进先进技术或更新改造原有设备时，装配图也是重要的技术资料。

总之，不同于零件图仅用于表达单个零件，装配图要表达整台机器或部件，因此其表达重点是机器或部件的工作原理、传动路线、各组成零部件之间的装配顺序、连接关系以及主要零件的主要结构形状。装配图是设计、制造、检验、使用、维修以及技术交流的重要技术资料。

9.1.2　装配图的内容

图 9.1(a)为齿轮泵装配图，图 9.1(b)、(c)分别为齿轮泵的三维效果图和爆炸图。从图 9.1(a)中可以看出装配图具体有下列几项内容。

1. 一组图形

用于表达机器或部件的工作原理、零部件之间的相对位置、装配和连接关系以及主要零件的重要结构形状。

2. 必要的尺寸

主要标注用于表达机器或部件的规格、性能的性能尺寸，装配、安装时所需要的定位尺寸以及外形总体尺寸。

3. 技术要求

用于表达机器或部件在装配、安装、调试、检验、维护和使用等方面应达到的技术指标。

4. 零件序号、明细表和标题栏

用以说明机器或部件所包含的零件的名称、代号、材料、数量及图样采用的比例等信息。

9.2　装配图的表达方法

在零件图中所用的如视图、剖视图、断面图、局部放大图等各种表达方法同样适用于装配图。由于装配图用于表达机器或部件工作原理及装配连接关系，所以国家标准对装配图还提出了规定画法以及简化画法等表达机件（或部件）的特殊画法。

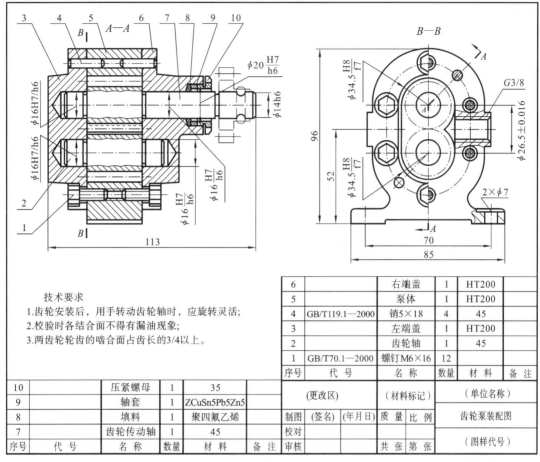

（a）齿轮泵装配图

技术要求
1.齿轮安装后，用手转动齿轮轴时，应旋转灵活；
2.校验时各结合面不得有漏油现象；
3.两齿轮轮齿的啮合面占齿长的3/4以上。

10		压紧螺母	1	35
9		轴套	1	ZCuSn5Pb5Zn5
8		填料	1	聚四氟乙烯
7		齿轮传动轴	1	45
序号	代 号	名 称	数量	材 料	备 注

6		右端盖	1	HT200
5		泵体	1	HT200
4	GB/T119.1—2000	销5×18	4	45
3		左端盖	1	HT200
2		齿轮轴	1	45
1	GB/T70.1—2000	螺钉M6×16	12	
序号	代 号	名 称	数量	材 料	备 注

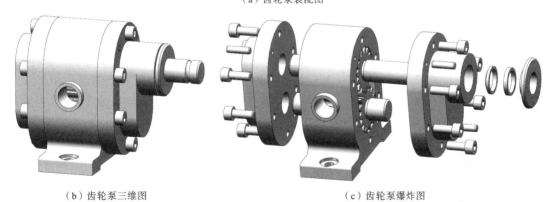

（b）齿轮泵三维图　　　　　　　　　　（c）齿轮泵爆炸图

图9.1　齿轮泵

9.2.1　规定画法

（1）装配图中，相邻零件的接触面和配合面规定只画一条线，不接触和不配合的表面即使间隙很小，也必须画两条线。

（2）剖视图中，相邻两个零件的剖面线倾斜方向应相反；多个零件相接触时，其中两个零件的剖面线倾斜方向可一致，但间隔应不等，或使剖面线相互错开；同一零件在各个视图中的剖面线必须方向相同、间隔相等。当装配图中零件的剖面厚度小于 2 mm 时,允许将剖面涂黑以代替剖面线。

(3) 在装配图中,对于紧固件和轴、杆等实心零件,当剖切平面通过其轴线时,剖按不剖处理,如图 9.2 所示。

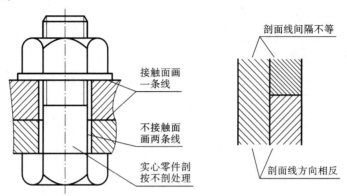

图 9.2　装配图规定画法

9.2.2　特殊画法

1. 拆卸画法

在装配图中,若有些零件在其他视图上已经表达清楚,而又遮挡了需要表达的结构或装配关系,可以将其拆卸掉不画而画剩下部分的视图,这种画法称为拆卸画法。如图 9.3 滑动轴承中俯视图,就是拆卸掉轴承盖等后的拆卸画法。为了避免看图时产生误解,常在图上加注"拆去×××零件"。

2. 沿结合面剖切画法

在装配图中,为了表达内部结构,可以假想沿着某些零件的结合面剖切后绘制。如图 9.4 中"$A—A$"剖视图,就是假想沿着泵盖和泵体结合面剖切后画出的。

3. 假想画法

为了表达机器或部件的安装方法及与相邻零件的装配关系,可以用双点画线将相邻零件的轮廓画出,如图 9.4 中主视图所示。若机器或部件的某运动零件存在极限位置,为了表达其运动极限,可用双点画线将其中一极限位置的轮廓绘出,如图 9.5 所示。

4. 夸大画法

装配图中的薄片零件、细小间隙等结构不能按比例要求画出时,可适当夸大绘制,以表达其结构形状,如图 9.6 中的垫片。

5. 单独表示

装配图中某个零件的结构形状对理解装配关系有重要影响,但结构未表达清楚时,可将该零件沿着某一方向的视图单独画出,如图 9.4 中泵盖的 B 向视图。

6. 简化画法

(1) 装配图中,若干相同的零件或零件组,允许只详细画出一处,其余的用点画线表示其相对位置。

(2) 在装配图中,零件的工艺结构如圆角、倒角、退刀槽、起模斜度等可以省略不画。

(3) 装配图中滚动轴承允许一半用规定画法绘制,其另一半及相同规格的剩余轴承用简

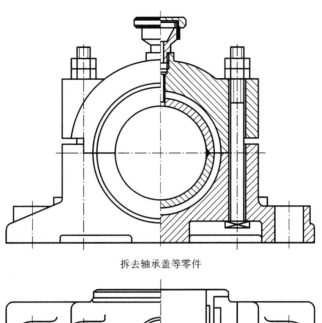

拆去轴承盖等零件

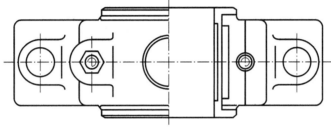

图 9.3　滑动轴承

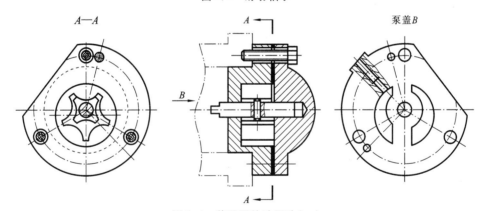

图 9.4　装配图特殊画法(一)

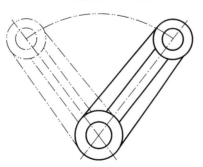

图 9.5　装配图特殊画法(二)

化画法表示,如图9.6所示。

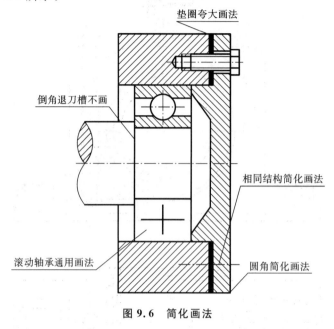

图 9.6 简化画法

9.3 装配图的尺寸标注和技术要求

9.3.1 装配图的尺寸标注

由于装配图主要用于表达机器或部件的工作原理和装配关系,所以装配图中只需标注能够表达其性能、规格和装配关系等的一些必要尺寸。

1. 性能尺寸

性能尺寸是指用于表示机器或部件性能或规格的尺寸,它是设计和选用产品的依据,如图9.1中尺寸 $G3/8$ 等。

2. 装配尺寸

装配尺寸是指表明机器或部件内部零件之间的装配关系的尺寸,如配合尺寸、相对位置尺寸等,如图9.1中$\phi16H7/h6$、$\phi20H7/h6$ 等。

3. 安装尺寸

安装尺寸是指用于表达机器或部件安装在基础上或其工作位置时所需的尺寸,如图 9.1中尺寸 70。

4. 总体尺寸

总体尺寸是指机器或部件的总长、总宽和总高,供产品的包装、运输和安装时参考,以确定所需空间大小,如图 9.1 中尺寸 85、96、113。

5. 其他重要尺寸

其他重要尺寸是指设计时经过计算或查表确定,但未包括在上述尺寸中的一些重要尺寸。

9.3.2 装配图的技术要求

在装配图中,对机器或部件的性能、装配、检验、测试及使用维护等方面的技术要求,通常以文字或数字符号的形式加以说明,并注写在明细栏的上方或图纸的适当位置,必要时可另编技术文件,参看图 9.1 中所注。

9.4 装配图中的零件序号和明细栏

9.4.1 零部件的序号

为了方便读图,便于组织生产和管理,需对装配图中所有的零部件都进行编号。编号时需遵循以下国家标准规定:

(1) 相同的零部件只编写一个序号,且只标注一次,其数量在明细栏中注明。

(2) 图样中的零部件序号必须和明细栏中的序号一一对应。

(3) 编写序号时要按水平或垂直方向整齐排列,并依顺时针或逆时针方向沿着图样的外围顺序排号。

(4) 零部件的序号由指引线、水平线或圆以及数字组成。指引线、水平线或圆用细实线绘制,指引线应自所指零件的可见轮廓内引出,并在其末端画一圆点,当所指部分不宜画圆点时,在指引线的末端用箭头代替;表示序号的数字写在水平线的上方或圆内,字高比尺寸数字大一号。

(5) 同一图样中,编号的形式应一致。

(6) 指引线应尽量均匀布置,各指引线不允许相交,并应避免与图样中的轮廓线或剖面线等重合或平行。指引线可画成折线,但只可曲折一次。

(7) 对于一组紧固件或装配关系清楚的零件组可采用公共指引线。

装配图中序号的具体画法如图 9.7 所示。

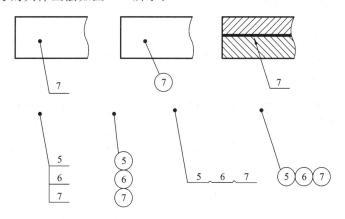

图 9.7 序号画法

9.4.2 明细栏

明细栏是机器或部件中全部零件的详细目录,应配置在标题栏的上方,并与标题栏对齐,自下而上排列;如果位置不够,可紧靠标题栏左方继续自下而上列表,并要配置表头;如果图样中零部件过多,在图中列不下时,也可另外用纸单独填写。

明细栏中内容一般有序号、代号、名称、数量、材料以及备注等项目。备注项中,可填写有关的工艺说明,也可注明该零部件的来源或一些必要的参数等,如图 9.8 所示。

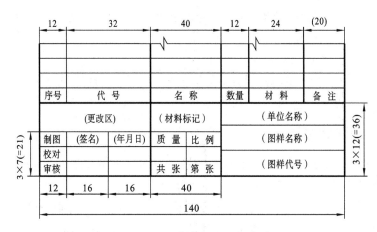

图 9.8　作业推荐用明细栏格式

9.5　常用的合理装配结构

对于零件,除了应根据设计要求确定其结构外,还要考虑加工和装配的合理性。装配结构合理的基本要求如下。

(1) 零件结合处应精确可靠。

(2) 便于装配和拆卸。

(3) 零件结构简单,加工工艺性好。

下面介绍几种最常用的合理装配结构。

9.5.1　零件的配合结构

1. 两零件接触面的数量

两零件接触时,在同一个方向上,一般只应有一个接触面,避免两组面同时接触,否则就会给制造和装配带来困难,如图 9.9 所示。

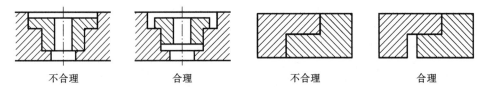

不合理　　　　合理　　　　　不合理　　　　合理

图 9.9　装配接触面数量

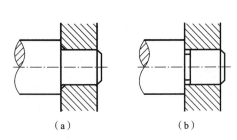

（a）　　　　　　（b）

图 9.10　接触面转角处结构

2. 接触面转角处结构

为了保证轴肩和孔的端面良好接触,在轴肩或孔口处应做出相应的圆角、倒角、退刀槽或越程槽,如图 9.10 所示。

9.5.2　零件的定位结构

最常见的零件定位是轴系中每个零件的定位。装在轴上的滚动轴承及齿轮等一般都要有轴向定位结构,以保证在轴线方向上不产生移动。当用轴肩或孔的凸缘定位滚动轴承时,应注意要使维修时拆装方便,如图 9.11 所示。

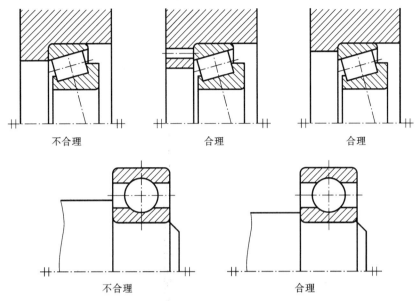

图 9.11　轴肩或孔的凸缘定位

当齿轮的一端用螺钉、轴端挡圈或轴套定位时,应协调好轮毂、轴颈和轴套的长度,其间应留有间隙,以便可靠压紧,如图 9.12 所示。

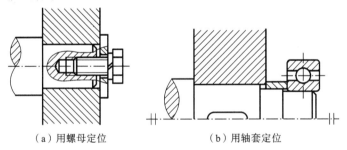

（a）用螺母定位　　　（b）用轴套定位

图 9.12　用螺母、垫圈或轴套定位

9.5.3　零件的连接结构

零件间的连接有可拆连接(例如螺纹连接、键连接)和不可拆连接(例如焊接、铆接)。对于螺纹连接:一是要保证有足够的装拆空间,如图 9.13 所示;二是要留出扳手活动空间,如图 9.14 所示。

9.5.4　防漏密封结构

在一些部件和机器中,为了防止液体外流或灰尘进入,常安装有密封装置。常见的有毡圈密封、填料密封、垫片密封。

如图 9.15(a)所示为毡圈密封,将毛毡圈放入孔的梯形截面的环槽内。环槽属标准结构,其尺寸可查阅手册;毛毡圈有弹性,可紧贴在轴上,起

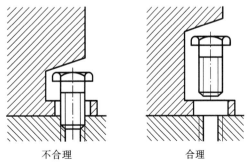

图 9.13　要留出装卸空间

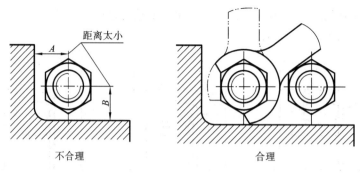

图 9.14　要留出扳手活动空间

到密封作用。

　　如图 9.15(b)所示为填料密封，常用于泵或阀类部件中，通常用浸油的石棉、绳或橡胶作填料，拧紧压盖螺母压紧填料，起到密封作用。

　　如图 9.15(a)所示为垫片密封，常用于两零件的结合面处，当垫片厚度在图中小于或等于2 mm 时，可采用夸大画法，在剖视图中可用涂黑代替剖面符号。

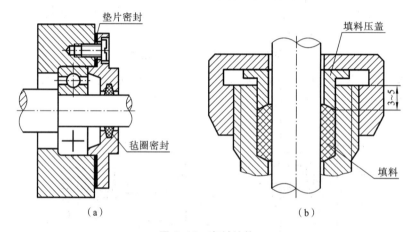

（a）　　　　　　　　　　　　（b）

图 9.15　密封结构

9.6　画装配图

画装配图

　　在绘制装配图时，应用尽可能少的视图，完整、清晰地表达出机器或部件的工作原理和各零部件的装配关系。现以图 9.16 所示滑动轴承为例说明装配图的具体画法和步骤。

9.6.1　部件分析

　　在绘制装配图之前，需对所画的机器或部件进行分析，了解其用途、工作原理、传动路线和零部件间的装配关系。对这些情况的了解，可通过观察实物、阅读相关技术资料和同类产品的图样实现。如图 9.16 所示滑动轴承，它是一个支承传动轴的支承部件，轴在轴瓦内旋转。轴瓦由上下两部分组成，分别嵌在轴承盖

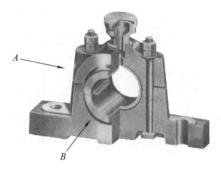

图 9.16　滑动轴承

和轴承座上,座和盖用两组螺栓连接,为了调整轴瓦和轴配合的松紧,在轴承座和轴承盖之间留有一定的间隙,并加有垫片。

9.6.2　确定表达方案

该步骤的目的是从全局出发,对可选的表达方案进行比较,最终确定能满足完全、正确、清晰的表达要求的方案。

表达方案的选择主要包括主视图的选择、视图数量的确定和具体的表达方法。

1. 主视图的选择

主视图一般应按机器或部件的工作位置放置,投射方向应能清楚反映其工作原理、主要装配关系和装配主线。图 9.16 中滑动轴承的主视图首先按工作位置放置,投射方向有 A 和 B 两种选择,经比较选 B 向,这样能更清楚地反映装配关系和轴承的结构特征,并便于布图。由于滑动轴承为对称结构,所以主视图采用半剖视图能更清楚地反映其内部结构。

2. 其他视图

在主视图确定好后,围绕主视图没有表达清楚的一些主要结构和装配关系等进行其他视图的选择。对于滑动轴承,为了将主要零件的结构表达清楚,需增加俯视图和左视图,根据其结构特点均采用半剖视的表达方法。

9.6.3　画装配图

画装配图通常有两种方法:由内向外和由外向内。

由内向外法一般是从核心零件开始,按装配干线进行绘图。先画干线上的主要零件的主要结构,再画和它有配合关系的零件,逐层扩展画出各个零件,逐步扩展到壳体等包容件。这种方法多用于设计新产品。

由外向内法一般是从壳体或机座画起,按装配关系将其他零件按次序逐个"装"上去。多用于对已有机器进行测绘。

滑动轴承采用由外向内法,即先画底座,再画下轴瓦、上轴瓦,最后画轴承盖。下面以滑动轴承装配图为例,介绍画装配图的具体步骤。

1. 布图、绘制图框、标题栏

根据确定的表达方案,在综合考虑标题栏、明细表、技术要求、尺寸标注和零件序号所需空间的基础上确定合适的图幅和绘图比例,并绘制图框和标题栏。

2. 绘制各视图的基准线

绘制各视图的主要轴线、装配干线、对称中心线和图形的定位基准线等。如图 9.17(a)所示,在主视图中首先确定轴承底座的定位基准线和对称中心线,同理确定俯视图和左视图中的对称中心线。注意在各视图之间要留有适当的间隔,以便于标注尺寸和进行零件编号。

3. 绘制主要零件的轮廓

一般从主视图或最能反映零件结构形状的视图开始,几个视图联系起来画。图 9.17(b)所示为先画底座的结构。

4. 绘制其他零件

部件中的零件一般都是按一定的装配关系分布在一条或几条装配干线上的,绘图时可依据它们的装配和遮挡关系由里向外依次将各个零件表达出来,如图 9.17(c)、(d)所示。

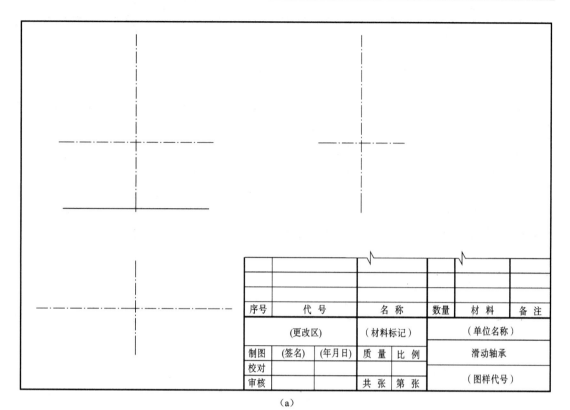

（a）

（b）

图 9.17 滑动轴承装配图的画图步骤

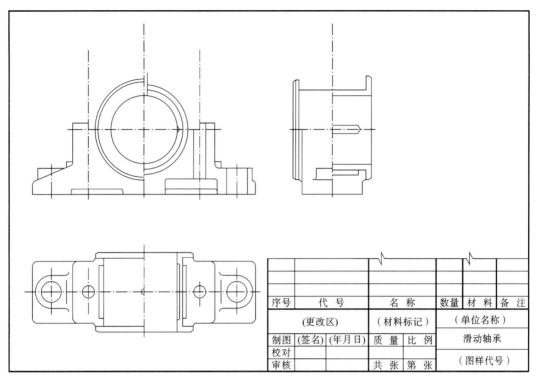

序号	代 号		名 称		数量	材 料	备 注
	(更改区)		(材料标记)		(单位名称)		
制图	(签名)	(年月日)	质 量	比 例	滑动轴承		
校对							
审核			共 张	第 张	(图样代号)		

(c)

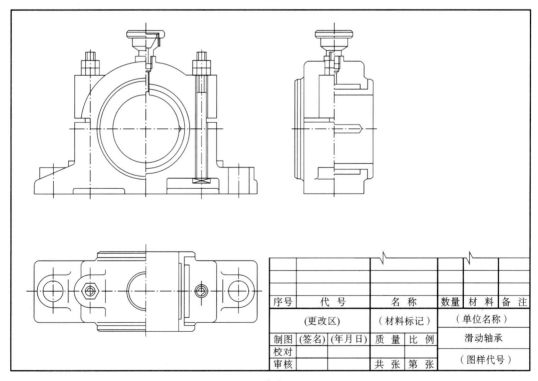

序号	代 号		名 称		数量	材 料	备 注
	(更改区)		(材料标记)		(单位名称)		
制图	(签名)	(年月日)	质 量	比 例	滑动轴承		
校对							
审核			共 张	第 张	(图样代号)		

(d)

续图 9.17

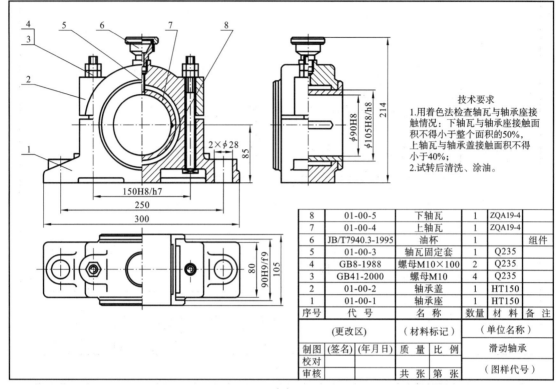

8	01-00-5	下轴瓦	1	ZQA19-4	
7	01-00-4	上轴瓦	1	ZQA19-4	
6	JB/T7940.3-1995	油杯	1		组件
5	01-00-3	轴瓦固定套	1	Q235	
4	GB8-1988	螺母M10×100	2	Q235	
3	GB41-2000	螺母M10	4	Q235	
2	01-00-2	轴承盖	1	HT150	
1	01-00-1	轴承座	1	HT150	
序号	代 号	名 称	数量	材 料	备 注

技术要求
1.用着色法检查轴瓦与轴承座接触情况：下轴瓦与轴承座接触面积不得小于整个面积的50%，上轴瓦与轴承盖接触面积不得小于40%；
2.试转后清洗、涂油。

（e）

续图 9.17

5. 校核底稿

校核底稿，擦去多余线条，画剖面线，对图线进行加深。

6. 完成装配图

对图样进行尺寸标注，编写零部件序号，填写明细栏、标题栏和注写技术要求等，如图9.17(e)所示。

9.7　读装配图拆画零件图

装配图是产品装配、使用、安装和维修等生产过程中必需的重要技术资料，因此读装配图是工程技术人员必备的技术能力。

9.7.1　读装配图的目的和要求

通过阅读装配图了解机器或部件的名称、性能、用途和工作原理；明确各零件的装配连接关系和装配顺序；确定装配和拆卸该部件的方法和步骤；看懂各零件的名称、数量、材料、功能及其主要结构形状；了解技术要求中的各项内容。

读装配图

9.7.2　读装配图的方法和步骤

现以图 9.18 所示空气过滤器装配图为例，说明阅读装配图的步骤和方法。

1. 概括了解

通过图样中的标题栏、明细栏和相关技术资料,了解机器或部件的名称、功能和工作原理等,对装配体的形状、尺寸、技术要求及所含零件的名称、数量、相互位置等有一个基本的感性认识。由图可知,空气过滤器是用于除去空气中的水分、灰尘和油污等杂质的一个部件,由 9 种零件组成。

2. 分析视图

在概括了解的基础上,分析部件的表达方案,弄清有哪些视图,了解各个视图的名称、投影关系、表达方法、表达重点等。由图 9.18 可知,空气过滤器装配图有四个视图,分别是全剖的主视图、对称表达俯视图、用于表达件 9 的 A 向视图和表达件 3 的 B—B 局部剖视图。

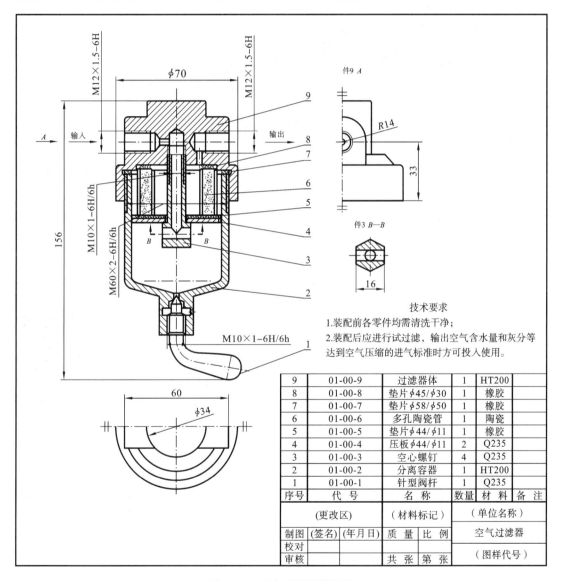

技术要求

1.装配前各零件均需清洗干净;
2.装配后应进行试过滤,输出空气含水量和灰分等达到空气压缩的进气标准时方可投入使用。

9	01-00-9	过滤器体	1	HT200	
8	01-00-8	垫片φ45/φ30	1	橡胶	
7	01-00-7	垫片φ58/φ50	1	橡胶	
6	01-00-6	多孔陶瓷管	1	陶瓷	
5	01-00-5	垫片φ44/φ11	1	橡胶	
4	01-00-4	压板φ44/φ11	2	Q235	
3	01-00-3	空心螺钉	4	Q235	
2	01-00-2	分离容器	1	HT200	
1	01-00-1	针型阀杆	1	Q235	
序号	代 号	名 称	数量	材 料	备注
	(更改区)	(材料标记)		(单位名称)	
制图	(签名)	(年月日)	质 量	比 例	空气过滤器
校对					
审核			共 张	第 张	(图样代号)

图 9.18 空气过滤器装配图

3. 分析尺寸

分析装配图中的尺寸,弄清部件的规格、零件间的配合要求、外形大小及安装尺寸等。结合对视图的分析,深入了解部件的工作原理和各零件的装配连接关系和传动路线。

在空气过滤器装配图中的尺寸主要有总体尺寸 156、ϕ70,定位尺寸 33,主要零件的定形尺寸 R14、ϕ34、ϕ70,输入和输出口的性能尺寸和各零件螺纹连接的配合尺寸。结合视图表达可知其工作过程是空气从输入口进入过滤器体(件 9),经空心螺钉(件 3)进入分离容器(件 2),再经多孔陶瓷管(件 6)过滤后从输出口输出,转动针型阀杆(件 1)可将过滤的杂质从件 2 底部的小孔排出。其中件 9 和件 2、件 9 和件 3 均采用螺纹连接,陶瓷管(件 6)通过件 3 和压板 4 固定在件 9 和件 3 之间,中间有垫片。图 9.19 所示空气过滤器的轴测分解图。

图 9.19　空气过滤器轴测分解图

4. 分析零件

在深入了解部件工作原理和装配关系等的基础上,进一步分析各零件的结构形状及作用。一般先从主要零件入手,再扩大到其他零件,明确各零件的基本结构形状。

在读图时可充分利用"三等关系"、剖面线的方向等绘图规定分清零件的大致范围,再对照各视图的投影关系,通过分析构思确定零件的结构形状。

5. 归纳总结

综合对视图、尺寸和零件结构的分析,对机器或部件的工作原理、装配关系和装配顺序等有更深的、全面的认识。

9.7.3　由装配图拆画零件图

在设计过程中,先是画出装配图,然后根据装配图画出零件图。拆画零件图是在读懂装配图的前提下,按照零件图的要求绘制零件图的过程,是设计中的一个重要环节。下面以图 9.18 中空气过滤器中过滤器体(件 9)为例说明拆画零件图的步骤。

由装配图
拆画零件图

1. 确定拆画对象

在对装配图分析的基础上,首先需要确定对于部件中的零件,哪些需要绘制零件图,哪些不需要。标准件和借用件不需要绘制零件图,零件才是拆画的重点。通常情况下,主要零件的结构形状在装配图上已表达清楚,而且主要零件的形状和尺寸还会影响其他零件。因此,拆画零件图可以从拆画主要零件开始,如图 9.18 中的件 9 和件 2。

对需要拆画的零件,需要分析其结构形状和加工方法等特点。具体分析零件时,首先看明细栏,根据序号找到该零件在装配图中的位置,再按照同一零件在不同视图中剖面线的方向与间隔一致的规定,结合"三等关系",确定零件在各视图中的轮廓范围,将其从装配图中分离出来,进而确定该零件的主要结构形状。例如过滤器体(件 9)在装配图中的轮廓范围如图 9.20 中粗实线所示。

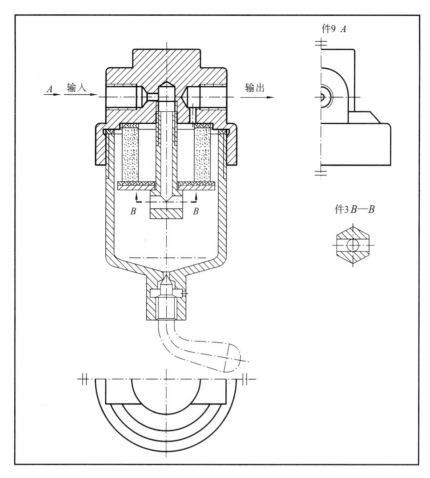

图 9.20 过滤器体在装配图中轮廓范围

2. 确定表达方案

确定具体的表达方案,可参照第 8 章所讲的内容。注意在拆画中,不能盲目照搬装配图中零件的表达方法(因为装配图的表达方案是从整体考虑的,不一定符合每个零件的视图选择要求)。

根据过滤器体的结构特点,主视图可以按装配图中位置选择,并采用全剖视图。为了唯一地确定结构,还需选择俯视图和左视图,为了便于标注尺寸,左视图采用了半剖视图,如图 9.21 所示。

3. 绘制图形并标注尺寸

确定好表达方案后,按零件的投影,画全在装配图中被遮挡的线条。在装配图中采用简化画法省略掉的倒角、圆角、退刀槽等结构,在零件图中均应画出。然后分析零件各部分尺寸并选择尺寸基准进行尺寸标注。过滤器体在高度方向的基准为其底面,长度和宽度方向尺寸基准为其对称中心线。对在装配图中已标记的尺寸,按标注的尺寸和公差带代号直接标注在零件上,如图 9.21 中 M12×1.5-6H、M10×1-6H 和 M60×2-6H 等;与标准件或标准结构相关的尺寸查阅明细栏和标准注出;其他装配图中没有标注的尺寸,可以在装配图中按比例量取并圆整后注出,如 20、56 等,注意已标准化的数据要取标准值;与相邻零件的相关尺寸及连接部分的定位尺寸要协调一致。

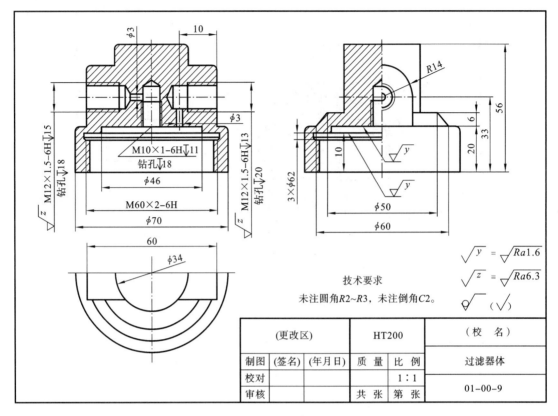

技术要求

未注圆角R2~R3，未注倒角C2。

$\sqrt{y} = \sqrt{Ra1.6}$

$\sqrt{z} = \sqrt{Ra6.3}$

$\sqrt{\quad}$ （√）

（更改区）			HT200		（校　名）	
制图	(签名)	(年月日)	质　量	比　例	过滤器体	
校对				1∶1		
审核			共　张	第　张	01-00-9	

图 9.21　过滤器体零件图

4. 注写技术要求和填写标题栏

零件图中的技术要求直接影响零件的加工质量，如表面粗糙度等数值需根据表面的作用和要求进行确定，其他需要说明的技术要求可用文字在标题栏的上方或图纸的适当位置书写。最后按规定填写标题栏。如图 9.21 为拆画的过滤器体零件图，图 9.22 为过滤器体三维图。

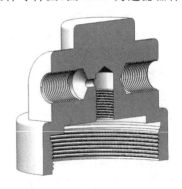

图 9.22　过滤器体三维图

第10章 焊 接 图

焊接是一种常用的不可拆的连接方法,它是通过在工件连接处加热或加压,或两者并用,使金属或其他热塑性材料接合在一起。焊接因具有工艺简单、连接可靠、节省材料、劳动强度低等特点,广泛应用于机械制造、造船、建筑、电子、化工等工业部门。

10.1 焊缝的规定画法和符号标注

10.1.1 焊接接头和焊缝的基本形式

1. 焊接接头的基本形式

两焊件在焊接时的相对位置,称为焊接接头形式。常见的焊接接头有对接接头、搭接接头、T形接头和角接接头等,如图10.1所示。

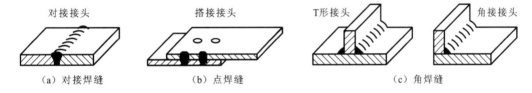

图 10.1 常见的焊接接头和焊缝形式

2. 焊缝的基本形式

焊接后,两焊件接头缝隙熔接处,称为焊缝。焊缝形式主要有对接焊缝、点焊缝和角焊缝等,如图10.1所示。

10.1.2 焊缝符号

为了简化图样,焊缝在图样上一般采用焊缝符号(表示焊接方法、焊缝形式和焊缝尺寸等技术内容的符号)表示。

焊缝符号按GB/T 324—2008《焊缝符号表示法》和GB/T 12212—2012《技术制图焊缝符号的尺寸、比例及简化表示法》绘制。焊缝符号一般由基本符号与指引线组成,必要时还可以加上补充符号、尺寸符号和参数值等。

1. 基本符号

基本符号表示焊缝横截面的基本形状和特征,用 $0.7b$ 的粗实线绘制(b 为图样中可见轮廓线的宽度)。常用焊缝的基本符号示例见表10.1。

2. 基本符号的组合

标注双面焊缝或接头时,基本符号可以组合使用,如表10.2所示。

表 10.1   常用焊缝的基本符号示例

序　号	名　　称	示　意　图	符　　号
1	I 形焊缝		‖
2	V 形焊缝		∨
3	单边 V 形焊缝		 ⋁
4	带钝边 V 形焊缝	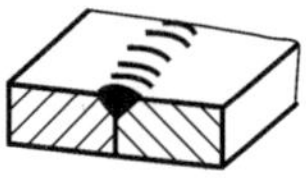	 Y
5	角焊缝		◺
6	点焊缝	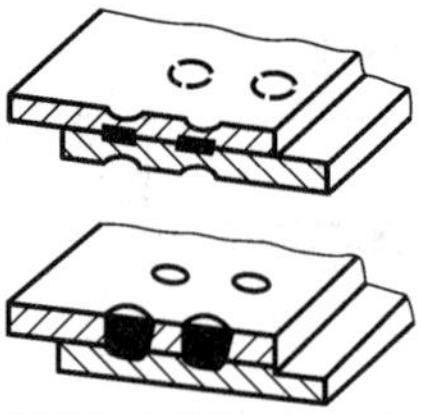	 ○

注:焊缝的基本符号共有 20 种,详见 GB/T 324—2008《焊缝符号表示法》。

表 10.2   基本符号的组合

序　号	名　　称	示　意　图	符　　号
1	双面 V 形焊缝 (X 焊缝)		 X
2	双面单 V 形焊缝 (K 焊缝)	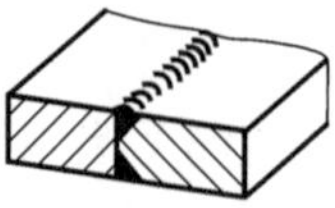	 K
3	带钝边的双面 V 形焊缝		 X
4	带钝边的双面单 V 形焊缝	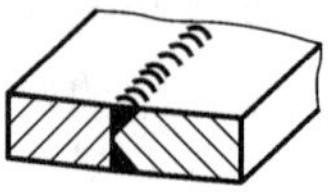	 K
5	双面 U 形焊缝	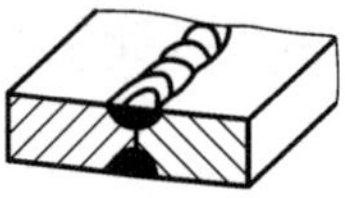	 X

3. 指引线

焊缝的指引线一般由箭头线和两条基准线（一条为实线，另一条为虚线）两部分组成，用细线绘制，如图 10.2 所示。

实线基准线与箭头线连接，一般应与图样的底边平行，必要时也可与底边垂直；基准线的虚线可画在基准线的实线上侧或下侧。箭头线用来将整个焊缝符号指到图样上的有关焊缝处，必要时允许弯折一次（参见图 10.6 中所示）。

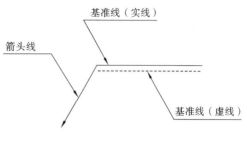

图 10.2　指引线的画法

4. 基本符号与基准线的相对位置

为了能在图样上确定地表示焊缝的位置，GB/T 324—2008 将基本符号相对基准线的位置作了如下规定：

（1）如果焊缝在接头的箭头所指的一侧，基本符号标在基准线的实线一侧，如图 10.3(a) 所示。

（2）如果焊缝在接头的非箭头所指的一侧，基本符号标在基准线的虚线一侧，如图 10.3(b) 所示。

（3）标注对称焊缝时，可不加虚线，如图 10.3(c) 所示。

（4）当两侧焊缝相同，或者焊缝分布位置明确的情况下，双面焊缝也可省略基准线的虚线，如图 10.3(d) 所示。

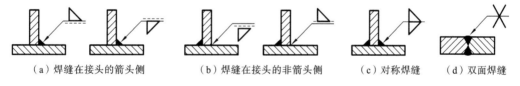

　（a）焊缝在接头的箭头侧　　　（b）焊缝在接头的非箭头侧　　（c）对称焊缝　　（d）双面焊缝

图 10.3　基本符号与基准线的相对位置

5. 补充符号

补充符号用来补充说明有关焊缝和接头的某些特征（如表面形状、衬垫、焊缝分布、施焊地点等），用 0.7b 粗实线绘制，如表 10.3 所示。不需要确切地说明焊缝的特征时，可以不用补充符号。

表 10.3　常用补充符号和标注示例

序号	名　　称	符　　号	形式和标注示例	说　　明
1	平面	——		V 形对接焊缝表面平整（一般通过加工）
2	凹面	⌣		角焊缝表面凹陷

续表

序号	名　称	符　号	形式和标注示例	说　明
3	凸面	⌒		X形对接焊缝表面凸起
4	三面焊缝	⊏		工件三面带有焊缝,符号开口方向与实际方向一致
5	周围焊缝	○		在现场沿着工件周边施焊的角焊缝,标注位置为基准线与箭头线的交点处
6	现场焊缝	▸		
7	尾部	<	5 100 111 4条	"111"表示用焊条电弧焊,"4条"表示有4条相同的角焊缝

注:焊缝的补充符号共有 10 种,详见 GB/T 324—2008《焊缝符号表示法》。

6. 坡口和焊缝尺寸

在焊件的待焊部位加工并装配成一定几何形状的沟槽称为坡口,图 10.4 给出了部分坡口形式。坡口形状和尺寸均有标准规定,需要时可查阅相关手册。

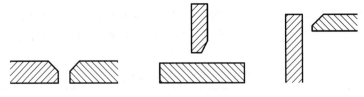

图 10.4　部分坡口形式

焊缝尺寸指的是坡口角度、根部间隙、焊缝长度等参数值。焊缝尺寸一般不标注,当需要时可随基本符号标注在规定的位置上,如图 10.5 所示。

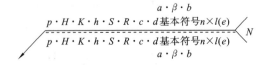

$$a \cdot \beta \cdot b$$
$$p \cdot H \cdot K \cdot h \cdot S \cdot R \cdot c \cdot d\,基本符号\,n \times l(e)$$
$$p \cdot H \cdot K \cdot h \cdot S \cdot R \cdot c \cdot d\,基本符号\,n \times l(e) \quad N$$
$$a \cdot \beta \cdot b$$

图 10.5　焊缝尺寸的标注方法

焊缝尺寸符号含义如表 10.4 所示。

表 10.4　焊缝尺寸符号

符号	名　称	示　意　图	符号	名　称	示　意　图
δ	工件厚度	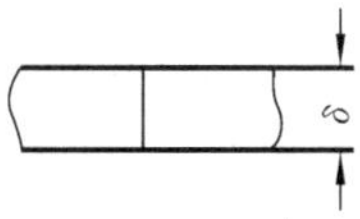	c	焊缝宽度	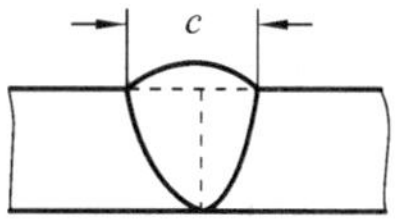
α	坡口角度	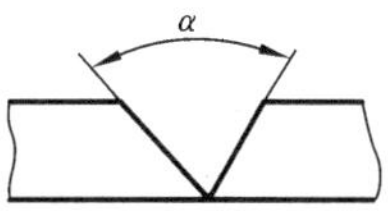	K	焊角尺寸	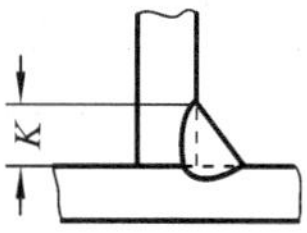
β	坡口面角度	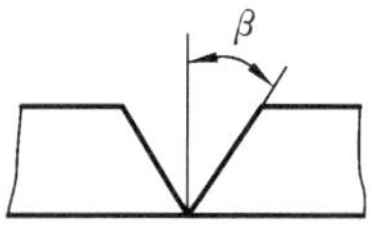	d	点焊:熔核直径 塞焊:孔径	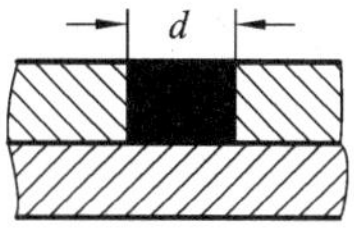
b	根部间隙	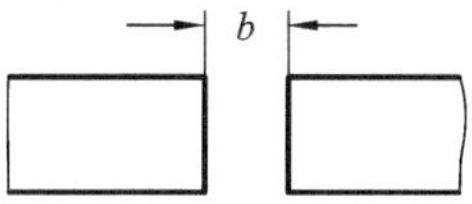	n	焊缝段数	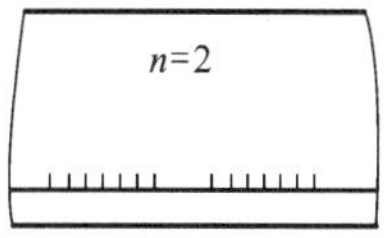
p	钝边高度	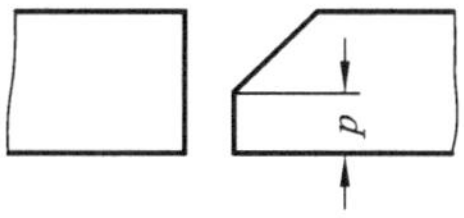	l	焊缝长度	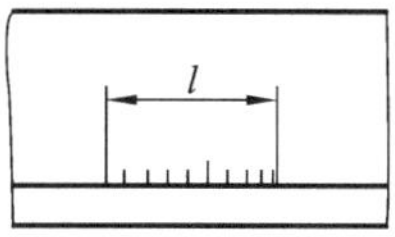
R	根部半径	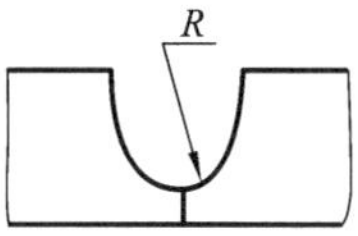	e	焊缝间距	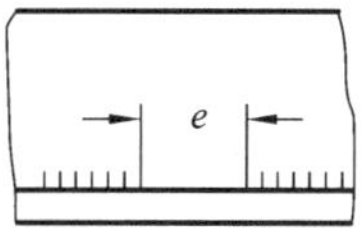
H	坡口深度	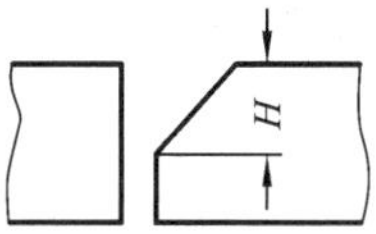	N	相同焊缝数量	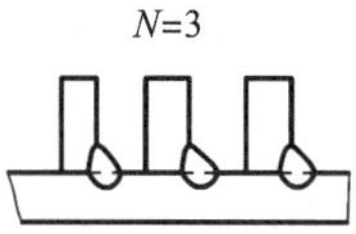
S	焊缝有效厚度	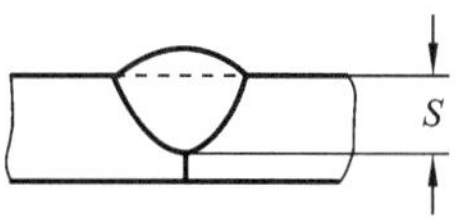	h	余高	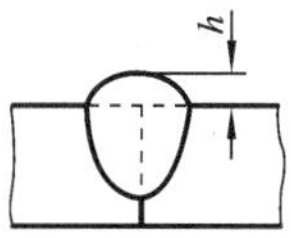

7. 焊缝尺寸的标注方法

焊缝尺寸的标注方法见图 10.5,其标注原则如下。

(1) 横向尺寸标注在基本符号的左侧。

(2) 纵向尺寸标注在基本符号的右侧。

(3) 坡口角度、坡口面角度和根部间隙标注在基本符号的上侧或下侧。

(4) 相同焊缝数量标注在尾部。

(5) 当尺寸较多不易分辨时,可在尺寸数值前标注相应的尺寸符号。

当箭头线方向改变时,上述规则不变。当若干条焊缝相同时,可采用公共指引线标注,如图 10.6 所示。

机械制图(第二版)

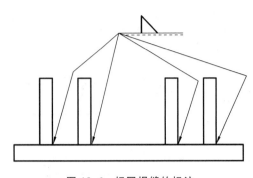

图 10.6　相同焊缝的标注

关于尺寸的其他规定还有：

（1）确定焊缝位置的尺寸不在焊缝符号中标注，应将其标注在图样上。

（2）在基本符号的右侧无任何尺寸标注又无其他说明时，意味着焊缝在工件的整个长度方向上是连续的。

（3）在基本符号的左侧无任何尺寸标注又无其他说明时，意味着对接焊缝应完全焊透；塞焊缝、槽焊缝带有斜边时，应标注其底部的尺寸。

10.1.3　焊接方法的字母符号

焊接的方法很多，常用的有焊条电弧焊、气焊、电渣焊、埋弧焊和钎焊等，其中以焊条电弧焊应用最为广泛。焊接方法可以用文字在技术要求中注明，也可以用数字代号直接注写在尾部符号中。GB/T 5185—2005《焊接及相关工艺方法代号》规定了焊接方法的数字代号，常用的见表 10.5。

表 10.5　常用焊接工艺方法的代号

焊 接 方 法	代　　号	焊 接 方 法	代　　号
焊条电弧焊	111	激光焊	52
埋弧焊	12	气焊	3
电渣焊	72	硬钎焊	91
高能束焊	5	点焊	21

当同一图样上全部焊缝所采用的焊接方法完全相同时，焊缝符号中表示焊接方法的代号可以省略不注，但必须在技术要求或其他技术文件中注明"全部采用××焊"等字样；当部分焊接方法相同时，也可在技术要求或其他技术文件中注明"除图样注明的焊接方法外，其他焊缝均采用××焊"等字样。

10.1.4　焊缝的规定画法和标注示例

1. 焊缝的规定画法

绘制焊缝时，可用视图、剖视图或断面图表示，也可用轴测图示意地表示，各种画法在GB/T 12212—2012《技术制图 焊缝符号的尺寸、比例及简化表示法》中已作了相应规定。

（1）在垂直于焊缝的剖视图或断面图中，焊缝的金属熔焊区通常应涂黑表示，如图 10.7 所示。

（2）在表示焊缝长度方向的视图中，一般只用粗实线表示可见焊缝，如图 10.7(a)所示。

（3）在视图中，焊缝可用一组与轮廓线垂直的细实线段（允许徒手画）示意绘制，如图 10.7(b)、(c)、(d)所示；也允许采用加粗线 $2b \sim 3b$ 表示焊缝，如图 10.7(e)、(f)所示。但在同一图样中，只允许采用一种画法。

（4）在表示焊缝端面的视图中，通常用粗实线绘出焊缝的轮廓，如图 10.7(c)所示的下部焊缝。

（5）必要时，可将焊缝部位用局部放大图表示并标注尺寸，如图 10.8 所示。

2. 焊缝的标注示例

焊缝的标注示例见表 10.6。

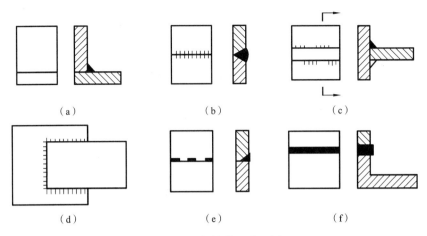

图 10.7　焊缝的画法示例

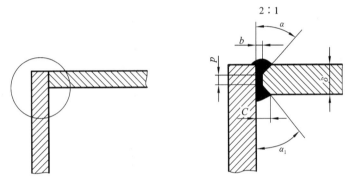

图 10.8　焊缝部位的局部放大图

表 10.6　焊缝的标注示例

接头形式	焊缝形式	标注示例	说　　明
对接接头			111 表示焊条电弧焊，V 形坡口，坡口角度为 α，根部间隙为 b，有 n 段焊缝，焊缝长度为 l
T 形接头			▶表示现场装配时焊接； $\downarrow$ 表示双面角焊缝，焊脚尺寸为 K
			表示有 n 段断续双面角焊缝，l 表示焊缝长度，e 表示断续焊缝的间隔
			Z 表示交叉断续焊缝

接 头 形 式	焊 缝 形 式	标 注 示 例	说　　明
角接头	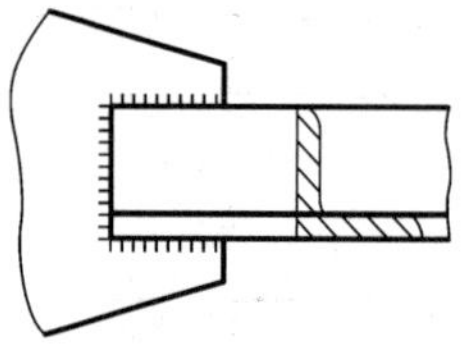	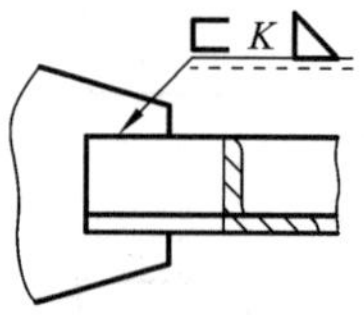	表示三面焊接的角焊缝,焊脚尺寸为 K
	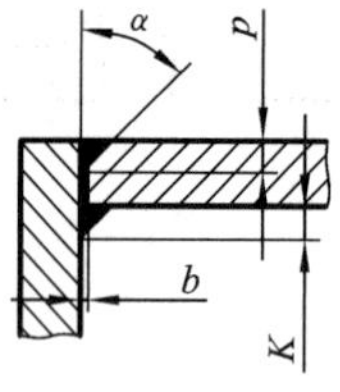	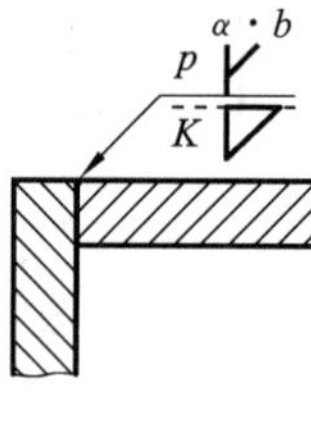	表示双面焊缝,上面为带钝边单边 V 形焊缝,下面为角焊缝
搭接接头	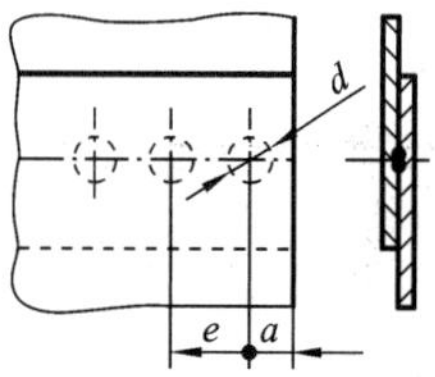	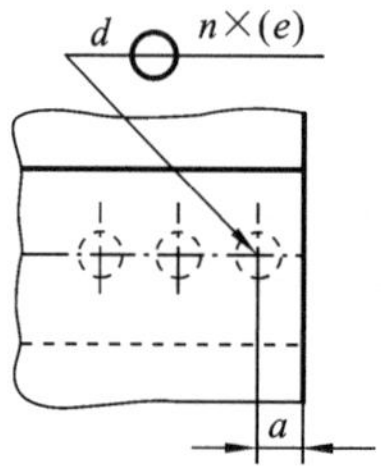	表示点焊缝,n 表示焊点数量,d 表示焊点直径,e 表示焊点的间距,a 表示焊点至板边的距离

10.2　焊　接　图

10.2.1　焊接图的内容

焊接件的图样应包括以下内容:

(1)一组图形　用一组图形(包括视图、剖视图、断面图、局部放大图等)完整、清晰地表达出焊接件各组成零件的结构形状和连接关系。

(2)完整的尺寸　用一组尺寸,完整、清晰、合理地标注出零件的结构形状及其相对位置关系。

(3)焊接要求　准确表达出各零件焊接的接头形式、焊缝符号及其焊缝尺寸。

(4)技术要求　用文字、符号等给出焊接件在制造、焊接、检验和使用时应达到的一些技术要求。

(5)零件序号、明细栏和标题栏　在焊接图中,必须对每个组成零件编写序号,并在明细栏中填写相应内容;标题栏与零件图相同,写明焊接件名称、图号、绘图比例以及设计、校对、审核人员的签名和日期等。

10.2.2　焊接图样示例

图 10.9 给出了轴承支架的焊接图。从明细栏可以看出,支架由 4 个零件焊接组成,其中零件 4 为支承轴的主体,零件 1、2 为安装固定板,零件 3 为加强肋板,以增加承载能力。

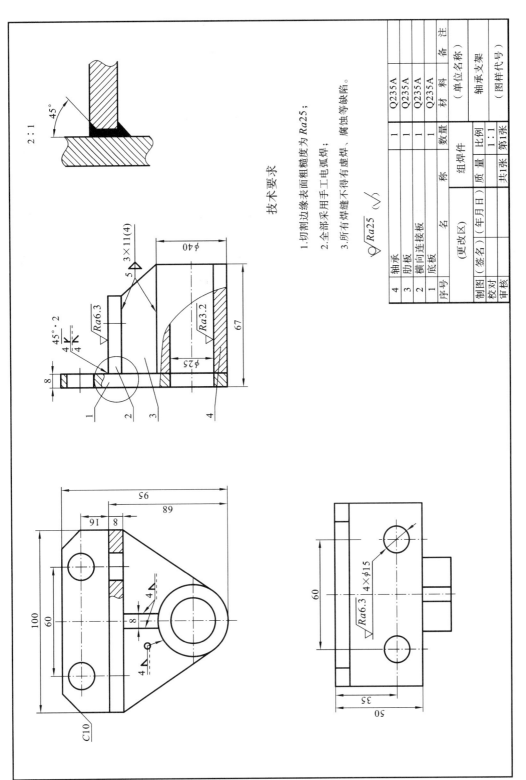

技术要求

1. 切割边缘表面粗糙度为 Ra25;

2. 全部采用手工电弧焊;

3. 所有焊缝不得有虚焊、腐蚀等缺陷。

图 10.9 轴承支架

4	轴承	1	Q235A	
3	肋板	1	Q235A	
2	横向连接板	1	Q235A	
1	底板	1	Q235A	
序号	名 称	数量	材 料	备 注
	组焊件			（单位名称）
				轴承支架
（更改区）	（签名）（年月日）	质量	比例	（图样代号）
			1:1	
制图		共1张	第1张	
校对				
审核				

　　主视图中,焊接符号 ⌐4⟍——○ 表示底板 1 与轴承 4 之间环绕圆筒周围进行焊接。◿表示角焊缝,其焊脚高度为 4 mm。焊缝符号 ⟍—4—◿—— 的两条指引线表示所指的两条焊缝的焊接要求相同,角焊缝的焊脚高度为 4 mm。

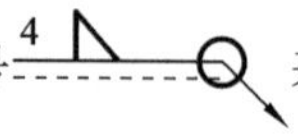

　　左视图中,焊缝符号 ⟩5▷3×11(4) 表示横向连接板 2 与肋板 3 之间、肋板 3 与轴承 4 之间均为双面断续角焊缝,焊脚高度为 5 mm,"3×11(4)"表示有 3 段断续焊缝,焊缝长度为 11,断续焊缝间隔为 4。焊缝符号 4▽45°·2 / 4△ 表示零件 2 上表面与零件 1 的焊缝是带钝边单边 V 形焊缝,坡口角度为 45°,深度为 4 mm,间隙为 2 mm,表面经加工后平整;件 2 下表面与件 1 的焊缝为焊脚高度为 4 mm 的角焊缝。

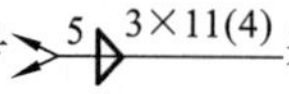

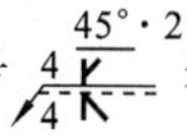

　　局部放大图清楚地表达了焊缝的剖面形状及尺寸。

　　在技术要求中提出了有关焊接的要求,其中焊接方法也可用阿拉伯数字代号(如焊条电弧焊可表示为 ⟋——⟨111)在焊缝符号中表示。

　　图 10.9 所示焊接件中的各零件结构均较简单,所以各个零件的结构形状和尺寸大小都已在图样中表达清楚。若零件结构复杂,不便在焊接图中清晰表达的,可另外绘制零件图。

第 11 章　计算机绘图

计算机绘图具有出图速度快、作图精度高等特点，而且便于管理、检索和修改。随着现代制造技术的发展，三维图形可以直接作为制造的直接依据。所以计算机绘图技术的学习就显得尤为重要。本章以 AutoCAD 2020 中文版为软件环境，介绍绘制工程图的基本方法，另外本章还将以 SolidWorks 2012 中文版为软件环境，介绍三维造型的基本方法。本章不讨论计算机绘图的理论和算法，仅结合具体绘图软件介绍必要的基本概念、基本方法。

11.1　AutoCAD 绘制工程图

AutoCAD 是美国 Autodesk 公司开发的具有代表性的二维、三维交互式图形软件，是目前计算机上应用最为广泛的工程图制图软件之一，它有如下特点：

（1）具有交互式用户界面，提供多种输入方式。

（2）具有二维图形功能，提供灵活多样的二维绘图和编辑功能。

（3）具有二次开发功能，AutoCAD 是开放性体系结构，可以用 Autolisp 编程语言和 VBA 编程语言进行开发。

（4）具有数据交换功能，提供了 DXF 数据输出格式，便于和其他图形系统或 CAD/CAM 系统交换数据。

11.1.1　AutoCAD 的基本知识

1. AutoCAD 的坐标系

AutoCAD 常用笛卡儿（直角）坐标系统，系统内有两个坐标系：一个是被称为世界坐标系（world coordinator system，WCS）的固定坐标系，一个是被称为用户坐标系（user coordinator system，UCS）的可移动坐标系。通常在二维视图中，WCS 的 X 轴水平，Y 轴垂直，WCS 的原点为 X 轴和 Y 轴的交点（0,0）。默认情况下，这两个坐标系在新图形中是重合的，也可以重新定位和旋转用户坐标系，以便于使用坐标输入、栅格显示、栅格捕捉、正交模式和其他图形工具。

2. AutoCAD 的操作界面

1）AutoCAD 的启动和退出

AutoCAD 2020 的启动可以双击桌面上 AutoCAD 2020 的图标，或者在"开始"菜单中"程序"组下选择 AutoCAD 程序组中的"AutoCAD 2020"项，即可以启动 AutoCAD 2020，启动后屏幕如图 11.1 所示。

2）用户界面

AutoCAD 的用户界面主要由标题栏、菜单栏、工具栏、绘图区、命令窗口和状态栏等组成。

（1）标题栏和快速工具栏　标题栏中间显示软件的名称 AutoCAD 2020 和当前编辑的图形名称。在标题栏的左侧是快速工具栏，包含文件新建、打开、保存、操作撤销、操作重做、打印等图标，右侧有命令、联机、帮助、搜索等图标。

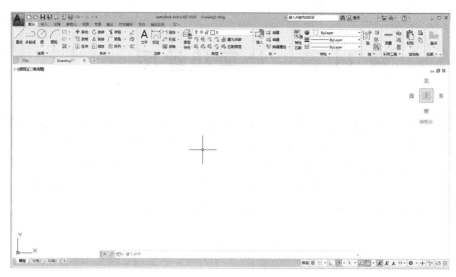

图 11.1　AutoCAD 2020 用户界面

界面

(2) 工具栏选项卡和面板　在"二维草图与注释"环境下选项卡有默认、插入、注释、参数化、视图、管理、输出、附加模块和精选应用等 10 项。每个选项卡下含有多个面板,如"默认"选项卡下就有绘图、修改、注释、图层、块、特性、组、实用工具、剪贴板和视图等 10 个面板。

(3) 绘图区域　用户界面中间大矩形框为绘图区域,其右上角有对当前文档窗口的控制图标,左下角有当前坐标指示,在其附近有模型/布局切换标签,一般情况下应在模型状态下绘制图形。

(4) 命令行提示区　可以在命令行提示区内键入命令全名或者别名,即缩写。

(5) 状态栏　在整个用户界面的最下面,反映当前的绘图状态。

3. 命令的输入方式

AutoCAD 的命令必须在"命令:"状态下输入,有以下几种输入方式:

(1) 键盘输入　直接从键盘输入 AutoCAD 命令,然后按空格键或回车键,但在输入字符串时,只能用回车键。键入的命令用大写或小写均可。建议键盘输入用快捷键输入,这样更快捷。

(2) 菜单输入　单击菜单名,在弹出的下拉式菜单中选择所需命令。

(3) 图标输入　鼠标移至某图标,会自动显示图标名称,单击该图标。

(4) 重复输入　在出现提示符"命令:"时,按回车键或空格键,可重复上一个命令,也可单击鼠标右键,在弹出快捷键菜单中选择"重复××"命令。

(5) 终止当前命令　按下 ESC 键可终止或退出当前命令,连续按两下进入待命状态。

4. 数据输入

1) 点的输入

当命令行窗口出现"指示点:"时,用户可以通过以下方式指定点的位置。

(1) 使用十字光标　在绘图区内,十字光标具有指定点的功能。移动十字光标到适当位置,然后单击左键,在十字光标处就自动输入点。

(2) 笛卡儿坐标　使用键盘以"x,y"的形式直接输入目标点的坐标。比如,在回答"指定点:"时,就可输入"20,10<Enter>"表示点的坐标为"20,10"。

(3) 相对笛卡儿坐标系　相对坐标指的是相对于当前点的坐标,而不是相对于坐标系原点而言的。使用相对坐标方式输入点的坐标,必须在输入值前键入字符"@"。例如,输入"@20,10"表示该点相对于前点在 x 轴正方向前进 20 个单位,在 y 轴正方向前进 10 个单位。

（4）相对极坐标系　相对极坐标是以当前点到下一点的距离和连接着两点的向量与水平正方向的夹角来表示的,其形式为"@$d<α$"。其中"d"表示距离,"$α$"表示角度,中间用"$<$"分隔。比如,键入"@$50<30$",则表示下一点距当前点的距离为 50,与水平正方向的夹角为 30°。

2）角度的输入

默认以度为单位,以 X 轴正方向为 0°,以逆时针方向为正,顺时针方向为负。在提示符"角度:"后,可直接输入角度值,也可输入两点,后者的角度大小与输入点的顺序有关,规定第一点为起点,第二点为终点,起点和终点的连线与 X 轴正方向的夹角为角度值。

3）位移量的输入

位移量是指一个图形从一个位置平移到另一个位置的距离,其提示为"指定基点或位移:",可用两种方式指定位移量:

（1）输入基点 $p_1(x_1, y_1)$,再输入第二点 $p_2(x_2, y_2)$,则 p_1、p_2 两点间的距离就是位移量,即

$$\Delta X = x_2 - x_1, \quad \Delta Y = y_2 - y_1$$

（2）输入一点 $p(x, y)$,在"指定位移的第二点或<用第一点作位移>:"提示下直接回车响应,则位移量就是该点 p 的坐标值 (x, y),即 $\Delta X = x$、$\Delta Y = y$。

5. 文件操作

1）新建文件

单击左上快速工具栏上的新建文件图标,系统将弹出如图 11.2 所示的对话框。

图 11.2　新建文件

2）打开文件

单击左上快速工具栏上的打开文件图标,系统将弹出如图 11.3 所示的对话框。利用此对话框,可以打开下列不同类型的文件:

（1）AutoCAD 图形文件（.dwg）。

（2）AutoCAD 图形交换文件（.dxf）。

（3）AutoCAD 图形样板文件（.dwt）。

(4) AutoCAD 图形标准文件(.dws)。

在对话框的右上角位置有图形预览,方便用户确定文件是否为需要打开的文件。

3) 保存文件

单击左上工具栏中的保存文件图标,可以快速保存正在编辑的文件。如果当前文件还没有命名,将弹出类似于图 11.3 所示的对话框。系统默认扩展名为"dwg",键入文件名,按"保存"按钮,系统就能保存当前图形。注意 AutoCAD 2020 的图形文件无法在较早版本的 Auto-CAD 中打开,若要在较早版本中打开,保存时必须在文件类型中选择保存为较早的版本。

图 11.3　打开文件

11.1.2　AutoCAD 的基本操作

1. 绘图命令

任何复杂的图形都是由基本单元,如线段、圆、圆弧、矩形和多边形等组成的。这些图元在 AutoCAD 中,称为实体。

基本绘图命令位于"默认"选项卡的"绘图"面板上,常用绘图命令包括画直线、多段线、圆、圆弧和正多边形等,单击"绘图"右边的三角,还会弹出其他常用的绘图命令,当光标移到图标上面时会显示此图标的名称,悬停在图标上时会显示此命令的简单操作举例。图 11.4 列出了绘图命令图标。下面介绍最基本的绘图命令。

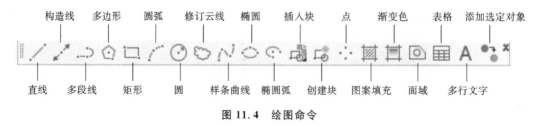

图 11.4　绘图命令

1) 直线(L)

操作流程:依次单击"默认"→"绘图"→"直线"命令。

指定起点(可以使用定点设备(通过捕捉等辅助命令),也可以在命令提示下输入坐标值)→指定端点以完成第一条直线段(要在执行"直线"命令期间放弃前一条直线段,请输入 u 或单击工具栏上的"放弃")→指定其他直线段的端点→按 ENTER 键结束,或者按 c 键使一系列直线段闭合。如果要以最近绘制的直线的端点为起点绘制新的直线,请再次启动"直线"命令,然后在出现"指定起点"提示后按 ENTER 键。

2）圆（C）

操作流程:依次单击"默认"→"绘图" → "圆"下拉式菜单→圆心,半径(或圆心,直径;两点;三点;相切,相切,半径;相切,相切,相切)。

以圆心,半径为例:输入圆心坐标→输入圆的直径→按 ENTER 键结束。

3）圆弧（A）

操作流程:依次单击"默认"→"绘图"→"圆弧"下拉式菜单 →共有 11 种圆弧的绘制方式,默认为三点画圆弧,单击圆弧图标边上的小三角就会列出 11 种绘制圆弧的方式,根据条件选用合适的方式绘制圆弧。

4）矩形（REC）

操作流程:依次单击"默认"→"绘图" →"矩形"命令。

指定第一个角点或[倒角(C)标高(E)圆角(F)厚度(T)宽度(W)] →指定另一个角点或[面积(A)尺寸(D)旋转(R)](可以通过输入坐标指定角点或者捕捉点,指定第一个角点后,可以根据面积等绘制矩形。)

5）单行文本（DT）和多行文本（T）

操作流程:依次单击"默认"→" 注释" →"多行文字"(点击下方的三角符号,可以选择单行文字或多行文字)。

用 DTEXT 命令注写中文时,字体样式中必须同时指定中文字库(大字体)和西文字库。若仅指定西文字库,则中文字符将以"?"来显示。

(1) 文字样式（ST）命令　设定文字样式对话框如图 11.5 所示。

图 11.5　定义文字样式

文字样式设置

单击"新建"按钮,在弹出的窗口中键入新字体名"工程字",然后单击"确定"按钮关闭窗口。

勾选"字体"下面的"使用大字体"选项,确认使用 AutoCAD 大字体字库。

单击"SHX 字体",在列表中选择"gbeitc. shx"西文字体。

单击"大字体",在列表中选择"gbcbig. shx"中文单线长仿宋体。

单击"应用"按钮完成对字体的定义,然后按"关闭"按钮退出。

建议将"Standard"样式中的字体也改成"gbeitc. shx"西文字体和"gbcbig. shx"中文单线长仿宋体,这样可以满足绘图过程中所有的注写和标注的要求。

(2) 特殊字符的输入　一些特殊字符不能在键盘上直接输入,AutoCAD 用控制码来实现,常用的控制码如表 11.1 所示。

表 11.1　特殊字符与控制码

符　　号	代　　号	示　　例	文　　本
°	%%d	30%%d	30°
±	%%p	%%p0.012	±0.012
φ	%%c	%%c50	φ50

2. 常用编辑命令

编辑命令位于"默认"选项卡的"修改"面板上,常用命令包括删除、剪切、移动和复制等,点击"修改"右边的三角符号,还会弹出其他常用的编辑命令,当光标移到图标上面时会显示此图标的名称,悬停在图标上时会显示此命令的简要操作举例。图 11.6 列出了编辑命令图标。

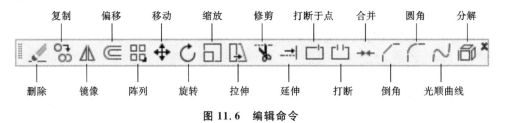

图 11.6　编辑命令

1) 对象的选择

在对对象进行编辑之前,需要选择对象,AutoCAD 2020 提供了以下几种对象的选择方式。

(1) 点选方式:直接用鼠标左键单击,依次选择需要的对象。选择需要的线段或者图形,如果多选了,可以按住 SHIFT 键进行删减。

(2) 框选方式分两种:① 正选——从左到右框选,选中框内的对象,该方法主要针对需要选择的范围内的图形对象。② 反选——从右到左框选,选择框内及与框相关的对象均可选中,此方法是全选最佳的方法之一。

各编辑命令说明如下:

(1) 全部方式　输入"All",回车,可选择可操作的全部对象。

(2) 栏选方式　输入"F",回车,此时在绘图区域画一直线,与直线相交的所有对象被选中。

2) "删除"命令(Erase/E)

删除命令用于从图形中删去选定的实体。

操作:输入 erase 或单击"删除"命令图标→选择需删除的对象→按 ENTER 键。用 OOPS 命令恢复删除的对象。

3) "复制"命令(Copy/CO、CP)

"复制"命令用于将指定的实体复制到指定位置,可多次复制。

操作:输入 COPY 或单击"复制"命令图标→选择要复制的对象→指定基点或"位移(D)/

模式(O)"＜位移＞→根据坐标输入或光标位置选择复制对象需要放置的位置。

4)"镜像"命令(Mirror/MI)

"镜像"命令用于将选定的目标图形生成另一镜像图形。

操作:输入 Mirror/MI 或单击"镜像"命令图标→选择要镜像的对象→按 ENTER 键→指定镜像线的第一点→指定镜像线的第二点(源对象和镜像得到的对象根据镜像命令所需要指定的镜像第一个点和第二个点所决定的一条直线对称)→要删除源对象吗?[是(Y)/否(N)]

5)"偏移"命令(Offse/O)

"偏移"命令用于将所选图形按设定的点或距离等距地复制一个,复制的图形与原图形一样或相似(放大或缩小)。

操作:输入 Offse/O 或单击"偏移"命令图标→指定偏移距离或[通过(T)删除(E)图层(L)]→选择要偏移的对象→指定要偏移的那一侧上的点(决定了放大或缩小)。

6)"阵列"命令(Array/AR)

"阵列"命令用于将指定目标按矩形或环形阵列的方式做多重复制。

操作:输入 Array/AR 或单击"阵列"命令图标→选择阵列的方式(矩形阵列或环形阵列,见图 11.7),选择对象后回车,再设置相应的参数(如行数、列数、基点)后关闭阵列。

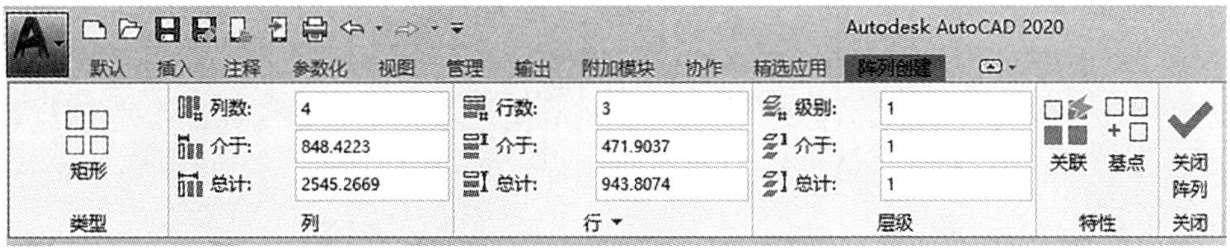

图 11.7　阵列方式选择和参数设置

7)"移动"命令(Move/M)

"移动"命令用于将选定实体从当前位置平移到指定位置。

操作:输入 Move/M 或单击"移动"命令图标→选择要移动的对象→指定基点或"位移(D)/模式(O)"＜位移＞→根据坐标输入或光标位置选择放置的位置。

8)"旋转"命令(Rotate/RO)

"旋转"命令用于将指定目标绕指定基点旋转指定角度。

操作:输入 Rotate/RO 或单击"旋转"命令图标→选择要旋转的对象→指定基点→指定旋转角度→输入角度后回车即可(正值为逆时针,负值为顺时针)。

9)"缩放"命令(Scale/SC)

"缩放"命令用于将指定目标按指定比例相对于指定的基点进行缩放。

操作:输入 Scale/SC 或单击"缩放"命令图标→选择要缩放的对象→指定基点→指定比例因子→输入比例后回车即可(大于 1 为放大,小于 1 为缩小)。

10)"修剪"命令(Trim/TR)

"修剪"命令用于删除实体多余的线段。

操作:输入 Trim/TR 或单击"修剪"命令图标→选择要修剪的对象→Enter→选择要被剪掉的部分即可。

11)"拉伸"命令(Stretch/S)

"拉伸"命令用于将图形拉伸或变形。

操作:输入 Stretch/S 或单击"拉伸"命令图标→选择要拉伸的对象→Enter→选择所需要拉伸的距离即可。

12)"单点打断"命令(Break/BR)

"单点打断"命令用于将图线选一点断开。

操作:输入 Break/BR 或单击"单点打断"命令图标→选择要打断的对象→指定对象需要被打断的位置即可。

13)"折断"命令(Break/BR)

"折断"命令用于将实体断开或部分删除。

操作:输入 Break/BR 或单击"折断"命令图标→选择要折断的对象→指定对象需要折断的第一点→指定对象需要折断的第二点(两点之间的对象将被删除掉)。

14)"倒角"命令(Chamfer/CHA)

"倒角"命令用于在两条直线间画倒角或对一段多义线倒角。

操作:输入 Chamfer/CHA 或单击"倒角"命令图标→选择第一条直线或"放弃(U)/多段线(P)/距离(D)/角度(A)/修剪(T)/方式(E)/多个(M)"→输入 D(根据距离倒角)→Enter→指定第一个倒角距离→指定第二个倒角距离→选择第一条直线→选择第二条直线。

15)"倒圆"命令(Fillet)

"倒圆"命令用于用给定半径的圆弧连接两实体。

操作:输入 Fillet 或单击"倒圆"命令图标→选择第一个对象或"放弃(U)/多段线(P)/半径(R)/修剪(T)/多个(M)"→输入"R"(根据半径倒圆)→Enter→输入半径值→Enter→选择第一条直线→选择第二条直线。

16)"分解"命令(Explode)

"分解"命令用于将图形分解(打散)。

操作:输入 Explode 或单击"分解"命令图标→选择需要分解的对象→Enter。

3. 绘图辅助工具

1)自动捕捉(Snap)

自动捕捉功能用于设置一个鼠标移动的固定步长,使得在绘图区内的光标沿 X 和 Y 轴方向的移动量总是步长的整倍数,以提高绘图的精度和效率。

快速启动或关闭自动捕捉有如下三种方式:

(1)在状态栏上单击▨按钮。

(2)在命令行里键入 Snap /on 或 off。

(3)快捷键 F9。

启动自动捕捉后,光标只能以设定 X、Y 轴方向上固定的步长移动。光标移动的步长或捕捉样式、类型可以使用 Snap 命令设置:输入 Snap 回车→指定捕捉间距或"开(ON)/关(OFF)/纵横向间距(A)/样式(S)/类型(T)"。

2)正交模式(Ortho)

在 AutoCAD 中,若要利用鼠标绘制较为精确的水平线或垂直线时,仅靠人眼判断是无法满足要求的,AutoCAD 提供的正交方式绘图命令可利用鼠标绘制精确的水平和垂直线条。

正交是一个开关命令,启动或关闭正交命令的方法有:

(1)在状态栏上单击▨按钮。

（2）在命令行里键入 Ortho/on 或 off。

（3）快捷键 F8。

3）对象捕捉

对象捕捉（object snap）是一个十分有用的工具，它可以帮助用户精确地选择某些特定的点，即将十字光标线准确定位在已存在的实体特定点或特定位置上。AutoCAD 所提供的对象捕捉功能，均是针对捕捉图中的控制点而言的。AutoCAD 的对象捕捉方式，如图 11.8 所示。常用的有 7 种，其具体意义如图 11.9 所示。

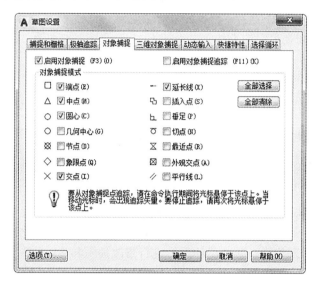

图 11.8　对象捕捉设置

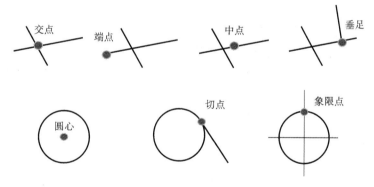

图 11.9　常用对象捕捉的含义

启动或关闭对象捕捉命令的方法：

（1）在状态栏上单击 按钮。

（2）快捷键 F3。

4）极轴追踪

极轴追踪是按事先给定的角度增量和极轴距离在指定方向上追踪特征点。AutoCAD 默认极轴追踪的增量角为 90°，极轴距离为 10 个单位；可以在"草图设置"对话框中设置极轴追踪增量角和极轴距离。极轴距离在"栅格和捕捉"选项卡下设置，要设置极轴距离，必须先选中"PolarSnap"作为捕捉类型；同时，必须启动捕捉，极轴距离才有效。

启动或关闭极轴追踪的方法：

（1）在状态栏上单击 ⊙ 按钮。

（2）快捷键 F10。

（3）打开"草图设置"对话框"极轴追踪"选项卡，选择"启用极轴追踪"复选框。

5）对象捕捉追踪

使用对象捕捉追踪，可以沿着基于对象捕捉点的对齐路径进行追踪，该功能可以看作是"对象捕捉"与"极轴追踪"功能的联合应用。捕捉到点之后，将显示相对于获取点的水平、垂直或极轴路径。

启动或关闭对象捕捉追踪的方法：

（1）在状态栏上单击 ∠ 按钮。

（2）快捷键 F11。

（3）打开"草图设置"对话框"对象捕捉"选项卡，选择"启用对象捕捉追踪"复选框。

11.1.3　图层操作

图形中一般具有定义形状的几何信息和表示其属性的非几何信息，属性包括颜色、线型、线宽等信息。

为了便于图形属性管理，AutoCAD 2020 提供了图层的管理方式。层可以理解成透明纸，绘制在每层的图形可同时显示在同一图面上。如果在某一特定层只绘制具有某些共同属性的图形，可以通过层的管理功能对某一层的图形进行修改编辑和显示控制，以及属性的统一修改和管理。如中心线在一层，粗实线在一层，尺寸标注在一层，这样，在处理图形中的有关信息时就更清晰明了，同时可以简化许多工作。

图层具有如下特点：

（1）一个图形文件可以创建多个图层，每个图层可应用于多个实体；

（2）图层名由字母、数字和字符组成，长度不超过 31 个字符。"0"层是 AutoCAD 固有的，"Defpoint"层是 AutoCAD 尺寸标注时自动生成的特殊图层，这两个层不能改名，也不能删除。

（3）图层可设为打开与关闭、解冻与冻结、锁定与解锁六种状态。

（4）只能在当前层上绘图，绘图前要确认线型，然后选择对应的图层。

1. 创建图层

命令：layer 或格式（format）中的图层按钮。

单击工具栏中的"图层"按钮，将弹出"图层特性管理器"对话框，如图 11.10 所示。图层特性管理器可以创建新图层、指定图层的各种特性、管理图层等，设置颜色、设置线型、设置线宽以及控制图层状态。

加载线型：点击图层管理器的线型一栏，出现线型对话框，如图 11.11 所示。

图层的切换：在"图层"工具栏中，单击右边的下拉箭头，将显示已创建图层的下拉列表，选取所需图层名，即可将该图层设为当前层，如图 11.12 所示。

2. 图层状态的含义

关闭：层被关闭后该层图形不可见不输出，但可在该层绘图。当前层可被关闭。

冻结：层被冻结后该层图形不可见不输出，不可再绘图。当前层不可被冻结。

锁定：层被锁后该层图形可见，可再绘图，但不能编辑。当前层可被锁定。

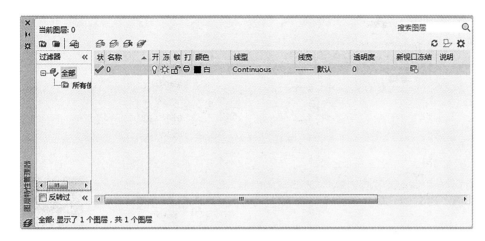

图 11.10　图层特性管理器

图层设置

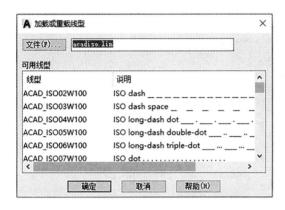

图 11.11　线型加载器

图 11.12　图层切换

说明：为了养成好的画图习惯，不要从特性对话框改变图中对象的线型、颜色、线宽等。一定要根据图层对其进行修改，万一画图用错了图层，可以选中画错的对象，然后选择正确的图层进行修改。线宽的显示必须先激活状态栏上的线宽按钮，才能在屏幕上看到对象的线宽信息。

11.1.4　AutoCAD 的尺寸标注

尺寸标注是绘图、设计中的一项重要内容。一个完整的尺寸由尺寸线、尺寸界线、尺寸线终端和尺寸数字组成，AutoCAD 将这四要素视为一个整体对象，利用它可标注出各种样式的尺寸。

1. 尺寸标注样式的设定

在标注一个尺寸之前，应先对其样式进行设置，如尺寸界线与轮廓的距离、尺寸起止符号样式、数字字高等。系统提供了 ISO.25 的尺寸标注样式，它和国标有一定的差别，需要对其默认值做适当的修改。单击"注释"栏中标注框的右下角的三角符号，或者键入命令"D"来启动标注样式管理器，如图 11.13 所示。

（1）单击"修改（M）"，在"线"选项卡中，将"基线间距（A）"设置为 5，"起点偏移量（F）"设置为 0，如图 11.14 所示。

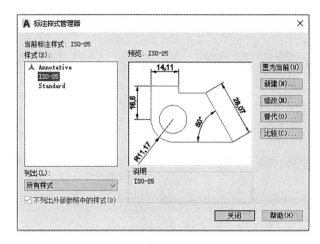

图 11.13   标注样式管理器

标注样式设置

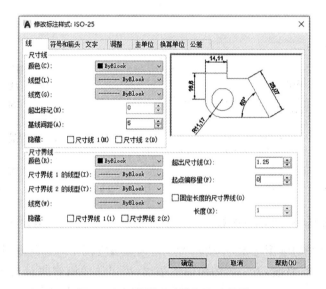

图 11.14   设置尺寸线和尺寸界线

（2）在"调整"选项卡中，在"使用全局比例（S）"右边的数值框中将 1 改为 1.4，这样就可以使尺寸数值的高度和尺寸箭头长度扩大 1.4 倍，大致变为 3.5，从而符合国家标准，如图 11.15 所示。

（3）在"主单位"选项卡中，将"小数分隔符（C）"设置为"."，然后单击"确定"，如图 11.16 所示。

经过上述修改，可以把 ISO.25 的标注样式修改为符合国家标准的样式。

2. 建立标注子样式

建立标注子样式的目的是为了使得角度标注、半径标注和直径标注等符合国家标准的要求。

1）建立角度标注子样式

在标注样式管理器中，单击"新建（N）"命令按钮开始建立尺寸标注样式。在弹出的对话框中，在"用于"项下选择"角度标注"（见图 11.17），单击"继续"按钮，选择"文字"选项卡，在"文字对齐"中选择"水平"（见图 11.18），再选择调整选项卡，在"调整选项（F）"下选择"文字"

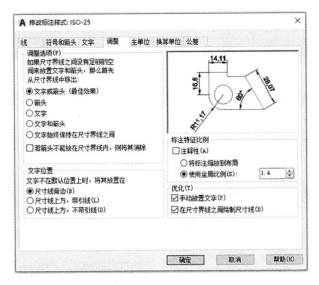

图 11.15　设置全局比例

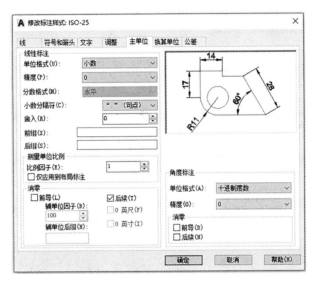

图 11.16　设置主单位

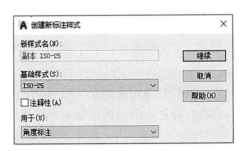

图 11.17　创建角度标注子样式

（见图 11.19），然后单击"确定"按钮。

2）建立半径标注子样式

在标注样式管理器中，单击"新建（N）"命令按钮开始建立尺寸标注样式。在弹出的对话

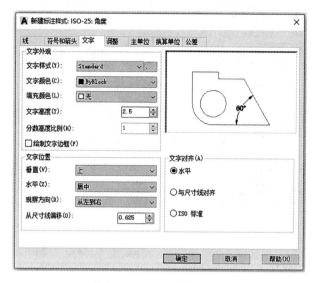

图 11.18　"文字"选项卡

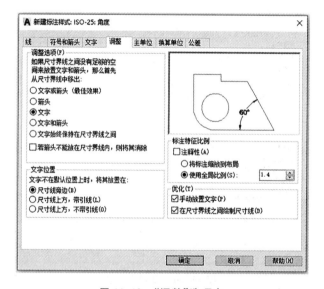

图 11.19　"调整"选项卡

框中,在"用于"项下选择"半径标注",单击"继续"按钮,选择"文字"选项卡,在"文字对齐"中选择"ISO 标准",再选择调整选项卡,在"调整选项(F)"下选择"文字",然后单击"确定"按钮。

3) 建立直径标注子样式

与建立半径标注子样式基本相同,只是选择用于"直径标注"。

这样就完成了尺寸样式的修改,能基本满足国家标准中尺寸标注的需要。

3. 尺寸标注命令

常用尺寸标注命令如图 11.20 所示。

1) 线性尺寸标注

调用命令:单击"线性"图标按钮。

功能:标注水平、竖直方向尺寸。

图 11.20　尺寸标注工具栏

基本操作:点取命令→选取第一条尺寸界线起点→选取第二条尺寸界线起点→选取尺寸线位置。

2) 对齐标注

调用命令:单击"对齐"图标按钮。

功能:标注倾斜方向尺寸。

操作:点取命令→选取第一条尺寸界线起点→选取第二条尺寸界线起点→选取尺寸线位置。

3) 角度标注

调用命令:单击"角度"图标按钮。

功能:标注角度尺寸、圆或圆弧的部分圆心角。

操作:点取命令→选取圆、圆弧或线→选取尺寸线位置。

4) 半径标注

调用命令:单击"半径"图标按钮。

功能:标注圆或圆弧半径。

操作:点取命令→选取一段圆或圆弧→选取尺寸线位置。

5) 直径标注

调用命令:单击"直径"图标按钮。

功能:标注圆或圆弧直径。

操作:点取命令→选取一段圆或圆弧→选取尺寸线位置。

操作:点取命令→选取圆、圆弧或线→选取尺寸线位置。

说明:双击尺寸标注文字或尺寸线,可以打开"尺寸特性"对话框,在"尺寸特性"对话框中,可以对文字的高度、位置、角度或尺寸值进行修改。

4. 公差标注

1) 尺寸公差标注

标注尺寸公差,可先利用"线性"标注命令标出公称尺寸,再对尺寸进行修改。若公差为公差带代号,可双击尺寸,出现"文字格式"工具条和文字编辑框,在公称尺寸后直接输入基本偏差代号和公差等级代号。若公差为极限偏差的形式,可在双击尺寸后,在公称尺寸后依次输入上极限偏差数值、符号"^"和下极限偏差数值,再选中上极限偏差数值、符号"^"和下极限偏差数值,单击"文字格式"工具条中的"堆叠"图形按钮 ，即可标出极限偏差。

2) 几何公差标注

单击"标注"菜单中的"公差(T)",弹出"形位公差"对话框,如图 11.21 所示,单击"符号"下方的黑色框格,可选择特征符号。单击"公差"下方左侧的黑色框格,可添加直径符号"Φ";单击右侧黑色框格,可选择附加符号;白色框格中直接输入公差值。"基准"下方的白色框格用来输入基准字母,单击后方的黑色框格,可选择附加符号。几何公差信息设置完后,单击"确定",将几何公差框格放到被测要素附近,再利用多重引线使之与被测要素相连。

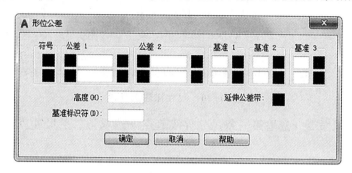

图 11. 21 "形位公差"对话框

11.1.5 图块

为了进一步提高绘图效率,简化相同或者类似结构的绘制,引进了一个新的概念——图块。图块是把一组图形或文本作为一个实体的总称,在块中,每个图形实体均可有其独立的图层、线型和颜色特征,但块中所有实体是作为一个整体来处理,可以根据需要将块按一定比例缩放、旋转,插入指定的位置,也可以插入块后对其进行阵列、复制、删除、镜像等编辑操作。图块分为内部块和外部块。特别是针对一些常用的图形比如表面粗糙度符号,引入图块的功能之后,就会给绘图带来很多的方便。

1. 创建内部块

创建内部块是指在文件内将图形的部分或全部内容转化为块,这些块可在文件内任何时刻予以保存和调用。

命令:Block。

2. 创建外部块

创建外部块是指将图形的部分或全部作为块,以指定文件名存盘,形成一个新的图形文件且可随时被当前图形及其他图形当作块插入。

命令:Wblock。

3. 属性

属性是图块中对图块进行说明的非图形信息,是图块的组成部分,是对图块进行说明的文字或参数。属性块实际上等于普通图块加上文本与属性说明。为了使图块含属性,必须首先使用"属性定义"对话框定义属性,然后才能用 Block 或 Wblock 命令将其定义为含属性的图块,建好属性块之后方可用 Insert 命令插入到图形中去。选择下拉式菜单:绘图→块→定义属性,出现属性定义对话框,在该对话框中即可以对图块的属性进行定义,如图 11.22 所示。

属性块应用示例:

绘制图形→定义属性→输入 W 或 B 命令后回车(分别创建外部块和内部块)→在如图 11.23所示的"写块"对话框中写块(点击选择对象选择所需要创建的块图形和属性,选择插入的基点作为拾取点,然后对块进行命名和选择保存路径)→通过工具栏"插入块"命令或在命令栏输入"Insert/I",在恰当的位置插入块。

按上述步骤制作的表面粗糙度的属性块如图 11.24 所示。制作后,通过插入块能方便地进行多个表面粗糙度的标定,并通过改变其属性值改变表面粗糙度值。

图 11.22　属性块的定义

图 11.23　写块

11.1.6　平面图形绘制示例

绘图示例

绘制平面图形是绘制工程图样的基础,平面图形包含直线和圆弧的连接,可以利用 AutoCAD 提供的绘图工具、编辑工具和对象捕捉工具精确地完成图形的绘制。下面通过绘制具体的平面图形说明绘图的方法和步骤,最终成形图如图 11.25 所示。

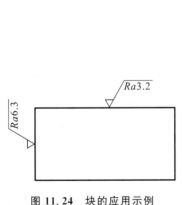

图 11.24　块的应用示例

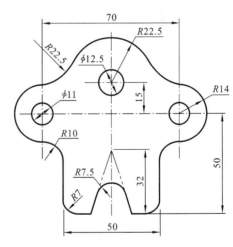

图 11.25　平面图形

(1) 图层设置。利用图层管理器设置如图 11.26 所示的所有图层,赋予图层颜色、线型、线宽等参数。

(2) 按照前文所述步骤设定标注样式和文字样式。

(3) 根据需要规划图幅,图 11.25 所示平面图形根据 1∶1 的比例用 A4 图就行,并绘制标题栏。

说明:按照步骤(1)(2)(3)完成后就可以存一个国标 A4 的样本文件,今后作图可以以此样本文件新建文件,就不用每次进行以上步骤了。

(4) 绘制中心线。设置 04 细点画线为当前图层,用直线命令绘制中心线,结果如图 11.27

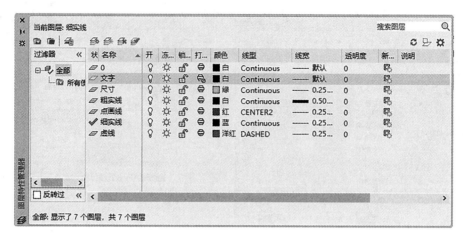

图 11.26　图层设置

所示。

（5）用圆命令绘制 $\phi25$ 和 $\phi22$ 的圆，并绘制 $R45$ 和 $R28$ 的圆（见图 11.28）。

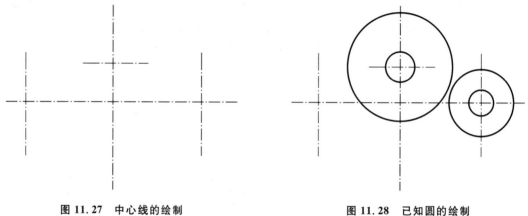

图 11.27　中心线的绘制　　　　　图 11.28　已知圆的绘制

（6）根据倒圆角的命令进行圆弧连接，并用修剪命令剪掉多余圆弧（见图 11.29）。

（7）用直线命令完成右半部分剩余的直线，并用倒角命令进行倒圆角（见图 11.30）。

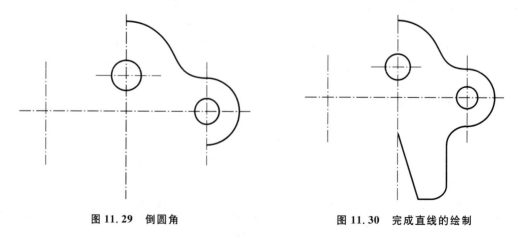

图 11.29　倒圆角　　　　　　　　图 11.30　完成直线的绘制

（8）用镜像命令完成左半部分图形（见图 11.31）。

（9）对图中的锐角进行倒圆并整理图形（见图 11.32）。

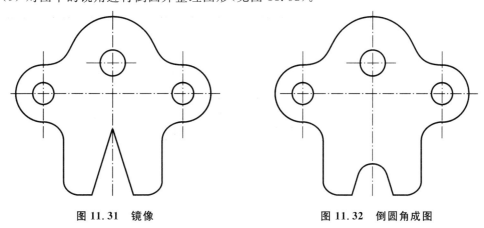

图 11.31　镜像　　　　　　　　　　　　图 11.32　倒圆角成图

（10）切换至"08 尺寸标注"图层，进行尺寸标注，即可完成全图，如图 11.25 所示。

11.1.7　用 AutoCAD 绘制零件图

一张完整的零件图包含以下内容：① 一组视图；② 完整的尺寸；③ 技术要求；④ 标题栏。用 AutoCAD 绘制的零件图必须体现以上全部内容。本节以阀杆为例讲解，其绘图步骤如下。

（1）新建文件，选择合适的样板，样板文件含有有关图形文件的多种格式设定，比如单位制、工作范围、文字样式、尺寸样式、图层设置和图框标题栏等。样板文件扩展名是"dwt"。为了制图方便，我们可以根据国家标准制定适合自己的样板文件，主要需要设置的内容为文字样式（见图 11.5）、尺寸样式（见图 11.13～图 11.19）、图层设置（见图 11.26）和图框标题栏（可根据实际需要绘制标题栏）等。

（2）以合适的样板文件新建了零件图之后，开始绘制一组合适的视图，图 11.33 所示为阀杆的一组合适的视图。阀杆为简单的轴类零件，采用主视图，配合局部剖，然后通过适当的尺寸标注就可以把零件表达清楚。

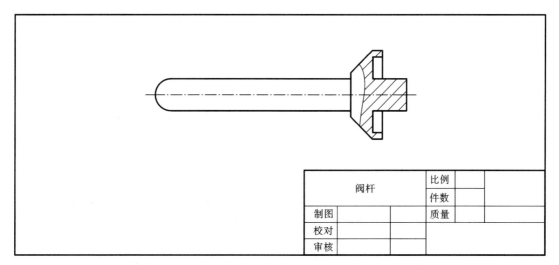

图 11.33　阀杆视图

（3）对其进行尺寸标注，然后加注技术要求，如图 11.34 所示。

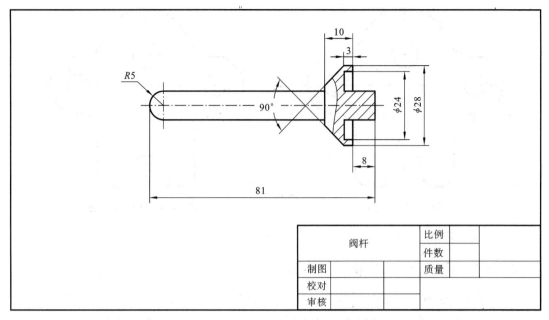

图 11.34　阀杆尺寸标注图

（4）对其进行表面粗糙度标注和技术要求的注写，如图 11.35 所示。其中表面粗糙度可以通过制作属性块和插入属性块的方式快速标注。

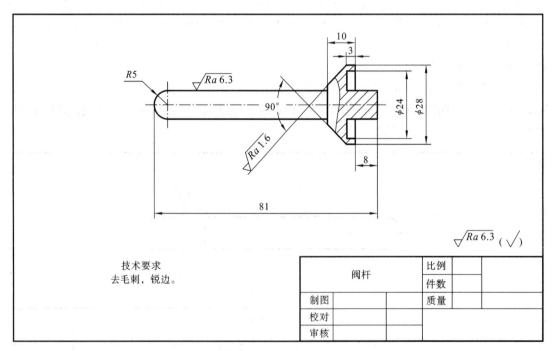

图 11.35　阀杆尺寸标注和表面粗糙度标注

（5）对其进行尺寸公差和几何公差的标注，如图 11.36 所示。

尺寸公差的标注，先标注没有公差的尺寸 10，然后双击此尺寸启动"特性"对话框，在特性编辑表内对公差的尺寸进行编辑。在公差对话框中，写入上下公差。最后可以在前缀前通过

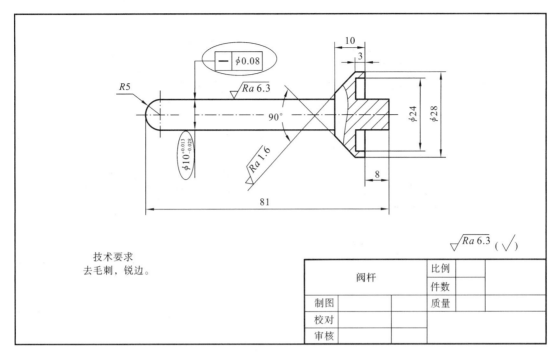

图 11.36　阀杆零件图

输入"％％c"的方式标注直径符号。

几何公差的标注,首先通过标注工具栏的"快速引线"按钮或命令行输入"Qleader"命令做引线,最后通过"注释"标签下选中"公差"项进行公差的标注。

11.1.8　用 AutoCAD 绘制装配图

利用计算机绘制装配图的常用方法有:直接绘制二维装配图和从三维模型生成二维装配图。

本节介绍第一种绘制二维装配图的方法。这种方法是建立在已完成零件图的绘制的基础上的,参与装配的零件可分为标准件和非标准件。对非标准件应有已绘制完成的零件图;对标准件则无需画零件图,可通过标准库调用。

零件在装配图中的表达与零件图不同,在拼画装配图前,应对零件图做如下修改:

(1) 统一各零件图的比例,并删除尺寸。

(2) 选择各视图搭配,并适当修改表达方案。

(3) 把经过处理的零件图存为图块,确定插入基点。

本节以图 11.37 所示的夹线体为例,说明利用块功能拼画装配图。

从明细栏可以看出,装配体由四个零件组成。其绘制装配图步骤如下。

(1) 根据原有零件图做相应的图块,此装配图的主视图较复杂,故分别把盘盖、衬套、压套和手动牙套的主视图做成图块,分别如图 11.38(a)～(d)所示,在做图块的过程中,为了插入方便,分别做了插入基点的标记,并用"×"和"○"标出。

(2) 由各图块拼装装配图,并对拼装的图形按需要进行修改和整理,删去多余的线条,补画缺少的线条。

(3) 添加明细栏、序号、标题栏等内容,形成图 11.38 所示的装配图。

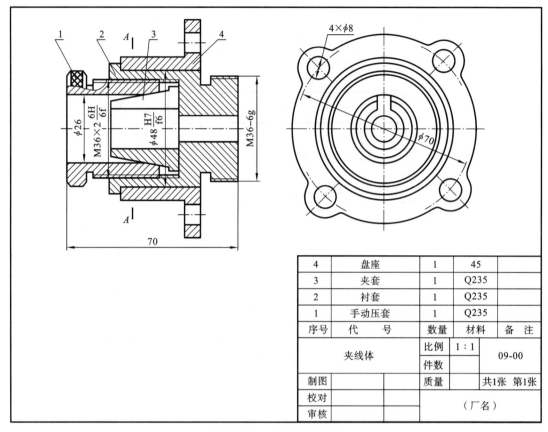

4	盘座	1	45	
3	夹套	1	Q235	
2	衬套	1	Q235	
1	手动压套	1	Q235	
序号	代　号	数量	材料	备　注
夹线体		比例	1：1	09-00
		件数		
制图		质量		共1张　第1张
校对		（厂名）		
审核				

图 11.37　夹线体装配图

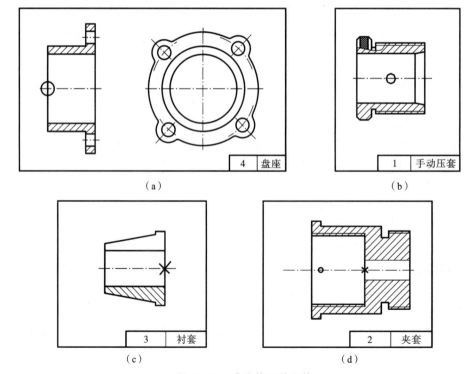

（a）　　　　　　　　　　　　　　（b）

（c）　　　　　　　　　　　　　　（d）

图 11.38　夹线体组件图块

11.2　SolidWorks 三维造型

随着科学技术的发展,人们可以不用二维工程图,只根据三维的零件模型制造出需要的零件。随着软件技术的发展,三维绘图不仅仅局限于三维造型,而且可以用来进行运动学分析、力学分析、热力学分析等进一步的深入研究。SolidWorks 是一款基于特征的参数化实体建模设计软件,采用了 Windows 图形用户界面,易学易用,二次开发方便,并且它还在不断发展,可以满足工程师对有限元分析等的功能需求。

11.2.1　SolidWorks 的基本知识

本节以 SolidWorks 2012 为软件版本,主要介绍该软件的基本概念和常用术语、操作界面、特征管理器和命令管理器,以及生成和修改参考几何体的方法。这些是用户使用 SolidWorks 必须要掌握的基础知识,是熟练使用该软件进行产品设计的前提。

1. 启动软件

选择"开始"/"所有程序"/"SolidWorks 2012"菜单命令,或者双击桌面上的 SolidWorks 2012 的快捷方式图标,启动该软件。

2. SolidWorks 的操作界面

SolidWorks 的操作界面如图 11.39 所示,主要包括以下内容。

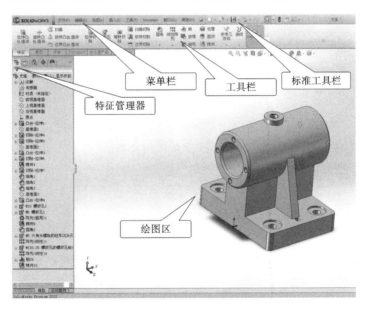

图 11.39　SolidWorks 操作界面

(1) 菜单栏　SolidWorks 2012 的菜单栏包括"文件"、"编辑"、"视图"、"插入"、"工具"、"窗口"和"帮助"等菜单,单击鼠标左键或者使用快捷键的方式可以将其打开并执行相应的命令。

(2) 工具栏　工具栏分为两个部分,位于上部分的是"标准"工具栏,它和 Word 的工具栏内容基本相同。下排一般为"Command Manager(命令管理器)"工具栏。用户可选择"工具"/"自定义"菜单命令,打开"自定义"对话框,自行定义工具栏。

（3）特征管理区　特征管理区主要包括 Property Manager（属性管理器）、Configuration Manager（配置管理器）、Feature Manager 设计树（特征管理器设计树）、特征管理过滤器、Render Manager 标签以及 DimXpert Manager（尺寸专家管理器）等六部分。特征管理器的解释如图 11.40 所示。

（4）绘图区　绘图区是软件空白部分。

3．SolidWorks 的文件基本操作

1）新建文件

选择"文件→新建"菜单命令，或单击工具栏上的"新建"按钮，打开"新建 SolidWorks 文件"对话框，即可新建文件。如图 11.41 所示为新建文件的对话框。

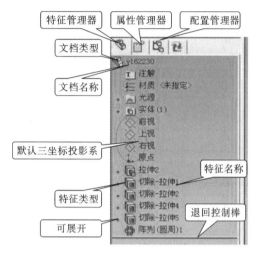

图 11.40　特征管理器

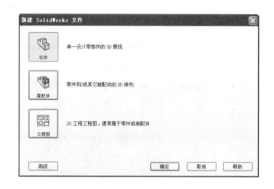

图 11.41　新建文件的对话框

2）打开文件

选择"文件→打开"菜单命令，或单击工具栏上的打开按钮，弹出"打开"对话框，在对话框中选择要打开的文件。如图 11.39 所示为打开泵体的文件，可以在右边缩略图中看见泵体的形状。如图 11.42 所示为打开文件示例。

3）保存文件

选择"文件→保存"菜单命令，或单击工具栏上的保存按钮，打开"另存为"对话框，可以保存文件。图 11.43 所示为保存文件操作，可以在"另存为"对话框下修改文件名。

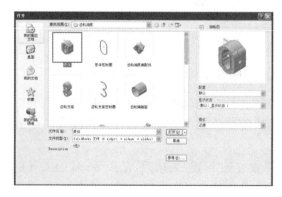

图 11.42　打开文件

图 11.43　保存文件

4）退出软件

选择"文件→退出"菜单命令，或单击操作界面右上角的退出按钮，可退出 SolidWorks。

4. 选择的基本操作

在 SolidWorks 中如果要选择一个零件的线、面或某个特征，可以通过如下操作实现。

（1）使用选框选择。

（2）利用鼠标右键进行选择。

（3）在"特征管理器设计树"中选择。

（4）在草图或者工程图文件中选择。

（5）使用"选择过滤器"工具栏选择。

5. 参考几何体

在 SolidWorks 中，要进行三维造型，首先必须绘制草图，而草图必须是绘制在基准面上的。SolidWorks 系统自带了三个基准面：前视基准面、上视基准面和后视基准面。但在画图时为了方便，一般会新建参考几何体，比如参考基准面和基准轴。

1）新建参考基准面

选择"插入→参考几何体→基准面"菜单命令，打开"基准面"特征属性管理器，如图 11.44（a）所示。想制作一个基准面，必须有相应的参考面，选择参考面后，可以通过平行、垂直、重合等关系并指定相应的距离和角度参数来制作基准面。

2）新建参考基准轴

选择"插入→参考几何体→基准轴"菜单命令，打开"基准轴"特征属性管理器，如图 11.44（b）所示。想制作一条基准轴，可以通过以下五种方式：① 一直线/边线/轴，此时生成的基准轴与参考轴重合；② 两平面，此时生成的基准轴是这两个平面的交线；③ 两点/顶点，此时生成的基准轴是这两个点的连线；④ 圆柱/圆锥面，此时生成的基准轴是选中曲面的轴线；⑤ 点和面/基准面，此时生成的基准轴是过点且与面垂直的轴线。

3）新建参考坐标系

选择"插入→参考几何体→坐标系"菜单命令，打开"坐标系"特征属性管理器，如图11.44（c）所示。想制作一个坐标系，必须指定坐标原点，然后选择三条互相垂直的边来确定 X、Y、Z 轴方向。

（a）参考面　　　　　　　（b）参考轴　　　　　　　（c）参考坐标系

图 11.44　参考几何体

11.2.2 SolidWorks 草图绘制

草图绘制是 SolidWorks 进行三维建模的基础。本节将详细介绍草图绘制、草图编辑及其他生成草图的方法。二维草图是三维设计的基础，草图的好坏决定设计是否智能、灵活和便于修改。

草图包括三部分。① 线段：基本的草绘命令（直线、圆、圆弧等）。② 关系：线段的位置关系（水平、垂直、平行等）。③ 尺寸：线段的尺寸大小（长度、直径、半径等）。

1. 绘制草图的操作界面

绘制草图的操作界面如图 11.45 所示。

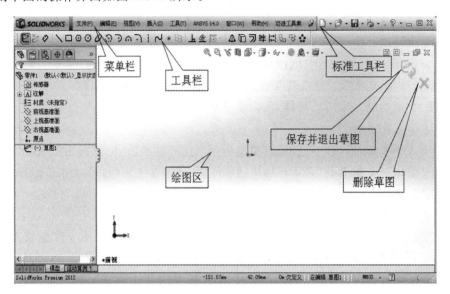

图 11.45 草图操作界面

2. 新建草图

单击"新建"按钮，新建一个零件文件。

选取某一个基准面，单击"草图绘制"按钮，进入草图绘制。

在开始进行草绘剖面时，系统会自动定义图形的尺寸与约束条件。因此，不必将图画得十分精确。系统会自动捕捉设计意图，从而添加如下约束。

（1）尺寸约束：若存在长度趋近的直线，则认为这些直线相等；直径或半径相近的圆或圆弧，则认为它们相等；如果圆弧起始方向水平或垂直，圆弧角度趋近 90°、180°或 270°，则认为圆弧角度为 90°、180°或 270°。

（2）形状约束：若存在近似平行或垂直的直线，则认为它们是平行或垂直的；若存在近似相切的直线、圆或圆弧，则认为这些图形是相切的；如直线与另一直线近似对齐，则认为这两条直线对齐；若直线近似水平或垂直，则认为该直线水平或垂直；若两个图形端点接近，则认为这两个图形共端点；若圆或圆弧的圆心趋近于同一水平线或垂直线，则认为它们的圆心在同一水平线或垂直线上。

注意：在开始草图绘制时，草绘剖面上的线段（无论是直线还是曲线）不能断开、错位或交叉。整个剖面的轮廓可以是封闭的（旋转后形成实体），也可以是不封闭的（旋转后成曲面）。

3. 草图绘制工具

SolidWorks 的草图绘制工具类似于 AutoCAD,如图 11.46 所示,只是在绘制草图时,不需要给出坐标,而只需画出差不多的形状,然后根据尺寸和约束对其进行定义。

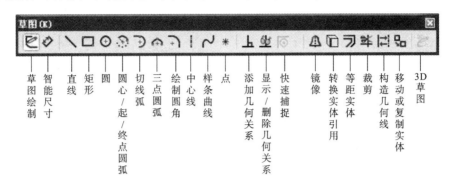

图 11.46　草图绘制工具

利用草图绘制工具绘制草图有两种路径:

(1) 点击草图工具栏上的按钮。

(2) 选择"工具→草图绘制实体"的相应菜单命令。

之后便可以根据相应属性管理器来确定位置和相应的其他属性。如图 11.47(a)~(c)分别为绘制点、直线和圆的属性管理器。

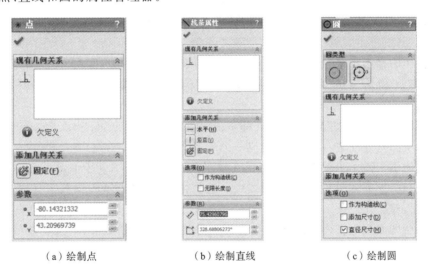

(a) 绘制点　　　　　　　(b) 绘制直线　　　　　　　(c) 绘制圆

图 11.47　绘制点、直线和圆的属性管理器

绘制草图尺寸:① 单击智能尺寸(尺寸/几何关系工具栏),或选择"工具→标注尺寸→智能尺寸"菜单命令;② 单击要标注尺寸的几何体。

4. 草图编辑工具

利用草图编辑工具编辑草图,有以下两种路径。

(1) 点击草图工具栏上的按钮。

(2) 选择"工具→草图工具"的相应菜单命令。

之后便可以根据相应属性管理器来进行编辑。如图 11.48(a)~(d)所示分别为常见的剪裁、镜像、线性阵列和圆周阵列对应的属性管理器。

（a）剪裁　　　　　（b）镜像　　　　　（c）线性阵列　　　　　（d）圆周阵列

图 11.48　草图编辑命令对应的属性管理器

等距实体：是指在距草图实体相等距离的位置上生成一个与草图实体相同形状的草图。在生成等距实体时，系统会自动在每个原始实体和相对应的等距实体之间建立几何关系，如果原始实体改变，则等距实体生成的曲线会随之改变。

等距实体的操作步骤为：先选择一个或多个草图实体、一个模型面、一条模型边线或外部草图曲线；单击"等距实体"按钮，在弹出的等距实体属性管理器中设置距离量和方向等属性即可。

转换实体引用：用于将边、环、面、外部草图曲线、外部草图轮廓、一组边线或一组外部草图曲线投影到草图基准面中，在草图上生成一个或多个实体。

转换实体引用操作步骤为：执行转换实体引用命令，在草图处于激活状态时单击模型边线、环、面、曲线、外部草图轮廓、一组边线或一组曲线，然后单击草图绘制工具栏上的"转换实体引用"按钮，建立几何关系。执行命令以后，系统会自动建立几何关系。几何关系有两种：一种是在新的草图曲线与实体之间建立在边线上的几何关系，如果实体更改，曲线也会随之更新；另外一种是在草图实体的端点上生成固定几何关系，使草图保持完全定义状态，当使用显示/删除几何关系时，不会显示此内部几何关系。

11.2.3　SolidWorks 的实体特征造型

特征造型的基本原理是组合体原理，即任何复杂的零件都是由简单的基本体通过叠加或切割组合而成的。图 11.49 所示轴承座是由五个特征叠加而成的。

SolidWorks 的特征分为以下几类：基本特征（组成零件的主要形体，如拉伸、扫描等）、辅助特征（处理零件的小的细节，如圆角、倒角和孔等）、复制特征（复制重复的特征，如阵列复制、镜像复制）。现逐个分析其特征的用法。

1. 拉伸特征

草图沿垂直于草图平面的方向移动所形成的实体，就是拉伸特征。如图 11.50 所示为拉

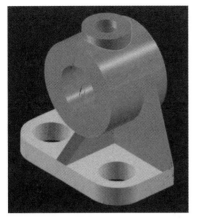

（a）轴承座组合

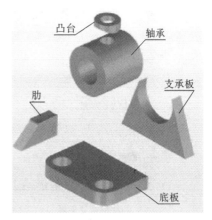

（b）轴承座拆分

图 11.49　轴承座组合体分析

（a）属性管理器

（b）模型界面

图 11.50　拉伸特征

伸特征示例。

拉伸特征的成形要素如下。

（1）草图　开环或者闭环。草图开环是指轮廓不闭合。如果草图存在自相交叉或者出现分离轮廓，那么在拉伸时需要对轮廓进行选择。对多个分离的草图同时进行拉伸将会形成多个实体。

（2）拉伸方向　此项用于设置特征延伸的方向，有正反两个方向。

（3）终止条件　此项用于设置特征延伸末端的位置。

（4）起模开/关　起模开/关用于为实体添加或消除起模斜度。

（5）薄壁条件　选择此项，拉伸时可以得到薄壁体。用于设置拉伸的壁厚，有正反两个方向。

2. 旋转特征

一个草图轮廓，沿一条轴线旋转所形成的实体就是旋转特征。旋转特征可用于多数轴类、盘类等回转零件造型。其中旋转轴是旋转特征中心的位置。草图是旋转得到的零件的剖面形状。如图 11.51 所示为旋转特征示例。

旋转特征的成形要素如下。

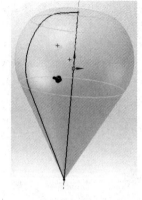

（a）属性管理器　　　　　　　　　　（b）模型界面

图 11.51　旋转特征

（1）草图　允许草图为开环或者闭环。草图开环时可以形成旋转薄壁特征。

（2）旋转轴　可以是草图中的一条直线，也可以是独立于草图之外的一条中心线。

（3）草图和旋转轴位置要求　二者不允许交叉，这是旋转特征成功运用最基本的原则。

3. 扫描特征

扫描是一个草图轮廓沿着路径曲线进行移动生成几何实体的特征造型方法，草图轮廓是扫描得到的实体的截面形状。如图 11.52 所示为扫描特征示例。

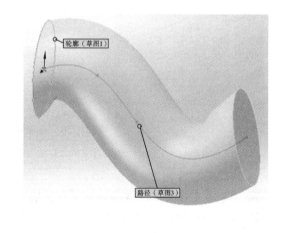

（a）属性管理器　　　　　　　　　　（b）模型界面

图 11.52　扫描特征

扫描特征的成形要素如下。

（1）轮廓　对于实体，扫描特征轮廓必须是闭环的；对于曲面，扫描特征轮廓可以是闭环的也可以是开环的。

（2）路径　可以是开环或者闭环。可以是一张草图、一条曲线或一组模型边线中包含的一组草图曲线。

轮廓与路径间的关系：轮廓线、路径分别位于不同的平面；路径的起点要位于或穿过轮廓所在的平面；不论是截面还是路径，所形成的实体都不能出现自相交叉的情况。

（3）通过方向/扭转控制类型设置控制扫描轮廓在扫描过程中的方位。

（4）通过起始处/结束处相切设置可以设定扫描特征两端的形态。

4. 放样特征

顺序光滑连接多个界面草图所形成的实体，就是放样特征。图 11.53 所示的为放样特征示例。

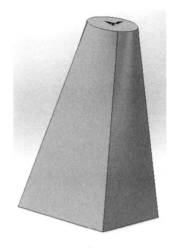

（a）属性管理器　　　　　　　　　　　（b）模型界面

图 11.53　放样特征

放样特征的成形要素如下。

（1）轮廓　一般要求轮廓闭合且分别位于不同的平面上，仅第一个或最后一个轮廓可以是点。

（2）轮廓间关系　如果两个轮廓在放样时的对应点不同，产生的放样效果也不同。用户可以在放样过程中选择放样的对应点。

扫描和放样的区别如下。

（1）扫描　轮廓、路径、引导线生成扫描。

（2）放样　多个轮廓过渡生成放样。

5. 抽壳特征

抽壳工具用于掏空零件，使零件转化为薄壁结构。如果选择一个面后进行抽壳操作，则该面会被删除，在剩余的面上生成薄壁特征。如果任何面都不选择而进行抽壳操作，零件将会变成一个封闭且中空的壳体。抽壳应用示例如图 11.54 所示。

6. 肋特征

肋特征用来加强零件的薄弱环节，相当于实际的加强肋。草图轮廓，沿垂直或者垂直于草图平面的方向生长延伸所形成的实体，就是肋特征。草图"长胖"、"长高"、碰壁是肋成形的三个要素。它和拉伸不同，拉伸是草图在一个方向上延伸，而肋特征是在两个方向上延伸。因此，肋特征使用非常灵活。肋特征在工程中通常用于加强零件的刚度。图 11.55 所示为肋特征示例。

肋特征的成形要素如下。

（1）草图　开环或者闭环。

（2）肋草图延伸方向必须能够与已有实体相交。

（a）属性管理器

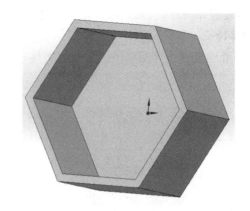

（b）模型界面

图 11.54 抽壳特征

（a）属性管理器

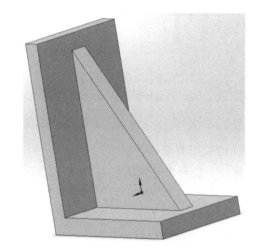

（b）模型界面

图 11.55 肋特征

7．异形孔特征

异形孔特征用于在模型上生成各种复杂的工程孔，如各种螺纹孔、锥孔等。异形孔向导属性管理器中有两个标签，分别用于设定孔的类型和位置，操作时可在这些标签之间转换。异形孔应用示例如图 11.56 所示。

8．镜像特征

沿面或基准面生成所选特征的镜像复制特征。镜像特征生成要素为基本特征和对称面。其应用示例如图 11.57 所示。

9．阵列特征

阵列又分为线性阵列和圆周阵列。线性阵列是沿一条或两条直线生成所选特征的多个复制特征。圆周整列是绕一轴心生成所选特征的多个复制特征。阵列特征如图 11.58 所示，其中图（a）为沿着两条边的线性阵列预览，图（b）为绕着中心轴的圆周阵列预览。

10．圆角和倒角特征

在零件设计过程中，通常在锐利的零件边角处进行倒角处理，以便于搬运、装配以及避

（a）属性管理器

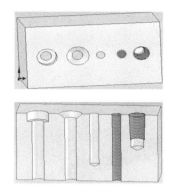
（b）模型界面

图 11.56　异形孔特征

（a）属性管理器

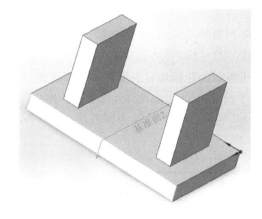
（b）模型界面

图 11.57　镜像特征

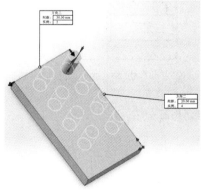
（a）线性阵列

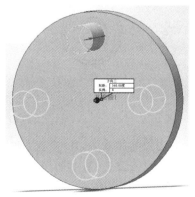
（b）圆周阵列

图 11.58　阵列特征

免应力集中等。倒角操作对象有边、面（该面的所有边被同时选定）、顶点。倒角、圆角在工程领域应用广泛，既符合人类的审美习惯，也兼顾安全性。圆角和倒角特征如图 11.59 所示。

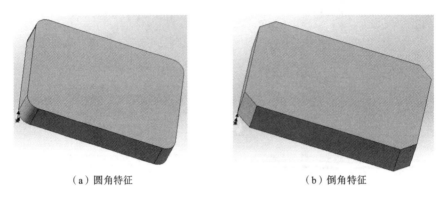

（a）圆角特征　　　　　　　　　　　　（b）倒角特征

图 11.59　圆角特征和倒角特征

以上特征是应用最多的特征，还有其他的圆顶、包覆、起模和压凹等其他特征在此就不一一介绍了。另外对于拉伸、旋转、扫描和放样等特征介绍了增加材料的方法，软件还有对于这些特征的去除材料特征，比如拉伸切除、旋转切除、扫描切除和放样切除等。这些特征和增加材料的特征应用是一样的，区别在于一个是增加材料，一个是去除材料而已。

以上基于特征的建模是对三维实体模型建模，针对曲面建模也有类似于实体建模的方法，对于钣金零件，有相应的钣金设计工具，在此也不多阐述。

现以图 11.60 所示的轴承架为例陈述三维实体造型的步骤。

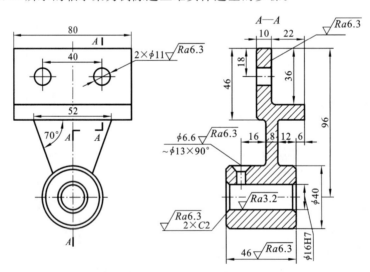

图 11.60　支架示例图

（1）建立支架基体草图，并进行拉伸，造型如图 11.61 所示。

（2）对基体进行穿孔，造型如图 11.62 所示。

（3）建立参考面，如图 11.63 所示，在此基础上绘制轴承孔草图，并拉伸。

（4）建立参考基准面，并绘制支承板草图和三维建模，如图 11.64 所示。

（5）如图 11.65 所示，对轴承孔完成旋转切除形成穿孔造型，并对模型进行倒角处理。

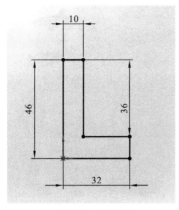

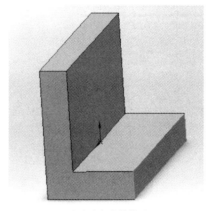

（a）支架基体草图　　　　　　　　　　　　（b）支架基体模型

图 11.61　支架基体图

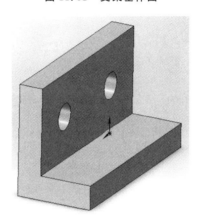

图 11.62　基体穿孔

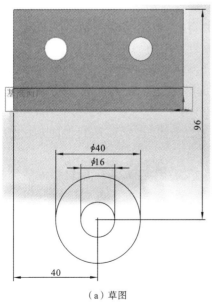

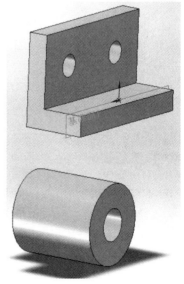

（a）草图　　　　　　　　　　　　　　　　　（b）模型

图 11.63　添加轴承孔草图和三维造型

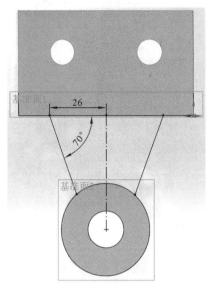

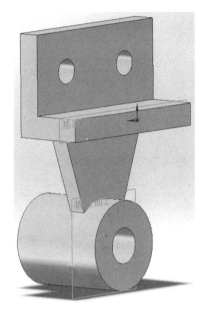

（a）草图　　　　　　　　　　　　　　（b）模型

图 11.64　添加支承板草图和进行三维建模

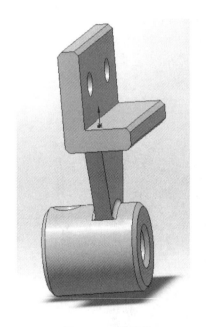

图 11.65　轴承架

11.2.4　SolidWorks 装配体建模

前面几章介绍了零件的各种设计方法,用以生成各种各样的零件模型。对机械设计而言,一个运动机构、一台装置或设备才有意义。将已经完成的各个独立的零件,根据预先的设计要求装配成一个完整的装配体,并在此基础上对其进行运动测试,检查是否完成设计功能,才是设计的最终目的,也是 SolidWorks 的要点之一。装配体设计是三维设计中的一个环节。不仅可以利用三维零件模型实现产品的装配,还可以使用装配体的工具实现干涉检查、动态模拟、装配流程、运动仿真等一系列产品整体的辅助设计。在 SolidWorks 2012 中,装配体的零部件可以是独立的零件,也可以是其他的装配体——子装配体。

在大多数情况下,零部件和子装配体的操作方法是相同的。零部件被链接(而不是复制)到装配体文件,装配体文件的扩展名为". sldasm"。装配体设计有两种方法:"自下而上"的设计方法和"自上而下"的设计方法。在"自下而上"设计中,先分别设计好各零件,然后将其逐个调入装配环境中,再根据装配体的功能及设计要求对各零件添加约束配合。"自上而下"的设计是从装配体中开始设计,允许用户使用一个零件的几何体来帮助定义另一个零件,或者生成组装零件后再添加新的加工特征,进一步进行详细的零件设计。目前通常使用的装配体设计方法是"自下而上"的设计方法,本节也仅对此种方法进行介绍。

装配体中有两个基本概念:

（1）"地"零件　即相对于基准坐标系静态不动的零件。一般将装配体中起支承作用的零件或子装配体作为"地"零件，即位置固定的零件，不可以对其进行移动或转动操作。

（2）"约束"　当零件被调入到装配体中时，除了第一个调入的零件之外，其他零件都没有添加约束，处于任意"浮动"状态。在装配环境中，处于"浮动"状态的零件可以分别沿三个坐标轴移动，也可以分别绕三个坐标轴转动，即共有六个自由度。

给零件添加装配关系后，可消除零件的某些自由度，限制零件的某些运动，此种情况称为不完全约束。添加配合关系，将零件的六个自由度都消除的约束称为完全约束，此时零件将处于"固定"状态，同"地"零件一样，无法进行拖动操作。SolidWorks 默认第一个调入装配环境中的零件为"地"零件。

1. 装配体操作界面

进入装配体环境有两种方法：第一种是新建文件时，在弹出的"新建 SolidWorks 文件"对话框中选择"装配体"模板，单击"确定"按钮；第二种是在零件环境中，选择菜单栏"文件→从零件制作装配体"命令，切换到装配体环境。装配体操作界面如图 11.66 所示。装配体界面同样具有菜单栏、工具栏、设计树、控制区和零部件显示区。在左侧的控制区中列出了组成该装配体的所有零部件。在设计树最底端还有一个"配合"文件夹，包含了所有零部件之间的配合关系。

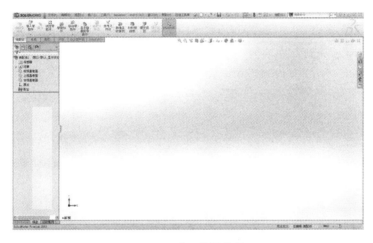

图 11.66　装配体操作界面

2. 装配体工具栏介绍

SolidWorks 2012 的装配体操作界面与零件造型操作界面很相似。装配体工具栏如图 11.67 所示。

图 11.67　装配体工具栏

现分别对各工具做如下介绍。

插入零部件：通过插入零部件按钮，可以向装配体中调入已有的零件或子装配体，这个按钮和菜单栏"插入→零部件"命令的功能一样。

显示隐藏的零部件：切换零部件的隐藏和显示状态。

编辑零部件：在选中一个零件，并且单击该按钮后，"编辑零部件"按钮处于被按下状态，被选中的零件处于编辑状态。这种状态和单独编辑零件时基本相同。被编辑零件的颜色发生变化，设计树中该零件的所有特征也发生颜色变化。这种变化后的颜色可以通过系统选项的颜色设置功能重新设置。需要注意的是，单击"编辑零部件"按钮后只能编辑零件实体，对其他内容无法编辑。再次单击该按钮退出零件编辑。

配合：用于确定两个零件之间的相互位置，即添加几何约束，使其定位。在一个装配体中插入零部件后，需要考虑该零件和别的零件是什么装配关系，这就需要添加零件间的约束关系。标准配合下有角度、重合、同轴心、距离、平行、垂直和相切配合。在选择需要的点、线、面时经常需要改变零件的位置显示，此时一般与"视图"工具栏，特别是其中的"旋转视图"和"平移"两个按钮配合使用。配合分为标准配合、高级配合和机械配合，如图 11.68 所示。

（a）标准配合　　　　　　　　（b）高级配合　　　　　　　　（c）机械配合

图 11.68　配合分类

1）标准配合

重合：用于使所选对象之间实现重合。

平行：用于使所选对象之间实现平行。

垂直：用于使所选对象之间实现 90° 相互垂直定位。

相切：用于使所选对象之间实现相切。

同轴心：用于使所选对象之间实现同轴。

锁定：用于将两个零件实现锁定，即两个零件之间位置固定，但与其他的零件之间可以相互运动。

距离：用于使所选对象之间实现距离定位。

角度：用于使所选对象之间实现角度定位。

2）高级配合

对称：用于使某零件的一个平面（一零件平面或建立的基准面）与另外一个零件的凹槽中心面重合，实现对称配合。

宽度：用于使某零件的一个凸台中心面与另外一个零件的凹槽中心面重合，实现宽度配合。

路径配合：用于使零件上所选的点约束到路径。可以在装配体中选择一个或多个实体来定义路径，且可以定义零部件在沿路径经过时的纵倾、偏转和摇摆。

特征驱动/特征驱动耦合：用于实现在一个零部件的平移和另一个零部件的平移之间建立几何关系。

限制配合：用于实现零件之间的距离配合和角度配合在一定数值范围内变化。

3）机械配合

凸轮：用于实现凸轮与推杆之间的配合，且遵循凸轮与推杆的运动规律。

铰链：用于将两个零部件之间的移动限制在一定的旋转自由度内。

齿轮：用于齿轮之间的配合，实现齿轮之间的定比传动。

齿条小齿轮：用于齿轮与齿条之间的配合，实现齿轮与齿条之间的定比传动。

螺旋：用于螺杆与螺母之间的配合，以实现螺杆与螺母之间的定比传动，即当螺杆旋转一周时，螺母轴向移动一个螺距。

万向节：用于实现交错轴之间的传动，即一根轴可以驱动轴线在同一平面内且与之呈一定角度的另外一根轴。

移动零件：利用移动零件和旋转零件功能，可以任意移动处于浮动状态的零件。如果该零件被部分约束，则其在被约束的自由度方向上是无法运动的。利用此功能，在装配中可以检查哪些零件是被完全约束的。单击"移动零件"下的小黑三角，可出现"旋转零件"按钮。

智能扣件：使用 SolidWorks Toolbox 标准件库将标准件添加到装配体。

爆炸视图：在 SolidWorks 中可以为装配体建立多种类型的爆炸视图，这些爆炸视图分别存在于装配体文件的不同配置中。注意，在 SolidWorks 中，一个配置只能添加一个爆炸关系，每个爆炸视图包括一个或多个爆炸步骤。

干涉检查：在一个复杂的装配体中，如果仅仅凭借视觉来检查零部件之间是否有干涉情况是很困难而且不精确的。通过这个按钮可以利用软件来快速判断零件之间是否存在干涉、存在几处干涉和干涉的体积大小。

新零件：如果"装配体"工具栏中没有包括这个命令，可以自定义添加，此命令用于在关联装配体中生成一个新零件。在设计零件时可以使用装配体中已有零件的几何特征，并独立于装配体进行修改。

替换零部件：装配体及其零件在设计周期中可以进行多次修改，尤其是在多用户环境下，可以由几个用户处理单个的零件或子装配体。更新装配体是一种更加有效的方法。可以用子装配体替换零件，或反之。可以同时替换一个、多个或所有部件实体。

3. 装配体制作步骤

（1）确定装配体的固定零件（"地"零件），并将其第一个调入装配体环境中。

（2）将其他零件调入装配体环境。此时，尚未添加配合关系的零件可以在图形区中随意移动或旋转，处于浮动状态。

（3）使用配合工具为零件之间添加配合关系。

依次进行（2）、（3）两步，直到完成所有零件的装配设定，形成装配体。

附录 A 螺　　纹

表 A.1　普通螺纹 (GB/T 196—2003)

标 记 示 例

粗牙普通螺纹、公称直径为 12 mm、右旋、中径公差带为代号 5g、顶径公差带代号为 6g、短旋合长度的外螺纹：M12-5g6g-S

细牙普通螺纹、公称直径为 12 mm、螺距为 1.25 mm、左旋、中径和顶径公差带代号都为 6H、中等旋合长度的内螺纹：M12×1.25-6H-LH

（单位：mm）

公称直径 D、d		螺距 P	中径 D_2 或 d_2	小径 D_1 或 d_1	公称直径 D、d		螺距 P	中径 D_2 或 d_2	小径 D_1 或 d_1	公称直径 D、d		螺距 P	中径 D_2 或 d_2	小径 D_1 或 d_1
第一系列	第二系列				第一系列	第二系列				第一系列	第二系列			
3		0.5	2.675	2.459		18	2.5	16.376	15.294		39	4	36.402	34.670
		0.35	2.773	2.621			2	16.701	15.835			3	37.051	35.752
	3.5	0.6	3.110	2.850			1.5	17.026	16.376			2	37.701	36.835
		0.35	3.273	3.121			1	17.350	16.917			1.5	38.026	37.376
4		0.7	3.545	3.242	20		2.5	18.376	17.294	42		4.5	39.077	37.129
		0.5	3.675	3.459			2	18.701	17.835			4	39.402	37.670
	4.5	0.75	4.013	3.688			1.5	19.026	18.376			3	40.051	38.752
		0.5	4.175	3.959			1	19.350	18.917			2	40.701	39.835
5		0.8	4.480	4.134		22	2.5	20.376	19.294			1.5	41.026	40.376
		0.5	4.675	4.459			2	20.701	19.835	45		4.5	42.077	40.129
6		1	5.350	4.917			1.5	21.026	20.376			4	42.402	40.670
		0.75	5.513	5.188			1	21.350	20.917			3	43.051	41.752
8		1.25	7.188	6.647	24		3	22.051	20.752			2	43.701	42.835
		1	7.350	6.917			2	22.701	21.835			1.5	44.026	43.376
		0.75	7.513	7.188			1.5	23.026	22.376	48		5	44.752	42.587
10		1.5	9.026	8.376			1	23.350	22.917			4	45.402	43.670
		1.25	9.188	8.647		27	3	25.051	23.752			3	46.051	44.752
		1	9.350	8.917			2	25.701	24.835			2	46.701	45.835
		0.75	9.513	9.188			1.5	26.026	25.376			1.5	47.026	46.376
12		1.75	10.863	10.106			1	26.350	25.917	52		5	48.752	46.587
		1.5	11.026	10.376	30		3.5	27.727	26.211			4	49.402	47.670
		1.25	11.188	10.647			(3)	28.051	26.752			3	50.051	48.752
		1	11.350	10.917			2	28.701	27.835			2	50.701	49.835
	14	2	12.701	11.835			1.5	29.026	28.376			1.5	51.026	50.376
		1.5	13.026	12.376			1	29.350	28.917	56		5.5	52.428	50.046
		(1.25)	13.188	12.647		33	3.5	30.727	29.211			4	53.402	51.670
		1	13.350	12.917			(3)	31.051	29.752			3	54.051	52.752
16		2	14.701	13.835			2	31.701	30.835			2	54.701	53.835
		1.5	15.026	14.376			1.5	32.026	31.376			1.5	55.026	54.376
		1	15.350	14.917	36		4	33.402	31.670	60		5.5	56.428	54.046
							3	34.051	32.752			4	57.402	55.670
							2	34.701	33.835			3	58.051	56.752
							1.5	35.026	34.376			2	58.701	57.835
												1.5	59.026	58.376

注：优先选用第一系列，括号内尺寸尽可能不用。

表 A.2　梯形螺纹（GB/T 5796.2—2005、GB/T 5796.3—2005）

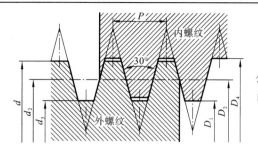

标 记 示 例

公称直径 40 mm，导程 14 mm，螺距为 7 mm
的双线左旋梯形螺纹：Tr40×14(P7)

（单位：mm）

| 公称直径 d | | 螺距 | 中径 | 大径 | 小径 | | 公称直径 d | | 螺距 | 中径 | 大径 | 小径 | |
第一系列	第二系列	P	d_2 或 D_2	D_4	d_3	D_1	第一系列	第二系列	P	d_2 或 D_2	D_4	d_3	D_1
8		1.5	7.25	8.30	6.20	6.50			3	24.50	26.50	22.50	23.00
	9	1.5	8.25	9.30	7.20	7.50		26	5	23.50	26.50	20.50	21.00
		2	8.00	9.50	6.50	7.00			8	22.00	27.00	17.00	18.00
10		1.5	9.25	10.30	8.20	8.50			3	26.50	28.50	24.50	25.00
		2	9.00	10.50	7.50	8.00	28		5	25.50	28.50	22.50	23.00
	11	2	10.00	11.50	8.50	9.00			8	24.00	29.00	19.00	20.00
		3	9.50	11.50	7.50	8.00			3	28.50	30.50	26.50	29.00
12		2	11.00	12.50	9.50	10.00		30	6	27.00	31.00	23.00	24.00
		3	10.50	12.50	8.50	9.00			10	25.00	31.00	19.00	20.50
	14	2	13.00	14.50	11.50	12.00			3	30.50	32.50	28.50	29.00
		3	12.50	14.50	10.50	11.00	32		6	29.00	33.00	25.00	26.00
16		2	15.00	16.50	13.50	14.00			10	27.00	33.00	21.00	22.00
		4	14.00	16.50	11.50	12.00			3	32.50	34.50	30.50	31.00
	18	2	17.00	18.50	15.50	16.00		34	6	31.00	35.00	27.00	28.00
		4	16.00	18.50	13.50	14.00			10	29.00	35.00	23.00	24.00
20		2	19.00	20.50	17.50	18.00			3	34.50	36.50	32.50	33.00
		4	18.00	20.50	15.50	16.00	36		6	33.00	37.00	29.00	30.00
	22	3	20.50	22.50	18.50	19.00			10	31.00	37.00	25.00	26.00
		5	19.50	22.50	16.50	17.00			3	36.50	38.50	34.50	35.00
		8	18.00	23.00	13.00	14.00		38	7	34.50	39.00	30.00	31.00
24		3	22.50	24.50	20.50	21.00			10	33.00	39.00	27.00	28.00
		5	21.50	24.50	18.50	19.00			3	38.50	40.50	36.50	37.00
		8	20.00	25.00	15.00	16.00	40		7	36.50	41.00	32.00	33.00
									10	35.00	41.00	29.00	30.00

表 A.3　管螺纹

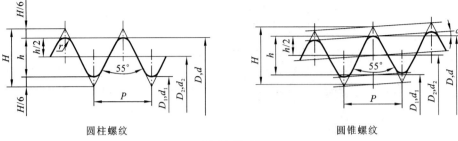

圆柱螺纹　　　　　　　　　　　　　　　　　　圆锥螺纹

标 记 示 例

55°密封管螺纹(GB/T 7306.1~2—2001)

尺寸代号为 3/4 的右旋圆柱内螺纹:Rp3/4;尺寸代号为 3 的右旋圆锥外螺纹:R₁3;

尺寸代号为 3/4 的右旋圆锥内螺纹:Rc3/4;尺寸代号为 3 的左旋圆锥外螺纹:R₁3-LH

55°非密封管螺纹(GB/T 7307—2001)

尺寸代号为 1/2 的左旋 A 级外螺纹:G1/2A-LH

(单位:mm)

尺寸代号	每 25.4 mm 内的牙数 n	螺距 P	牙高 h	基本直径			基准距离	有效螺纹长度
				大径 d 或 D	中径 d_2 或 D_2	小径 d_1 或 D_1		
1/16	28	0.907	0.581	7.723	7.142	6.561	4.0	6.5
1/8		0.907	0.581	9.728	9.147	8.566	4.0	6.5
1/4	19	1.337	0.856	13.157	12.301	11.445	6.0	9.7
3/8		1.337	0.856	16.662	15.806	14.950	6.4	10.1
1/2	14	1.814	1.162	20.955	19.793	18.631	8.2	13.2
3/4		1.814	1.162	26.441	25.279	24.117	9.5	14.5
1	11	2.309	1.479	33.249	31.770	30.291	10.4	16.8
11/4		2.309	1.479	41.910	40.431	38.952	12.7	19.1
11/2		2.309	1.479	47.803	46.324	44.845	12.7	19.1
2		2.309	1.479	59.614	58.135	56.656	15.9	23.4
21/2		2.309	1.479	75.184	73.705	72.226	17.5	26.7
3		2.309	1.479	87.884	86.405	84.926	20.6	29.8
31/2		2.309	1.479	100.330	98.851	97.372	22.2	31.4
4		2.309	1.479	113.030	111.551	110.072	25.4	35.8
5		2.309	1.479	138.430	136.951	135.472	28.6	40.1
6		2.309	1.479	163.830	162.351	160.872	28.6	40.1

表 A.4 普通螺纹的螺纹收尾、肩距、退刀槽、倒角(GB/T 3—1997)

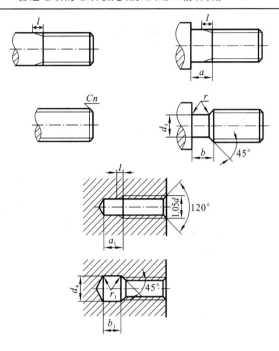

(单位:mm)

螺距 P	粗牙螺纹大径 D、d	外螺纹								倒角 C	内螺纹						
		螺纹收尾 l(不大于)		肩距 a(不大于)			退刀槽				螺纹收尾 l(不大于)		肩距 a_1(不小于)		退刀槽		
							b	$r\approx$	d_3						b_1	$r_1\approx$	d_4
		一般	短	一般	长	短	一般				一般	短	一般	长	一般		
0.5	3	1.25	0.7	1.5	2	1	1.5		$d-0.8$	0.5	1	1.5	3	4	2		
0.6	3.5	1.5	0.75	1.8	2.4	1.2	1.5		$d-1$		1.2	1.8	3.2	4.8			
0.7	4	1.75	0.9	2.1	2.8	1.4	2		$d-1.1$	0.6	1.4	2.1	3.5	5.6	3		$d+0.3$
0.75	4.5	1.9	1	2.25	3	1.5	2		$d-1.2$		1.5	2.3	3.8	6			
0.8	5	2	1	2.4	3.2	1.6	2		$d-1.3$	0.8	1.6	2.4	4	6.4			
1	6,7	2.5	1.25	3	4	2	2.5		$d-1.6$	1	2	3	5	8	4		
1.25	8	3.2	1.6	4	5	2.5	3		$d-2$	1.2	2.5	3.8	6	10	5		
1.5	10	3.8	1.9	4.5	6	3	3.5		$d-2.3$	1.5	3	4.5	7	12	6		
1.75	12	4.3	2.2	5.3	7	3.5	4	$0.5P$	$d-2.6$	2	3.5	5.2	9	14	7		
2	14,16	5	2.5	6	8	4	5		$d-3$		4	6	10	16	8	$0.5P$	
2.5	18,20,22	6.3	3.2	7.5	10	5	6		$d-3.6$	2.5	5	7.5	12	18	10		
3	24,27	7.5	3.8	9	12	6	7		$d-4.4$		6	9	14	22	12		$d+0.5$
3.5	30,33	9	4.5	10.5	14	7	8		$d-5$	3	7	10	16	24	14		
4	36,39	10	5	12	16	8	9		$d-5.7$		8	12	18	26	16		
4.5	42,45	11	5.5	13.5	18	9	10		$d-6.4$	4	9	13	21	29	18		
5	48,52	12.5	6.3	15	20	10	11		$d-7$		10	15	23	32	20		
5.5	56,60	14	7	16.5	22	11	12		$d-7.7$	5	11	16	25	35	22		
6	64,68	15	7.5	18	24	12	13		$d-8.3$		12	18	28	38	24		

附录 B   常用的标准件

表 B.1   六角头螺栓—A 和 B 级(GB/T 5782—2016)
六角头螺栓—全螺纹—A 和 B 级(GB/T 5783—2016)

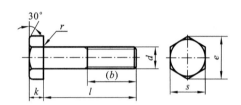

标记示例
螺纹规格 d＝M12、公称长度 l＝60 mm、
性能等级为 8.8 级、表面氧化、A 级六角螺栓：
螺栓 GB/T 5782—2016   M12×60

(单位:mm)

螺纹规格 d		M3	M4	M5	M6	M8	M10	M12	M16	M20	M24	M30	M36
s(max)		5.5	7	8	10	13	16	18	24	30	36	46	55
k(公称)		2	2.8	3.5	4	5.3	6.4	7.5	10	12.5	15	18.7	22.5
r(min)		0.1	0.2	0.2	0.25	0.4	0.4	0.6	0.6	0.8	0.8	1	1
e(min)	A	6.01	7.66	8.79	11.05	14.38	17.77	20.03	26.75	39.98	—	—	—
	B	5.88	7.5	8.63	10.89	14.2	17.59	19.85	26.17	32.95	39.55	50.85	51.11
(b) GB/T 5782	l≤125	12	14	16	18	22	26	30	38	46	54	66	—
	125<l≤200	18	20	22	24	28	32	36	44	52	60	72	84
	l>200	31	33	35	37	41	45	49	57	65	73	85	97
l 范围(GB/T 5782)		20～30	25～40	25～50	30～60	40～80	45～100	50～120	65～160	80～200	90～240	110～300	140～360
l 范围(GB/T 5783)		6～30	8～40	10～50	12～60	16～80	20～100	25～120	30～150	40～150	50～150	60～200	70～200
l 系列		6,8,10,12,16,20,25,30,35,40,45,50,55,60,65,70,80,90,100,110,120,130, 140,150,160,180,200,220,240,260,280,300,320,340,360,380,400,420,440,460, 480,500											

表 B.2　双头螺柱

$b_{\mathrm{m}}=d(\text{GB/T }897\text{—}1988)$，$b_{\mathrm{m}}=1.25d(\text{GB/T }898\text{—}1988)$，$b_{\mathrm{m}}=1.5d(\text{GB/T }899\text{—}1988)$，

$$b_{\mathrm{m}}=2d(\text{GB/T }900\text{—}1988)$$

A型　　　　　　　　　　　　　　　　　　B型

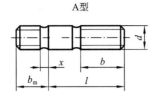　　　　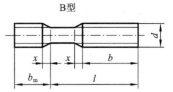

标 记 示 例

两端均为粗牙普通螺纹、螺纹规格为 M12、公称长度 $l=60$ mm、性能等级为 4.8 级、不经表面处理、$b_{\mathrm{m}}=d$、B型双头螺柱：

螺柱 GB/T 897—1998　M12×60

旋入机体一端为粗牙普通螺纹、旋入螺母一端为螺距 $P=1$ mm 的细牙普通螺纹、$b_{\mathrm{m}}=d$、螺纹规格为 M12、公称长度 $l=60$mm、性能等级为 4.8 级、不经表面处理、$b_{\mathrm{m}}=d$、A型双头螺柱：

螺柱 GB/T 897—1988　AM10—M12×1×60

（单位：mm）

螺纹规格		M5	M6	M8	M10	M12	M16	M20	M24	M30	M36
b_{m}	GB/T 897—1988	5	6	8	10	12	16	20	24	30	36
	GB/T 898—1988	6	8	10	12	15	20	25	30	38	45
	GB/T 899—1988	8	10	12	15	18	24	30	36	45	54
	GB/T 900—1988	10	12	16	20	24	32	40	48	60	72
d_{s}		5	6	8	10	12	16	20	24	30	36
x						$1.5P$					
l/b		$\dfrac{16\sim22}{10}$	$\dfrac{20\sim22}{10}$	$\dfrac{20\sim22}{12}$	$\dfrac{25\sim28}{14}$	$\dfrac{25\sim30}{16}$	$\dfrac{30\sim38}{20}$	$\dfrac{35\sim40}{25}$	$\dfrac{45\sim50}{30}$	$\dfrac{60\sim65}{40}$	$\dfrac{65\sim75}{45}$
		$\dfrac{25\sim50}{16}$	$\dfrac{25\sim30}{14}$	$\dfrac{25\sim30}{16}$	$\dfrac{30\sim38}{16}$	$\dfrac{32\sim40}{20}$	$\dfrac{40\sim55}{30}$	$\dfrac{45\sim65}{35}$	$\dfrac{55\sim75}{45}$	$\dfrac{70\sim90}{50}$	$\dfrac{80\sim110}{60}$
			$\dfrac{32\sim75}{18}$	$\dfrac{32\sim90}{22}$	$\dfrac{40\sim120}{26}$	$\dfrac{45\sim120}{30}$	$\dfrac{60\sim120}{38}$	$\dfrac{70\sim120}{46}$	$\dfrac{80\sim120}{54}$	$\dfrac{95\sim120}{66}$	$\dfrac{120}{78}$
				$\dfrac{130}{32}$	$\dfrac{130\sim180}{36}$	$\dfrac{130\sim200}{44}$	$\dfrac{130\sim200}{52}$	$\dfrac{130\sim200}{60}$	$\dfrac{130\sim200}{72}$	$\dfrac{130\sim200}{84}$
										$\dfrac{210\sim250}{85}$	$\dfrac{210\sim300}{97}$
l 系列		16,20,25,30,35,40,45,50,(55),60,(65),70,(75),80,(85),90,(95),100,110,120,130,140,150,160,170,180,190,200,210,220,230,240,250,260,280,300									

表 B.3 开槽螺钉

开槽圆柱头螺钉(GB/T 65—2016)、开槽沉头螺钉(GB/T 68—2016)、开槽盘头螺钉(GB/T 67—2016)

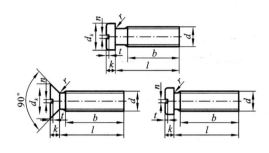

(单位:mm)

螺纹规格 d		M1.6	M2	M2.5	M3	M4	M5	M6	M8	M10
GB/T 65—2016	d_k	3.00	3.80	4.50	5.50	7	8.5	10	13	16
	k	1.10	1.40	1.80	2.00	2.6	3.3	3.9	5	6
	t(min)	0.45	0.60	0.70	0.85	1.1	1.3	1.6	2	2.4
	r(min)	0.1	0.1	0.1	0.1	0.2	0.2	0.25	0.4	0.4
	l					5～40	6～50	8～60	10～80	12～80
	全螺纹时最大长度					40	40	40	40	40
GB/T 67—2016	d_k	3.2	4	5	5.6	8	9.5	12	16	23
	k	1	1.3	1.5	1.8	2.4	3	3.6	4.8	6
	t(min)	0.35	0.5	0.6	0.7	1	1.2	1.4	1.9	2.4
	r(min)	0.1	0.1	0.1	0.1	0.2	0.2	0.25	0.4	0.4
	l	2～16	2.5～20	3～25	4～30	5～40	6～50	8～60	10～80	12～80
	全螺纹时最大长度	30	30	30	30	40	40	40	40	40
GB/T 68—2016	d_k	3	3.8	4.7	5.5	8.4	9.3	11.3	15.8	18.3
	k	1	1.2	1.5	1.65	2.7	2.7	3.3	4.65	5
	t(min)	0.32	0.4	0.5	0.6	1	1.1	1.2	1.8	2
	r(max)	0.4	0.5	0.6	0.8	1	1.3	1.5	2	2.5
	l	2.5～16	3～20	4～25	5～30	6～40	8～50	8～60	10～80	12～80
	全螺纹时最大长度	30	30	30	30	45	45	45	45	45
n		0.4	0.5	0.6	0.8	1.2	1.2	1.6	2	2.5
b		25				38				
l 系列		2,2.5,3,4,5,6,8,10,12,(14),16,20,25,30,35,40,45,50,(55),60,(65),70,(75),80								

表 B.4 内六角圆柱头螺钉(GB/T 70.1—2008)

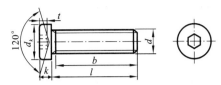

标 记 示 例

螺纹规格 d＝M6、公称长度 l＝25mm、性能等级为 8.8 级、表面氧化的内六角圆柱头螺钉:

螺钉 GB/T 70.1—2008 M6×25

(单位:mm)

螺纹规格 d	M2.5	M3	M4	M5	M6	M8	M10	M12	(M14)	M16	M20	M24	M30	M36
d_k(max)	4.5	5.5	7	8.5	10	13	16	18	21	24	30	36	45	54
k(max)	2.5	3	4	5	6	8	10	12	14	16	20	24	30	36
t(min)	1.1	1.3	2	2.5	3	4	5	6	7	8	10	12	15.5	19
r	0.1		0.2		0.25	0.4		0.6			0.8		1	
s	2	2.5	3	4	5	6	8	10	12	14	17	19	22	27
e	2.3	2.87	3.44	4.58	5.72	6.86	9.15	11.4	13.72	16	19.44	21.73	25.1	30.85
b(参考)	17	18	20	22	24	28	32	36	40	44	52	60	72	84
l 系列	2.5,3,4,5,6,8,10,12,16,20,25,30,35,40,45,50,55,60,65,70,80,90,100,110,120,130,140, 150,160,180,200													

注:① b 不包括螺尾。

② M3～M20 为商品规格,其他为通用规格。

表 B.5 开槽紧定螺钉

锥端(GB/T 71—2018)、平端(GB/T 73—2017)、长圆柱端(GB/T 75—2018)

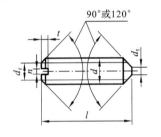 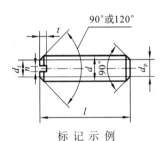 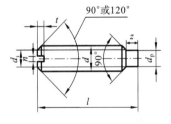

标 记 示 例

螺纹规格 d＝M4、公称长度 l＝12mm、性能等级为 14H 级、表面氧化的开槽锥端紧定螺钉:

螺钉 GB/T 71—1985 M4×12

(单位:mm)

螺纹规格 d	M2	M2.5	M3	M4	M5	M6	M8	M10	M12
d_f	螺纹小径								
d_t(max)	0.2	0.25	0.3	0.4	0.5	1.5	2	2.5	3
d_p	1	1.5	2	2.5	3.5	4	5.5	7	8.5
n(公称)	0.25	0.4	0.4	0.6	0.8	1	1.2	1.6	2
t(max)	0.84	0.95	1.05	1.42	1.63	2	2.5	3	3.6
z	1.25	1.5	1.75	2.25	2.75	3.25	4.3	5.3	6.3
l 系列	2,2.5,3,4,5,6,8,10,12,(14),16,20,25,30,35,40,45,50,(55),60								

表 B.6 Ⅰ型六角螺母—C级(GB/T 41—2016)、Ⅰ型六角螺母(GB/T 6170—2016)、

六角薄螺母(GB/T 6172.1—2016)

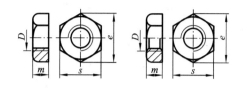

标 记 示 例

螺纹规格 D=M16、性能等级为5级、不经表面处理、C级
Ⅰ型六角螺母:

螺母 GB/T 41—2000   M16

(单位:mm)

螺纹规格 D		M4	M5	M6	M8	M10	M12	M16	M20	M24	M30	M36	M42	M48
e (min)	GB/T 41	—	8.63	10.9	14.2	17.59	19.9	26.17	32.95	39.55	50.85	60.79	71.3	82.6
	GB/T 6170	7.66	8.79	11.05	14.38	17.77	20.03	26.75	32.95	39.55	50.85	60.75	71.3	82.6
	GB/T 6172.1	7.66	8.79	11.05	14.38	17.77	20.03	26.75	32.95	39.55	50.85	60.79	71.3	82.6
s		7	8	10	13	16	18	24	30	36	46	55	65	75
m (max)	GB/T 6170	3.2	4.7	5.2	6.8	8.4	10.8	14.8	18	21.5	25.6	31	34	38
	GB/T 6172.1	2.2	2.7	3.2	4	5	6	8	10	12	15	18	21	24
	GB/T 41	—	5.6	6.4	7.9	9.5	12.2	15.9	19	22.3	26.4	31.5	34.9	38.9

注:A级用于 D≤16 的螺母;B级用于 D>16 的螺母。

表 B.7 平垫圈—A级(GB/T 97.1—2002)、平垫圈倒角型—A级(GB/T 97.2—2002)

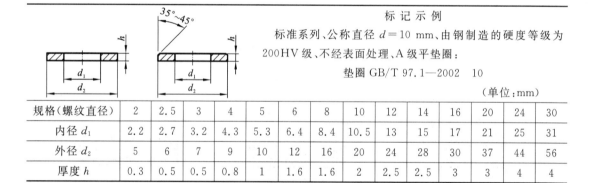

标 记 示 例

标准系列、公称直径 d=10 mm、由钢制造的硬度等级为
200HV级、不经表面处理、A级平垫圈:

垫圈 GB/T 97.1—2002   10

(单位:mm)

规格(螺纹直径)	2	2.5	3	4	5	6	8	10	12	14	16	20	24	30
内径 d_1	2.2	2.7	3.2	4.3	5.3	6.4	8.4	10.5	13	15	17	21	25	31
外径 d_2	5	6	7	9	10	12	16	20	24	28	30	37	44	56
厚度 h	0.3	0.5	0.5	0.8	1	1.6	1.6	2	2.5	2.5	3	3	4	4

表 B.8 标准型弹簧垫圈(GB/T 93—1987)

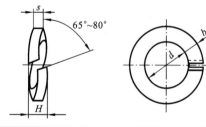

标 记 示 例

公称直径 d=20 mm、材料为65Mn、表面氧化处理的标准
型弹簧垫圈:

垫圈 GB/T 93—1987   20

(单位:mm)

规格(螺纹大径)	3	4	5	6	8	10	12	16	20	24	30
d(min)	3.1	4.1	5.1	6.1	8.1	10.2	12.2	16.2	20.2	24.5	30.5
H(min)	1.6	2.2	2.6	3.2	4.2	5.2	6.2	8.2	10	12	15
$S(b)$	0.8	1.1	1.3	1.6	2.1	2.6	3.1	4.1	5	6	7.5
$m\leqslant$	0.4	0.55	0.65	0.8	1.05	1.3	1.55	2.05	2.5	3	3.75

注:m 为压紧后的开口宽度。

表 B.9　键和键槽的剖面尺寸(GB/T 1095—2003)、普通平键的形式尺寸(GB/T 1096—2003)

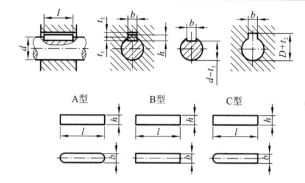

A型　　B型　　C型

标 记 示 例

圆头普通平键(A 型)
$b=18$ mm, $h=11$ mm, $L=110$ mm:
GB/T 1096—2003 键 $18\times11\times110$

(单位:mm)

键	键槽				
	键宽			深度	
公称尺寸 $b\times h$	公称尺寸 b	正常连接偏差		轴 t_1	毂 t_2
		轴 N9	毂 JS9		
2×2	2	-0.004 -0.029	±0.0125	1.2	1.0
3×3	3			1.8	1.4
4×4	4	0 -0.030	±0.015	2.5	1.8
5×5	5			3.0	2.3
6×6	6			3.5	2.8
8×7	8	0 -0.036	±0.018	4.0	3.3
10×8	10			5.0	3.3
12×8	12	0 -0.043	±0.0215	5.0	3.3
14×9	14			5.5	3.8
16×10	16			6.0	4.3
18×11	18			7.0	4.4
20×12	20	0 -0.052	±0.026	7.5	4.9
22×14	22			9.0	5.4
25×14	25			9.0	5.4
28×16	28			10.0	6.4
32×18	32	0 -0.062	±0.031	11.0	7.4
36×20	36			12.0	8.4
40×22	40			13.0	9.4
45×25	45			15.0	10.4
l 系列	6,8,10,12,16,18,20,22,25,28,32,36,40,45,50,56,63,70,80,90,100,110,125,140,160, 180,200,220,250,280,320,360,400,450				

表 B.10　圆柱销(GB/T 119.1—2000)

标 记 示 例

公称直径 $d=10$ mm、公差为 m6、长度 $l=40$ mm、材料为 35 钢、不经淬火、不经表面处理的圆柱销：

销 GB/T 119.1—2000　10m6×40

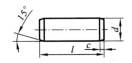

(单位:mm)

d	1	1.2	1.5	2	2.5	3	4	5	6	8	10	12
$c\approx$	0.2	0.25	0.3	0.35	0.4	0.5	0.63	0.8	1.2	1.6	2	2.5
l 系列	2,3,4,5,6,8,10,12,14,16,18,20,22,24,26,28,30,32,35,40,45,50,55,60,65,70,75,80,85,90,95,100,120,140											

表 B.11　圆锥销(GB/T 117—2000)

A型　　　　　　　B型　　　　　标 记 示 例

公称直径 $d=8$ mm、长度 $l=40$ mm、材料为 35 钢、热处理硬度为 28~38HRC、表面氧化处理的 A 型圆锥销：

销 GB/T 117—2000　8×40

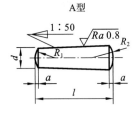 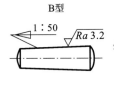

(单位:mm)

d	1	1.2	1.5	2	2.5	3	4	5	6	8	10	12
$a\approx$	0.12	0.16	0.2	0.25	0.3	0.4	0.5	0.63	0.8	1	1.2	1.6
l 系列	2,3,4,5,6,8,10,12,14,16,18,20,22,24,26,28,30,32,35,40,45,50,55,60,65,70,75,80,85,90,95,100,120,140,160,180											

表 B.12　开口销(GB/T 91—2000)

标 记 示 例

公称直径 $d=8$ mm、长度 $l=50$ mm、材料为 Q215 或 Q235,不经热处理的开口销：

销 GB/T 91—2000　5×50

(单位:mm)

d		1	1.2	1.6	2	2.5	3.2	4	5	6.3	8	10	13
c	max	1.8	2	2.8	3.6	4.6	5.8	7.4	9.2	11.8	15	19	24.8
	min	1.6	1.7	2.4	3.2	4	5.1	6.5	8	10.3	13.1	16.6	21.7
$b\approx$		3	3	3.2	4	5	6.4	8	10	12.6	16	20	26
a(max)		1.6		2.5			3.2		4			6.3	
l 系列		4,5,6,8,10,12,14,16,18,20,22,24,25,28,32,36,40,45,50,56,63,71,80,90,110,112,125,140,160,180,200,224,250											

表 B.13　深沟球轴承(GB/T 276—2013)

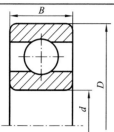

标 记 示 例

60000 型

滚动轴承 6004　GB/T 276—2013

(单位:mm)

轴承代号	d	D	B	轴承代号	d	D	B
(0)1 尺寸系列				(0)3 尺寸系列			
606	6	17	6	634	4	16	5
607	7	19	6	635	5	19	6
608	8	22	7	6300	10	35	11
609	9	24	7	6301	12	37	12
6000	10	26	8	6302	15	42	13
6001	12	28	8	6303	17	47	14
6002	15	32	9	6304	20	52	15
6003	17	35	10	6305	25	62	17
6004	20	42	12	6306	30	72	19
6005	25	47	12	6307	35	80	21
6006	30	55	13	6308	40	90	23
6007	35	62	14	6309	45	100	25
6008	40	68	15	6310	50	110	27
6009	45	75	16	6311	55	120	29
6010	50	80	16	6312	60	130	31
6011	55	90	18	6313	65	140	33
6012	60	95	18	6314	70	150	35
(0)2 尺寸系列				(0)4 尺寸系列			
623	3	10	4	6403	17	62	17
624	4	13	5	6404	20	72	19
625	5	16	5	6405	25	80	21
626	6	19	6	6406	30	90	23
627	7	22	7	6407	35	100	25
628	8	24	8	6408	40	110	27
629	9	26	8	6409	45	120	29
6200	10	30	9	6410	50	130	31
6201	12	32	10	6411	55	140	33
6202	15	35	11	6412	60	150	35
6203	17	40	12	6413	65	160	37
6204	20	47	14	6414	70	180	42
6205	25	52	15	6415	75	190	45
6206	30	62	16	6416	80	200	48
6207	35	72	17	6417	85	210	52
6208	40	80	18	6418	90	225	54
6209	45	85	19	6419	95	240	55
6210	50	90	20	6420	100	250	58
6211	55	100	21				
6212	60	110	22				

表 B.14　圆锥滚子轴承（GB/T 297—2015）

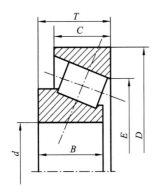

标 记 示 例

30000 型

滚动轴承 30204　GB/T 297—2015

（单位：mm）

轴承型号	d	D	T	B	C	E	轴承代号	d	D	T	B	C	E
02 尺寸系列							22 尺寸系列						
30204	20	47	15.25	14	12	37.3	32204	20	47	19.25	18	15	35.8
30205	25	52	16.25	15	13	41.1	32205	25	52	19.25	18	16	41.3
30206	30	62	17.25	16	14	49.9	32206	30	62	21.25	20	17	48.9
30207	35	72	18.25	17	15	58.8	32207	35	72	24.25	23	19	57
30208	40	80	19.75	18	16	65.7	32208	40	80	24.75	23	19	64.7
30209	45	85	20.75	19	16	70.4	32209	45	85	24.75	23	19	69.6
30210	50	90	21.75	20	17	75	32210	50	90	24.75	23	19	74.2
30211	55	100	22.75	21	18	84.1	32211	55	100	26.75	25	21	82.8
30212	60	110	23.75	22	19	91.8	32212	60	110	29.75	28	24	90.2
30213	65	120	24.75	23	20	101.9	32213	65	120	32.75	31	27	99.4
30214	70	125	26.25	24	21	105.7	32214	70	125	33.25	31	27	103.7
30215	75	130	27.75	25	22	110.4	32215	75	130	33.25	31	27	108.9
30216	80	140	28.25	26	22	119.1	32216	80	140	35.25	33	28	117.4
30217	85	150	30.5	28	24	126.6	32217	85	150	38.5	36	30	124.9
30218	90	160	32.5	30	26	134.9	32218	90	160	42.5	40	34	132.6
30219	95	170	34.5	32	27	143.3	32219	95	170	45.5	43	37	140.2
30220	100	180	37	34	29	151.3	32220	100	180	49	46	39	148.1
03 尺寸系列							23 尺寸系列						
30304	20	52	16.25	15	13	41.3	32304	20	52	22.25	21	18	39.5
30305	25	62	18.25	17	15	50.6	32305	25	62	25.25	24	20	48.6
30306	30	72	20.75	19	16	58.2	32306	30	72	28.75	27	23	55.7
30307	35	80	22.75	21	18	65.7	32307	35	80	32.75	31	25	62.8
30308	40	90	25.25	23	20	72.7	32308	40	90	35.25	33	27	69.2
30309	45	100	27.75	25	22	81.7	32309	45	100	38.25	36	30	78.3
30310	50	110	29.25	27	23	90.6	32310	50	110	42.25	40	33	86.2
30311	55	120	31.5	29	25	99.1	32311	55	120	45.5	43	35	94.3
30312	60	130	33.5	31	26	107.7	32312	60	130	48.5	46	37	102.9
30313	65	140	36	33	28	116.8	32313	65	140	51	48	39	111.7
30314	70	150	38	35	30	125.2	32314	70	150	54	51	42	119.7
30315	75	160	40	37	31	134	32315	75	160	58	55	45	127.8
30316	80	170	42.5	39	33	143.1	32316	80	170	61.5	58	48	136.5
30317	85	180	44.5	41	34	150.4	32317	85	180	63.5	60	49	144.2
30318	90	190	46.5	43	36	159	32318	90	190	67.5	64	53	151.7
30319	95	200	49.5	45	38	165.8	32319	95	200	71.5	67	55	160.3
30320	100	215	51.5	47	39	178.5	32320	100	215	77.5	73	60	171.6

表 B.15 单向平底推力球轴承(GB/T 301—2015)

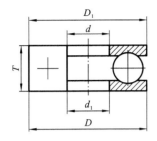

标 记 示 例

内径 $d=20$ mm,51204 型推力球轴承,12 尺寸系列:

滚动轴承 51204 GB/T 301—2015

(单位:mm)

轴承代号	d	d_1	D	D_l	T	轴承代号	d	d_1	D	D_l	T
11 尺寸系列						13 尺寸系列					
51104	20	21	35	35	10	51304	20	22	47	47	18
51105	25	26	42	42	11	51305	25	27	52	52	18
51106	30	32	47	47	11	51306	30	32	60	60	21
51107	35	37	52	52	12	51307	35	37	68	68	24
51108	40	42	60	60	13	51308	40	42	78	78	26
51109	45	47	65	60	14	51309	45	47	85	85	28
51110	50	52	70	70	14	51310	50	52	95	95	31
51111	55	57	78	78	16	51311	55	57	105	105	35
51112	60	62	85	85	17	51312	60	62	110	110	35
51113	65	65	90	90	18	51313	65	67	115	115	36
51114	70	72	95	95	18	51314	70	72	125	125	40
51115	75	77	100	100	19	51315	75	77	135	135	44
51116	80	82	105	105	19	51316	80	82	140	140	44
51117	85	87	110	110	19	51317	85	88	150	150	49
51118	90	92	120	120	22	51318	90	93	155	155	50
51120	100	102	135	135	25	51320	100	103	170	170	55
12 尺寸系列						14 尺寸系列					
51204	20	22	40	40	14	51405	25	27	60	60	24
51205	25	27	47	47	15	51406	30	32	70	70	28
51206	30	32	52	52	16	51407	35	37	80	80	32
51207	35	37	62	62	18	51408	40	42	90	90	36
51208	40	42	68	68	19	51409	45	47	100	100	39
51209	45	47	73	73	20	51410	50	52	110	110	43
51210	50	52	78	78	22	51411	55	57	120	120	48
51211	55	57	90	90	25	51412	60	62	130	130	51
51212	60	62	95	95	26	51413	65	68	140	140	56
51213	65	67	100	100	27	51414	70	73	150	150	60
51214	70	72	105	105	27	51415	75	78	160	160	65
51215	75	77	110	110	27	51416	80	83	170	170	68
51216	80	82	115	115	28	51417	85	88	180	177	72
51217	85	88	125	125	31	51418	90	93	190	187	77
51218	90	93	135	135	35	51420	100	103	210	205	85
51220	100	103	150	150	38	51422	110	113	230	225	95

附录 C 极限与配合

表 C.1 轴的极限偏差（GB/T 1800.2—2009）

公称尺寸/mm 大于	至	a11	b11	b12	c9	c10	c11	d8	d9	d10	d11	e7	e8	e9
—	3	−270 −330	−140 −200	−140 −240	−60 −85	−60 −100	−60 −120	−20 −34	−20 −45	−20 −60	−20 −80	−14 −24	−14 −28	−14 −39
3	6	−270 −345	−140 −215	−140 −260	−70 −100	−70 −118	−70 −145	−30 −48	−30 −60	−30 −78	−30 −105	−20 −32	−20 −38	−20 −50
6	10	−280 −370	−150 −240	−150 −300	−80 −116	−80 −138	−80 −170	−40 −62	−40 −76	−40 −98	−40 −130	−25 −40	−25 −47	−25 −61
10	14	−290 −400	−150 −260	−150 −330	−95 −138	−95 −165	−95 −205	−50 −77	−50 −93	−50 −120	−50 −160	−32 −50	−32 −59	−32 −75
14	18	−290 −400	−150 −260	−150 −330	−95 −138	−95 −165	−95 −205	−50 −77	−50 −93	−50 −120	−50 −160	−32 −50	−32 −59	−32 −75
18	24	−300 −430	−160 −290	−160 −370	−110 −162	−110 −194	−110 −240	−65 −90	−65 −117	−65 −149	−65 −195	−40 −61	−40 −73	−40 −92
24	30	−300 −430	−160 −290	−160 −370	−110 −162	−110 −194	−110 −240	−65 −90	−65 −117	−65 −149	−65 −195	−40 −61	−40 −73	−40 −92
30	40	−310 −470	−170 −330	−170 −420	−120 −182	−120 −220	−120 −280	−80 −119	−80 −142	−80 −180	−80 −240	−50 −75	−50 −89	−50 −112
40	50	−320 −480	−180 −340	−180 −430	−130 −192	−130 −230	−130 −290	−80 −119	−80 −142	−80 −180	−80 −240	−50 −75	−50 −89	−50 −112
50	65	−340 −530	−190 −380	−190 −490	−140 −214	−140 −260	−140 −330	−100 −146	−100 −174	−100 −220	−100 −290	−60 −90	−60 −106	−60 −134
65	80	−360 −550	−200 −390	−200 −500	−150 −224	−150 −270	−150 −340	−100 −146	−100 −174	−100 −220	−100 −290	−60 −90	−60 −106	−60 −134
80	100	−380 −600	−220 −440	−220 −570	−170 −257	−170 −310	−170 −390	−120 −174	−120 −207	−120 −260	−120 −340	−72 −107	−72 −126	−72 −159
100	120	−410 −630	−240 −460	−240 −590	−180 −267	−180 −320	−180 −400	−120 −174	−120 −207	−120 −260	−120 −340	−72 −107	−72 −126	−72 −159
120	140	−460 −710	−260 −510	−260 −660	−200 −300	−200 −360	−200 −450	−145 −208	−145 −245	−145 −305	−145 −395	−85 −125	−85 −148	−85 −185
140	160	−520 −770	−280 −530	−280 −680	−210 −310	−210 −370	−210 −460	−145 −208	−145 −245	−145 −305	−145 −395	−85 −125	−85 −148	−85 −185
160	180	−580 −830	−310 −560	−310 −710	−230 −330	−230 −390	−230 −480	−145 −208	−145 −245	−145 −305	−145 −395	−85 −125	−85 −148	−85 −185
180	200	−660 −950	−340 −630	−340 −800	−240 −355	−240 −425	−240 −530	−170 −242	−170 −285	−170 −355	−170 −460	−100 −146	−100 −172	−100 −215
200	225	−740 −1030	−380 −670	−380 −840	−260 −375	−260 −445	−260 −550	−170 −242	−170 −285	−170 −355	−170 −460	−100 −146	−100 −172	−100 −215
225	250	−820 −1110	−420 −710	−420 −880	−280 −395	−280 −465	−280 −570	−170 −242	−170 −285	−170 −355	−170 −460	−100 −146	−100 −172	−100 −215
250	280	−920 −1240	−480 −800	−480 −1000	−300 −430	−300 −510	−300 −620	−190 −271	−190 −320	−190 −400	−190 −510	−110 −162	−110 −191	−110 −240
280	315	−1050 −1370	−540 −860	−540 −1060	−330 −460	−330 −540	−330 −650	−190 −271	−190 −320	−190 −400	−190 −510	−110 −162	−110 −191	−110 −240
315	355	−1200 −1560	−600 −960	−600 −1170	−360 −500	−360 −590	−360 −720	−210 −299	−210 −350	−210 −440	−210 −570	−125 −182	−125 −214	−125 −265
355	400	−1350 −1710	−680 −1040	−680 −1250	−400 −540	−400 −630	−400 −760	−210 −299	−210 −350	−210 −440	−210 −570	−125 −182	−125 −214	−125 −265
400	450	−1500 −1900	−760 −1160	−760 −1390	−440 −595	−440 −690	−440 −840	−230 −327	−230 −385	−230 −480	−230 −630	−135 −198	−135 −232	−135 −290
450	500	−1650 −2050	−840 −1240	−840 −1470	−480 −635	−480 −730	−480 −880	−230 −327	−230 −385	−230 −480	−230 −630	−135 −198	−135 −232	−135 −290

公差带/μm

续表

公称尺寸/mm 大于	至	f5	f6	f7	f8	f9	g5	g6	g7	h5	h6	h7	h8	h9	h10	h11	h12
—	3	−6 −10	−6 −12	−6 −16	−6 −20	−6 −31	−2 −6	−2 −8	−2 −12	0 −4	0 −6	0 −10	0 −14	0 −25	0 −40	0 −60	0 −100
3	6	−10 −15	−10 −18	−10 −22	−10 −28	−10 −40	−4 −9	−4 −12	−4 −16	0 −5	0 −8	0 −12	0 −18	0 −30	0 −48	0 −75	0 −120
6	10	−13 −19	−13 −22	−13 −28	−13 −35	−13 −49	−5 −11	−5 −14	−5 −20	0 −6	0 −9	0 −15	0 −22	0 −36	0 −58	0 −90	0 −150
10	14	−16 −24	−16 −27	−16 −34	−16 −43	−16 −59	−6 −14	−6 −17	−6 −24	0 −8	0 −11	0 −18	0 −27	0 −43	0 −70	0 −110	0 −180
14	18	−16 −24	−16 −27	−16 −34	−16 −43	−16 −59	−6 −14	−6 −17	−6 −24	0 −8	0 −11	0 −18	0 −27	0 −43	0 −70	0 −110	0 −180
18	24	−20 −29	−20 −33	−20 −41	−20 −53	−20 −72	−7 −16	−7 −20	−7 −28	0 −9	0 −13	0 −21	0 −33	0 −52	0 −84	0 −130	0 −210
24	30	−20 −29	−20 −33	−20 −41	−20 −53	−20 −72	−7 −16	−7 −20	−7 −28	0 −9	0 −13	0 −21	0 −33	0 −52	0 −84	0 −130	0 −210
30	40	−25 −36	−25 −41	−25 −50	−25 −64	−25 −87	−9 −20	−9 −25	−9 −34	0 −11	0 −16	0 −25	0 −39	0 −62	0 −100	0 −160	0 −250
40	50	−25 −36	−25 −41	−25 −50	−25 −64	−25 −87	−9 −20	−9 −25	−9 −34	0 −11	0 −16	0 −25	0 −39	0 −62	0 −100	0 −160	0 −250
50	65	−30 −43	−30 −49	−30 −60	−30 −76	−30 −104	−10 −23	−10 −29	−10 −40	0 −13	0 −19	0 −30	0 −46	0 −74	0 −120	0 −190	0 −300
65	80	−30 −43	−30 −49	−30 −60	−30 −76	−30 −104	−10 −23	−10 −29	−10 −40	0 −13	0 −19	0 −30	0 −46	0 −74	0 −120	0 −190	0 −300
80	100	−36 −51	−36 −58	−36 −71	−36 −90	−36 −123	−12 −27	−12 −34	−12 −47	0 −15	0 −22	0 −35	0 −54	0 −87	0 −140	0 −220	0 −350
100	120	−36 −51	−36 −58	−36 −71	−36 −90	−36 −123	−12 −27	−12 −34	−12 −47	0 −15	0 −22	0 −35	0 −54	0 −87	0 −140	0 −220	0 −350
120	140	−43 −61	−43 −68	−43 −83	−43 −106	−43 −143	−14 −32	−14 −39	−14 −54	0 −18	0 −25	0 −40	0 −63	0 −100	0 −160	0 −250	0 −400
140	160	−43 −61	−43 −68	−43 −83	−43 −106	−43 −143	−14 −32	−14 −39	−14 −54	0 −18	0 −25	0 −40	0 −63	0 −100	0 −160	0 −250	0 −400
160	180	−43 −61	−43 −68	−43 −83	−43 −106	−43 −143	−14 −32	−14 −39	−14 −54	0 −18	0 −25	0 −40	0 −63	0 −100	0 −160	0 −250	0 −400
180	200	−50 −70	−50 −79	−50 −96	−50 −122	−50 −165	−15 −35	−15 −44	−15 −61	0 −20	0 −29	0 −46	0 −72	0 −115	0 −185	0 −290	0 −460
200	225	−50 −70	−50 −79	−50 −96	−50 −122	−50 −165	−15 −35	−15 −44	−15 −61	0 −20	0 −29	0 −46	0 −72	0 −115	0 −185	0 −290	0 −460
225	250	−50 −70	−50 −79	−50 −96	−50 −122	−50 −165	−15 −35	−15 −44	−15 −61	0 −20	0 −29	0 −46	0 −72	0 −115	0 −185	0 −290	0 −460
250	280	−56 −79	−56 −88	−56 −108	−56 −137	−56 −185	−17 −40	−17 −49	−17 −69	0 −23	0 −32	0 −52	0 −81	0 −130	0 −210	0 −320	0 −520
280	315	−56 −79	−56 −88	−56 −108	−56 −137	−56 −185	−17 −40	−17 −49	−17 −69	0 −23	0 −32	0 −52	0 −81	0 −130	0 −210	0 −320	0 −520
315	355	−62 −87	−62 −98	−62 −119	−62 −151	−62 −202	−18 −43	−18 −54	−18 −75	0 −25	0 −36	0 −57	0 −89	0 −140	0 −230	0 −360	0 −570
355	400	−62 −87	−62 −98	−62 −119	−62 −151	−62 −202	−18 −43	−18 −54	−18 −75	0 −25	0 −36	0 −57	0 −89	0 −140	0 −230	0 −360	0 −570
400	450	−68 −95	−68 −108	−68 −131	−68 −165	−68 −223	−20 −47	−20 −60	−20 −83	0 −27	0 −40	0 −63	0 −97	0 −155	0 −250	0 −400	0 −630
450	500	−68 −95	−68 −108	−68 −131	−68 −165	−68 −223	−20 −47	−20 −60	−20 −83	0 −27	0 −40	0 −63	0 −97	0 −155	0 −250	0 −400	0 −630

续表

| 公称尺寸/mm | | 公差带/μm | | | | | | | | | | | | | | |
大于	至	js5	js6	js7	k5	k6	k7	m5	m6	m7	n5	n6	n7	p5	p6	p7
—	3	±2	±3	±5	+4/0	+6/0	+10/0	+6/+2	+8/+2	+12/+2	+8/+4	+10/+4	+14/+4	+10/+6	+12/+6	+16/+6
3	6	±2.5	±4	±6	+6/+1	+9/+1	+13/+1	+9/+4	+12/+4	+16/+4	+13/+8	+16/+8	+20/+8	+17/+12	+20/+12	+24/+12
6	10	±3	±4.5	±7	+7/+1	+10/+1	+16/+1	+12/+6	+15/+6	+21/+6	+16/+10	+19/+10	+25/+10	+21/+15	+24/+15	+30/+15
10	14	±4	±5.5	±9	+9/+1	+12/+1	+19/+1	+15/+7	+18/+7	+25/+7	+20/+12	+23/+12	+30/+12	+26/+18	+29/+18	+36/+18
14	18	±4	±5.5	±9	+9/+1	+12/+1	+19/+1	+15/+7	+18/+7	+25/+7	+20/+12	+23/+12	+30/+12	+26/+18	+29/+18	+36/+18
18	24	±4.5	±6.5	±10	+11/+2	+15/+2	+23/+2	+17/+8	+21/+8	+29/+8	+24/+15	+28/+15	+36/+15	+31/+22	+35/+22	+43/+22
24	30	±4.5	±6.5	±10	+11/+2	+15/+2	+23/+2	+17/+8	+21/+8	+29/+8	+24/+15	+28/+15	+36/+15	+31/+22	+35/+22	+43/+22
30	40	±5.5	±8	±12	+13/+2	+18/+2	+27/+2	+20/+9	+25/+9	+34/+9	+28/+17	+33/+17	+42/+17	+37/+26	+42/+26	+51/+26
40	50	±5.5	±8	±12	+13/+2	+18/+2	+27/+2	+20/+9	+25/+9	+34/+9	+28/+17	+33/+17	+42/+17	+37/+26	+42/+26	+51/+26
50	65	±6.5	±9.5	±15	+15/+2	+21/+2	+32/+2	+24/+11	+30/+11	+41/+11	+33/+20	+39/+20	+50/+20	+45/+32	+51/+32	+62/+32
65	80	±6.5	±9.5	±15	+15/+2	+21/+2	+32/+2	+24/+11	+30/+11	+41/+11	+33/+20	+39/+20	+50/+20	+45/+32	+51/+32	+62/+32
80	100	±7.5	±11	±17	+18/+3	+25/+3	+38/+3	+28/+13	+35/+13	+48/+13	+38/+23	+45/+23	+58/+23	+52/+37	+59/+37	+72/+37
100	120	±7.5	±11	±17	+18/+3	+25/+3	+38/+3	+28/+13	+35/+13	+48/+13	+38/+23	+45/+23	+58/+23	+52/+37	+59/+37	+72/+37
120	140	±9	±12.5	±20	+21/+3	+28/+3	+43/+3	+33/+15	+40/+15	+55/+15	+45/+27	+52/+27	+67/+27	+61/+43	+68/+43	+83/+43
140	160	±9	±12.5	±20	+21/+3	+28/+3	+43/+3	+33/+15	+40/+15	+55/+15	+45/+27	+52/+27	+67/+27	+61/+43	+68/+43	+83/+43
160	180	±9	±12.5	±20	+21/+3	+28/+3	+43/+3	+33/+15	+40/+15	+55/+15	+45/+27	+52/+27	+67/+27	+61/+43	+68/+43	+83/+43
180	200	±10	±14.5	±23	+24/+4	+33/+4	+50/+4	+37/+17	+46/+17	+63/+17	+51/+31	+60/+31	+77/+31	+70/+50	+79/+50	+96/+50
200	225	±10	±14.5	±23	+24/+4	+33/+4	+50/+4	+37/+17	+46/+17	+63/+17	+51/+31	+60/+31	+77/+31	+70/+50	+79/+50	+96/+50
225	250	±10	±14.5	±23	+24/+4	+33/+4	+50/+4	+37/+17	+46/+17	+63/+17	+51/+31	+60/+31	+77/+31	+70/+50	+79/+50	+96/+50
250	280	±11.5	±16	±26	+27/+4	+36/+4	+56/+4	+43/+20	+52/+20	+72/+20	+57/+34	+66/+34	+86/+34	+79/+56	+88/+56	+108/+56
280	315	±11.5	±16	±26	+27/+4	+36/+4	+56/+4	+43/+20	+52/+20	+72/+20	+57/+34	+66/+34	+86/+34	+79/+56	+88/+56	+108/+56
315	355	±12.5	±18	±28	+29/+4	+40/+4	+61/+4	+46/+21	+57/+21	+78/+21	+62/+37	+73/+37	+94/+37	+87/+62	+98/+62	+119/+62
355	400	±12.5	±18	±28	+29/+4	+40/+4	+61/+4	+46/+21	+57/+21	+78/+21	+62/+37	+73/+37	+94/+37	+87/+62	+98/+62	+119/+62
400	450	±13.5	±20	±31	+32/+5	+45/+5	+68/+5	+50/+23	+63/+23	+86/+23	+67/+40	+80/+40	+103/+40	+95/+68	+108/+68	+131/+68
450	500	±13.5	±20	±31	+32/+5	+45/+5	+68/+5	+50/+23	+63/+23	+86/+23	+67/+40	+80/+40	+103/+40	+95/+68	+108/+68	+131/+68

续表

公称尺寸/mm		公差带/μm														
		r			s			t			u		v	x	y	z
大于	至	5	6	7	5	6	7	5	6	7	6	7	6	6	6	6
—	3	+14 +10	+16 +10	+20 +10	+18 +14	+20 +14	+24 +14	—	—	—	+24 +18	+28 +18	—	+26 +20	—	+32 +26
3	6	+20 +15	+23 +15	+27 +15	+24 +19	+27 +19	+31 +19	—	—	—	+31 +23	+35 +23	—	+36 +28	—	+43 +35
6	10	+25 +19	+28 +19	+34 +19	+29 +23	+32 +23	+38 +23	—	—	—	+37 +28	+43 +28	—	+43 +34	—	+51 +42
10	14	+31 +23	+34 +23	+41 +23	+36 +28	+39 +28	+46 +28	—	—	—	+44 +33	+51 +33	—	+51 +40	—	+61 +50
14	18	+31 +23	+34 +23	+41 +23	+36 +28	+39 +28	+46 +28	—	—	—	+44 +33	+51 +33	+50 +39	+56 +45	—	+71 +60
18	24	+37 +28	+41 +28	+49 +28	+44 +35	+48 +35	+56 +35	—	—	—	+54 +41	+62 +41	+60 +47	+67 +54	+76 +63	+86 +73
24	30	+37 +28	+41 +28	+49 +28	+44 +35	+48 +35	+56 +35	+50 +41	+54 +41	+62 +41	+61 +48	+69 +48	+68 +55	+77 +64	+88 +75	+101 +88
30	40	+45 +34	+50 +34	+59 +34	+54 +43	+59 +43	+68 +43	+59 +48	+64 +48	+73 +48	+76 +60	+85 +60	+84 +68	+96 +80	+110 +94	+128 +112
40	50	+45 +34	+50 +34	+59 +34	+54 +43	+59 +43	+68 +43	+65 +54	+70 +54	+79 +54	+86 +70	+95 +70	+97 +81	+113 +97	+130 +114	+152 +136
50	65	+54 +41	+60 +41	+71 +41	+66 +53	+72 +53	+83 +53	+79 +66	+85 +66	+96 +66	+106 +87	+117 +87	+121 +102	+141 +122	+163 +144	+191 +172
65	80	+56 +43	+62 +43	+72 +43	+72 +59	+78 +59	+89 +59	+88 +75	+94 +75	+105 +75	+121 +102	+132 +102	+139 +120	+165 +146	+193 +174	+229 +210
80	100	+66 +51	+73 +51	+86 +51	+86 +71	+93 +71	+106 +71	+106 +91	+113 +91	+126 +91	+146 +124	+159 +124	+168 +146	+200 +178	+236 +214	+280 +258
100	120	+69 +54	+76 +54	+89 +54	+94 +79	+101 +79	+114 +79	+119 +104	+126 +104	+139 +104	+166 +144	+179 +144	+194 +172	+232 +210	+276 +254	+332 +310
120	140	+81 +63	+88 +63	+103 +63	+110 +92	+117 +92	+132 +92	+140 +122	+147 +122	+162 +122	+195 +170	+210 +170	+227 +202	+273 +248	+325 +300	+390 +365
140	160	+83 +65	+90 +65	+105 +65	+118 +100	+125 +100	+140 +100	+152 +134	+159 +134	+174 +134	+215 +190	+230 +190	+253 +228	+305 +280	+365 +340	+440 +415
160	180	+86 +68	+93 +68	+108 +68	+126 +108	+133 +108	+148 +108	+164 +146	+171 +146	+186 +146	+235 +210	+250 +210	+277 +252	+335 +310	+405 +380	+490 +465
180	200	+97 +77	+106 +77	+123 +77	+142 +122	+151 +122	+168 +122	+186 +166	+195 +166	+212 +166	+265 +236	+282 +236	+313 +284	+379 +350	+454 +425	+549 +520
200	225	+100 +80	+109 +80	+126 +80	+150 +130	+159 +130	+176 +130	+200 +180	+209 +180	+226 +180	+287 +258	+304 +258	+339 +310	+414 +385	+499 +470	+604 +575
225	250	+104 +84	+113 +84	+130 +84	+160 +140	+169 +140	+186 +140	+216 +196	+225 +196	+242 +196	+313 +284	+330 +284	+369 +340	+454 +425	+549 +520	+669 +640
250	280	+117 +94	+126 +94	+146 +94	+181 +158	+190 +158	+210 +158	+241 +218	+250 +218	+270 +218	+347 +315	+367 +315	+417 +385	+507 +475	+612 +580	+742 +710
280	315	+121 +98	+130 +98	+150 +98	+193 +170	+202 +170	+222 +170	+263 +240	+272 +240	+292 +240	+382 +350	+402 +350	+457 +425	+557 +525	+682 +650	+822 +790
315	355	+133 +108	+144 +108	+165 +108	+215 +190	+226 +190	+247 +190	+293 +268	+304 +268	+325 +268	+426 +390	+447 +390	+511 +475	+626 +590	+766 +730	+936 +900
355	400	+139 +114	+150 +114	+171 +114	+233 +208	+244 +208	+265 +208	+319 +294	+330 +294	+351 +294	+471 +435	+492 +435	+566 +530	+696 +660	+856 +820	+1036 +1000
400	450	+153 +126	+166 +126	+189 +126	+259 +232	+272 +232	+295 +232	+357 +330	+370 +330	+393 +330	+530 +490	+553 +490	+635 +595	+780 +740	+960 +920	+1140 +1100
450	500	+159 +132	+172 +132	+195 +132	+279 +252	+292 +252	+315 +250	+387 +360	+400 +360	+423 +360	+580 +540	+603 +540	+700 +660	+860 +820	+1040 +1000	+1290 +1250

表 C.2　优先用孔的极限偏差(GB/T 1800.2—2009)

公称尺寸/mm 大于	至	公差带/μm C11	D9	F8	G7	H7	H8	H9	H11	K7	N7	P7	S7	U7
—	3	+120 +60	+45 +20	+20 +6	+12 +2	+10 0	+14 0	+25 0	+60 0	0 −10	−4 −14	−6 −16	−14 −24	−18 −28
3	6	+145 +70	+60 +30	+28 +10	+16 +4	+12 0	+18 0	+30 0	+75 0	+3 −9	−4 −16	−8 −20	−15 −27	−19 −31
6	10	+170 +80	+76 +40	+35 +13	+20 +5	+15 0	+22 0	+36 0	+90 0	+5 −10	−4 −19	−9 −24	−17 −32	−22 −37
10	18	+205 +95	+93 +50	+43 +16	+24 +6	+18 0	+27 0	+43 0	+110 0	+6 −12	−5 −23	−11 −29	−21 −39	−26 −44
18	24	+240 +110	+117 +65	+53 +20	+28 +7	+21 0	+33 0	+52 0	+130 0	+6 −15	−7 −28	−14 −35	−27 −48	−33 −54
24	30	+240 +110	+117 +65	+53 +20	+28 +7	+21 0	+33 0	+52 0	+130 0	+6 −15	−7 −28	−14 −35	−27 −48	−40 −61
30	40	+280 +120	+142 +80	+64 +25	+34 +9	+25 0	+39 0	+62 0	+160 0	+7 −18	−8 −33	−17 −42	−34 −59	−51 −76
40	50	+290 +130	+142 +80	+64 +25	+34 +9	+25 0	+39 0	+62 0	+160 0	+7 −18	−8 −33	−17 −42	−34 −59	−61 −86
50	65	+330 +140	+174 +100	+76 +30	+40 +10	+30 0	+46 0	+74 0	+190 0	+9 −21	−9 −39	−21 −51	−42 −72	−76 −106
65	80	+340 +150	+174 +100	+76 +30	+40 +10	+30 0	+46 0	+74 0	+190 0	+9 −21	−9 −39	−21 −51	−48 −78	−91 −121
80	100	+390 +170	+207 +120	+90 +36	+47 +12	+35 0	+54 0	+87 0	+220 0	+10 −25	−10 −45	−24 −59	−58 −93	−111 −146
100	120	+400 +180	+207 +120	+90 +36	+47 +12	+35 0	+54 0	+87 0	+220 0	+10 −25	−10 −45	−24 −59	−66 −101	−131 −166
120	140	+450 +200	+245 +145	+106 +43	+54 +14	+40 0	+63 0	+100 0	+250 0	+12 −28	−12 −52	−28 −68	−77 −117	−155 −195
140	160	+460 +210	+245 +145	+106 +43	+54 +14	+40 0	+63 0	+100 0	+250 0	+12 −28	−12 −52	−28 −68	−85 −125	−175 −215
160	180	+480 +230	+245 +145	+106 +43	+54 +14	+40 0	+63 0	+100 0	+250 0	+12 −28	−12 −52	−28 −68	−93 −133	−195 −235
180	200	+530 +240	+285 +170	+122 +50	+61 +15	+46 0	+72 0	+115 0	+290 0	+13 −33	−14 −60	−33 −79	−105 −151	−219 −265
200	225	+550 +260	+285 +170	+122 +50	+61 +15	+46 0	+72 0	+115 0	+290 0	+13 −33	−14 −60	−33 −79	−113 −159	−241 −287
225	250	+570 +280	+285 +170	+122 +50	+61 +15	+46 0	+72 0	+115 0	+290 0	+13 −33	−14 −60	−33 −79	−123 −169	−267 −313
250	280	+620 +300	+320 +190	+137 +56	+69 +17	+52 0	+81 0	+130 0	+320 0	+16 −36	−14 −66	−36 −88	−138 −190	−295 −347
280	315	+650 +330	+320 +190	+137 +56	+69 +17	+52 0	+81 0	+130 0	+320 0	+16 −36	−14 −66	−36 −88	−150 −202	−330 −382
315	355	+720 +360	+350 +210	+151 +62	+75 +18	+57 0	+89 0	+140 0	+360 0	+17 −40	−16 −73	−41 −98	−169 −226	−369 −426
355	400	+760 +400	+350 +210	+151 +62	+75 +18	+57 0	+89 0	+140 0	+360 0	+17 −40	−16 −73	−41 −98	−187 −244	−414 −471
400	450	+840 +440	+385 +230	+165 +68	+83 +20	+63 0	+97 0	+155 0	+400 0	+18 −45	−17 −80	−45 −108	−209 −272	−467 −530
450	500	+880 +480	+385 +230	+165 +68	+83 +20	+63 0	+97 0	+155 0	+400 0	+18 −45	−17 −80	−45 −108	−229 −292	−517 −580

表 C.3　基孔制优先、常用配合(GB/T 1801—2009)

基准孔	轴																				
	a	b	c	d	e	f	g	h	js	k	m	n	p	r	s	t	u	v	x	y	z
	间隙配合								过渡配合			过盈配合									
H6						$\frac{H6}{f5}$	$\frac{H6}{g5}$	$\frac{H6}{h5}$	$\frac{H6}{js5}$	$\frac{H6}{k5}$	$\frac{H6}{m5}$	$\frac{H6}{n5}$	$\frac{H6}{p5}$	$\frac{H6}{r5}$	$\frac{H6}{s5}$	$\frac{H6}{t5}$					
H7						$\frac{H7}{f6}$	**$\frac{H7}{g6}$**	**$\frac{H7}{h6}$**	$\frac{H7}{js6}$	**$\frac{H7}{k6}$**	$\frac{H7}{m6}$	**$\frac{H7}{n6}$**	**$\frac{H7}{p6}$**	$\frac{H7}{r6}$	**$\frac{H7}{s6}$**	$\frac{H7}{t6}$	**$\frac{H7}{u6}$**	$\frac{H7}{v6}$	$\frac{H7}{x6}$	$\frac{H7}{y6}$	$\frac{H7}{z6}$
H8					$\frac{H8}{e7}$	**$\frac{H8}{f7}$**	$\frac{H8}{g7}$	**$\frac{H8}{h7}$**	$\frac{H8}{js7}$	$\frac{H8}{k7}$	$\frac{H8}{m7}$	$\frac{H8}{n7}$	$\frac{H8}{p7}$	$\frac{H8}{r7}$	$\frac{H8}{s7}$	$\frac{H8}{t7}$	$\frac{H8}{u7}$				
				$\frac{H8}{d8}$	$\frac{H8}{e8}$	$\frac{H8}{f8}$		$\frac{H8}{h8}$													
H9			$\frac{H9}{c9}$	**$\frac{H9}{d9}$**	$\frac{H9}{e9}$	$\frac{H9}{f9}$		**$\frac{H9}{h9}$**													
H10			$\frac{H10}{c10}$	$\frac{H10}{d10}$				$\frac{H10}{h10}$													
H11	$\frac{H11}{a11}$	$\frac{H11}{b11}$	**$\frac{H11}{c11}$**	$\frac{H11}{d11}$				**$\frac{H11}{h11}$**													
H12		$\frac{H12}{b12}$						$\frac{H12}{h12}$													

1.常用配合 59 种,其中优先配合 13 种。加粗字体为优先配合。

2.H6/n5、H7/p6 在公称尺寸小于或等于 3 mm 和 H8/r7 在小于或等于 100 mmm 时为过渡配合。

表 C.4　基轴制优先、常用配合(GB/T 1800.2—2009)

基准轴	孔																				
	A	B	C	D	E	F	G	H	JS	K	M	N	P	R	S	T	U	V	X	Y	Z
	间隙配合								过渡配合			过盈配合									
h5						$\frac{F6}{h5}$	$\frac{G6}{h5}$	$\frac{H6}{h5}$	$\frac{JS6}{h5}$	$\frac{K6}{h5}$	$\frac{M6}{h5}$	$\frac{N6}{h5}$	$\frac{P6}{h5}$	$\frac{R6}{h5}$	$\frac{S6}{h5}$	$\frac{T6}{h5}$					
H6						$\frac{F7}{h6}$	**$\frac{G7}{h6}$**	**$\frac{H7}{h6}$**	$\frac{JS7}{h6}$	**$\frac{K7}{h6}$**	$\frac{M7}{h6}$	**$\frac{N7}{h6}$**	**$\frac{P7}{h6}$**	$\frac{R7}{h6}$	**$\frac{S7}{h6}$**	$\frac{T7}{h6}$	**$\frac{U7}{h6}$**				
h7					$\frac{E8}{h7}$	**$\frac{F8}{h7}$**		**$\frac{H8}{h7}$**	$\frac{JS8}{h7}$	$\frac{K8}{h7}$	$\frac{M8}{h7}$	$\frac{N8}{h7}$									
h8				$\frac{D8}{h8}$	$\frac{E8}{h8}$	$\frac{F8}{h8}$		$\frac{H8}{h8}$													
h9				**$\frac{D9}{h9}$**	$\frac{E9}{h9}$	$\frac{F9}{h9}$		**$\frac{H9}{h9}$**													
h10				$\frac{D10}{h10}$				$\frac{H10}{h10}$													
h11	$\frac{A11}{h11}$	$\frac{B11}{h11}$	**$\frac{C11}{h11}$**	$\frac{D11}{h11}$				**$\frac{H11}{h11}$**													
h12		$\frac{B12}{h12}$						$\frac{H12}{h12}$													

常用配合 47 种,其中优先配合 13 种。加粗字体为优先配合。

附录 D 常用材料与热处理

表 D.1 常用金属材料

种 类	牌 号	应 用	说 明
灰铸铁 GB/T 9439—2010	HT100	机床中受轻负荷、磨损无关紧要的铸件,如托盘、盖、罩、手轮、把手、重锤等形状简单且性能要求不高的零件	"HT"为"灰铁"的汉语拼音首字母,后面的数字表示最低抗拉强度。如 HT200 表示最低抗拉强度为 200 N/mm² 的灰铸铁
	HT150	承受中等弯曲应力,摩擦面间压强高于 500 kPa 的铸件;如多数机床的底座,有相对运动和磨损的零件,如滑板、工作台等;汽车中的变速箱、排气管、进气管等	
	HT200	承受较大弯曲应力,要求保持气密性的铸件,如机床立柱、刀架、齿轮箱体、多数机床床身滑板、箱体、液压缸、泵体、阀体、制动毂、飞轮、气缸盖、带轮、轴承盖、叶轮等	
	HT250	炼钢用轨道板、气缸套、齿轮、机床立柱、齿轮箱体、机床床身、磨床转体、液压缸泵体、阀体	
	HT300	承受高弯曲应力、拉应力,要求保持高气密性的铸件,如重型机床床身、多轴机床主轴箱、卡盘齿轮、高压液压缸、泵体、阀体	
	HT350	轧钢滑板、辊子、炼焦柱塞、圆筒混合机齿圈、支承轮座、挡轮座	
球墨铸铁 GB/T 1348—2009	QT400-18	韧度高,低温性能较好,具有一定的耐蚀性。用于制作汽车拖拉机中的驱动桥壳体、离合器壳体、差速器壳体、减速器壳体,承受 16～64 个大气压的阀体、阀盖等	"QT"为"球铁"的汉语拼音的首字母,两组数字分别表示最低抗拉强度和伸长率。如"QT600-3"表示抗拉强度为 600 MPa,伸长率为 3％ 的球墨铸铁
	QT400-15		
	QT450-10	具有中等的强度和韧度,用于制作内燃机中液压泵齿轮、汽轮机的中温气缸隔板、水轮机阀门体、机车车辆轴瓦等	
	QT500-7		
	QT600-3	具有较高的强度、较好的耐磨性及一定的韧度。用于制作部分机床的主轴,内燃机、空压机、冷冻机、制氧机和泵的曲轴、缸体、缸套等	
	QT700-2		
	QT800-2		
	QT900-2	具有高强度和较高的弯曲疲劳强度,耐磨性好。用于制作内燃机中的凸轮轴、拖拉机的减速齿轮、汽车中的螺旋锥齿轮等	

续表

种 类	牌 号	应 用	说 明
可锻铸铁 GB/T 9440—2010	KTH300-06	黑心可锻铸铁比灰铸铁强度高,塑性更好,韧度更高,可承受冲击和扭转负荷,具有良好的耐蚀性,切削性能良好。可用来制作薄壁铸件,多用于机床零件、运输机械零件、升降机械零件、管道配件、低压阀门等	按退火方法的不同,可锻铸铁可分为黑心可锻铸铁、珠光体可锻铸铁和白心可锻铸铁三种,分别用字母"KTH"、"KTZ"、"KTB"表示。两组数字分别表示最低抗拉强度和伸长率。如"KTH350-10"表示其最低抗拉强度为 350 MPa,伸长率为 10％的黑心可锻铸铁
	KTH350-10		
	KTZ450-06	珠光体可锻铸铁的塑性、韧度比黑心可锻铸铁稍差,但其强度高,耐磨性好,低温性能优于球墨铸铁,加工性良好。可替代有色合金、低合金钢及低、中碳钢制作较高强度和耐磨性的零件	
	KTZ550-04		
	KTZ650-02		
	KTZ700-02		
	KTB400-05	白心可锻铸铁由于工艺复杂,生产周期长,性能较差,国内在机械工业中较少应用,一般仅限于薄壁件的制造	
	KTB450-07		
铸造碳钢 GB/T 11352—2009	ZG 200-400	低碳铸钢,韧度高,塑性好,但强度和硬度较低,低温冲击韧度低,脆性转变温度低,磁导、电导性能良好,焊接性好,但铸造性差。主要用于制作受力不大,但要求韧度高的零件。ZG 200-400 用于制作机座、电磁吸盘、变速箱体等;ZG 230-450 用于制作轴承盖、底板、阀体、机座、侧架、轧钢机架、铁道车辆摇枕、箱体、犁柱、砧座等	"ZG"为"铸钢"的汉语拼音首字母,后面的数字表示屈服点和抗拉强度。如 ZG 310-570 表示屈服点为 230 N/mm²、抗拉强度为 450 N/mm²
	ZG 230-450		
	ZG 270-500	中碳铸钢,有一定的塑性、韧度,强度和硬度较高,切削性良好,焊接性尚可,铸造性能比低碳铸钢好。ZG 270-500 应用广泛,如飞轮、车辆车钩、水压机工作缸、机架、蒸汽锤气缸、轴承座、连杆、箱体等;ZG 310-570 用于制作重负荷零件,如联轴器、大齿轮、缸体、气缸、机架、制动轮、轴及辊子等	
	ZG 310-570		
	ZG 340-640	高碳铸钢,具有高强度、高硬度及高耐磨性,塑性、韧度低,铸造性、焊接性差,裂纹敏感性较大。用于制作起重运输机齿轮、联轴器、齿轮、车轮、叉头等	
碳素结构钢 GB/T 700—2006	Q195	有较高的伸长率,良好的焊接性能和韧度。常用于制造地脚螺栓、铆钉、犁板、烟筒、炉撑、钢丝网屋面板、低碳钢丝、薄板、焊管、拉杆、短轴、心轴、凸轮(轻载)、吊钩、垫圈、支架及焊接件等	"Q"为碳素结构钢屈服点"屈"字的汉语拼音首字母,后面的数字表示屈服点的数值。如 Q235 表示碳素结构钢的屈服点为 235 N/mm²
	Q215		
	Q235	有一定的伸长率和强度,韧度及铸造性均良好,且易于冲压及焊接。广泛用于制造一般机械零件,如连杆、拉杆、销轴、螺钉、钩子、套圈盖、螺母、螺栓、气缸、齿轮、支架、机架横撑、机架、焊接件,以及建筑结构与桥梁等用的角钢、工字钢、槽钢、垫板、钢筋等	
	Q275	有较高的强度,一定的焊接性,切削加工性及塑性均较好,可用于制造具有较高强度要求的零件,如齿轮心轴、转轴、销轴、链轮、键、螺母、螺栓、垫圈、制动杆、鱼尾板、农机用型钢、异型钢、机架、耙齿等	

续表

种　类	牌　号	应　用	说　明
优质碳素结构钢 GB/T 699—2015	10	采用镦锻、弯曲、冲压、锻压、拉延及焊接等多种加工方法，制作各种韧度高、负荷小的零件，如卡头、钢管垫片、垫圈、摩擦片、汽车车身、防尘罩、缓冲器皿以及冷镦螺栓、螺母等	牌号的两位数字表示平均碳的质量分数，如 45 钢表示碳的质量分数为0.45％。 碳的质量分数≤0.25％的碳钢属于低碳钢（渗碳钢）；碳的质量分数在0.25％～0.6％之间的碳钢属于中碳钢（调质钢）；碳的质量分数＞0.6％的碳钢属于高碳钢。 锰的质量分数较高的钢，须加注化学元素符号"Mn"
	15	用于承载不大、韧度要求较高的零件、渗碳件、冲模锻件、紧固件，不需热处理的低负载零件，焊接性能较好的中小结构件，如螺栓、螺钉、法兰盘、化工容器、蒸汽锅炉、小轴、挡铁、齿轮、滚子等	
	20	制作负载不大，但韧度要求高的零件，如拉杆、杠杆、钩环、套筒、夹具及衬垫、蹄片、杠杆轴、变速叉、被动齿轮、气门挺杆、凸轮轴、悬挂平衡器、内外衬套等	
	25	用于制作焊接构件以及经锻造、热冲压和切削加工，且负载较小的零件，如辊子、轴、垫圈、螺栓、螺母、螺钉以及汽车、拖拉机中的横梁车架、大梁、脚踏板等	
	35	用于制造负载较大，但截面尺寸较小的各种机械零件，热压件，如轴销、轴、曲轴、横梁、连杆、杠杆、星轮、垫圈、圆盘、钩环、螺栓、螺钉、螺母等	
	40	用于制造机器中的运动件，心部强度要求不高、表面耐磨性好的淬火件，截面尺寸较小、负载较大的调质件，及应力不大的大型正火件，如传动轴心轴、曲轴、曲柄销、辊子、拉杆、连杆、活塞杆、齿轮、圆盘、链轮等	
	45	用于制造较高强度的运动零件，如空压机、泵的活塞、汽轮机的叶轮，重型及通用机械钟的轧制轴、连杆、蜗杆、齿轮、销子等	
	50	主要用于制造动负载、冲击负载不大以及要求耐磨性好的机械零件，如锻造齿轮轴、摩擦盘、机床主轴、发动机、曲柄、轧辊、拉杆、弹簧垫圈、不重要的弹簧等	
	55	主要用于制造耐磨、强度较高的机械零件以及弹性零件，如连杆、齿轮、机车轮箍、轮缘、轮圈、轧辊、扁弹簧等	
	30Mn	一般用于制造低负载的各种零件，如杠杆、拉杆、小轴、制动踏板、螺栓、螺钉和螺母以及农机中的钩环链的链环、刀片、横向制动机齿轮等	
	50Mn	一般用于制造高耐磨性、高应力的零件，如直径小于 $\phi80\ mm$ 的心轴，齿轮轴、齿轮摩擦盘、板弹簧等	
	65Mn	用于制造中等负载的板弹簧、螺旋弹簧、弹簧垫圈、弹簧卡环、弹簧发条、轻型汽车的离合器弹簧、制动弹簧、气门弹簧以及受摩擦、高弹性、高强度的机械零件，如收割机的铲、犁、切碎机切刀、翻土板、机床主轴、机床丝杠、弹簧卡头等	

种　类	牌　号	应　用	说　明
合金结构钢 GB/T 3077—2015	20Mn2	用于制造渗碳的小齿轮、小轴、力学性能要求不高的十字头销、活塞销、柴油机套筒、气门顶杆、钢套等	合金渗碳钢牌号前两位数字表示钢中含碳的质量万分数。合金元素以化学符号表示，质量分数小于 1.5％时，仅注出元素符号
	20Cr	用于制造小截面、形状简单、转速较高、载荷较小、表面耐磨、心部强度较高的各种渗碳或碳氮共渗零件，如小齿轮、小轴、活塞销、托盘、凸轮、阀、蜗杆等	
	20CrNi	用于制造重载、重要的渗碳零件，如花键轴、轴、键、齿轮、活塞销，也可用于制造高冲击韧度的调质件	
	20CrMnTi	用于制造汽车拖拉机中的截面尺寸小于 30 mm² 的中载或重载、承受冲击、耐磨且高速的各种重要零件，如齿轮轴、齿圈、齿轮、十字轴、滑动轴承支承的主轴、蜗杆等	
	38CrMoAl	用于制造高疲劳强度、高耐磨性、较高强度的小尺寸氮化零件，如气缸套、座套、底盖、活塞螺栓、检验规、精密磨床主轴、车床主轴、精密丝杠、齿轮、蜗杆等	
	40Cr	制造中速、中载的调质件，如机床齿轮、轴、蜗杆、花键轴；制造表面硬度高、耐磨的调质表面淬火件，如主轴、曲轴、心轴、套筒、销子、连杆以及经淬火回火的重载零件等	
	40CrNi	用于锻造和冷冲压截面尺寸较大的重要调质件，如连杆、曲轴、齿轮、轴、螺钉等	
	40MnB	用于制造拖拉机、汽车及其他通用机器设备中的中小重要调质件，如汽车半轴、转向轴、花键轴、蜗杆和机床主轴、齿轮轴等	
	50Cr	用于制造重载、耐磨的零件，如热轧辊传动轴、齿轮、止推环、支承辊的心轴、柴油机连杆、拖拉机离合器、螺栓以及中等弹性的弹簧等	
铸造铜合金 GB/T 1176—2013	锡青铜 ZCuSn5 Pb5Zn5	用于制作在较高负荷、中等滑动速度下工作的耐磨、耐蚀零件，如轴瓦、衬套、活塞、离合器、泵件压盖以及蜗轮等	"Z" 为 "铸造" 的汉语拼音首字母，各化学元素后面的数字表示该元素的质量分数，如 ZCuAl10Fe3 表示 Al 的质量分数为 8.5％～11％，Fe 的质量分数为 2％～4％，其余为 Cu 的铸造铝青铜
	锡青铜 ZCuSn10Pb1	用于制作高负荷（20 MPa 以下）和高滑动速度（8 m/s）下工作的耐磨零件，如连杆、衬套、轴瓦、齿轮、蜗轮等	
	铅青铜 ZCuPb10 Sn10	用于制作表面压力高，又存在侧压力的滑动轴承，如轧辊、车辆用轴承、内燃机双金属轴瓦以及活塞销套、摩擦片等	
	铅青铜 ZCnPb20Sn5	用于制作高滑动速度的轴承及破碎机、水泵、冷轧机轴承	

续表

种　类		牌　号	应　用	说　明
铸造 铜合金 GB/T 1176—2013	铝青铜	ZCuAl9Mn2	用于制作耐蚀、耐磨零件,形状简单的大型铸件,如衬套、齿轮、蜗轮等	
		ZCuAl10Fe3	用于制作要求强度高、耐磨、耐蚀的重型铸件,如轴套、螺母、蜗轮以及在250℃以下工作的管配件	
	黄铜	ZCuZn38	用于制作一般结构件和耐蚀零件,如法兰、阀座、支架、手柄和螺母等	
		ZCnZn25Al6-Fe3Mn3	用于制作高强度、耐磨零件,如桥梁支承板、螺母、螺杆、耐磨板、滑块和蜗轮等	
铸造 铝合金 GB/T 1173—2013	铝硅合金	ZL101	适用于铸造承受中等负荷、形状复杂的零件,也可用于要求高气密性、耐蚀性和焊接性能良好、工作温度不超过200℃的零件,如水泵、仪表、传动装置壳体、气缸体等	"ZL"为"铸铝"的汉语拼音首字母,ZL后面第一个数字表示合金系列,第二、三个数字表示顺序号
		ZL105	用于铸造形状复杂、高静载荷的零件以及要求焊接性能良好、气密性高或工作温度在225℃以下的零件,如发动机的气缸体、气缸头、气缸盖和曲轴箱等	
	铝铜合金	ZL201	用于铸造工作温度为175～300℃或室温下受高负载、形状简单的零件,如支臂、挂架梁等	
		ZL203	用于制造形状简单,承受中载、冲击负载,工作温度不超过200℃,切削性能良好的小型零件,如曲轴箱、支架、飞轮盖等	
	铝镁合金	ZL301	用于铸造工作温度不大于200℃的海轮配件、机器壳和航空配件等	
	铝锌合金	ZL401	用于制作铸造工作温度不大于200℃的汽车零件、医疗器械和仪器零件等	
硬铝和纯铝 GB/T 3190—2008	硬铝	2A12	用于制作焊接性能好,适于制作中等强度的零件	表示含铜3.8%～4.9%、镁1.2%～1.8%、锰0.3%～0.9%的硬铝
	工业纯铝	1060	用于制作贮槽、塔、热交换器、防止污染及深冷设备等	表示含杂质≤0.4%的工业纯铝

表 D.2　常用非金属材料

种　类	名　称	牌号、代号	性能及应用
工程塑料 GB/T 2035—2008	聚酰胺 (尼龙)	PA	具有良好的机械强度和耐磨性,广泛用于制作机械、化工及电气零件,如轴承、齿轮、凸轮、滚子、辊轴、泵叶轮、风扇叶轮、蜗轮、螺钉、螺母、垫圈、高压密封圈、阀座、输油管、储油容器等

续表

种　　类	名　　称	牌号、代号	性能及应用
工程塑料 GB/T 2035—2008	聚四氟乙烯	PTFE	在强酸、强碱、强氧化剂中不腐蚀，也不溶于任何溶剂，美称"塑料王"，具有良好的高低温性能、电绝缘性，不吸水，摩擦因数低。用于制作机械钟的耐蚀零件、密封垫圈、活塞环、轴承、化工设备管道、泵、阀门以及人造血管、心脏等
	聚甲醛	POM	具有良好的耐磨损性能和良好的干摩擦性能，用于制作轴承、齿轮、滚轮、辊子、阀门上的阀杆螺母、垫圈、法兰、垫片、泵叶轮、鼓风轮叶片、弹簧、管道等
	聚碳酸酯	PC	具有高的冲击韧度和优良的尺寸稳定性，用于制作齿轮、蜗轮、蜗杆、齿条、凸轮、心轴、轴承、滑轮、铰链、传动链、螺栓、螺母、垫圈、铆钉、泵叶轮、汽车化油器部件、节流阀、各种外壳等
	丙烯腈-丁二烯-苯乙烯	ABS	用作一般结构或耐磨受力传动零件和耐蚀设备，用ABS制成的泡沫夹层板可做小轿车车身
	硬聚氯乙烯	PVC	制品有管、棒、板、焊条及管件，除用于制作日常生活用品外，主要用作耐蚀的结构材料或设备衬里材料及电气绝缘材料
	聚甲基丙烯酸甲酯（有机玻璃）	PMMA	具有高的透明度和一定的强度，耐紫外线及大气老化，易于成形加工。可用于要求有一定强度的透明结构材料，如各种油标的罩面板等
工业用橡胶板 GB/T 5574—2008	A 类（不耐油）		有一定的硬度和较好的耐磨性、弹性等物理力学性能，能在一定压力下，温度为 −30～+60℃ 的空气中工作，用于制作密封垫圈、垫板和密封条等
	B 类（中等耐油）		具有较高的硬度和耐溶剂膨胀性能，可在温度为 −30～+80℃ 的机油、变压器油、润滑油、汽油等介质中工作，适用于冲制各种形状的垫圈
	C 类（耐油）		
工业用毛毡 FZ/T 25001—2012	特品毡	T112	常用于制作密封、防漏油、防振、缓冲衬垫，还可用作隔热保温、过滤和抛磨光材料等，按需要选用细毛、半粗毛、粗毛
	一般毡	112	
油封毡圈 FZ/T 92020—2008		毡圈 25	用于轴伸端处、轴与轴承盖之间的密封。数字"25"表示轴径为 25 mm
石棉橡胶板 GB/T 3985—2008		XB510、XB450、XB400、XB350、XB300、XB200、XB150	分别用于制作温度为 510 ℃、450 ℃、400 ℃、350 ℃、300 ℃、200 ℃、150 ℃ 以下（压力位 7 MPa、6 MPa、5 MPa、4 MPa、3 MPa、1.5 MPa、0.8 MPa 以下），以水和水蒸气等非油、非酸介质为主的设备中的密封材料，如管道法兰连接处的密封衬垫

种　　类	名　　称	牌号、代号	性能及应用
耐油石棉橡胶板 GB/T 539—2008		NY510、NY400、 NY300、NY250、 NY150	一般工业用:用于制作温度为 510 ℃、400 ℃、300 ℃、250 ℃、150 ℃ 以下(压力为 5 MPa、4 MPa、3 MPa、2.5 MPa、1.5 MPa 以下),以油为介质的一般工业设备中的密封件
		HNY300	航空工业用:用于制作温度为 300 ℃ 以下的航空燃油、石油基润滑油及冷气系统的密封垫片

表 D.3　常用热处理与表面处理方法

名词	代号及标注示例	说　　明	应　　用
退火	5111	将钢件加热到临界温度以上,保温一段时间,然后缓慢冷却(一般在炉中冷却)	用来消除铸、锻、焊零件的内应力,降低硬度,便于切削加工,细化金属晶粒,改善组织,增加韧度
正火	5121	将钢件加热到临界温度以上 30～50 ℃,保温一段时间,然后再空气中冷却,冷却速度比退火快	用来处理低碳和中碳结构钢及渗碳零件,使其组织细化,增加强度与韧度,减少内应力,改善切削性能
淬火	5131	将钢件加热到临界温度以上某一温度,保温一段时间,然后在水、盐水或油中(个别材料在空气中)急速冷却,使其得到高硬度	用来提高钢的硬度和强度。但淬火会引起内应力使钢变脆,所以淬火后必须回火
回火	5141	回火是将淬硬的钢件加热到临界点以下的某一温度,保温一段时间,然后冷却到室温	用来消除淬火后的脆性和内应力,增强钢的塑性和提高钢的冲击韧度
调质	5151	淬火后在 450～650 ℃ 进行高温回火	用来使钢获得高的韧度和足够的强度。重要的齿轮、轴及丝杠等零件必须调质处理
表面淬火	5210	用火焰或高频电流将零件表面迅速加热至临界温度以上,急速冷却	使零件表面获得高硬度,而心部保持一定的韧度,使零件既耐磨又能承受冲击。表面淬火常用来处理齿轮等零件
渗碳淬火	5310	在渗碳剂中将钢加热到 900～950 ℃,保温一定时间,将碳渗入钢表面,深度为 0.5～2 mm,再淬火后回火	增加钢件的耐磨性能、表面强度、抗拉强度及疲劳极限。适用于低碳、中碳结构钢的中小型零件
碳氮共渗	5320	在 820～860 ℃ 炉内通入碳和氮,保温 1～2 h,使钢件的表面同时渗入碳、氮原子,可得到 0.2～0.5 mm 的共渗层	增加表面硬度、耐磨性、疲劳强度和耐蚀性。用于要求硬度高、耐磨的中小型及薄片零件和刀具等
渗氮	5330	渗氮是在 500～600 ℃ 通入氨的炉子内加热,向钢的表面渗入氮原子的过程。渗氮层为 0.025～0.8 mm,渗氮时间需 40～50 h	增加钢件的耐磨性能、表面硬度、疲劳强度和耐蚀能力。适用于合金钢、碳钢、铸铁件,如机床主轴、丝杠以及在潮湿碱水和燃烧气体介质的环境中工作的零件

名词	代号及标注示例	说　　明	应　　用
时效	5181	低温回火后,精加工之前,加热到 100~160 ℃,保持 10~40 h。对铸件也可用天然时效(放在露天中 1 年以上)	使工件消除内应力,稳定形状,用于量具、精密丝杠、床身导轨、床身等
发蓝、发黑	发蓝或发黑	将金属零件放在很浓的碱和氧化剂溶液中加热氧化,使金属表面形成一层氧化铁所组成的保护性薄膜	耐蚀、美观。用于一般连接的标准件和其他电子类零件
硬度	HB(布氏硬度)	材料抵抗硬的物体压入其表面的能力称为硬度。根据测定的方法不同,可分为布氏硬度、洛氏硬度和维氏硬度	用于退火、正火、调质的零件及铸件的硬度检测
	HRC(洛氏硬度)		用于经淬火、回火及表面渗碳、渗氮等处理的零件硬度检测
	HV(维氏硬度)		用于薄层硬化零件的硬度检测

参 考 文 献

[1] 王槐德. 机械制图新旧标准代换教程[M]. 3版. 北京:中国标准出版社,2017.

[2] 大连理工大学工程图学教研室. 机械制图[M]. 7版. 北京:高等教育出版社,2013.

[3] 黄其柏,阮春红,等. 画法几何及机械制图[M]. 7版. 武汉:华中科技大学出版社,2018.

[4] 陶冶,王静,何扬清. 工程制图[M]. 2版. 北京:高等教育出版社,2013.

[5] 丁一,王健. 工程图学基础[M]. 3版. 北京:高等教育出版社,2018.

[6] 王庆有,林新英. 机械制图[M]. 北京:机械工业出版社,2014.

[7] 胡国军. 机械制图[M]. 2版. 杭州:浙江大学出版社,2013.

[8] 何铭新,钱可强,徐祖茂. 机械制图[M]. 7版. 北京:高等教育出版社,2016.

[9] 李广军,吕金丽,富威. 工程图学基础[M]. 3版. 北京:高等教育出版社,2020.

[10] 詹迪维. SolikdWorks 2010 机械设计教程[M]. 北京:机械工业出版社,2012.

[11] 王敏. SolidWorks 2012 中文版完全自学手册[M]. 北京:机械工业出版社,2012.

二维码资源使用说明

本书数字资源以二维码形式提供。读者可使用智能手机在微信端下扫描书中二维码,扫码成功时手机界面会出现登录提示。确认授权,进入注册页面。填写注册信息后,按照提示输入手机号,点击获取手机验证码。在提示位置输入 4 位验证码成功后,重复输入两遍设置密码,选择相应专业,点击"立即注册",注册成功。(若手机已经注册,则在"注册"页面底部选择"已有账号?立即注册",进入"账号绑定"页面,直接输入手机号和密码,系统提示登录成功。)接着刮开教材封底所贴学习码(正版图书拥有的一次性学习码)标签防伪涂层,按照提示输入13 位学习码,输入正确后系统提示绑定成功,即可查看二维码数字资源。手机第一次登录查看资源成功,以后便可直接在微信端扫码登录,重复查看资源。

若遗忘密码,读者可以在 PC 端浏览器中输入地址 http://jixie. hustp. com/index. php? m=Login,然后在打开的页面中单击"忘记密码",通过短信验证码重新设置密码。